W0267992

Ersatz- und Ergänzungsmethoden zu Tierversuchen

Herausgegeben von

H. Schöffl
H. Spielmann
H. A. Tritthart

Springer-Verlag Wien GmbH

H. Schöffl, H. Spielmann, F.-P. Gruber,
B. Koidl, Ch. A. Reinhardt (Hrsg.)

Alternativen zu Tierversuchen in Ausbildung, Qualitätskontrolle und Herz-Kreislauf-Forschung

Springer-Verlag Wien GmbH

Harald Schöffl
Vorstandsmitglied des Arbeitskreises für die Förderung von tierversuchsfreier Forschung, Linz
Professor Dr. med. H. Spielmann
Bundesgesundheitsamt, Berlin
Professor Dr. med. Helmut A. Tritthart
Institut für Medizinische Physik und Biophysik, Graz

Harald Schöffl
Professor Dr. med. H. Spielmann
Professor Dr. phil. B. Koidl
Institut für Medizinische Physik und Biophysik, Graz
Priv. Doz. Dr. med. vet. F.-P. Gruber
Tierforschungsanlage der Universität Konstanz
Dr. phil. Ch. A. Reinhardt
SIAT – Schweizer Institut für Alternativen zu Tierversuchen, Zürich

Dieses Buch wurde vom Bundesministerium für Umwelt, Jugend und Familie gefördert.

Ursprünglich erschienen bei Springer-Verlag New York 1993

Gedruckt auf säurefreiem, chlorfrei gebleichtem Papier-TCF

Mit 102 Abbildungen

ISBN 978-3-211-82488-7 ISBN 978-3-7091-9307-5 (eBook)
DOI 10.1007/978-3-7091-9307-5

Vorwort

Bereits ein Jahr nach Publikation des ersten Bandes der Reihe "Ersatz- und Ergänzungsmethoden zu Tierversuchen" können wir den 2. Band mit dem Titel "Alternativmethoden zu Tierversuchen in Ausbildung, Qualitätskontrolle und Herz-Kreislaufforschung" vorlegen, der die Ergebnisse des "2. Österreichischen internationalen Kongresses über Ersatz- und Ergänzungsmethoden zu Tierversuchen in der biomedizinsichen Forschung", der vom 27.-29. September 1992 an der Universität Linz stattfand, zusammenfaßt.

Als fächerübergeifendes Schwerpunktthema dieses Kongresses wurden die Fortschritte beim Einsatz von Ersatz- und Ergänzungsmethoden zu Tierversuchen in Lehre und Ausbildung in den verschiedenen Disziplinen der biomedizinischen Wissenschaften diskutiert. Die chemisch-pharmazeutische Industrie stellte anschließend Möglichkeiten des Ersatzes von Tierversuchen bei der Qualitätskontrolle von Arzneimitteln vor. Dabei wurde erstmals als zukunftsweisender Aspekt die Verwendung gentechnologisch veränderter Zellen anstelle von Ganztierversuchen herausgestellt. Den Abschluß bildeten Ersatz- und Ergänzungsmethoden in der Herz-Kreislaufforschung.

Der Weg, den der Arbeitskreis für die Förderung von tierversuchsfreier Forschung (AFTF) in Linz und das Institut für medizinische Physik und Biophysik der Universität Graz 1991 mit dem ersten Kongreß eingeschlagen hatten, hat sich bereits 1992 über die Grenzen Österreichs hinaus bewährt und breiten Anklang gefunden. So konnten beim 2. Kongreß aus der Schweiz SIAT, das Schweizerische Institut für Alternativen zu Tierversuchen, Zurich, und aus Deutschland die Tierforschungsanlage der Universität Konstanz sowie ZEBET, die Zentralstelle zur Erfassung und Bewertung von Ersatz- und Erganzungsmethoden zum Tierversuch, im Bundesgesundheitsamt (BGA) in Berlin als Mitveranstalter gewonnen werden

Nachdem beim 1 Kongreß 1991 ein breitgefächertes Themenspektrum zur Diskussion gestellt wurde, haben sich die Veranstalter beim 2. Kongreß insbesondere auf zwei Bereiche konzentriert, in denen nach ihrer Meinung in absehbarer Zeit die bisher üblichen Tierversuche weitgehend zu ersetzen sind, nämlich Tierversuche in der Lehre und Ausbildung sowie Tierversuche zur Qualitatskontrolle von Chargen biologisch hergestellter Arzneimittel.

Die Diskussion über den Ersatz von Tierversuchen in Lehre und Ausbildung in den Fächern Biologie sowie Human- und Veterinärmedizin genießt in den 3 deutschsprachigen Ländern eine etwa gleich hohe Prioritat. Das schlagt sich anteilig an der nahezu gleich großen Beteiligung von Autoren aus den 3 Ländern nieder. Eine unerwartet hohe Resonanz hatte dieser Teil des Kongresses auch bei Hochschullehrern und Studenten aus den benachbarten Ländern des früheren Ostblocks, wie z.B. Polen, Ungarn und der ehem. Tschechoslowakei, die erstmals Gelegenheit hatten, an einem solchen Kongreß teilzunehmen, und die sich in Zukunft sicherlich auch mit der Kritik an Tierversuchen in der Lehre und Ausbildung auseinandersetzen müssen.

Die Beiträge zum Themengebiet der Ersatzmöglichkeiten von Tierversuchen, die zur Qualitätskontrolle von Chargen biologisch hergestellter Arzneimittel international behördlich vorgeschrieben sind, wurden überwiegend von Wissenschaftlern aus Unternehmen der deutschen chemisch-pharmazeutischen Industrie bestritten. Der Kongreß in Linz bot nicht nur ein ideales Forum für die wissenschaftliche Diskussion sondern er ermöglichte darüber hinaus im "neutralen" Österreich einen offenen Gedankenaustausch zwischen Tierversuchsgegnern aus Deutschland und der Schweiz einerseits und Wissenschaftlern aus der chemisch-pharmazeutischen Industrie derselben Lander andererseits Es wurde beispielsweise uneingeschränkt lobend anerkannt, daß einzelne Unternehmen durch firmeninterne Forschungsaktivitaten für einige ihrer Produkte bereits den vollstandigen Ersatz behordlich vorgeschriebener Tierversuche durch tierversuchsfreie Methoden erreichen konnten Allein dieses Ergebnis unterstreicht die Bedeutung, die der Linzer Kongreß inzwischen als kompetentes Forum erreicht hat

Denjenigen, die am 2 Linzer Kongreß nicht teilnehmen konnten, gibt der vorliegende Band Gelegenheit, sich umfassend uber Fortschritte auf dem neuen Wissenschaftsgebiet der Entwicklung von Ersatz- und Erganzungsmethoden zu Tierversuchen zu informieren Die Herausgeber des 2 Bandes der Reihe "Ersatz- und Erganzungsmethoden zu Tierversuchen" sind nicht nur den Referenten für die Erstellung der Manuskripte zu Dank verpflichtet, sondern sie bedanken sich ganz herzlich insbesondere bei allen Mitarbeitern des AFTF für die ehrenamtliche Arbeit, ohne die die Durchführung beider Linzer Kongresse nicht moglich gewesen wäre Stellvertretend für alle freiwilligen Helfer gilt unser besonderer Dank der Büroleiterin des AFTF, Frau ERNESTINE SCHOFFL, sowie Frau KARIN OBERER und Herrn HELMUT APPL für die redaktionelle Bearbeitung des Tagungsbandes Der Springer Verlag, insbesondere Herr RAIMUND PETRI-WIEDER, hat uns wiederum großzugig unterstutzt und uns jederzeit frei uber die Gestaltung des Bandes verfügen lassen

H Schoffl
H Spielmann
F Gruber
B Koidl
C Reinhardt

Inhaltsverzeichnis

Qualitätskontrolle

Gentechnologisch veränderte Zellen

Zellkultur

Autor/inn/en

BECKMANN, ROLF, Dipl Tzt., Paul-Ehrlich-Institut - Bundesamt für Sera und Impfstoffe, Paul-Ehrlich-Str. 51-59, D-6070 Langen

CUßLER, KARL, Dr , Paul-Ehrlich-Institut - Bundesamt für Sera und Impfstoffe, Paul-Ehrlich-Str. 51-59, D-6070 Langen

DEILER, STEFAN, Dr , Ludwig-Maximilians-Universitat, Klinikum Innenstadt, Chirurg Klinik und Poliklinik, Nußbaumstr 20, D-8000 München 2

FUHRMANN, ULRIKE, Dr , Schering AG, Müllerstr. 178, D-1000 Berlin 65

GRAUER, ANDREAS, Dr., Ruprecht-Karls-Universität Heidelberg, Medizinische Universitäts-Klinik, Innere Medizin 1, Bergheimerstr. 58, D-6900-Heidelberg

GRUBER, FRANZ-PAUL, Priv. Doz. Dr , Universität Konstanz, Tierforschungsanlage, Universitätsstr 10, D-7750 Konstanz

GUNTHER, MANFRED, Prof Dr. habil , "Verein zur För-derung von Forschung, Lehre und praktischer Ausbildung in der Minimalinvasiven Chirurgie e.V ", Schloß Beichlingen, O-5231 Beichlingen

HARTUNG, THOMAS, Dr , Universitat Konstanz, Fakultat für Biologie, Biochem Pharmakologie, Universitätsstr 10, D-7750 Konstanz

HASENFUSS, GERD, Priv. Doz Dr , Universität Freiburg, Med Klinik III, Hugstätter Str. 45, D-7800 Freiburg

HINTZE-PODUFAL, CHRISTINE, Prof. Dr., Georg-August-Universität Göttingen, III. Zoologisches Inst. - Entwicklungsbiologie, Berliner Str. 28, D-3400 Gottingen

KENNER, THOMAS, Prof Dr , Karl-Franzens-Universität Graz, Inst für Physiologie, Harrachg 21, A-8010 Graz

KOBAL, GERD, Prof Dr , Friedrich-Alexander-Universität Erlangen-Nürnberg, Inst für Exp Klin. Pharmakologie und Toxikologie, Universitätsstr 22, D-8520 Erlangen

KOIDL, BERND, Prof Dr., Karl-Franzens-Universität Graz, Inst f Med Physik und Biophysik, Harrachg. 21, A-8010 Graz

KROPFL, ALBERT, Dr., Allgemeine Unfallversicherungsanstalt - Unfallkrankenhaus Salzburg, Dr Franz-Rehrl-Platz 5, A-5020 Salzburg

LEHMANN, H.D., Prof. Dr , Knoll AG, Postfach 21 08 05, D-6700 Ludwigshafen

LIEBSCH, MANFRED, Dr.. ZEBET im Bundesgesundheitsamt, Inst für Veterinärmedizin, Diedersdorfer Weg 1, D-1000 Berlin 48

MINUTH, WILL, Prof. Dr., Universität Regensburg, Inst. für Anatomie, Universitätsstr. 31, D-8400 Regensburg

MOJON, DANIEL, Dr , Universität Bern, Inst. für Physiologie, Buhlplatz 5, CH-3012 Bern

MOLLER, HELGA, Priv -Doz Dr , Hoechst AG, Pharma-Qualitätskontrolle, Postfach 80 03 20, D-6230 Frankfurt/Main

MULLER-CALGAN, HELMUT, Dr., Peter-Behrens-Str. 20, D-6100 Darmstadt (vormals Fa. E Merck, Pharma-Qualitätssicherung Biologie, D-6100 Darmstadt 1)

OETLIKER, HANS, Prof. Dr., Universität Bern, Inst. für Physiologie, Bühlplatz 5, CH-3012 Bern

PFEIFFER, KARL P , Unıv. Doz DI Dr , Karl-Franzens-Unıversıtät Graz, Inst. für Physıologıe, Harrachg 21, A-8010 Graz

PIPER, HANS MICHAEL, Prof DDr , Unıversıtat Dusseldorf, Physıologısches Inst I, Moorenstr 5, D-4000 Dusseldorf

RENZ, SABINE, Cand Mag rer nat , Unıversıtat Salzburg, Zentrale Tıerhaltung der Naturwıssenschaftlıchen Fakultat, Hellbrunnerstr 34, A-5020 Salzburg

RONNEBERGER, HANSJORG , Dr , Behrıngwerke AG, Abt Pharmakologıe/Toxikologie, Postfach 11 40, D-3550 Marburg 1

RUSCHE, BRIGITTE, Dr , Akademıe für Tıerschutz, Spechtstr 1, D-8014 Neubıberg

SCHELLANDER, KARL, Dr , Vet. Med Unıversitat Wien, Inst für Tıerzucht und Genetık, Lınke Bahngasse 11, A-1030 Wıen

SOHLEMANN, PETER, Dr , Ludwıg-Maxımilıans-Unıversıtat Munchen, Laboratorıum für molekulare Bıologıe - Genzentrum, Am Klopferspıtz 18, D-8033 Martınsrıed

STARK, GERHARD, Unıv Doz Ing Dr , Karl-Franzens-Unıversität Graz, Med Unıversıtatsklınık, Auenbruggerpl 15, A-8036 Graz

STAUFFACHER, MARKUS, Dr , Unıversıtat Zurıch-Irchel, Vet Med Fakultat, Inst für Labortıerkunde, Wınterthurer Str 190, CH-8057 Zurıch

STEINDL, FRANZ, Dr , Unıversıtat für Bodenkultur, Inst für Angewandte Mıkrobiologıe, Nußdorfer Lande 11, A-1190 Wıen

WACH, P , Prof DI Dr , Technısche Unıversıtat Graz, Inst für Elektro und Bıomedızınısche Technik, Inffeldg 18, A-8010 Graz

WEGRZYNOWICZ, REMIGIUSZ, Prof Dr , Academy of Agrıculture, UL. Janosıka 8, PL-71-422 Szczecın

WOBUS, ANNA M , Dr , Akademıe der Wıssenschaften, Inst für Pflanzengenetık und Kulturpflanzenforschung, O-4325 Gatersleben

ZHANG, WEIQI, Dr , Unıversıtat Bern, Inst für Physıologıe, Buhlpl 5, CH-3012 Bern

Posterautor/inn/en

BEYER, A., Justus-Liebig-Universitat, Inst. für Tierernährung, Senckenbergstr. 5, D-6300 Giessen

BREMER, S., ZEBET im Bundesgesundheitsamt, Inst. für Veterinärmedizin, Diedersdorfer Weg 1, D-1000 Berlin 48

BRUCKER, R., Universitat Bern, Inst. für Physiologie, Bühlplatz 5, CH-3012 Bern

DALITZ, H., Medizinische Akademie Dresden, Inst. für Physiologie und Pathophysiologie, O-8090 Dresden

GIESSLER, J., Martin-Luther-Universitat Halle-Wittenberg, Inst. für Pharmakologie für Naturwissenschaftler, Weinbergweg 15, O-4050 Halle

GRAEVE, T., Fraunhofer Inst., Nobelstr. 12, D-7000 Stuttgart 80

GRAU, M., Inst. für Pathologie, Medizinische Fakultat der Technischen Hochschule Aachen, Pauwelstr. 30, D-5100 Aachen

GRUBER, K., Bundesstaatliche Versuchsanstalt für Exp. Pharmakologische und Balneologische Untersuchungen, Währinger Str. 13a, A-1090 Wien

GYRA, H., Fachbereich Veterinarmedizin, Inst. für Virologie und Geflugelkrankheiten, Luisenstr. 56, O-1040 Berlin

HACKER, A., Bundesstaatliches Serumprufungsinstitut, Possingerg. 38, A-1115 Wien

HIMMLER, G., Inst. für Angewandte Mikrobiologie, Nußdorfer Lande 11, A-1190 Wien

HINTZE-PODUFAL, CH., Georg-August-Universität Gottingen, III. Zoologisches Inst. - Entwicklungsbiologie, Berliner Str. 28, D-3400 Gottingen

HLINAK, A., Fachbereich Veterinarmedizin, Inst. für Virologie und Geflugelkrankheiten, Luisenstr. 56, O-1040 Berlin

JOHANN, S., Inst. für Exp. Chirurgie, Ismaninger Str. 22, D-8000 München 80

KASTNER, R., Ciba-Geigy AG, CH-4002 Basel

KRAUSE, E., Inst. für Pharmakologie für Naturwissenschaftler, Martin-Luther-Universitat Halle-Wittenberg, Weinbergweg 15, O-4050 Halle

L'EPLATTENIER, H., Ciba-Geigy AG, CH-4002 Basel

OPPLING, V., Paul-Ehrlich-Institut - Bundesamt für Sera und Impfstoffe, Paul-Ehrlich-Str. 51-59, D-6070 Langen

PELZMANN, B., Universität Graz, Inst. für Med. Physik und Biophysik, Harrachg. 21, A-8010 Graz

POHLAND, R., Forschungsinst. für die Biologie landwirtschaftlicher Nutztiere, W. Stahl Allee 2, O-2551 Dummerstorf

REINITZER, D., Vet. Med. Universitat Wien, Inst. für Med. Chemie, Linke Bahngasse 11, A-1030 Wien

RENHARDT, M., Technische Universitat Graz, Inst. für Elektro und Biomed. Technik, Inffeldg. 18, A-8010 Graz

RUDÁS, P., Vet. Med. Universität Budapest, Lehrstuhl für Physiologie und Biochemie, 1078 Istvan U. 2, 1400 PF. 2, H-Budapest

SÁLEN, J.C.W, The Royal Veterinary College, Laboratory Animal Science Unit, Department of Veterinary Pathology, Royal College Street London NW1 0TU

SCHADE, R , Inst. für Pharmakologıe und Toxikologıe, Fachbereıch Medızın, PF. 140, O-1040 Berlin

SCHEUBER, H -P , Tierschutzbeauftragter Unıversitat Munchen, Klınıkum Innenstadt, Nußbaumstr. 20, D-8000 München 2

SCHOBER-BENDIXEN, S , Immuno AG, Uferstr 15, A-2304 Ort/Donau

SIEGL H , Zenrum für biomed Forschung, AKH, Wahringer Gurtel 18-20, A-1090 Wien

SPIELMANN, H , ZEBET ım Bundesgesundheitsamt, Diedersdorfer Weg 1, D-1000 Berlın 48

Tierschutz - Grundsätzliches aus polnischer Sicht

R. Wegrzynowicz

In den letzten Jahren bieten sich zunehmend neue Möglichkeiten der interdisziplinären Zusammenarbeit. Tatsächlich haben sich Menschen aller Wissenschaftsbereiche das Ziel gesetzt, das Gleichgewicht im Naturhaushalt und damit die Hauptbedingung für künftiges Leben auf der Erde wiederherzustellen. Dieses Bedürfnis nach Gleichgewicht steht in engem Verhältnis zur Überwindung der ethischen Krise, die eine ökologische Krise zur Folge hat

In einem Zeitalter, das von so hochentwickelter Information geprägt ist, ist die Existenz von Wissensdurst, mag er auch paradox anmuten, nicht von der Hand zu weisen Das Erwerben und die Selektion von überlebensnotwendiger Information sind jedoch äußerst schwierig, weil uns das Bewußtsein der Ganzheitlichkeit der Natur abhanden gekommen ist. Weil der Mensch aufgrund seines begrenzten Intellekts nicht imstande ist, die Gesamtheit des Wissens zu erfassen, flüchtet er in die Spezialisierung, die die Natur aus dem Gleichgewicht bringt, da eine Synthese der Schlüsse, zu denen alle Wissenschaftsbereiche gelangt sind, unzureichend und schwierig zu realisieren ist.

Wir werden uns bewußt, daß das Tempo der Veränderungen, die das biologische Gleichgewicht stören, zu irreversiblen Schäden führen kann. Das Ökologiebewußtsein als bedeutender gesellschaftlicher Faktor muß unbedingt erweitert werden, um allen negativen Folgen menschlichen Tuns und Handelns entgegenzuwirken. Wir gehen davon aus, daß der Artenschutz der Tiere eine Grundbedingung für die weitere Existenz unserer Spezies ist und von der Überwindung der okologischen Krise abhängt

Tagungen uber Ersatz- und Ergänzungsmethoden zu Tierversuchen konnen die Betrachtungen von Spezialisten verschiedenster Wissensbereiche auf einen gemeinsamen Nenner bringen, nämlich auf Möglichkeiten, das natürliche Gleichgewicht mit Hilfe des Artenschutzes wiederherzustellen.

Moralische Normen sind Ausdruck der intellektuellen Entwicklung sowohl des Individuums als auch der Gesellschaften. Wir verkörpern den Fortbestand von Ideen, die jahrelang gestaltet wurden Die Notwendigkeit, unser Bewußtsein zu erweitern, führte zur Anpassung dieser Ideen an die heutigen Bedürfnisse "Steter Tropfen höhlt den Stein" - gemäß diesem Motto sollen die Uberlegungen nach und nach das Bewußtsein ganzer Nationen scharfen.

Die Worte des hl. Franz von Assisi "Wolf, mein Bruder, Schwalbe, meine Schwester", so seltsam oder exaltiert sie auch anmuten mogen, waren die Grundlage einer Gesinnung, die nach jahrhundertelanger Vergessenheit im 20 Jahrhundert zur Deklaration der Tierrechte durch die UNESCO führte Die Tiere werden dort nicht mehr als Objekte, sondern als Subjekte betrachtet. Dies kommt auch in der österreichischen Gesetzgebung zum Ausdruck, die Tiere über den Status von Dingen stellt

Albert Schweitzers Begriff vom Lebenspfad eines jeden Lebewesens, der zugleich der Todespfad für viele andere Lebewesen ist, hat erschreckende Realitat. Wir nehmen heute mit Entsetzen wahr, daß der Lebenspfad des Menschen gemeinsam mit der Entwicklung der Zivilisation einen immer breiter werdenden Todespfad für Tiere darstellt Von allen lebenden Gattungen vernichten wir die meisten organischen Substanzen Dies resultiert aber nicht aus der Existenznotwendigkeit des Menschen, sondern aus seinem Okologiebewußtsein Die Verletzung ethischer Normen ruft zunächst eine okologische Krise und in der Folge auch eine psychosoziale, wirtschaftliche sowie eine politische Krise hervor Die psychosoziale Krise, die wir heute erleben, hat eine okologische Ursache Der Grundstoff von Erde, Luft und Wasser ist heute anders aufgebaut als vor Millionen von Jahren Hingegen ist die Struktur der DNA-Helix bis auf einige geringfügige Abweichungen dieselbe geblieben Wir müssen uns an die neuen okologischen, aber auch psychosozialen Gegebenheiten anpassen, weil sowohl Individuen als auch Gesellschaften in ihrer Funktion irreversibel beeinträchtigt werden, wenn das Gleichgewicht der physiologischen Körperfunktionen zur Umwelt zerstört wird

Der gesetzliche Tierschutz geht in Polen auf das Jahr 1005 zurück Die ersten Gesetzestexte bezogen sich auf Jagdtiere, und seit jener Zeit hat sich eine Fulle weiterer Bestimmungen dazugesellt Im Jahre 1557 schrieb der papstliche Nuntius "Polen hat gute Bestimmungen in Hinsicht auf den Tierschutz, aber niemand befolgt sie " Heutzutage sind die Tiere in Polen nicht entsprechend gesetzlich geschutzt Gemaß der Deklaration der UNESCO uber die Rechte der Tiere fehlen gegenwartig konkrete Vorschriften, wie z B

1 solche, die Tiere als Subjekte auffassen,
2 solche, die adaquate Lebens- und Pflegebedingungen gesetzlich regeln,
3 solche, die die Bestimmungen für Tierversuche gesetzlich auf den neuesten Stand bringen

Im Gesetz uber Umweltschutz, das im vergangenen Jahr in Polen verabschiedet wurde, ist der Tierschutz nur in unbefriedigendem Maße vertreten Der neue Gesetzesentwurf uber Tierschutz wird von einer parlamentarischen Kommission (Sejm) diskutiert und hoffentlich bald dem Parlament vorgelegt

Die sozialen Umwalzungen in Mittel- und Osteuropa schaffen neue Probleme für die Tierwelt, insofern, als sie staatlichen und gesellschaftlichen Tatigkeiten einen anderen Stellenwert einraumen Die zunehmenden "Volkerwanderungen" bewirken, daß Polen zu einem Land illegalen Handels mit Wild- und Haustieren geworden ist Es ist zu befürchten, daß sich ein Teil dieser Tiere in wissenschaftlichen Instituten oder Testlabors wiederfinden könnte

Zahlreiche Presseberichte zeigen das erschreckende Ausmaß, in dem in Polen Tiere illegal und tierqualerisch gehandelt und transportiert werden Internationale Zusammenarbeit, wie z B die mit der Akademie für Tierschutz in München, ist unerlaßlich, um dem Handel Einhalt zu gebieten und die Ruckkehr der Tiere in ihren natürlichen Lebensraum zu gewahrleisten Erstens bedarf es dazu der Aktualisierung und Vereinheitlichung der gesetzlichen Vorschriften auf diesem Gebiet in allen europaischen Staaten Zweitens ist eine administrative und gesellschaftliche Aktivitat vonnoten, die diesem Phanomen entgegenwirkt.

Versuchstiere im Dienste der Wissenschaft und im didaktischen Prozeß

Der Einsatz von Versuchstieren zu Lehrzwecken an den polnischen Hochschulen gleicht dem in anderen europaischen Landern Das Problem ruft gesellschaftliche Reaktionen hervor, wie z.B. entsprechende Aktivitaten der Tierschutzorganisationen, der Massenmedien sowie von Wissenschaftlern und Studenten mancher Hochschulen Die Kontrollen der wissenschaftlichen Institute durch gesellschaftliche Organisationen werden nicht professionell durchgeführt, sie rufen Konflikte hervor und sind selten erfolgreich Versuchstiere werden leider noch von vielen Forschern als Sache betrachtet Durch routinemaßige, oft wiederholte Eingriffe an Tieren stumpfen viele in ihrer Sensibilitat dem Leid gegenuber ab Das ist eine sehr negative Erscheinung, bei der das Engagement auf dem Gebiet der wissenschaftlichen Problematik und der Wissensdurst den humanistischen Aspekt beiseitedrängen. Das grundlegende Argument der Menschen, die an ethischen Normen rütteln, lautet: "Den Fortschritt darf man nicht hemmen, da er ein natürliches Phänomen im Evolutionsprozeß ist." Wir vergessen leider oft, daß dem Fortschritt Schranken gesetzt werden müssen, damit der Welt die von der Natur gestalteten Strukturen erhalten bleiben. Ohne sie wird die Natur niemandem mehr dienen können. Der Tierschutz, der im Dienst der Wissenschaft steht, spiegelt einen gewissen Grad ökologischen Bewußtseins wider, das mit unterschiedlicher Geschwindigkeit in der Gesellschaft heranreift. Um dem Dehumanisationsprozeß in Wissenschaft und Didaktik Einhalt gebieten zu können, muß man dessen Ausmaß objektiv beurteilen und eine effektive Vorsorge treffen. Es wäre unserer Ansicht nach motivierend, eine Expertengruppe im Rahmen der Ministerien für Bildung und Gesundheitswesen einzusetzen, die professionell die Moglichkeiten der wissenschaftlichen Institute bei der Durchführung von Tierversuchen einschätzen konnte. Untersuchungsgegenstand wäre unter anderem die technische Ausstattung und Schulung der Mitarbeiter, letzteres besonders im Bereich des Bewußtseins Die Expertengruppe würde durch entsprechende internationale Strukturen unterstutzt

Die wissenschaftliche und didaktische Tatigkeit, deren Objekt die Tiere sind, kann man an vielen Hochschulen in Polen antreffen Sie betreffen Land-, Wasser- und Zuchttiere sowie freilebende Tiere

Besteht denn heutzutage die Notwendigkeit, auf so viele Tiere wahrend der didaktischen Ubungen zuruckzugreifen (tausende von Froschen und einigen anderen Labortieren werden jährlich an einer Universitat verwendet)? Der Einsatz der Filmtechnik in der Didaktik hat trotz vereinfachender Errungenschaften die Demonstration an lebendigen physiologischen Prozessen nicht im erwarteten Maß eliminiert. Die Physiologieubungen haben zum Ziel, den Studenten mit jenen Prozessen vertraut zu machen, die im Organismus ablaufen. Ihre Aufgabe besteht jedoch nicht darin, die manuellen Techniken bei der Durchführung von Experimenten zu vervollkommnen Die Moglichkeit der vielfachen, filmisch aufbereiteten Beobachtung aus verschiedenen Blickwinkeln, in Zeitlupe und Zeitraffer, mit Hilfe von animierten und erläuternden Schemata sowie von verbalen Kommentaren ist didaktisch gesehen besser als die traditionelle Form Tausende von Tieren konnten so jährlich dem Tod in akademischen Zentren entgehen. Bedingung dafür ist eine hohe Qualität und Aktualität der didaktischen Lehrmittel. Die Produktion des audiovisuell aufbereiteten, didaktischen Materials, das für den Physiologieunterricht von Studenten der Landwirtschaftlichen Akademie, der Akademie für Medizin und der Universitat vorgesehen ist, haben wir im vergangenen Jahr in Angriff genommen Wir betrachten diese Arbeit als einen langjährigen Prozeß, der - ähnlich wie Skripten oder Lehrbücher - je nach dem Einfluß neuer Informationen einer Aktualisierung bedarf. Wir bemühen uns um die Verbreitung der bearbeiteten Hilfsmittel an osteuropäischen Hochschulen und bieten ihnen unsere Hilfe in diesem Bereich an. Mit Freude haben wir das Angebot zur Zusammenarbeit und zum Informationsaustausch der Akademie für Tierschutz in München angenommen Auf der Suche nach Sponsoren haben wir das Projekt für die Produktion von Filmmaterial an die *Commission of the European Communities, Scientific and Technical Cooperation with Central and Eastern European Countries* in Brussel weitergeleitet

Den didaktischen Prozeß und die wissenschaftlichen Untersuchungen im Bereich der Umwelt sowie der Tierwelt haben wir mittels einer funktionalen Integration (ohne strukturelle und administrative Anderungen) an allen Hochschulen in Stettin aufgenommen. Dies wird die komplexe Ausnutzung des wissenschaftlichen Potentials ermöglichen, angefangen bei humanistischen Problemen, die von der Universität, dem Geistlichen Seminar und der Hoheren Schule für Musik erörtert werden, über den Schutz der menschlichen Gesundheit durch die Akademie für Medizin, den Schutz von Erde, Wasser, Luft, Pflanzen und Tieren durch die Akademie für Landwirtschaft, den Meeresschutz durch die Hochschule für Seefahrt, bis zur Lösung technischer Fragen durch die Technische Hochschule. Wir hoffen, daß die integrierte Tatigkeit, ausgehend von der Humanisierung jeder wissenschaftlichen Richtung und von der maximalen Ausnutzung des intellektuellen Potentials sowie der technischen Ausstattung aller Hochschulen der Stadt dazu führt, daß der Einsatz von Tieren im Erkenntnis- und im didak-tischen Prozeß auf den tatsächlichen Bedarf reduziert wird

Es besteht auch weiterhin ein Unterschied in der Berufshaltung zwischen Medizinern und Tierarzten, der sich nicht auf ihr Wissen bezieht, sondern auf die ethischen Normen, die dem Menschen eine einzigartige Bedeutung verleihen: Nur der Mensch ist fähig, gesellschaftliche Interessen den individuellen Interessen unterzuordnen. Eine solche Erscheinung konnte bis dato in der Tierwelt nicht festgestellt werden, wo die Anpassung aller Organismen das Überleben und die Entwicklung der Gattung sichern sollen. Es ist dies eines von vielen ethischen Problemen, wenn man von einer subjektiven Auffassung der Tiere ausgeht

Die Schlußfolgerungen

Das Tempo der sozialen Veranderungen macht eine engere internationale Zusammenarbeit im Bereich des Tierschutzes unumganglich Notwendig sind.

1 eine Novellierung der Gesetze in allen europaischen Staaten gemaß dem aktuellen sozialen Bedarf
2. Bildungstatigkeit
   a. im Programm der Massenmedien
   b. in Lehrprogrammen angefangen bei Grundschulen bis zu Hochschulen (d h Humanisierung aller Studienrichtungen)
   c in der Tätigkeit aller gesellschaftlichen Organisationen (z B Gesellschaft für Tierschutz) und Jugendorganisationen wie z B Pfadfinderbewegungen
   d beim Einsatz neuer didaktischer Methoden (Video etc)
   e bei der weiteren Entwicklung eines weltweiten wissenschaftlichen Informationsaustausches, der die unbegründete Vernichtung von Tieren z B durch die Einführung alternativer Methoden verhindert
3 funktionale Integration der wissenschaftlichen Forschungen und der Didaktik (im Bereich des Tierschutzes in akademischen Kreisen)
4 Einrichtung einer staatlichen Kontrollorganisation (Expertengruppen in den Ministerien für Bildung und Gesundheitswesen) zur Uberprüfung der Bedingungen bei Experimenten mit Tieren in wissenschaftlichen Instituten und in der pharmazeutischen Industrie

Der Mensch sieht sich im auslaufenden 20 Jahrhundert mit großen Widerspruchen konfrontiert Die evolutionsbedingte Entwicklung der menschlichen Gattung gleicht einer oszillierenden Spirale, bei der man positive und negative Phasen beobachten kann Je nach ansteigender Tendenz hin zu ethischen Idealen nehmen die positiven Phasen verschiedene Formen an Sie erscheinen als religiose, ethische und philosophische Regeln, die dem menschlichen Zusammenleben Gestalt verleihen, von kleinen Gruppen bis hin zu internationalen Gemeinschaften Wir stehen am Beginn einer solchen positiven Phase, namlich einer Tendenz zur Synthese verschiedener Wissenschaftsbereiche Das Integrationsstreben thematisch voneinander entfernter Fachgebiete kristallisiert sich im Streben nach dem Schutz der Umwelt und eines ihrer Teilbereiche - namlich der Tierwelt - als Bedingung für unsere weitere Existenz

Diese Integration ist nur durchführbar unter Einbeziehung der humanistischen Wissenschaften, allen voran der Philosophie und der Ethik Diese mussen in das gesellschaftliche Bewußtsein mit Hilfe aller Mittel der Informationsubermittlung Einzug finden Der Schutz des eigenen Lebens ist nicht durch die Beteiligung des Bewußtseins bedingt Er folgt dem Selbsterhaltungstrieb Der Schutz des Lebens anderer hingegen macht den Einsatz des Bewußtseins notwendig, das von gesellschaftlichen Bedingungen beeinflußt wird und das uns den Wert des Lebens vor Augen führen kann Und gerade dies sollte alle Disziplinen der Wissenschaft miteinander vereinigen. Schweitzer hat einmal gesagt: "Es kommt der Augenblick, in dem die Menschen darüber in Erstaunen versetzt werden, daß die Menschheit so lange gebraucht hat, um zu begreifen, daß die sinnlose Vernichtung von Leben nicht mit Ethik vereinbar ist."

Viele tausende von Jahren reifte das Bewußtsein heran, daß das Leben eines Individuums von anderen Individuen abhängig ist. Dies ist der Maßstab für das Niveau der menschlichen Evolution

Aus dem Polnischen übersetzt von Fr KATARZYNA STASZCZYK, Inst. f. Übersetzer- und Dolmetschausbildung, Universität Wien, adaptiert von Fr. BARBARA DERMAN, Tierforschungsanlage Konstanz.

Tierschutzorientierte Labortierethologie in der Tiermedizin und in der Versuchstierkunde - ein Beitrag zum Refinement bei der Haltung von und im Umgang mit Versuchstieren

M. Stauffacher

Zusammenfassung

Die tierschutzorientierte Labortierethologie ist eine neue Richtung der Ethologie. Forschungsschwerpunkt ist das Erarbeiten von naturwissenschaftlich nachvollziehbaren und reproduzierbaren Grundlagen zur Beurteilung der Tiergerechtheit von Haltungsformen und zur Entwicklung tiergerechter Haltungskonzepte und neuer Haltungsnormen. Untersucht werden die Verhaltenssteuerung sowie die unmittelbaren und mittelbaren Auswirkungen des Verhaltens für das Tier und dessen räumliche und soziale Umgebung. In restriktiver Haltung auftretende Störungen des Verhaltens werden in Beziehung gebracht zu streßphysiologischen Veränderungen, morphologischen Schäden und klinisch-somatischen Dysfunktionen.

In der vorliegenden Arbeit wird die Bedeutung der tierschutzorientierten Ethologie für die Ausbildung und für die Tierschutzforschung in der Tiermedizin und in der Versuchstierkunde diskutiert. Dem *Refinement* bei der Haltung und im Umgang mit Labortieren sind grundsätzlich keine Grenzen gesetzt. Haltungsnormen sind dagegen verbindliche minimale Grenzwerte, die unter dem Aspekt des Tierschutzes eine tiergerechte Haltung erlauben sollten. Konsensfähiges *Refinement* der Haltungsnormen setzt differenzierte und belegte ethologische Kenntnisse der Labortierarten und -stämme voraus. Ein beim *Refinement* der Haltung und des Umgangs mit Versuchstieren verbreitet angewandter intuitiv-empirischer Forschungsansatz bringt große Probleme bei der Interpretation der Befunde. Er wird einem zoologischen Forschungsansatz gegenübergestellt, der eine wissenschaftliche Entwicklung tiergerechter Haltungskonzepte und Haltungsnormen ermöglicht.

1. Einleitung

Im Bemühen um eine Beschränkung der Tierversuche auf das unerläßliche Maß stand lange Zeit, von den 3 R, *replace*, *reduce* und *refine*, geprägt, der Ersatz von Tierversuchen durch Alternativmethoden sowie die Verminderung der in Versuchen eingesetzten Tierzahlen im Vordergrund. Die Zahl der in bewilligten Versuchen eingesetzten Tiere nahm z.B. in der Schweiz zwischen 1983 und 1991 von 1 992 794 auf 927 210, d.h. um 53,5%, ab (Tierversuchsstatistik 1991, 1992), und bei der Entwicklung und Validierung von Ersatz- und Ergänzungsmethoden zum Tierexperiment wurden innerhalb weniger Jahre große Fortschritte erzielt (z.B. SCHÖFFL H. et al., 1992). Der Mensch unseres Kulturkreises strebt nach garantierter

Sicherheit und "kaufbarem" Wohlbefinden, was von Wirtschaft und Politik gefordert wird. Obschon Forschung und Information über Ersatzmethoden zweifellos noch stark intensiviert werden könnten und sollten, wird auch in Zukunft nicht vollständig auf den Einsatz von Tieren in der biomedizinischen Forschung und bei der Prüfung von Medikamenten und Substanzen verzichtet werden können. Dem *Replacement* und der *Reduction* sind somit Grenzen gesetzt, es ist z.B. davon auszugehen, daß sich der Trend zu einer Verflachung der Abnahmekurve bei den Tierzahlen zukünftig noch verstärken wird (VOGEL R., 1992).

Beim *Refinement* im Umgang und bei der Haltung von Versuchstieren sind die Erfolge oft weniger klar ersichtlich als bei *Replacement* und *Reduction*. Mit Bezug auf den Tierschutz kommt dem *Refinement* trotzdem größte Bedeutung zu. Alle Tierschutzgesetzgebungen dienen dem Schutz des Individuums. Unter *Refinement* können alle Maßnahmen verstanden werden, die zu einer Reduktion der Belastung des Tieres durch die Zucht- und Vorratshaltung, durch das *Handling*, durch den Transport, durch das Experiment und durch die Tötung führen. Da Versuchstiere speziell für die Durchführung von Tierversuchen gezüchtet und gehalten werden, und die Zeit vor und nach dem Experiment bei wenig oder nicht belastenden Untersuchungen für das Tier größere und langerfristige Einschränkungen bringen kann als der Versuch selbst, umfaßt ein Tierversuch unter dem Aspekt des Tierschutzes die ganze Lebensspanne eines Individuums, von dessen Geburt bis zu dessen Tod. *Refinement* kann zu jedem Zeitpunkt einsetzen.

Refinement ist, zumindest vordergründig und kurzfristig betrachtet, häufig nicht kosten- und zeitsparend. *Refinement* setzt darum eine hohe Bereitschaft der mit Versuchstieren arbeitenden Personen zu tierschutzrelevanten Verbesserungen voraus. Tierschutz ist als Anliegen ethisch-moralisch, d.h. vom Menschen her, begründet. Was das Tier zu seinem Schutz bzw. für eine Reduktion der Belastung durch die Tiernutzung braucht, ist dagegen biologisch, d.h. vom Tier her, zu begründen. Ein vertieftes Verständnis der spezifischen Ansprüche und Bedürfnisse des Tierorganismus ist Grundlage für einen tiergerechten Umgang des Menschen mit dem Tier. Tierverständnis ergibt sich aus dem intersubjektiven Wissen über Tiere und aus der subjektiven Erfahrung mit Tieren. Aufgabe der tierschutzorientierten Labortierethologie ist es, zoologisches Wissen über die verschiedenen Versuchstierarten und -stämme nachvollziehbar und überprüfbar zu erarbeiten und auf tierschutzrelevante und praxisbezogene Fragestellungen anzuwenden. Dies mit Schwerpunkt *Refinement* bei der Haltung und Zucht sowie im Umgang mit Versuchstieren. Aufgabe der Labortierethologie ist auch, Kenntnisse über normale und gestörte Tier-Umwelt-Wechselwirkungen zu vermitteln und Interesse und Verständnis dafür zu schaffen, daß jedes Tiermodell an einen Tierorganismus gebunden ist, der für seine genetisch angelegte Entfaltung eine adäquate räumliche und soziale Umgebung braucht. Damit kann die Labortierethologie dazu beitragen, Tierschutzanliegen im Bereich Versuchstiere vermehrt so anzugehen, daß die subjektiven Vorstellungen über einen "menschengerechten Tierschutz" durch wissenschaftliche Aussagen zu einem "tiergerechten Tierschutz" ersetzt werden und so tierbezogenes *Refinement* gefördert wird.

2. Fragestellungen und Zielsetzungen der tierschutzorientierten Ethologie

Die Verhaltenswissenschaft bzw. die Ethologie ist ein zoologischer Fachbereich. Während die Tiermedizin vorwiegend diagnostisch, d.h. über die empirische Zuordnung bestimmter Verhaltenssymptome zu bestimmten Störungen, vorgeht (und diese dann therapeutisch zu beheben versucht), ergründet die Zoologie auf dem Fundament der Phylogenese und der Ontogenese die kausalen Mechanismen der Verhaltenssteuerung sowie die funktionale Bedeutung von Verhaltensstrategien.

In der wertungsfreien ethologischen Grundlagenforschung interessieren Fragen wie: Wie wird Verhalten ausgelöst? Wie wird Verhalten gesteuert und koordiniert? Wie wird Verhalten optimiert? Welche Mechanismen und Strategien ermoglichen ein erfolgreiches Zusammenleben von Artgenossen? Wie entwickelt sich Verhalten wahrend der Ontogenese? Im Zentrum der Forschung stehen die vom Menschen intersubjektiv wahrnehmbaren spontanen oder reaktiven Verhaltensmuster und Verhaltensanderungen des Tierindividuums, also Stellungen, Bewegungen, Lautäußerungen und Farbanderungen Dies im Bewußtsein, daß das Geschehen im Tier (Anatomie, Physiologie, Neurologie, Endokrinologie, Genetik und Parasitologie) und in der Tierumgebung (Okologie, Populationsdynamik) direkt auf das Verhalten einwirkt

Die anwendungsorientierte Ethologie ist dagegen nicht frei von Wertungen und Bewertungen Unter okonomischen Gesichtspunkten tragt eine raumliche, zeitliche, fütterungstechnologische, raumklimatologische und hormonale Steuerung des Verhaltens zu einer Steigerung der gewunschten "Nutzleistung" (z B hohere und konstantere Fortpflanzungsleistung, geringere Variabilitat bei Wachstum und Gewicht) sowie zu einer Verminderung von Verlusten (z B bessere Tiergesundheit, weniger Aggression) und damit letztlich zu einer Verbesserung der Aufwand-Ertrags-Bilanz bei

In der tierschutzorientierten Ethologie interessieren dagegen die Wechselbeziehungen zwischen Befinden, Verhalten, Korperfunktionen und Haltungsumgebung Wahrend Verhalten und Haltungsumgebung direkt erfaßbar sind, kann auf das Befinden nur uber Analogien und Homologien zum eigenen Erleben geschlossen werden (STAUFFACHER M , 1993) Uber das Ausmaß der Wahrnehmungsfähigkeit und uber das subjektive Erleben von Befindlichkeiten bei Tieren lassen sich aus erkenntnistheoretischen Grunden niemals gesicherte Aussagen machen (BAXTER M R , 1989) So wird es z B letztlich immer verborgen bleiben, in welchem Ausmaß ein Tier Furcht wahrnimmt und was Leiden für ein Tier bedeutet Solange Tierschutz nicht nur das ethisch-moralische Gewissen des Menschen befriedigen, sondern primar dem Tier zugute kommen soll, mussen an die Tiere diejenigen Fragen gestellt werden, die sie auch eindeutig beantworten konnen Schadenstrachtige Verhaltensanderungen oder Verhaltensstorungen, die direkt mit bestimmten Eigenschaften einer intensiven Tiernutzung in Zusammenhang stehen, sind feinste Indikatoren für tierschutzrelevante Probleme Sie treten neben den methodisch und technisch aufwendiger bestimmbaren streßphysiologischen Veranderungen (MANSER C E , 1992) haufig weit fruher auf als morphologische Schaden oder klinisch-somatische Dysfunktionen. Storungen des Verhaltens und der Physiologie sowie morphologische Schaden und klinisch-somatische Dysfunktionen sind im Gegensatz zu Befindlichkeiten naturwissenschaftlich erfaßbare und quantifizierbare Parameter Uber das Bestimmen, Erfassen und ursachliche Beheben von als tierschutzrelevant erachteten Storungen, die zweifellos oft mit einer Beeintrachtigung des subjektiven Befindens durch eine ungeeignete Umgebung verbunden sein konnen, wird ein positiver Beitrag zum Wohlergehen der Tiere geleistet, ohne daß das Befinden selbst Forschungsgegenstand ist

Schwerpunkt der tierschutzorientierten Ethologie ist zum einen die Prufung und zoologische Beurteilung der Tiergerechtheit von praxisublichen Haltungssystemen (STAUFFACHER M , 1992a) Zum andern sollen aus der Kenntnis der Umgebungsanspruche der Labortiere tiergerechte Haltungskonzepte abgeleitet werden, die dann zu neuen praxistauglichen Haltungssystemen und verbesserten Haltungsstandards führen konnen (STAUFFACHER M , 1992b) Daruber hinaus leistet die tierschutzorientierte Labortierethologie auch Beitrage zu einem tierbezogenen *Refinement* von experimentellen Methoden (z B in der Neuropharmakologie oder in der Verhaltenstoxikologie) sowie von *Handling* und Betreuung

Das Erarbeiten von Beurteilungsgrundlagen und Haltungskonzepten verlangt ein vernetztes Vorgehen Der Anspruch, Tierorganismus und Tierumgebung als "Ganzheit" zu erfassen, erfordert komplexe methodische Konzepte, in denen das Zusammenwirken von ethologischen, streßphysiologischen und klinisch-somatischen Parametern berucksichtigt wird (STAUFFACHER M , 1993) Das noch neue Gebiet der tierschutzorientierten Labortierethologie (STAUFFACHER M , 1992c) geht somit uber den Tatigkeitsbereich der ethologischen Grundlagenforschung hinaus und versteht sich als Integrationsfach verschiedener zoologischer und veterinarmedizinischer Disziplinen im Hinblick auf den ethisch motivierten Schutz von Tieren Der Begriff

"Ethologie" steht im Sinne der griechischen Wortbedeutung ("Lehre von den Sitten und Gebräuchen" der Tiere) und weist auf die gesamtheitliche Betrachtungsweise von Organismus und Umwelt hin.

3. Zur Bedeutung der Ethologie für die Tiermedizin und die Versuchstierkunde

3.1. Status quo in der Tiermedizin und in der Versuchstierkunde

In der Tiermedizin ist die Beobachtung des Verhaltens eines Tieres wesentlicher Bestandteil der Diagnostik und der Therapie sowie der experimentellen Forschung. Besondere Bedeutung kommt dem Verhalten in der Präventivmedizin zu. Gerade unter dem Aspekt des Tierschutzes ist das ursächliche Erkennen und Beheben, d.h. das Verhindern von haltungs- und züchtungsbedingten Störungen, Krankheiten und Schäden, viel angezeigter als das Bekämpfen von Symptomen durch medikamentöse Therapien und invasive Behandlungen und Eingriffe Tierärztinnen und Tierärzte sind aber auch dann meistens erste Ansprechpartner, wenn es gilt, Tierhaltungen unter dem Aspekt des Tierschutzes auf Gesetzeskonformität zu überprüfen, die Belastung, die einem Tier durch ein Experiment entsteht, zu bewerten oder neue gesetzliche Vorschriften auszuarbeiten.

Die Versuchs- bzw Labortierkunde ist ein Teilgebiet der Veterinärmedizin. Sie war über die letzten paar Dekaden geprägt von der Entwicklung, Erhaltung und Verfeinerung von standardisierten Tiermodellen. Die Schaffung des SPF-Staus (SPF = *specific pathogen free*) und damit verbunden einer immer verfeinerteren Züchtungs-, Haltungs- und Fütterungstechnolo-gie hat zweifellos wesentlich zu den Erfolgen in der biomedizinischen Forschung beigetragen. Doch wo blieb dabei das Tier? Der Begriff "Tiermodell" besteht aus zwei Worten, "Tier" und "Modell". Ein "Tier" ist gekennzeichnet durch Heterotrophie, d.h. eine lebenserhaltende aktive Auseinandersetzung mit der Umwelt mittels Verhalten, woraus ein komplexes Netz von Wechselwirkungen entsteht. Als "Modell" wird die vereinfachte Darstellung der Funktion eines Sachverhaltes bezeichnet, die eine Erforschung erleichtert oder z.T. erst möglich macht. Kurz: Tier gleich Komplexitat und Modell gleich Vereinfachung. Komplemente, die sich gegenseitig ausschließen sollten, die jedoch im Tierversuch untrennbar miteinander verbunden sind. Daß das Individuum nicht nur lebender Träger eines Modells ist, sondern als interagierendes Subjekt auch eigene, art- bzw. stammesspezifische Ansprüche an seine räumliche und soziale Umgebung hat, wurde über lange Zeit nur soweit zum Forschungsgegenstand, als deren Befriedigung oder Nichtbefriedigung Störfaktoren im Experiment sein könnten. Nach jahrzehntelangen erfolgreichen Bemühungen um die Standardisierung des "Modells" rückt in den letzten Jahren aus dem zusammengesetzten Wort "Tiermodell" immer mehr der Teil "Tier" ins Zentrum der Aufmerksamkeit Dies nicht zuletzt auf Druck der Öffentlichkeit. Zum andern entsteht aber auch bei den Forschenden selbst aus einem persönlichen, ethisch-moralischen und fachspezifischen Unbehagen heraus ein zunehmendes Interesse am Labortier als "Wesen".

Mit Bezug auf den Tierschutz sollte eine fundierte ethologische Ausbildung und Forschung in der Tiermedizin und in der Versuchstierkunde noch stärker gefordert und gefördert werden. Bisher wird Ethologie an vielen veterinärmedizinischen Fakultäten nur am Rande und oft als prüfungsfreies Wahlfach gelesen. Die mit der Lehre und Ausbildung betrauten Personen sind fast ausschließlich Tierärztinnen und Tierärzte, die sich, meist nebenbei, über Selbststudium in das Gebiet der Ethologie eingearbeitet haben. Dies äußert sich nicht nur in der Lehre sondern teilweise auch in der veterinär-ethologischen Forschung, die sich oft auf eine rasche Lösung von spezifischen Problemen der Haltungspraxis und des Tierschutzes konzentriert, ohne sich um die biologischen und methodischen Grundlagen der Problemlösung zu kümmern. Eine sehr restriktive und reduktionistische Wahl von einfachen Parametern und deren Erfassung mit oft veralteten Methoden kann zwar auch zu hochsignifikanten Ergebnissen führen; ihr Aussagewert bezogen auf das Wohlergehen des Tieres ist jedoch beschränkt bis irreführend, wie unter Punkt 5.1 dargestellt wird Wegen solcher theoretischer und methodischer Mängel hat sich die zoologisch-ethologische Grundlagenforschung lange deutlich von der anwendungsorientierten Ethologie distanziert Dies forderte den Umstand, daß angewandt-ethologische Untersuchungen vorwiegend in der Tiermedizin (und den Agrarwissenschaften) durchgeführt werden und ein interdisziplinärer Gedankenaustausch nur sehr zögernd stattfindet Das ist eine für Lehre und Forschung unbefriedigende Situation, die nur über eine breiter abgestützte Akzeptanz und Förderung der Ethologie als eigenständiges Lehrfach der Tiermedizin sowie unter Einbezug von zoologisch ausgebildeten Fachleuten geändert werden kann

3.2. Thesen zur Lehre, Ausbildung und Forschung in tierschutzorientierter Labortierethologie

Tierschutzanliegen müssen verstanden werden, wozu ein biologisch begründetes Tierverständnis notwendig ist Nur so ist gewährt, daß Tierschutz-Vorschriften sinnvoll erlassen und korrekt in die Praxis umgesetzt werden. Oder anders gesagt. Nur über eine Verbindung der Kenntnisse aus Tierhaltung und Tierzucht sowie aus Hygiene und Fütterungskunde mit zoologischem und insbesondere ethologischem Wissen lassen sich die vordergründig so einfach zu bejahenden Grundsätze von Tierschutzgesetzgebungen und ethischen Richtlinien auch wirklich realisieren (STEIGER A., 1992) In Tabelle 1 sind zusammenfassend sechs Thesen zur Lehre, Ausbildung und Forschung in tierschutzorientierter Labortierethologie zusammengestellt, die an anderer Stelle ausführlich begründet und diskutiert worden sind (STAUFFACHER M., 1992c)

Tabelle 1 Thesen zur Lehre, Ausbildung und Forschung in tierschutzorientierter Labortierethologie

1 *Tierschutz* ist als Anliegen ethisch-moralisch (vom Menschen her) begründet Was das Tier zu seinem Schutz braucht, ist dagegen biologisch (vom Tier her) zu begründen.

2 *Ethologie* (= Verhaltensforschung) ist ein Teilgebiet der Zoologie Ihre Terminologie, Methoden und theoretischen Grundlagen sind naturwissenschaftlich Die Ethologie beschäftigt sich mit dem spontanen und reaktiven Verhalten (Stellungen, Bewegungen, Lautäußerungen und Farbänderungen), d h mit der intersubjektiv wahrnehmbaren Auseinandersetzung des Organismus mit der Umwelt Sie erforscht die Mechanismen der Verhaltenssteuerung (Kausalität) und den Erfolg von Verhaltensstrategien (Funktionalität)
Verhalten geschieht in Raum und Zeit. Es ist eng verknüpft mit morphologischen Strukturen, physiologischen Prozessen und Umgebungseinflüssen und kann nicht losgelöst von Ontogenese und Phylogenese verstanden werden.

3 *Tierschutzorientierte Forschung in Labortierethologie* ist interdisziplinär Sie untersucht die Wechselbeziehungen zwischen Befinden, Verhalten, Körperfunktionen und Haltungsumgebung. Während auf das Befinden nur über Analogien und Homologien geschlossen werden kann, sind umgebungsbedingte Veränderungen des Verhaltens und der Physiologie (z.B "Streßhormone") sowie morphologische Schäden und klinisch-somatische Dysfunktionen naturwissenschaftlich erfaßbar und quantifizierbar.
Tierschutzorientierte Forschung ist nur effizient, wenn sie in fachübergreifende und langfristige Forschungskonzepte integriert ist

4 *Labortierethologische Lehre an Hochschulen* ist Grundlage für die Forschung und Voraussetzung für wissenschaftlich begründbare Entscheidungen in der Praxis Sie hat über die Vermittlung von Fachwissen hinaus ein biologisch begründetes Tierverständnis zum Ziel Sie sollte darum (neben der Zoologie) integraler Bestandteil der praklinischen Ausbildung in der Veterinärmedizin werden, dies als Grundlage für die biomedizinische Forschung an Tieren und für die tierärztliche Prophylaxe

5 *Aus- und Weiterbildung von Versuchsleiter/innen, Behörden, Tierpflege- und Laborpersonal in tierschutzorientierter Ethologie* fördern den tiergerechten Umgang mit dem Tier sowie das Verständnis für Maßnahmen, die zum Schutz des Tieres ergriffen werden müssen.

6 *Öffentlichkeitsarbeit* (Kongreßbeiträge, Publikationen, Kommissionsarbeit, populärwissenschaftliche Umsetzung) ist Voraussetzung für die Akzeptanz und die praktische Realisierung der wissenschaftlich begründeten Tierschutzanliegen und damit der letztlich entscheidende Beitrag der Wissenschaft zum Tierschutz

4. *Refinement* und Tiergerechtheit

Refinement ist ein kontinuierlicher Prozeß, der niemals abgeschlossen ist. Die Bestrebungen zum *Refinement* bei der Haltung von und im Umgang mit Versuchstieren sind groß, beschränken sich aber häufig auf interne Verbesserungen an Institutionen der Industrie und der Hochschulen. Dies bringt zur Zeit eine große Variabilität zwischen den Institutionen und führt zu Befürchtungen, daß damit die Normierung bzw. Standardisierung der Haltungsregeln, die eine Wiederholbarkeit und Vergleichbarkeit von tierexperimentell gewonnenen Befunden gewährleisten soll, in Frage gestellt ist (MILITZER K., 1992).

Wahrend den Verbesserungen beim *Refinement* grundsätzlich keine Grenzen gesetzt sind, wird von den gesetzgebenden Behörden erwartet, daß sie Grenzwerte festlegen, d h. Minimalanforderungen an die Haltung von Versuchstieren (und an die Fähigkeiten des Personals) erlassen Gesetzliche Vorschriften sind dann einfach handhabbar, wenn sie sich auf direkt meßbare Größen beziehen (z.B. Käfig- und Gehegeabmessungen, Besatzdichten, Schadgaskonzentrationen, Lichtintensität). Viel schwieriger ist die Umsetzung von qualitativen Vorschriften (z.B Käfigstrukturierung, Verträglichkeit und Gruppenzusammensetzung, Sorgfaltspflicht und Ausbildung von Tierpflegepersonal, Versuchsleiter/innen usw.). Insbesondere bei Tierarten, die in sehr großen Zahlen für Versuchszwecke gehalten werden, z B. bei Ratten, Mäusen, Hamstern, Meerschweinchen, Kaninchen und Hunden, wurden die gesetzlichen Mindestanforderungen (z.B. Richtlinie des Rates der Europäischen Gemeinschaft, 1986) dann weitgehend zu konsensfähigen Haltungsstandards (Empfehlungen der GV-SOLAS, 1988; POOLE T.B., 1989).

Mit Bezug auf die Auslegung der allgemeinen Haltungsvorschriften der Tierschutzgesetzgebungen sowie im Hinblick auf anstehende Gesetzesrevisionen werden Begriffe wie "artgerecht" und "tiergerecht" immer wieder in die Diskussion eingebracht und dabei, je nach persönlichem Standpunkt, mit unterschiedlichen Inhalten gefüllt "Artgerecht", "artgemäß", "tiergerecht" und "verhaltensgerecht" sind Begriffe, die nicht aus der Biologie stammen, sondern in der Umgangssprache zur Umschreibung bestimmter, unter dem Aspekt des Tierschutzes anzustrebender Umgebungsqualitäten geschaffen wurden. Das Streben nach "Artgerechtheit" impliziert eine ethisch-moralische Grundhaltung des Menschen gegenüber den vom ihm gehaltenen und genutzten Tieren.

Alle Tierschutzgesetze haben den Schutz und die Sorgfaltspflicht gegenüber dem einzelnen Individuum zum Inhalt. Arterhaltung bezieht sich dagegen grundsätzlich auf Populationen wildlebender Tiere und ist Gegenstand von Naturschutzgesetzen und Artenschutzabkommen. Ein Individuum zeigt immer nur einen Ausschnitt aus dem Verhaltenspotential einer Population, welchen, ist abhängig von der aktuellen raumlichen und sozialen Umgebung sowie von den Bedingungen während der Ontogenese. Dies gilt für Wildtiere ebenso wie für domestizierte Tiere Eine künstliche, d h. vom Menschen geschaffene, räumliche und soziale Umgebung kann und muß darum nicht "artgerecht" sein; sie muß dem Individuum gerecht werden, also "tiergerecht" sein

Der Begriff "artgemäß" impliziert, daß es auch ein übergeordnetes "artspezifisches" Verhalten gibt. Domestizierte Tiere werden in einer Vielzahl von Rassen und Stämmen gezüchtet, die sich im Phänotyp oft beträchtlich unterscheiden. Hinzu kommen neben Hybriden und Defektmutanten in den letzten Jahren in zunehmender Zahl transgene Tiere und Chimären. Von verschiedenen Autoren wird davon ausgegangen, daß es gelungen sei, das Verhalten, z.B. von Labormäusen und Laborratten, genetisch an die restriktiven und standardisierten Haltungsbedingungen anzupassen (z B. HERRE W und ROHRS M., 1990; HORTER M , 1986). Durch gezielte Selektion war es zweifellos möglich, die Bandbreite in der Ausprägung von Verhaltensmustern bezogen auf Häufigkeit und Intensität zu reduzieren. Vergleichende Untersuchungen an vielen Haustieren zeigen jedoch, daß das Verhalten der domestizierten Tiere dem der wildlebenden Stammformen qualitativ, d.h. bezogen auf die Verhaltensmuster und auf die Verhaltenskoordination, weitgehend entspricht (FRASER A F und BROOM D M., 1990, SAMBRAUS H.H , 1991). Dies unter der Voraussetzung, daß die Tiere die Möglichkeit haben, ihr Verhalten während der Ontogenese in einer reichhaltigen räumlichen und sozialen Umgebung auszuformen (STAUFFACHER M , 1992d). Obschon zwischen Rassen bzw. Stammen zum Teil erhebliche Unterschiede in der Ausprägung von Verhaltensweisen auftreten können, ist das Ethogramm durch die Züchtung weitgehend unbeeinflußt geblieben. Vom ethologischen Standpunkt aus ist das Kürzel "arttypisch" bzw "artspezifisch" mit Bezug auf die Verhaltensmuster zulässig.

Muß nun unter dem Aspekt des Tierschutzes gefordert werden, daß die vom Menschen für Versuchszwecke gezüchteten und gehaltenen Labortiere ihr gesamtes genetisch angelegtes Verhaltenspotential ausleben konnen? Brauchen z B. Laborkaninchen ein grabbares Substrat, oder müssen Ratten die Möglichkeit haben zu schwimmen? Oder darf andererseits die "Tiergerechtheit" einer Haltungsumgebung auf ausgewogene Futterdiaten und auf eine Haltungsumgebung, die körperliche Unversehrtheit und hohe Reproduktionsleistung garantiert, reduziert werden? Jede Tiernutzung, bei der Tiere in menschlicher Obhut gehalten werden, bedeutet für das Tier eine erhebliche Einschrankung. "Tiergerechtheit" impliziert eine Bewertung, die in ihrer Durchsetzbarkeit letztlich immer auf breitem Konsens beruhen muß Die Zoologie und im speziellen die Ethologie kann dazu wichtige Entscheidungsgrundlagen bieten Eine Haltungsform ist dann "tiergerecht", wenn die Anpassungsfähigkeit des Individuums nicht uberfordert wird. Uberforderte Anpassungsfähigkeit außert sich in Storungen des Verhaltens, in chronischem Streß, in morphologischen Schaden und in somatischen Dysfunktionen

Die mitteleuropaischen Tierschutzgesetzgebungen verlangen, daß Tieren in menschlicher Obhut nicht ohne vernünftigen Grund Schmerzen, Leiden oder Schäden zugefügt werden dürfen. Überforderte Anpassungsfähigkeit legt immaterielles Leiden bzw. eine Beeintrachtigung des Wohlbefindens nahe, ohne daß dies direkt nachweisbar ist Mit Bezug auf die wissenschaftliche und auf die forensische Handhabbarkeit der Grundsatze der Tierschutzgesetzgebungen ware es darum wunschenswert, wenn die Begriffe "Verhaltensstorungen" (bzw "Storungen des Verhaltens") und "chronischer Streß" von den gesetzgebenden Behorden den gleichen Stellenwert bekamen wie die Begriffe "Schmerzen", "Leiden" und "Schaden". Die Definition für "tiergerechte Haltung" der Schweiz Tierschutzverordnung (1981, Art 1 Abs 1) tragt diesem Anliegen weitgehend Rechnung "Tiere sind so zu halten, daß ihr Verhalten und ihre Korperfunktionen nicht gestort werden und ihre Anpassungsfähigkeit nicht uberfordert wird"

Mit diesen Pramissen lassen sich aus zoologischer Sicht fünf grundsatzliche Anforderungen an eine tiergerechte Haltung von Versuchstieren aufstellen (Tabelle 2), die eine Beurteilung der Tiergerechtheit der Standardhaltung von Labortieren sowie die Entwicklung von tiergerechten Haltungskonzepten mit naturwissenschaftlichen Methoden zulassen Die Umsetzung dieser Anforderungen in die Praxis verlangt, daß die mit Tierschutzaufgaben betrauten Personen auch uber entsprechende zoologische und ethologische Grundlagen sowie über das spezifische methodische Rüstzeug verfügen

Tabelle 2 Zoologische Anforderungen an eine tiergerechte Haltung von Versuchstieren

1. Die raumliche und soziale Tierumgebung muß aus dem gesamten Verhaltensrepertoire zumindest so viele Verhaltensmuster ermöglichen, daß keine Störungen des Verhaltens, kein chronischer Streß, keine morphologischen Schaden und keine somatischen Dysfunktionen auftreten
2. Die Bewegungsmöglichkeiten durfen nicht so eingeschrankt werden, daß daraus Storungen der Bewegungskoordination, eine gestörte Raum-Zeit-Organisation des Verhaltens, chronischer Streß oder korperliche Schaden entstehen
3. Die Tierumgebung ist so zu strukturieren, daß die Tiere sie schadensfrei nutzen konnen [→ Ontogenese, Punkt 5]
4. Sozial lebende Tiere mussen in Gruppen gehalten werden, soweit die Individuen vertraglich sind [→ Ontogenese, Punkt 5] Die Tiere mussen sich ausweichen bzw vermeiden sowie Kontakte immer wieder neu schaffen konnen
5. Wahrend der Ontogenese muß die raumliche und soziale Umgebung das Erlernen pradisponierter Verhaltensmuster mindestens so weit ermoglichen, als sonst im Verlauf des späteren Lebens Storungen des Verhaltens, chronischer Streß oder korperliche Schaden entstehen konnten

Anmerkung
Bei der Auswahl neuer Versuchstierarten (z B Wildtiere) sollte vorgangig immer abgeklart werden, ob sie sich - unter dem Aspekt des Nutzungszwecks - uberhaupt tiergerecht halten lassen Bei Spezialzuchten (Defektmutanten, transgene Tiere usw) ergeben sich tierschutzrelevante Fragen, die nicht direkt mit der Haltung in Zusammenhang stehen Werden Tiere mit spezifischen genetischen Mangeln gehalten, sollte den veranderten Anspruchen durch geeignete Zusatzaufwendungen bei der Haltung und Betreuung Rechnung getragen werden

5. *Refinement* bei der Haltung von Versuchstieren

5.1. Möglichkeiten und Grenzen des intuitiv-empirischen Forschungsansatzes

Obschon auch die Laborhaltung von Primaten, Hunden, Katzen, Frettchen oder Wachteln zu uberprüfen und unter dem Aspekt des Tierschutzes zweifellos zu verbessern ware, besteht kurzfristig der größte Forschungsbedarf bei den Labornagetieren International sind 80-90% aller in Tierversuchen eingesetzten Tiere Nagetiere (großtenteils Mause und Ratten, weniger Meerschweinchen, Hamster, Gerbilis, selten andere) Die Bewertung der Tiergerechtheit der Standardhaltung für Labornagetiere ist kontrovers, weil offensichtliche Parameter für Nicht-Tiergerechtheit, morphologische Schaden und Verhaltensstorungen, nicht bzw oft nur aufwendig nachweisbar sind. Probleme bei der Zucht, z B geringe Fertilitat oder Jungentotung, sind weitgehend auf wenige Spezialstamme (Defektmutanten, Hybriden) beschrankt Die nachfolgenden Ausführungen konzentrieren sich beispielhaft auf Labornagetiere und Laborkaninchen, die allgemeinen, methodischen und theoretischen Aussagen gelten aber auch für die anderen Labortiere sowie für landwirtschaftliche Nutztiere

Die vorgeschriebenen Mindestabmessungen und Besatzdichten für die Haltung von Labornagetieren sind in den verschiedenen nationalen Gesetzgebungen und supranationalen Ubereinkommen weitgehend identisch und gehen auf ein Gutachten von MERKENSCHLAGER M und WILK W (1979) zuruck In den letzten Jahren machten u a MILITZER K (1990), POOLE T B. (1991), SCHARMANN W (1989) und STAUFFACHER M (1992a) deutlich, daß die Standardhaltung von Labornagetieren unter dem Aspekt des Tierschutzes zu uberprufen sei So gibt eine intuitiv geleitete Anreicherung der Haltungsumgebung mit Beschaftigungsobjekten sowie das Angebot größerer und hoherer Wannen Hinweise darauf, daß Labormause und Laborratten eine angereicherte Haltungsumgebung nutzen und im Wahlversuch Strukturierung gegenüber Eintonigkeit grundsatzlich bevorzugen Andererseits provozieren Probleme, wie z T. erhöhte

Aggressivitat gegenuber Artgenossen und Mensch oder das rasch abflauende Interesse von Ratten an neuen Objekten, immer wieder harsche Kritik an solchen Anreicherungsversuchen Ebenso bestehen Befurchtungen, daß in reichhaltiger Umgebung gehaltene Tiere spater durch versuchsbedingte Restriktionen starker belastet wurden und im "Handling" generell schwieriger seien MILITZER K (1992) warnt vor einem ubereilten Vorgehen und weist auf den großen Mangel an differenzierten ethologischen Kenntnissen hin

Wissenschaftliche Untersuchungen zur tiergerechten Haltung von Labornagetieren liegen bisher nur sehr sparlich vor, sie beschranken sich meist auf die experimentelle Untersuchung der Auswirkungen einer Umgebungsvariablen auf einen oder wenige Verhaltensparameter (WURBEL H , 1992) Dazu ein Beispiel zum Raumbedarf von Laborratten Die Tierschutzgesetzgebungen verlangen direkt oder indirekt, daß Tiere so zu halten sind, daß sie ihre normalen Korperpositionen, liegen, sitzen, stehen und sich aufrichten, unbehindert ausfuhren konnen Die Richtlinien des Rates der Europaischen Gemeinschaft (1986) und der GV-SOLAS (1988) sowie die Schweiz Tierschutzverordnung (1981) schreiben fur ausgewachsene Ratten eine minimale Kafighohe von 14 cm vor In der praxisublichen Standardhaltung sind die Kafige 15 cm (Typ III) bzw 19 cm (Typ IV) hoch, ausgewachsene Ratten konnen sich bei diesen Kafighohen nicht (Typ III) bzw nur beschrankt (Typ IV) aufrichten (LAWLOR M , 1984) Es stellte sich darum die Frage, ob Sich-Aufrichten einem Bedurfnis der Ratten entspricht In einer Untersuchung konnte BUTTNER D (1991) zeigen, daß sich Ratten im Mittel wahrend 15% der am Boden registrierten lokomotorischen Aktivitat uber 16 cm bzw wahrend 10% uber 21 cm hoch aufrichten, was ihn zum tierschutzrelevanten Schluß fuhrte, daß Ratten soweit wie moglich in Kafigen zu halten sind, deren Hohe 14 cm deutlich ubersteigt Kafigherstellerfirmen haben diese Erkenntnis rasch umgesetzt und bieten mit dem Hinweis auf Tiergerechtheit erhohte Kunststoff-Wannen (Makrolon) bzw erhohte Gitterdeckel an, die inzwischen von verschiedenen Institutionen der Hochschulen und der Industrie mit teilweise großen Investitionen gekauft worden sind Aus ethologischer Sicht drangt sich die Frage auf, warum bzw wozu sich Ratten in Makrolonkafigen so haufig aufrichten Dies umso mehr, als sich Ratten unter reichhaltig strukturierten, extensiven Haltungsbedingungen eher selten aufrichten, sie nehmen diese Stellung bei sozialen Auseinandersetzungen ein, sowie haufiger dann, wenn sie vermutlich etwas horen, ohne die Lautquelle vom Boden aus orten zu konnen Eine Annahme, die dadurch gestutzt wird, daß Ratten wahrend des Aufrichtens immer intensiv schnuppern Unter diesem Aspekt ist es naheliegend, daß sich Ratten in Makrolonwannen darum so haufig aufrichten, weil sie nur uber den Gitterdeckel olfaktorisch und akustisch orten konnen Das tierschutzrelevante Problem durfte weniger bei der Kafighohe als vielmehr am geschlossenen Makrolonkafig an sich liegen Die Anschaffung von erhohten Makrolon-III-Wannen durfte somit das Wohlbefinden der Ratten nicht oder nur unwesentlich steigern bzw ohne zusatzliche Strukturierung allenfalls noch verringern Fazit Stellungen und Bewegungen sind meistens mit bestimmten Aktivitaten verbunden (Erkundungsverhalten, Nahrungsaufnahme, Komfortverhalten, Ruheverhalten, Sozialverhalten usw) Die vom kausalen und funktionalen Kontext losgeloste Erfassung einer Verhaltensweise laßt keine Aussagen uber deren Bedeutung fur das Tier zu Dies gilt insbesondere dann, wenn damit eine Bewertung der Haltungsumgebung verbunden werden soll Die Notwendigkeit zur Erhohung der Rattenkafige wegen des verhinderten Aufrichtens ist nicht zwingend Andererseits ist jedoch der geschlossene, durchsichtige Makrolonkafig an sich zu hinterfragen Kafignachbarn sind einander z B dauernd optisch exponiert, konnen jedoch nur sehr beschrankt uber den Gitterdeckel kommunizieren

Haltungssysteme sind unter dem Aspekt der experimentellen Tiernutzung meistens minimale Grenzwertsysteme, d h Tiergerechtheit sollte bei moglichst kleinem Raumangebot erreicht werden Eine Erhohung der Rattenkafige durfte sich dann aufdrangen, wenn unter Einbezug der Raum-Zeit-Organisation des Gesamtverhaltens gezeigt worden ist, daß eine Kafigstrukturierung und damit die Nutzung der dritten Dimension fur Bedarfsdeckung und Schadenvermeidung der Laborratten unabdingbar ist Wie das Grenzwertsystem Rattenkafig als Ganzes tiergerecht gestaltet werden konnte und wie allenfalls die gesetzlichen Haltungsstandards zu modifizieren sind, ist zur Zeit noch ebenso unbestimmt wie, wo genau welche Probleme bei der praxisublichen Standardhaltung von Ratten liegen (WURBEL H. und STAUFFACHER M , 1992) Zur Zeit sollte darum auf eine kostenintensive Neuanschaffung von großeren bzw höheren Käfigen für Laborratten (sowie für Labormäuse und Hamster) verzichtet werden, weil daraus wirtschaftliche Sachzwänge entstehen könnten, die später eine wissenschaftlich begründete Verbesserung der Haltungsnormen auf langere Zeit behindern könnten.

Zweifellos kann in der reizarmen Standardhaltung von Labornagetieren als kurzfristig und einfach realisierbare Maßnahme die Zugabe von Beschaftigungsobjekten eine wesentliche Bereicherung der Umgebung darstellen, falls diese Objekte von den Tieren mit dem ihnen zur Verfugung stehenden Verhalten auch funktionsspezifisch genutzt werden können (SCHARMANN W , 1989) So werden z B Kleenexpapier, Stroh oder Heu von Labormäusen und Hamstern zerkleinert und zu Schlafnestern zusammengetragen Grob strukturiertes Futter, z B Korner, Heupreßlinge oder Karotten, wird nicht nur gefressen, es bringt auch Abwechslung und Beschaftigung Große Schwierigkeiten ergeben sich jedoch dann, wenn in einer intuitiv angereicherten Haltung Probleme auftreten (z B erhohte Aggressivitat gegen Artgenossen und Betreuer, chronischer Streß), die dann bezogen auf den Tierschutz bewertet werden (z B BERGMANN P , 1992, HAEMISCH A , 1992)

Dem beispielhaft geschilderten Vorgehen liegt ein Ansatz zugrunde, der als intuitiv-empirisch bezeichnet werden kann (Abb 1) Ausgehend von den Erfahrungen in der Praxis werden Probleme erkannt und mit moglichst einfachen Mitteln zu beheben versucht Die spezifischen Bedurfnisse der Tiere werden vorwiegend aus der Literatur zum Verhalten der Wildform abgeleitet (HORTER M , 1986) Durch punktuelle oder vielfältige Veränderung bzw Anreicherung der Standardumgebung wird danach direkt (an vielen Institutionen der Hochschulen und Industrie) oder im Wahlversuch (z B ERNST C , 1992, PFEUFFER C , 1992) gepruft, ob die zusatzlichen Elemente von den Tieren auch genutzt werden Ist dies der Fall, werden die Veranderungen unter dem Aspekt des Tierschutzes beibehalten und propagiert Treten Probleme auf werden solche Anreicherungsversuche dagegen sehr rasch generalisiert und, mit Bezug auf die selektive Zuchtung von Versuchstieren und die genetische Anpassung, an die restriktive Standardhaltung, abgelehnt Mit diesem raschen, zeit- und kostensparenden Vorgehen lassen sich Erfolge und Mißerfolge nicht wissenschaftlich begrunden Nach MILITZER K (1992) sind solche Untersuchungen als Grundlage für Veranderungen der Haltungsnormen bzw eine Anhebung der gesetzlich geregelten Mindestanforderungen nicht ausreichend

5.2. Zoologischer Forschungsansatz zur Entwicklung tiergerechter Haltungsformen

Im Bestreben um wissenschaftliche Grundlagen zur Bearbeitung von Tierschutzfragen wurden verschiedene zoologische Ansatze entwickelt und durch spezifische Untersuchungen uberpruft. Die ethologische Beurteilung der Tiergerechtheit von Haltungsformen (STAUFFACHER M , 1992a) basiert im deutschsprachigen Raum vor allem auf dem Bedarfsdeckungs- und Schadensvermeidungskonzept von KAMMER P und TSCHANZ B (1982) und TSCHANZ B (1985) Im Zentrum der ethologischen Entwicklung tiergerechter Haltungsformen stehen zum einen die Verhaltenssteuerung, die Auslosung und Steuerung von evaluierten Verhaltensprogrammen (WECHSLER B , 1992), und zum andern die unmittelbaren und mittelbaren Auswirkungen des Verhaltens, die "Verhaltensleistungen" bzw die funktionale Bedeutung des Verhaltens (STAUFFACHER M , 1992a, d) Der in Abb 2 vorgestellte zoologische Ansatz zur Entwicklung tiergerechter Haltungsformen geht zwar wie der intuitiv-empirische Ansatz vom Wissen um die Probleme in der praxisublichen Standardhaltung aus Als Bezugssystem dient hingegen eine reichhaltig strukturierte, sehr extensive raumliche und soziale Umgebung Diese Referenzumgebung hat allfälligen Domestikationseinflussen Rechnung zu tragen (STAUFFACHER M , 1992a) Losgelost von den "Sachzwängen" und Nutzungsinteressen der Praxis werden in einem ersten Schritt Tiere aus der Standardhaltung in die Referenzhaltung verbracht und dort gezuchtet Die qualitative und quantitative Erfassung des Verhaltens und von morphologischen und physiologischen Parametern erfolgt mit den gleichen Methoden wie die parallel laufenden Datenerhebungen unter Standardbedingungen, was direkte Vergleiche ermoglicht Im Hinblick auf eine tiergerechte Labortierhaltung interessieren insbesondere die individuelle und tiergruppenspezifische Variabilitat des Verhaltens sowie die Umgebungsreize und Umgebungsmerkmale, die Verhalten auslosen und erfolgreich bzw funktionell ausführen lassen Ebenso interessiert auch das Erfassen von streßphysiologischen Basiswerten (STAUFFACHER M , 1993) Dieses Wissen soll spater ermoglichen, das Verhalten so zu steuern und die Umgebung so zu reduzieren, daß den Tieren unter den nutzungsbedingt sehr restriktiven Bedingungen einer Laborhaltung Bedarfsdeckung ohne chronische Streßbelastung moglich ist

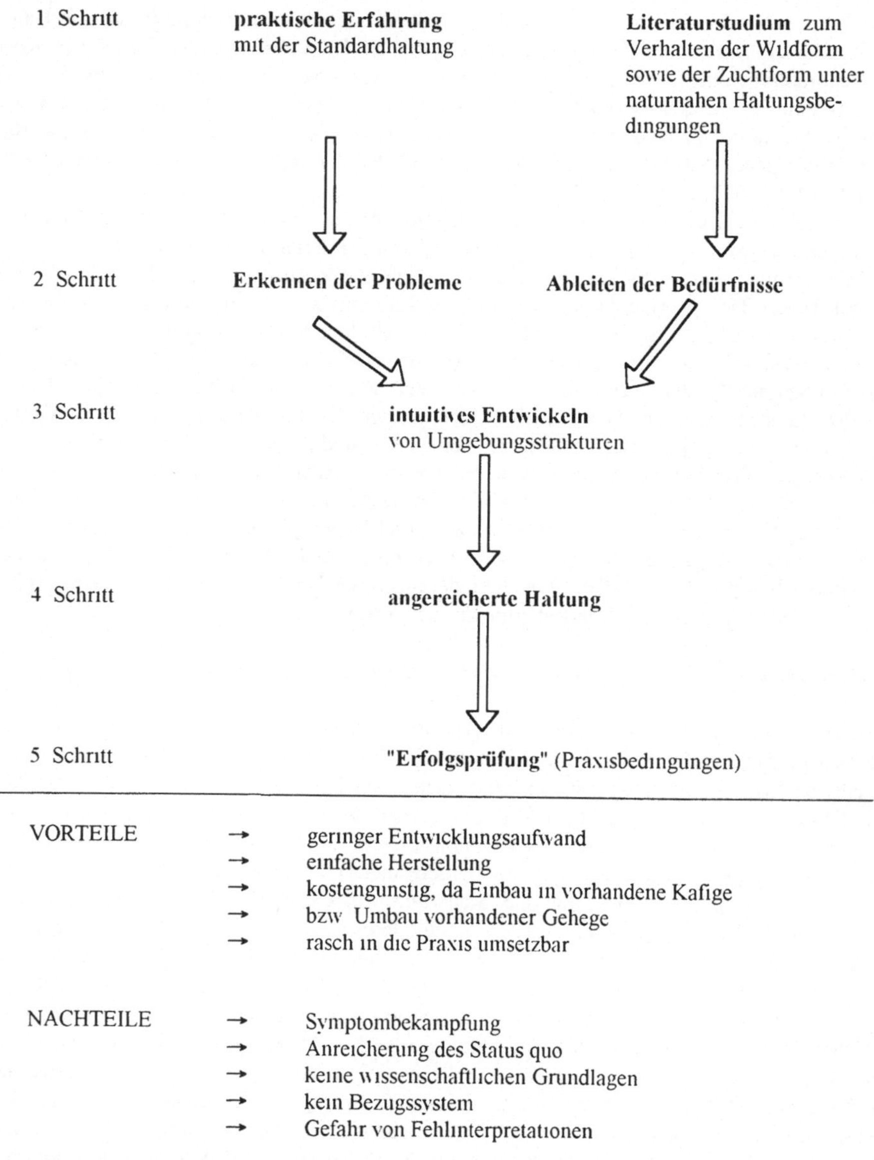

Abb 1 Intuitiv-empirischer Forschungsansatz zur Entwicklung tiergerechter Haltungsformen

Mit der Kenntnis der Verhaltensmuster und der funktionalen Tier-Umwelt-Wechselwirkungen werden in einem zweiten Schritt die Umgebungsmerkmale, d.h Reize und Stoffe, auf das für das Tier Wesentliche reduziert und durch für das Betreuungspersonal handhabbare Strukturelemente substituiert. Was wesentlich ist und was unter dem Begriff "Substitut" verstanden wird, soll anhand eines Beispieles aus umfassenden Untersuchungen an Hauskaninchen (Zusammenstellung in: STAUFFACHER M., 1992b) erläutert werden.

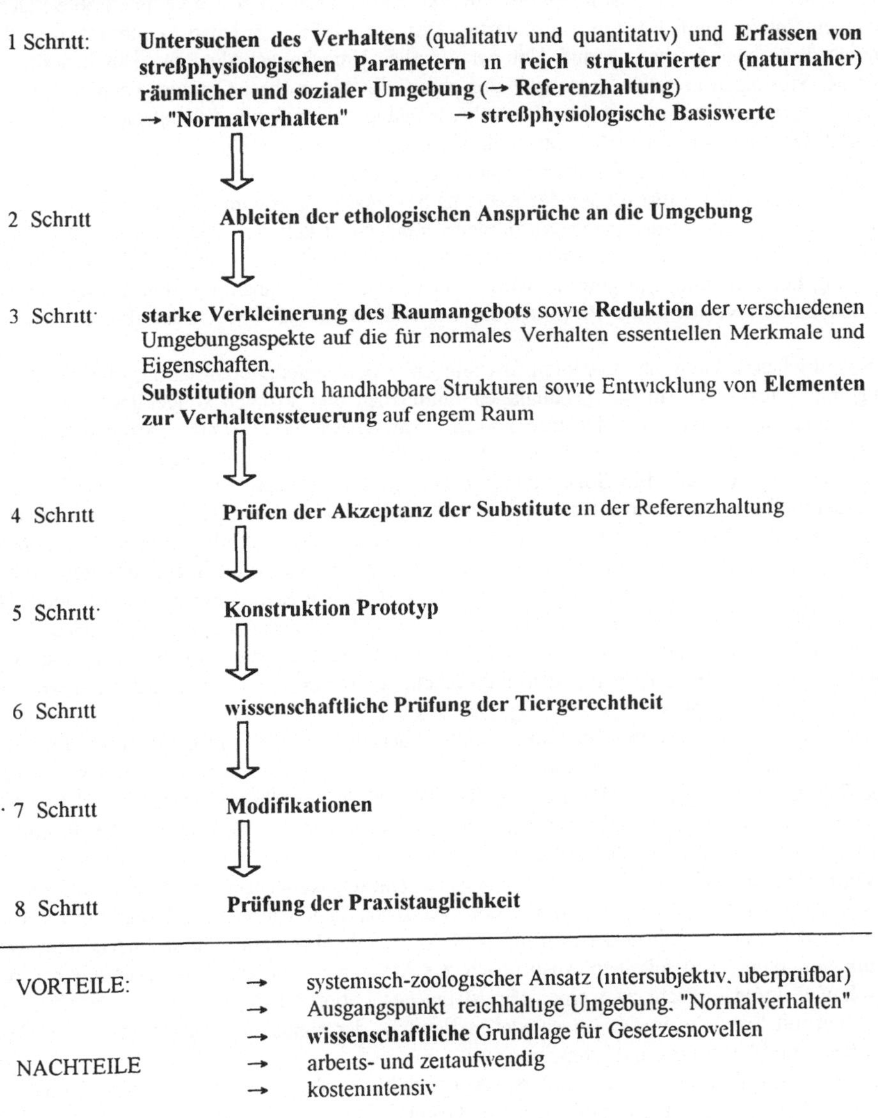

Abb 2 Zoologischer Forschungsansatz zur Entwicklung tiergerechter Haltungsformen

Der einzeln stehende Busch, unter dem sich in eine naturnahe Umgebung ausgesetzte Kaninchen zum Ruhen sammeln, zeichnet sich gegenüber dem umliegenden offenen Gebiet durch folgende Eigenschaften aus Lichtgradient = hell ↔ dunkel, Deckung gegen oben = Schatten und Schutz vor Luftraubfeinden, Sicht über das Gebiet = Schutz vor Bodenraubfeinden und

Kontrolle des sozialen Geschehens, sowie durch geringere Bodenfeuchtigkeit und Strukturen, an die sich ein Kaninchen anschmiegen kann. Alle weiteren Eigenschaften des Busches und der unmittelbaren Buschumgebung sind für ein Kaninchen unwesentlich. Lichtgradient, Deckung gegen oben, Übersicht und Anschmiegbarkeit lassen sich nun z.B. durch eine "∩-förmige" Konstruktion substituieren (25 cm hoch, Abdeckung 60 x 30 cm, eine Schmalseite geschlossen, eine Schmalseite mit Durchschlupf, s. STAUFFACHER M., 1992e); die Bodenqualität wird durch Trockenheit und gute Isolation erreicht. Das Substitut bietet sowohl eine erhöhte Fläche wie einen Unterschlupf. Der tunnelportalartige Durchschlupf nimmt einen weiteren Aspekt des kaninchentypischen Verhaltens auf. Unter naturnahen Umgebungsbedingungen fliehen Kaninchen bei Störungen in selbst gegrabene Erdröhren, die sie an ihrer Öffnung wiedererkennen. Beim "∩-förmigen" Substitut ist der "Erdröhreneingang" nur an einer Schmalseite stilisiert angedeutet. Obschon der künstliche Unterschlupf an der Breitseite offen und direkt zugänglich ist, wird er bei Störungen häufig durch das "Portal" aufgesucht.

Erst nachdem das Substitut aus der Kenntnis biologischer Zusammenhänge entwickelt worden ist, können sich Wahlversuche aufdrängen. Zum einen läßt sich zur Kontrolle der Richtigkeit der Reduktions- und Substitutionsschritte prüfen, ob das Substitut auch in der extensiven Umgebung erkannt und gewählt wird. Und zum andern können z.B. mit Bezug auf die Handhabbarkeit verschiedene Proportionen, Materialien und Oberflächenstrukturen getestet werden.

Sozial lebende Tiere, dazu gehören fast alle Labortiere, interagieren häufig, aber nicht zufällig mit Artgenossen. In der reichhaltigen räumlichen und sozialen Umgebung lassen sich tierart- und alters- bzw. geschlechtsspezifische Präferenzen für bestimmte Artgenossen feststellen, dies für tolerante und für intolerante Kontakte. Labortiere sollten grundsätzlich nicht einzeln gehalten werden. Ein Sozialpartner bringt gerade in reizarmer Umgebung Abwechslung, Beschäftigung und vermutlich auch etwas wie "Sicherheit" und "Geborgenheit". Im Gegensatz zu unbelebten Objekten schafft er immer wieder neue, unvorhersehbare Situationen, auf die ein Tier sich einstellen und reagieren muß. Mit der Kenntnis des Sozialverhaltens in der Referenzumgebung lassen sich Tiergruppen unter restriktiven Bedingungen so zusammenstellen, daß schadensträchtige Auseinandersetzungen weitgehend vermieden werden können. Voraussetzung für ein erfolgreiches Zusammenleben ist, daß die Umgebung so strukturiert ist, daß sich die Tiere bei Bedarf vermeiden und Kontakte immer wieder neu initiieren können (STAUFFACHER M., 1986).

Nachdem die verschiedenen Substitute in einen Gehege- oder Käfigprototyp eingebaut worden sind, wird dieser als Ganzes mit der dafür vorgesehenen Gruppenzusammensetzung auf seine Tiergerechtheit geprüft (Vorgehen s. STAUFFACHER M., 1992a). Entscheidend ist, daß die räumliche Anordnung der Strukturelemente den Tieren auch bei stark reduzierten Raumabmessungen eine verhaltensgerechte Raumnutzung erlaubt.

Voraussetzung dafür, daß sich ein ethologisches Haltungskonzept in der Praxis durchsetzen kann, ist dessen Umsetzung in ein für den Menschen handhabbares Haltungssystem. Der letztlich entscheidende Schritt der Prüfung auf Praxistauglichkeit kann sehr schwierig sein, weil es nun vor allem auch gilt, den Ansprüchen des Menschen, von der Tierbetreuung bis zur Forschungsleitung, gerecht zu werden. Er ist bei der Labortierhaltung nur in enger Zusammenarbeit mit Spezialisten der verschiedenen Bereiche der Versuchstierkunde sowie mit dem Tierpflege- und Laborpersonal erreichbar.

Im Bereich Labortiere wurden nach dem vorgestellten zoologischen Ansatz bisher Konzepte für die Haltung von Laborkaninchen in Gruppen (Zucht, Vorratshaltung sowie Versuchshaltung, z.B. für die Produktion polyklonaler Antikörper) sowie für die Paarhaltung von Kaninchenzibben im strukturierten Käfig entwickelt (STAUFFACHER M., 1992e). Beide Haltungsformen werden inzwischen in der Schweiz verbreitet und erfolgreich von Institutionen der Hochschulen und Industrie eingesetzt. Ein Antrag betreffend eine Änderung der Haltungsnormen der amerikanischen *Food and Drug Administration* (FDA) für die Vorratshaltung von Pyrogen-Kaninchen in Gruppen bzw. in Paaren ist eingereicht. Die langjährigen ethologischen

Untersuchungen an Hauskaninchen (Arbeitsgruppen in Bern/Zürich und Stuttgart-Hohenheim) waren wichtige wissenschaftliche Grundlage für die Revision der Schweiz. Tierschutzverordnung vom 23. Oktober 1991, mit der die Haltungsvorschriften für Kaninchen wesentlich verbessert worden sind.

Die zur Zeit bestehenden supranationalen Haltungsnormen für Labortiere wurden aufgrund der praktischen Erfahrung sowie aufgrund hygienischer, tierärztlicher, tierphysiologischer und arbeitsphysiologischer Kenntnisse geschaffen (Europarat, 1986; Europäische Gemeinschaft, 1986; Schweiz. Tierschutzverordnung, 1981, GV-SOLAS, 1988, POOLE T. B., 1989). In künftigen Novellierungen sollten vor allem auch fundierte ethologische Untersuchungen mitberücksichtigt werden (MILITZER K., 1992, STEIGER A., 1992). Solche Untersuchungen liegen erst für wenige Labortierarten vor (z.B. Meerschweinchen: SACHSER N., 1986, 1991; Kaninchen: Zusammenstellung s. STAUFFACHER M., 1992e). In der Schweiz finanziert das Bundesamt für Veterinärwesen über Expertenaufträge und Beiträge aus dem "Fonds für Tierschutzforschung" Untersuchungen zur tiergerechten Haltung von Labornagetieren und Laborkaninchen, die am Institut für Labortierkunde der Universität Zürich durchgeführt werden. Im Hinblick auf den Wissensnotstand und auf die anstehenden nationalen und supranationalen Revisionen von Gesetzgebungen und Richtlinien ist es notwendig, daß ähnliche Untersuchungen auch von den Behörden anderer Staaten und von der Versuchstierkunde vermehrt gefordert und gefördert werden.

6. Schlußbemerkungen

Wie weit das *Refinement* bei der Haltung und im Umgang mit Versuchstieren gehen wird, wie weit die Zucht- und Haltungsnormen in Zukunft den spezifischen Ansprüchen der Labortiere angepaßt und welche Einschränkungen im Hinblick auf die Nutzungsziele als unerläßlich betrachtet werden, ist eine Frage von Wertungen und Bewertungskriterien. Tierschutz ist ein vielschichtiger Bereich. Bei der Bearbeitung und bei der Diskussion von Tierschutzfragen sollte immer wieder darauf geachtet werden, daß die verschiedenen Wertungsebenen nicht vermischt werden. Innerhalb der wissenschaftlichen Tierschutzforschung erfolgen Wertungen bereits bei der Auswahl von Fragestellungen und Methoden sowie dann insbesondere bei der Interpretation der Ergebnisse in bezug auf (immer ausgewählte) Grundannahmen, Modelle und Befunde der Biologie, der Veterinärmedizin und der Medizin. Die Einstellung des Menschen zum Tier und daraus hervorgehend das Anliegen des Tierschutzes beruht jedoch weniger auf wissenschaftlichen Erkenntnissen als viel mehr auf ethisch-moralischen Grundsätzen; vorwiegend aus der ethisch-moralischen Bewertung einer Situation ergibt sich deren allfällige Tierschutzrelevanz. Was von den bisher beschriebenen Wertungsebenen wie in die Praxis umgesetzt wird, ist letztlich abhängig von einer wirtschaftlich-politischen Bewertung der Gesamtsituation. Das Bewußtsein um diese verschiedenen Wertungsebenen mit ihren qualitativ sehr unterschiedlichen Inhalten dürfte dazu beitragen, Verständigungsschwierigkeiten abzubauen. Damit könnte ein entscheidender Beitrag hin zu einer "tiergerechten Tierschutzdiskussion" und damit auch zu einer konstruktiveren und effizienteren Zusammenarbeit bei Problemen geleistet werden, die sich aus der Haltung, Zucht und Nutzung von Labortieren ergeben.

Dieser Beitrag ist Herrn Prof. Dr. E. THOMANN zum 60. Geburtstag gewidmet.

Literatur

BAXTER M. R., Philosophical problems underlying the concept of welfare. Proc. 3rd Europ. Symp. Poultry Welfare, Tours, 59-66, 1989

BERGMANN P., Vergleichende Beurteilung von Käfig Typ III- und gangstrukturierter Haltung: Einflüsse auf Körpermasse und Fettgewebsentwicklung, Organmasse von Herz, Leber und Muskulatur sowie die äußere Körperdecke männlicher Mäuse, Dissertation Universität Giessen, 1992

BUTTNER D , Untersuchungen zum Aufrichten von Ratten in erhohten Kafigen, Abstract in 29 Int Kongr GV-SOLAS, Lubeck, 1991

ERNST C., Vergleichende Untersuchungen zur Haltung von Versuchsratten, in LOEFFLER K (Hrsg), Tiergerechte Haltung von Versuchstieren, Giessen DVG, 13-25, 1992

Europaische Gemeinschaft, Richtlinie des Rates vom 24 November 1986 zur Annaherung der Rechts- und Verwaltungsvorschriften der Mitgliedstaaten zum Schutz der fur Versuche und andere wissenschaftliche Zwecke verwendeten Tiere, Amtsblatt EG 1 358/1, 1986

Europarat, Europàisches Ubereinkommen zum Schutz der fur Versuche und andere wissenschaftliche Zwecke verwendeten Wirbeltiere, Straßburg, 1986

FRASER A F and BROOM D M , Farm animal behaviour and welfare, London Ballière Tindall, 1990

GV-SOLAS, Gesellschaft fur Versuchstierkunde, Planung und Struktur von Versuchstierbereichen tierexperimentell tatiger Institutionen, 4 uberarb Aufl , Biberach/Riss GV-SOLAS, 1988

HAEMISCH A , Zur Beurteilung der Tiergerechtheit sozialer Strukturen von Haltungsbedingungen anhand endokrinologischer Methoden, Abstract in 30 Int Kongr GV-SOLAS, Salzburg, 1992

HERRE W und ROHRS M , Haustiere - zoologisch gesehen, 2 Aufl , Stuttgart Fischer, 1990

HORTER M , Verhaltensweisen der Ratte als Ausdruck von "Wohlbefinden" oder "Unwohlsein" unter besonderer Berucksichtigung der Wildform, in MILITZER K (Hrsg), Wege zur Beurteilung tiergerechter Haltung bei Labor-, Zoo- und Haustieren, Berlin, Hamburg Parey, 33-43, 1986

KAMMER P und TSCHANZ B , Grenzen der Ethologie bei der Beurteilung von Haltungssystemen, AGHST-Tagungsbericht, Gumpenstein, 39-52, 1982

LAWLOR M , Behavioural approaches to rodent management, in UFAW (Hrsg), Standards in laboratory animal management, Part 1, Proc UFAW and LASA Symp 1993, Potters Bar UFAW, 40-49, 1984

MANSER C E , The assessment of stress in laboratory animals, Horsham RSPCA, 1992

MERKENSCHLAGER M und WILK W (Hrsg), Gutachten uber tierschutzgerechte Haltung von Versuchstieren - Gutachten uber Tierversuche, Moglichkeiten ihrer Einschrankung und Ersetzbarkeit, Schriftenreihe Versuchstierkde 6, Berlin Hamburg Parey, 1979

MILITZER K , Das Verhalten und die Haltungsbedingungen bei kleinen Labortieren - Moglichkeiten und Grenzen der Beurteilung von Tiergerechtheit, Dtsch tierarztl Wschr 97, 239-243, 1990

MILITZER K , Aktuelle Haltungsempfehlungen fur Labornagetiere zwischen Normierung und individueller Gestaltung, in LOEFFLER K (Hrsg), Tiergerechte Haltung von Versuchstieren, Giessen DVG, 60-83, 1992

PFEUFFER C , Wahlversuche zur Haltung von Wistar-Ratten, Abstract in 30 Int Kongr GV-SOLAS, Salzburg, 1992

POOLE T B (Hrsg), The UFAW Handbook on the Care and Management of Laboratory Animals, 6 Aufl , Harlow Longman Scientific & Technical, 1989

POOLE T B , Applied ethology in the laboratory a neglected field, in Proc 25th Int Congr Soc Vet Ethology (SVE), Edinburgh, 37-39, 1991

SACHSER N , The effects of long-term isolation on physiology and behaviour in male guinea pigs, Physiol & Behav 38, 31-39, 1986

SACHSER N , Die Bedeutung der Aufzuchtbedingungen fur Verhalten und Physiologie adulter Hausmeerschweinchen, in ZEEB K (Hrsg), Aktuelle Arbeiten zur artgemaßen Tierhaltung, Darmstadt KTBL-Schrift 344, 59-69, 1991

SAMBRAUS H H , Nutztierkunde, Stuttgart Ulmer, UTB 1622, 1991

SCHARMANN W , Verbesserung der Versuchstierhaltung - ein Beitrag zum Tierschutz, Bundesgesundheitsblatt 32, 367-374, 1989

SCHOFFL H , SCHULTE-HERMANN R , TRITTHART H A (Hrsg), Moglichkeiten und Grenzen der Reduktion von Tierversuchen, Wien Springer, 1992

STAUFFACHER M , Social contacts and relationships in domestic rabbits kept in a restrictive artificial environment, in NICHELMANN M (Hrsg), Ethology of Domestic Animals, Proc XIXth Int Ethol Congr , Vol IX, Toulouse Privat, 100-106, 1986

STAUFFACHER M , Ethologische Grundlagen zur Beurteilung der Tiergerechtheit von Haltungssystemen fur landwirtschaftliche Nutztiere und Labortiere, Schweiz Arch Tierheilkde 134, 115-125, 1992a

STAUFFACHER M., Tiergerechte Haltung von Hauskaninchen. Neue Konzepte für die Zucht und Haltung von Versuchs- und Fleischmastkaninchen, Dtsch tierärztl Wschr. 99, 9-15, 1992b

STAUFFACHER M., Tierschutzorientierte Labortierethologie - ein Konzept, ALTEX (Alternat Tierexp.) 17, 6-28, 1992c

STAUFFACHER M., Grundlagen der Verhaltensontogenese - ein Beitrag zur Genese von Verhaltensstörungen. Schweiz. Arch. Tierheilkde. 134, 13-25, 1992d

STAUFFACHER M, Tiergerechtheit und Nutzungszweck bei der Haltung von Versuchskaninchen - ein Dilemma?, in LOEFFLER K (Hrsg), Tiergerechte Haltung von Versuchstieren, Giessen DVG, 35-59, 1992e

STAUFFACHER M., Angst bei Tieren - ein zoologisches und ein forensisches Problem. Dtsch tierarztl Wschr. 100, in Druck, 1993

STEIGER A, Die Bedeutung der angewandten Ethologie fur den Vollzug der Tierschutzgesetzgebung, Schweiz Arch. Tierheilkde 134, 145-155, 1992

Tierschutzverordnung, Schweiz Revision vom 23. Oktober 1991, Bern EDMZ, AS 1981 572, AS 1991, 2349, 1981/91

Tierversuchsstatistik 1991 Schweiz, Mitt Bundesamt Veterinarwesen 16, 109-114, 1992

TSCHANZ B., Ethologie und Tierschutz, in LOEPER VON E et al (Hrsg), Intensivhaltung von Nutztieren aus ethischer, ethologischer und rechtlicher Sicht, 2. Aufl, Tierhaltung 15, Basel Birkhauser, 41-48, 1985

VOGEL R, Tierversuche und Alternativmethoden Rechtliche Grundlagen und aktuelle Situation in der Schweiz, in SCHOFFL H, SCHULTE-HERMANN R., TRITTHART H A (Hrsg), Moglichkeiten und Grenzen der Reduktion von Tierversuchen, Wien Springer, 15-21, 1992

WECHSLER B, Ethologische Grundlagen zur Entwicklung alternativer Haltungsformen. Schweiz Arch. Tierheilkde 134, 127-134, 1992

WURBEL H, Kommentierte Literaturzusammenstellung zu tierschutzrelevanten Problemen bei Labornagetieren, in STAUFFACHER M, WURBEL H., Konzept zur Lösung oder Weiterbearbeitung von Problemen betreffend die tiergerechte Haltung und Zucht von Labornagetieren, Schlußbericht z Hd Bundesamt für Veterinärwesen, Bern, 29-54, 1992

WURBEL H und STAUFFACHER M, Zur Tiergerechtheit der Standardhaltung von Labormäusen und Laborratten Verhaltensstörungen, Zeit-Aktivitätsmuster und Verhaltensorganisation bei verschiedenen In- und Auszuchtstammen, Mskr eingereicht, 1993

Ausbildung in Versuchstierkunde: Ein Lehrprogramm ohne Schmerzen, Leiden, Angst und Schäden

F.-P. Gruber, I. Kuhlmann

Zusammenfassung

Die Definition der Alternativmethoden beinhaltet 3 Rs Nur eines davon, für Replacement stehend, findet den ungeteilten Beifall der Tierschutzer

Und doch sind die beiden anderen Rs, vor allem das Refinement, Instrumente, mit denen kurz- und mittelfristig mehr Tieren geholfen werden kann als durch das Streben nach dem volligen Ersatz Refinement - das "ungeliebte" R - baut auf eine grundliche Ausbildung aller am Tierversuch beteiligten Personen in der Versuchstierkunde auf

Es wird ein Semesterprogramm vorgestellt, das versucht, dem Anspruch eines dem Tier dienenden Unterrichtsfaches zu genugen Der geringste Eingriff, ja schon die Haltung und das Handling der Tiere stellen oftmals so schwere unnotige Belastungen für die Tiere dar, daß Versuche unter solchen Rahmenbedingungen als sinnlos eingestuft und unterbunden werden mussen

Die Moglichkeiten des Reduzierens und des Refinement voll auszuschopfen, darf naturlich nicht gleichgesetzt werden mit einer unreflektierten Rechtfertigung der Versuche, die in der verbleibenden Form weiterhin durchgeführt werden

Selbstverstandlich ist auch ein Versuch mit reduzierter Tierzahl und reduzierter Belastung ein unnotiger Versuch, wenn er ganz ersetzt werden kann oder nicht notwendig ist

Das Fach Versuchstierkunde soll nicht ausschließlich zukunftige Experimentatoren zu schonendem Umgang mit Versuchstieren anhalten Es soll bei Studentinnen und Studenten auch die Uberlegungen fordern, wie man uber modifizierte Fragestellungen oder auch durch Wissensverzicht auf den Einsatz der Versuchstiere vollig verzichten kann

Dies ist nicht die einzig richtige und sicher auch nicht die ubliche Auffassung, wie das Fach Versuchstierkunde vermittelt werden soll An anderen Universitaten steht oft das Kennenlernen der Tiere ganz unter dem Vorzeichen des Tierexperimentes, wird das Fach eher als Tierversuchskunde interpretiert Dies mag sinnvoll sein, wenn tatsachlich nur Studierende ausgebildet werden, die spater auch Tierexperimente durchführen mussen Ist dies nicht der Fall, soll nach unserer Meinung das Fach Versuchstierkunde als Teilgebiet der Zoologie betrachtet werden Wichtig ist nach unserer Auffassung, daß das Fach in der Forschung ebenfalls nicht ausschließlich in Richtung tierexperimentelle Nutzung von Versuchstieren aufgefaßt wird, sondern daß auch Tierschutzanliegen als Forschungsgebiet akzeptiert werden (s Anlage 1)

1. Versuchstierkunde, theoretische und praktische Grundlagen

Themenkreis 1: Haltung von Versuchstieren

- Tierschutzgesetz mit Kommentaren
- Gutachten über tierschutzgerechte Haltung von Versuchstieren (MERKENSCHLAGER, WILK)
- Leitlinien für die Unterbringung und Pflege von Tieren (Europarat)
- Mitteilungen I-III der DFG
- Planung, Struktur und Errichtung von Versuchstierbereichen tierexperimentell tätiger Institutionen (GV-SOLAS)
- Gesetz zu dem Europäischen Übereinkommen vom 18.3.1986 zum Schutz der für Versuche und andere wissenschaftliche Zwecke verwendeten Wirbeltiere (BGBL. 11. Dezember 1990)

Der erste Themenkreis muß sich zwangsläufig mit den gesetzlichen Voraussetzungen beschäftigen, unter denen Tierversuche überhaupt durchgeführt werden dürfen. Das Augenmerk muß dabei auf die "unbestimmten" Rechtsbegriffe gerichtet werden Was bedeutet z.B. die Formulierung, daß niemand einem Tier "ohne vernünftigen Grund" Schmerzen, Leiden oder Schäden zufügen darf? Der Widerspruch zwischen dem Anspruch des Tierschutzgesetzes, Tiere als Mitgeschöpfe zu behandeln und dem extrem anthropozentrischen Weltbild, das Tierversuchen zugrunde liegt, muß an dieser Stelle klar herausgearbeitet werden. Die Diskussion zu solchen Fragen muß mit Studentinnen und Studenten der Biologie geführt werden, ehe sie in ihren Diplom- oder Doktorarbeiten durch Zeitdruck oder auch aus existenziellen Gründen mitten im Versuchsgeschehen die Maßstäbe nicht finden, die ihr Handeln leiten sollen.

Was heißt es weiterhin, wenn Tiere "ihrer Art und ihren Bedürfnissen entsprechend" angemessen ernährt, gepflegt und verhaltensgerecht untergebracht werden sollen? Von welcher Art sprechen wir denn im versuchstierkundlichen Zusammenhang überhaupt? Dürfen, können, müssen wir die Gegebenheiten der jeweiligen Wildform der Artgemäßheit zugrundelegen? Dies kann sicher kein durchgängiges Schema sein. Wir müssen in diesem Zusammenhang lernen, mit den Forschungsergebnissen von Ethologen umzugehen, und die richtigen Schlüsse für die Versuchstierhaltung ziehen und bereit sein, das Tier in den Mittelpunkt zu stellen und nicht die Bequemlichkeit der geplanten Manipulation.

Natürlich können selbst stundenlange Diskussionen innerhalb des Seminars nicht zur Klärung aller Themen beitragen, wenn sie denn überhaupt jemals "geklärt" werden können. Die Vertiefung gerade dieses ersten Themenkreises erfolgt deshalb außerhalb der Versuchstierkunde in einem eigenen Seminar "Philosophie der Biologie: Tiere". Das Programm des letzten Seminars ist am Ende des Manuskriptes als Anlage zu finden.

Außerdem findet in jedem Semester ein Seminar "Tierschutz: Anspruch und Praxis" statt. Tierschutz gilt an der Universität Konstanz auch als Forschungsfach (s. Anlage 1).

Themenkreis 2: Genetik der Versuchstiere

- populationsgenetische Grundlagen von In- und Auszuchten, Random- und Rotationsschemata
- Zucht von Mutanten, Rückkreuzungszuchten
- Entwicklung congener und coisogener Stämme
- genetisches Monitoring, Kennenlernen der Methoden zum Genetischen Monitoring
- Einführung in die quantitative Genetik, Abschätzung von Varianzkomponenten (genetische und Umweltvarianz), Heritabilitätskoeffizienten und genetische Korrelationen

Den Artbegriff aus dem §2 TSchG aufgreifend, soll in diesem Themenkreis gezeigt werden, wie genetische Manipulationen quantitativ und qualitativ die physiologischen Leistungsgrenzen eines Tieres zu verändern vermogen Was zeichnet In- und Auszuchtstamme einer Tierart besonders aus, für welche Versuche sind welche Tiere ungeeignet, welche besondere Fursorge brauchen Defektmutanten wie zum Beispiel die nu/nu Maus? Es muß in dieser Unterrichtseinheit auch zum Ausdruck kommen, daß Genetik nichts Starres, Gegebenes ist, sondern einem standigen Evolutionsprozeß unterliegt, der durch Mutation, Selektion und genetische Drift gekennzeichnet ist

Themenkreis 3: Fortpflanzungsbiologische Besonderheiten einzelner Versuchstierspezies

- Post partum oestrus, Implantationsverzogerung
- Verpaarungsmuster (permanent, intermittierend, monogam, polygam)
- Lebensdaten (Sexualzyklus, Trachtigkeitsdauer, Laktation, Geschlechts- u Zuchtreife, Lebenserwartung, Embryokonservierung u -transfer)
- Vaginalabstriche, Zyklusbestimmungen

Biologisches Grundwissen im traditionellen Sinn wird in diesem Themenkreis vermittelt Versuchstiere werden in der regularen Ausbildung weder in der Biologie noch in der Tiermedizin abgehandelt Viele Wissenschaftler, die uber Jahre hinweg mit bestimmten Versuchstierspezies gearbeitet haben, wissen dennoch kaum uber die ihnen anvertrauten Tiere Bescheid Diese Grundkenntnisse werden erganzt durch die Vermittlung von Kenntnissen in der Embryonenkonservierung, eine sehr gute Moglichkeit, unnotig geborene Versuchstiere zu vermeiden Alle praktischen zuchterischen Maßnahmen in der Versuchstierkunde mussen darauf hinzielen, keine uberzahligen Tiere zu zuchten Das oftmals verdrangte Problem, daß aus Zuchten oft weit weniger als die Halfte der Tiere uberhaupt benotigt wird und der Rest aus wirtschaftlichen Grunden getötet werden muß, wird in diesem Zusammenhang diskutiert

Themenkreis 4: Biologische Rhythmen bei Versuchstieren

- das Spektrum biologischer Rhythmen (Tagesrhythmen, saisonale, infradiane und ultradiane Rhythmen)
- neuronale Grundlagen und funktionelle Organisation
- methodische Probleme der Datenerfassung und -auswertung

Nahezu alle Korperfunktionen und Verhaltensweisen von Versuchstieren unterliegen regelmaßigen Schwankungen Der Frequenzbereich dieser biologischen Rhythmen umfaßt Zyklen, die in Sekunden gemessen werden (z B EEG, Herzschlag), bis hin zu Zyklen von mehreren Jahren Dauer (z B Populationszyklen) Besonders auffällig sind die Tages- und Jahresrhythmen, weil sie so offensichtlich mit den regelmaßigen geophysikalischen Veranderungen der Umwelt ubereinstimmen Da diese Rhythmen auch unter konstanten Umweltbedingungen, d h ohne außere Umwelteinflusse, erhalten bleiben, werden sie vom Organismus selbst erzeugt, sind also endogenen Ursprungs Daraus ergibt sich für den Bereich der Versuchstierkunde die Notwendigkeit, Erkenntnisse aus der Chronobiologie bei der Versuchsplanung und -durchführung zu berucksichtigen In diesem Themenkreis werden daher die verschiedenen biologischen Rhythmen vorgestellt und die neuronalen Grundlagen der Tagesrhythmik erlautert Ferner werden Fragen der richtigen Haltungsbedingungen (Licht-Dunkelwechsel) und methodische Probleme der Versuchsdurchführung und der Datenauswertung angesprochen

Themenkreis 5: Unbelebte Umwelt der Versuchstiere

- Ansprüche einzelner Tierarten an das Raumklima
- Luftqualität, Luftaufbereitung und Luftführung
- Lichtqualität, -intensität und -rhythmus
- Hörvermögen einzelner Versuchstierarten
- Käfigbeschaffenheit und Mikroklima
- Führung durch den Technikbereich der Tierforschungsanlage (TFA)

In diesem Kursteil soll gezeigt werden, welche technischen Möglichkeiten existieren, der Forderung nach artgerechter Tierhaltung entgegenzukommen.

Die TFA wurde von 1977 bis 1985 nach neuesten versuchstierkundlichen Erkenntnissen geplant und gebaut und bewahrt sich seither als Einrichtung nicht nur für die gängigen Versuchstierarten wie kleine Nager und Kaninchen, Primaten und Vögel, sondern auch für tropische Invertebraten, Amphibien und Fische. Die Möglichkeiten und Grenzen der Standardisierung der Haltungsbedingungen müssen diskutiert werden. Wichtig ist, die Standardisierung der Haltungsbedingungen nicht als Selbstzweck zu betreiben, sondern der Deprivation und Reizverarmung der Tiere entgegenzuwirken.

Nicht jeder Versuchsablauf erfordert die totale Anonymisierung des Individuums, bei vielen Versuchen, gerade in der physiologischen Psychologie, sind Tiere ohne Deprivierungsstreß erforderlich. Die gängigen Empfehlungen der GV/SOLAS und die Richtlinien des Europarates berücksichtigen dieses Anliegen nicht ausreichend.

Themenkreis 6: Ernährung der Versuchstiere

- Notwendigkeit der jahreszeitlich unabhängigen Ernährung und Ausnahmen von dieser Notwendigkeit
- Alleinfuttermittel auf Cerealienbasis, auf der Basis gereinigter natürlicher Komponenten, chemisch definierte Ernährung
- Fütterungstechniken und Definitionen aus dem Bereich der Ernährungsphysiologie
- Bewertungsmöglichkeiten für Futtermittel
- Bewertung vorgelegter Futtermittelproben

Die ausreichende Versorgung der Versuchstiere mit artgerechtem Futter ist schon durch das TSchG vorgeschrieben. Die Ernährung muß dem üblichen Bewegungsdefizit angepaßt sein, besser ist natürlich, den Tieren mehr Bewegung zu ermöglichen. Es ist abzuwägen, bei welchen Haltungsformen und Versuchstypen eine Standardernährung sinnvoll ist und wo auf natürliche Ressourcen zurückgegriffen werden kann. Gerade bei Primaten bedeutet Ernährung nicht nur Abdeckung der Bedarfszahlen, sondern sie stellt eine im Tagesablauf wesentliche Bereicherung der Umweltsituation dar, bedeutet Beschäftigung und Befriedigung des Erkundungsverhaltens. Der Rückstandsproblematik bei Futtermitteln aus natürlichen Rohkomponenten muß natürlich besondere Beachtung geschenkt werden. In die Ernährung muß die Qualität der Einstreu einbezogen werden, vor allem bei koprophagierenden Tieren muß die Einstreu von der Sauberkeit her Futtermittelqualität haben.

Themenkreis 7: Belebte Umwelt der Versuchstiere

- Sozialverhalten, Einfluß der Gruppengröße
- Einfluß des Handlings durch Experimentator und Pflegepersonal
- richtiges und rechtzeitiges Zusammenstellen von Tiergruppen
- Führung durch die Versuchstierhaltung mit Begutachtung der Haltungsbedingungen anhand der im Themenkreis 1 genannten Empfehlungen

- Berechnung von Kafig- und Aquariengroßen

Als Versuchstiere werden in der biomedizinischen Forschung fast ausschließlich Saugetiere eingesetzt, deren Sozialverhalten durch die spezifischen Bedingungen der Laborhaltung gegenuber wilden Stammformen erheblich verandert wurden In diesem Themenkreis werden daher Verhaltensmuster von domestizierten Kleinsaugern (Ratten, Mause) mit denen von freilebenden Wildformen verglichen

Themenkreis 8: Belebte Umwelt: Mikrobiologie, Parasitologie

- mikrobielle + parasitologische Erkrankungen der Versuchstiere, fakultativ und obligat pathogene Erreger
- vertikale + horizontale Ubertragung von Krankheitserregern, Zoonosen, Desinfektion, Sterilisation
- Nachweismethoden von Krankheitserregern, Demonstration der parasitologischen, mykologischen, bakteriologischen und virologischen Diagnostik

In diesem Themenkreis werden Kenntnisse uber den Einfluß von parasitologischen und mikrobiologischen Infektionen auf die Versuchstiere und damit auf die Ergebnisse von Tierversuchen vermittelt Die wichtigsten Krankheitsbilder der Versuchstiere (Mause, Ratten, Meerschweinchen, Kaninchen, Vogel, Frosche, Fische, Affen, Schafe) werden erklart und die in diesem Zusammenhang wichtigen Infektionswege und Ubertragungsmoglichkeiten erlautert Es werden alle makroskopischen, mikroskopischen, bakteriologischen und serologischen Diagnostik-Verfahren demonstriert Hierbei wird deutlich gemacht, daß eine richtige Diagnose und die Kenntnis uber Infektionswege für die Bekampfung einer Infektion oder Krankheit in einem Tierbestand unbedingt notwendig sind

Es werden Kenntnisse uber hygienische Maßnahmen und deren Durchführung (Desinfektion, Sterilisation, Personalhygiene) als Prophylaxe zur Infektions- bzw Krankheitsvermeidung vermittelt

Themenkreis 9: Hygienische Barrieren im Versuchstierbetrieb

- Personalhygiene
- Barrierehaltung (SPF-Definition)
- Gnotobiologie, Isolatorpasssage
- Umgang mit Sterilisatoren (Dampf und Heißluft) und Desinfektionsanlagen

Wahrend in der medizinischen und tiermedizinischen Ausbildung das Fach Hygiene selbstverstandlich Bestandteil der Lehrplàne ist, fehlt den Biologen ein vergleichbares Lehrfach vollig Die Abschatzung von Infektionsgefahren wird uberwiegend aus der Erfahrung privater Heimtierhaltung abgeleitet und führt damit oftmals zu dramatischem Fehlverhalten Versuchstierhaltung ist intensive Tierhaltung, auch fakultativ pathogene Keime konnen zusammen mit den Belastungen, denen die Tiere bei Eingriffen ausgesetzt sind, zu schweren Erkrankungen und Versuchsverfälschungen führen Die Belastung ist damit nicht auf das minimale Maß reduziert Es muß potentiellen Nutzern von Versuchstierhaltungen klar werden, daß Verstoße gegen die Hygienevorschriften keine "Kavaliersdelikte", sondern Verstoße gegen das Tierschutzgesetz sind Mit den Fachern Gnotobiologie und der Technik der Barrierehaltung werden die ublichen und geeigneten Sanierungsmaßnahmen für kontaminierte Versuchstierbestande in den Unterricht eingeführt

Themenkreis 10: Handling

- Fangen und Festhalten zur Gesundheitskontrolle bei einigen Versuchstieren (Maus, Ratte, Kaninchen, Krallenfrosch)
- Geschlechts- und Altersbestimmungen
- die wichtigsten Narkosen bei Versuchstieren
- Injektionen und Blutentnahmen bei ausgewählten Versuchstieren
- Ketamin-Xylazin-Narkosen in verschiedenen Abstufungen, Beobachtung von Einschlafzeit, Narkosetiefe und Narkosedauer
- Einführung von Schlundsonden (Bei Bedarf werden die Tiere mit Thalamonal® sediert.)
- hormonelle Stimulation der Eiablage und Befruchtung beim Krallenfrosch

An drei Nachmittagen werden die Studentinnen und Studenten im Umgang mit verschiedenen Versuchstierspezies (Maus, Ratte, Kaninchen und Xenopus) vertraut gemacht Es wird dabei großer Wert darauf gelegt, daß das Kennenlernen der Tiere in einer absolut ruhigen und friedlichen Atmosphare stattfindet In den Tieren sollen nicht Objekte gesehen werden, die beliebig genutzt werden konnen, sondern Lebewesen, die einen Anspruch auf faire Behandlung haben. Alle Maßnahmen, die zur medizinischen Betreuung von Tierbeständen gehören, sind Bestandteil dieses Trainings Vor allem wird Wert auf eine solide Beurteilung des Gesundheitszustandes der Tiere gelegt. Operationsubungen werden nicht abgehalten. Der Lerneffekt solcher Schnellkurse in Operationstechniken wird gering eingeschätzt Sollten Kursabsolventen später konkret Eingriffe an Tieren durchführen mussen, bleibt ihnen das spezielle Training dieser Eingriffe nicht erspart.

Anlage 1

Tierschutz als Forschungsgebiet: Biomedizinische Grundlagenforschung im Spannungsfeld zwischen Machbarem und Verantwortbarem

Leiter/Berichterstatter. FRANZ GRUBER
Wissenschaftliche Mitarbeiterin. INGRID KUHLMANN
Beginn der Arbeit Juni 1984
Voraussichtlicher Abschluß der Arbeit. offen
Finanziert durch: Universität Konstanz

Tierschutz kann auf vielen Ebenen betrieben werden Klassisch ist der Einsatz des Menschen für das Tier seit dem letzten Jahrhundert in Tierschutzvereinen, in jungerer Zeit organisieren sich Tierschützer in Informationskreisen gegen Tierversuche, gegen den Mißbrauch von Tieren sowohl in der Forschung als auch in der landwirtschaftlichen Nutztierhaltung. Es gibt aber auch einen Personenkreis, der vom Gesetz her in ganz besonderem Maße verpflichtet sein sollte, aktiv Tierschutz zu betreiben: Es sind die Tierschutzbeauftragten an tierexperimentellen Forschungseinrichtungen, deren Aufgabengebiet im § 8b des Tierschutzgesetzes umrissen ist. Diese Aktivität kann hinhaltend bis nachlässig, aber auch autoritär und engstirnig erfullt werden. Der richtige Weg muß analytisch, kritisch hinterfragend sein - eben forschend. Dabei gehört die wissenschaftliche Auseinandersetzung mit medizinischen und biologischen Grundproblemen ebenso zum Fachgebiet wie interdisziplinäres Ausarbeiten von gangbaren Wegen im positiven Recht mit Juristen und Nachdenken über das "sein sollende" mit Philosophen Die praktische Arbeit besteht im Entwickeln von Alternativmethoden zum Tierversuch, im Anbieten von Ersatzmöglichkeiten fur Eingriffe und Behandlungen zu Ausbildungszwecken, im Aufstellen von Belastungskatalogen als Hilfsmittel zur geforderten Güterabwägung, im Erstellen von Daten über die Ansprüche der Tiere an ihre belebte und unbelebte Umwelt. Daraus muß sich ein standig aktualisierter Wissensstand herleiten, der den Tierschutzbeauftragten befähigt, die drei Rs (replacement, reduction, refinement) im wissen-schaftlichen Tierversuch einzuführen und in die Lehre umzusetzen.

Veröffentlichungen

Gruber F , Jochmann G , Militzer K , Nussel M , Schnappauf H -P , Wetzig H , Stellungnahme zur geplanten Novellierung des Tierschutzgesetzes, Tierlaboratorium 9, 117-130, 1983/84

Gruber F., Die Tierforschungsanlage der Universitat Konstanz, Gnotobiotik und Embryonenkonservierung sollen die Versuchstierzahlen reduzieren, Konstanzer Blatter fur Hochschulfragen 91, 32-41, 1986

v Heydebrand H -C , Gruber F , Tierversuche und Forschungsfreiheit, Zeitschrift fur Rechtspolitik 5, 115-119, 1986

v Heydebrand H -C , Gruber F , Tierversuche und Forschungsfreiheit, Z Versuchstierk 30, 13 (Abstract), 1987

Gruber F , Vergleich verschiedener Schweregradtabellen zur Belastung von Versuchstieren, Tierlaboratorium 12, 152-167, 1988/89

Gruber F, Grundanforderungen einer qualifizierten Güterabwagung nach § 8 TSchG, Protokolldienst 16, 80-92, Bad Boll, 1989

Gruber F , Vorschläge zum Verfahren der tierschutzrechtlichen Einordnung bei der Gewinnung po-lyklonaler Antikorper, Protokolldienst 16, 55-61, Bad Boll, 1989

Kuhlmann I , Vorschlage zur tierschutzrechtlichen Einordung der Produktion monoklonaler Anti-korper, Protokolldienst 16, 62-73, Bad Boll, 1989

Kuhlmann I , Kurth W., Ruhdel I , In vivo- und in vitro-Produktion monoklonaler Antikorper im Labormaßstab, Forum Mikrobiologie 12, 451-457, 1989

Anlage 2

Sommersemester 1992: Philosophie der Biologie: Tiere (Wolters, Gruber, Kuhlmann)

zweistundig, jeweils donnerstags 16 15 Uhr, Seminarraum F 429

23 April	Vorbesprechung	Gruber, Kuhlmann, Wolters
30 April	Mensch und Tier eine naturphilosophische Betrachtung Wolters	
7 Mai	Das Recht der Tiere Einfuhrung in die Geschichte des Tierschutzes	Gruber
14 Mai	Wie außern Tiere ihre Bedurfnisse? Ethologische Methoden zur Einschatzung artgerechter Haltungsbedingungen	Gruber
21 Mai	Exkursion (landwirtschaftliche Nutztierhaltung oder Wildpark)	Gruber
4 Juni	Albrecht Muller, Zentrum fur Ethik in den Wissenschaften, Tubingen Transgene Nutztiere	Kuhlmann
11 Juni	Biologie und Ethik der Fleischernahrung	Kuhlmann
25 Juni	Peter Singer Tiere - Gleichheit	Wolters
2 Juli	Philosophische Fragen des Tierschutzes	Wolters
9 Juli	Diskussion uber die bisherigen Seminarthemen	Wolters, Gruber, Kuhlmann
14 Juli	Dienstag, 20 00 Uhr, Horsaal M629 Ursula Wolf "Zum moralischen Status der Tiere"	Wolters

Auffinden von Ersatzmethoden in Ausbildung und Lehre über die Gelben Listen des Deutschen Tierschutzbundes

B. Rusche, U.G. Sauer

Zusammenfassung

1986 wurde an der Akademie für Tierschutz eine Datenbank für Alternativmethoden eingerichtet, in die bereits uber 11 000 Arbeiten, durch die ein Beitrag zum Ersatz von Tierversuchen geleistet wird, gespeichert wurden Eintragungen uber Ersatzmethoden für Ausbildung und Lehre haben einen besonderen Stellenwert, obwohl sie zahlenmaßig eher einen geringen Anteil einnehmen Da solche Methoden in der Regel nicht in wissenschaftlichen Fachzeitschriften publiziert werden und daher kaum abrufbar sind, werden sie in der Datenbank besonders berucksichtigt Die gespeicherten Informationen können über verschiedene Arten von Literaturrecherchen abgerufen werden, wobei die Datenbank für Alternativmethoden der Akademie für Tierschutz allen Interessierten kostenlos zur Verfügung steht. Die Publikation von Auszügen der Datenbank in "Gelben Listen" und die Installation der Datenbank an Computern in Universitätsbibliotheken dient der weiteren Verbreitung der Informationen

1. Einleitung

Die Verpflichtung, Tierversuche durch Alternativen zu ersetzen, ist seit der letzten Fassung des Deutschen Tierschutzgesetzes rechtlich verankert, denn dort heißt es im Paragraph 7. "Bei der Entscheidung, ob Tierversuche unerlaßlich sind, ist . . zu prufen, ob der verfolgte Zweck nicht durch andere Methoden oder Verfahren erreicht werden kann."

Obwohl aber Forschungsprojekte zu Alternativmethoden seit Beginn der 80er Jahre intensiver gefordert werden als je zuvor, macht deren Entwicklung und Anwendung weiterhin nur sehr langsame Fortschritte Ursachen dafür sind Forschungs- und Forderungsdefizite und erhebliche Anwendungsdefizite bei bereits nutzbaren Methoden, die sich wiederum in Ausbildungs- und Informationsdefiziten begründen

Um diese Defizite zu verringern, wurde 1986 an der Akademie für Tierschutz, einer Einrichtung des Deutschen Tierschutzbundes, eine Datenbank für Alternativmethoden zu Tierversuchen eingerichtet.

2. Allgemeines zur Datenbank

Ausgangsinformationen für die Datenbank bieten vornehmlich wissenschaftliche Publikationen, es handelt sich also in erster Linie um eine Literatur-Datenbank. Im Einvernehmen mit den Autoren werden aber auch unveröffentlichte Manuskripte und laufende Projekte aufgenommen, so daß die Datenbank einen Überblick über den derzeitigen Stand der Forschung gibt. Aufgenommen werden Arbeiten aus den Gebieten der Grundlagenforschung, der Methodischen Forschung, der Angewandten Forschung und Arbeiten über die Entwicklung von Alternativmethoden für die akademische Ausbildung. Da Auszüge der Datenbank regelmäßig als sogenannte "Gelbe Listen" veröffentlicht werden, hat sich inzwischen der Begriff "Gelbe Listen" als Synonym zur Datenbank für Alternativmethoden des Deutschen Tierschutzbundes eingebürgert.

Zur Zeit enthält die Datenbank mehr als 11 000 Eintragungen über Untersuchungen, durch die ein Beitrag zum Ersatz von Tierversuchen geleistet werden kann. 231 dieser 11 000 Eintragungen stammen aus dem Gebiet der Lehre. Trotz dieser relativ geringen Zahl von Eintragungen, hat die Sammlung von Methoden, durch die tierverbrauchende Versuche in der Lehre ersetzt werden können, in der Datenbank einen besonderen Stellenwert, weil es sich gerade in diesem Bereich nicht nur um wissenschaftliche Publikationen, sondern viel häufiger um Entwicklungen handelt, die bislang nur an einzelnen Universitäten Verbreitung gefunden haben. Um nun umfassend aufzeigen zu können, welcher Lehrstoff durch welche Alternativmethoden vermittelt werden kann, werden nicht nur Publikationen in die Datenbank aufgenommen, sondern auch Methodenbeschreibungen aus Praktikumsskripten und Beschreibungen von Filmmaterial, durch die Tierversuche in der Ausbildung ersetzt werden können.

Dabei unterstützt der Deutsche Tierschutzbund die Entwicklung, Verbreitung und Anwendung von solchen Alternativmethoden, die dazu geeignet sind, Tierversuche tatsächlich zu ersetzen. Sogenannte Alternativmethoden, die Tierversuche verfeinern sollen, entsprechen nicht seiner Zielsetzung. Wenn mit Filmmaterial oder Computersimulationen der gleiche Lehrstoff vermittelt werden kann wie mit einem lebenden oder getöteten Tier, so ist die Verwendung von Tieren nicht mehr akzeptabel. Und Filme, in denen Tierversuche gezeigt werden, sollten wiederum keine Verwendung finden, sofern mit Computersimulationen oder Selbstversuchen das gleiche Lernziel erreicht werden kann.

3. Aufbau der Literatur-Dokumente

Im Folgenden soll der Aufbau der Datenbank näher beschrieben werden. Die Informationen über die ausgewählten Arbeiten werden nach einem festen Schema eingegeben und als Dokument abgespeichert. Jedes Dokument enthält zunächst die Grundangaben, also Autor, Jahr, Quellenangaben und Titel, außerdem verschiedene Angaben zum Inhalt der Veröffentlichung wie Zusammenfassung, Suchwörter, Endpunkte der Methode und spezielle Kennzeichnung.

An einem Beispiel soll gezeigt werden, wie ein solches Literatur-Dokument aussieht (s. Abb. 1). Es handelt sich um eine Arbeit von DEWHURST, BROWN und MEEHAN aus dem Jahre 1988, die in der Zeitschrift ATLA, Alternatives to Laboratory Animals, unter dem angegebenen Titel "Microcomputer simulations of laboratory experiments in physiology" erschienen ist.

An diese Grundangaben schließt sich eine kurze Zusammenfassung an, aus der man entnehmen kann, worum es bei dieser Arbeit geht und auf welche Weise durch die Veröffentlichung ein Beitrag dazu geleistet werden kann, Tierversuche zu ersetzen.

Mit Hilfe von definierten Begriffen, den Deskriptoren oder Suchwörtern, wird die Veröffentlichung unter verschiedenen Gesichtspunkten charakterisiert und kann damit bei einer Abfrage der Datenbank gemeinsam mit anderen, ähnlichen Arbeiten wieder abgerufen werden.

Zur weiteren Kennzeichnung von Veröffentlichungen aus den Gebieten der Grundlagenforschung, der Angewandten Forschung und der Methodischen Forschung wird der Endpunkt der Methode, der Parameter, der zur Beantwortung einer gegebenen Fragestellung untersucht wird, gesondert angegeben. So kann man zum Beispiel die Frage nach der Toxizität einer Substanz dadurch beantworten, daß man mißt, wieviele Zellen einen bestimmten Farbstoff aufnehmen. Der Endpunkt dieser toxikologischen Methode wäre also die Farbstoffaufnahme. Für

Eintragungen auf dem Gebiet der Lehre spielt das Textfeld des Endpunktes der Methode nur eine untergeordnete Rolle.

Dewhurst, D G , Brown, G J , Meehan, A S (1988)
ATLA 15/4 280-289

Microcomputer simulations of laboratory experiments in physiology

Computersimulationen von Laborexperimenten in der Physiologie

Es werden drei verschiedene Computerprogramme vorgestellt, die auf der Simulation von Versuchen, die ublicherweise im Physiologiepraktikum durchgefuhrt werden, basieren
1 Die Praparation des Ischias-Nerven des Frosches zur Untersuchung der Nervenphysiologie Mit diesem Programm konnen Eigenschaften des Aktionspotentials von Nerven untersucht werden
2 Die Praparation des Ischias-Nerven und des Gastrocnemius-Muskels des Frosches zur Untersuchung der Muskelphysiologie Mit diesem Programm konnen wichtige Eigenschaften der Muskelkontraktion und der neuromuskularen Ubertragung vermittelt werden
3 Die Praparation des Frosch-Herzens Mit diesem Computerprogramm konnen Versuche uber die Funktionsweise des Herzens und uber seine Beeinflussung durch pharmakologische Substanzen simuliert werden
In den Programmen werden Daten tatsachlich durchgefuhrter Versuche verwendet, so daß bei ihrer Anwendung realistische Ergebnisse erzielt werden konnen Die Programme wurden 1986/87 an der Universitat Sheffield, Großbritannien, in den Physiologie-Unterricht eingefuhrt und von den Studenten gerne angenommen Die durch die Computerprogramme erzielten Lernerfolge unterschieden sich nicht von den durch tatsachliche Tierversuche erzielten Lernerfolgen Durch eine Kombination der drei Computerprogramme konnen im Physiologie-Praktikum die drei haufigsten tierverbrauchenden Ubungen durch tierlose Ubungen ersetzt werden

Forschungstyp	Lehre
Fachgebiet	Physiologie
Untersuchungsthema	Dynamik
Zielobjekt	Nervensystem, Muskulatur, Herz
Methodentyp	Computersimulation

Endpunkt der Methode

Spezielle Kennzeichnung	Computersimulation, Aktionspotential, neuromuskulare Ubertragung

Arbeitsbereich der Autoren	Department of Biological Science, Sheffield City Polytechnic, Pond Street, Sheffield S1 1WB, UK Vertrieb der Programme PAVIC Publications, Sheffield City Polytechnic, 36 Collegiate Crescent, Sheffield S10 2BP, UK

Abb 1 Beispiel eines Literaturdokumentes der Datenbank

Im Feld der speziellen Kennzeichnung werden Begriffe eingegeben, die gewährleisten sollen, daß ahnliche Arbeiten innerhalb eines Forschungsbereiches uber dieselben Begriffe wiedergefunden werden konnen

Schließlich gibt es noch Textfelder für praktische Informationen Hierbei sind das Feld für den Arbeitsbereich der Autoren, in das auch Bezugsadressen für Computerprogramme oder Filmmaterial eingetragen werden, sowie eine Signatur, soweit die Arbeit in unserer Bibliothek verfügbar ist, zu nennen Das Feld für interne Informationen enthalt Anmerkungen zum Inhalt der Arbeit. Schließlich kann das Eingabedatum festgehalten werden

4. Literatur-Recherche

Die Datenbank bietet drei Moglichkeiten, die nach diesem Schema eingespeicherten Informationen uber wissenschaftliche Untersuchungen wieder abzurufen Die einfachste Moglichkeit ist die **Abfrage nach Autoren** oder beispielsweise auch nach dem Jahr der Veroffentlichung.

Bei der **Volltextsuche** werden alle Dokumente der Datenbank oder bestimmte Abschnitte der Dokumente, etwa die Zusammenfassung oder die spezielle Kennzeichnung, nach beliebig vorgegebenen Begriffen durchsucht

Wahrend mit der Volltextsuche sehr speziell abgefragt werden kann, ist die **Deskriptoren-Suche** so ausgerichtet, daß gleichartige Untersuchungen zu bestimmten Themenkomplexen zusammengestellt werden können Auch hier ist eine weitere Einengung bzw Spezialisierung durch entsprechende Kombination der Deskriptoren oder die Kombination mit der Volltextsuche moglich

5. Der Thesaurus - die Suchwörter

Der Thesaurus, also die Gesamtheit der Deskriptoren oder Suchworter, ist nach folgendem Grundschema nach verschiedenen Aspekten in fünf Gruppen unterteilt Es gibt die Aspekte Forschungstyp, Fachgebiet, Untersuchungsthema, Objekt, Methodentyp

Für jeden der fünf Aspekte gibt es eine Reihe von definierten Deskriptoren, die es ermoglichen, Gleichartiges gleich zu kennzeichnen Die Deskriptoren wurden aufgrund der Erfahrungswerte beim Umgang mit den Arbeiten zusammengestellt und werden nach Bedarf erweitert oder verandert

Abhangig von der Frage, die wahrend einer bestimmten Literatursuche an die Datenbank gestellt wird, mussen die Deskriptoren für die einzelnen Aspekte ausgewahlt und kombiniert werden Im Ergebnis erhalt man dann eine entsprechend breite oder enge Palette von Angaben

Die Zuordnung der Deskriptoren kann an dem schon aufgegriffenen Beispiel veranschaulicht werden

Forschungstyp Die in der Veroffentlichung beschriebene Untersuchung behandelt den Bereich der Lehre Das **Fachgebiet** der Veroffentlichung ist die Physiologie Das **Untersuchungsthema** der Veroffentlichung ist die Dynamik, die Funktionsweise von Organen **Zielobjekte** sind das Nervensystem und die Muskulatur sowie das Herz Und schließlich laßt der Deskriptor "Computersimulation" erkennen, welche Art von Alternativmethode, welcher **Methodentyp**, in der Eintragung beschrieben wird

Eine Abfrage der Datenbank nach diesen Suchwortern hatte zu einer Zusammenstellung von verschiedenen Veroffentlichungen über Computersimulationen im Physiologie-Unterricht, in denen die Dynamik des neuromuskularen Apparates sowie des Herzens behandelt wird, geführt Nach Bedarf konnte dieser Komplex von Veroffentlichungen durch Volltext-Suche nach speziellen Begriffen (zum Beispiel "Ischias-Nerv" oder "Gastrocnemius-Muskel") weiter differenziert werden

6. Schlußworte

Informationen aus der Datenbank kann man durch die bereits erwahnten "Gelben Listen" erhalten, da sie allen deutschen Universitatsbibliotheken zur Verfügung gestellt werden Weiterhin konnen telefonisch oder schriftlich Datenbankabfragen zu bestimmten Themen kostenlos beantragt werden Die Ergebnisse dieser Recherchen werden den Antragsstellern unverzuglich zugesandt Außerdem wird die gesamte Datenbank derzeit an Universitatsbibliotheken in Deutschland und Osterreich sowie in der Schweiz an PCs installiert, so daß Wissenschaftler, Studenten und andere Interessierte vor Ort eigene Datenbankabfragen durchführen konnen Wer die Datenbank bei sich im Institut etablieren mochte, kann nach Abschluß eines

Lizenzvertrages alle Daten und regelmäßige Updates erhalten

Ersatzmethoden zu tierverbrauchenden Unterrichtseinheiten werden in Zukunft zunehmend an Bedeutung gewinnen, da der öffentliche Druck, endlich alle Tierversuche in der Ausbildung von Studenten abzuschaffen, ständig zunimmt. Der Deutsche Tierschutzbund will mit seiner Datenbank einen Beitrag dazu leisten

Da gerade im Bereich der Ausbildung und Lehre neue Alternativverfahren nicht unbedingt in Fachzeitschriften veröffentlicht werden, werden alle Hochschullehrer herzlich dazu eingeladen, Informationen über ihre Alternativen in der Ausbildung der Akademie für Tierschutz zur weiteren Verbreitung zukommen zu lassen

Bericht über eine Diplomarbeit zum Thema "Ersatz- und Ergänzungsmethoden zum Tierversuch in Ausbildung und Lehre"

S. Renz

Die Bemuhungen, Versuche am Tier zu reduzieren, bzw. den Tierversuch durch geeignete Methoden zu ersetzen, müssen schon in der Ausbildung beginnen und dementsprechend gefordert werden Die Zahl der verwendeten Tiere für Ausbildungszwecke ist zwar im Vergleich zur Forschung minimal, dennoch durfen solche Vergleichszahlen nicht als Entschuldigung oder gar als Rechtfertigung gelten. Tierexperimente bzw die Verwendung von Ersatz- und Ergänzungsmethoden in der Ausbildung stellen meist schon die spater angewandte Methodik der weiteren wissenschaftlichen Laufbahn dar Es ist also mindestens genauso wichtig für die Studenten, eine gute Einführung und Praxis in diese Methoden zu bekommen, wie z B Vorlesungen uber Versuchstierkunde u a in Studienplanen festgelegt wurden.
In der Ausbildung werden Versuche an Tieren durchgeführt.

- um manuelle Fahigkeiten und Praktiken zu erwerben,
- zur reinen Demonstration von dynamischen Lebensprozessen,
- Integration in komplexe Systeme,
- zu anatomischen Studien,
- teilweise noch aus Tradition (klassische, historisch bedingte Experimente).

Das Tier wird dabei meist nur als Anschauungs- und Demonstrationsobjekt verwendet, wobei die Vermittlung von praktischen Lerninhalten angesichts der Massenuniversitäten zweifelhaft erscheint. Viele dieser Versuche lassen sich mittlerweile sehr gut durch Filme, Videos, Dias und Computer-Simulations-Programme einsparen Vorteile:

- ständige Verfugbarkeit
- Wiederholbarkeit (Repeat)
- Zeitlupen-/Zeitrafferaufnahmen
- Vergrößern von Ausschnitten
- genaueste Studien ohne Zeitdruck (wie sie z.B unter Narkoseeinfluß stattfinden)

Die Kombination von sog interaktiven Lernprogrammen (wo der Student selbst auf das Experiment Einfluß nehmen und die Resultate direkt mittels gespeicherter Videoaufnahmen beobachten kann), lösen viele Vorwürfe der angewandten Computertechnik gegenuber auf Relativ einfach sind auf mathematischen Modellen basierende Prozesse zu simulieren, dementsprechend gibt es hier auch die meisten Simulations-Programme. Eine Integration dieser interaktiven Simulations-Programme mit CD-ROM-Laufwerken (um riesige Datenmengen schnell zur Verfügung zu haben), die Verwendung von Multi-Media-Effekten erlauben dem projektorientierten Programmierer eine Vielfalt an Anwendungsgebieten in Simulations-Programmen

Es gibt zwar jede Menge an audiovisuellen Progammen und Computer-Simulations-Programmen, aber das Problem einer gezielten Informationsvermittlung (wo stehen welche Filme/ Programme zur Verfügung) bleibt bestehen Aus diesen Grunden beinhaltet meine Diplomarbeit unter anderem die Erstellung eines Kataloges über all diese Lehrmittel. Alle verfügbaren Informationen, wie Bestelladressen, Preis oder Leihbedingungen, Bestellnummer, technische Daten, Autor, Produktionsdatum, Sprache, Systemvoraussetzungen, sind inklusive einer Kurzbeschreibung angegeben. Der Katalog trägt den Titel "Wissen schutzt Tiere" und erscheint in Buchform in Zusammenarbeit mit Univ Doz. Dr GUNTHER BERNATZKY und dem Arbeitskreis der Tierschutzbeauftragten in Bayern unter der Leitung von Dr. med. vet. HEINZ-PETER SCHEUBER

Nach Themenschwerpunkten sortiert soll und wird dieser Katalog die Suche nach ergänzenden Lehrmitteln erleichtern Es finden sich darin vorwiegend englische, hollandische und deutschsprachige Bezugsquellen Zum Teil wurden die Filme, Videos und Computer-Simulations-Programme auf ihre Verwendbarkeit untersucht Jede Ausbildungsstätte soll auch in Zukunft ihre vorhandenen Lehrmittel in unserem Katalog veröffentlichen. Diese katalogisierte Sammlung stellt im deutschsprachigen Raum erstmalig eine weitgehendst vollständige Darstellung für Lehrende und Studierende dar Der Katalog wird laufend erganzt und auf keinen Fall eine einmalige Veroffentlichung sein In Zukunft wird er auch auf Diskette mit einem benutzerfreundlichen Bedienungs- und Suchmenu erhältlich sein

Im zweiten Teil der Diplomarbeit wird ein Computer-Simulations-Programm uber Dosis-Wirkungs-Beziehungen erarbeitet Sinn und Zweck ist, die Wirkung von verschiedensten chemischen Substanzen an isolierten Organen darzustellen. In der Schweiz gibt es zwar schon ein ahnliches Programm (Pharmatutor), das graphisch eindrucksvoll ein Kapitel über Dosis-Wirkungs-Kurven beinhaltet, allerdings lassen sich hier nur allgemein beschreibende Substanzen (wie Agonist X oder Agonist Y) zeigen In Anlehnung an den Pharmatutor werden diese nicht notwendigen Ungenauigkeiten in einem neuen Programm erganzt Die Dosis-Wirkungs-Kurven konnen von einer oder mehr Substanzen an mehreren isolierten Organen erarbeitet werden. Der Benutzer wird dabei mit vorherigen Uberlegungen für Wirkungsbereiche und Konzentrationsschritten konfrontiert Als veranderbare Parameter sind die Lösung des Organbades und die Einwirkzeit einstellbar Jeder Lehrende kann seine eigenen experimentell gewonnenen Daten uber ein einfaches Datenfeld selbst einspeichern (ohne Programmierkenntnisse). Da jede Universitat meist andere Demonstrationsschwerpunkte setzt, kann der Lehrende somit seine didaktisch richtige Auswahl festlegen Das Programm ist von Anfang an für weite Einsatzmöglichkeiten geschrieben und laßt anpassungsfähige Veränderungen zu Dieses Simulations-Programm befindet sich derzeit noch in Arbeit

Filme, Videos, Dias und Computer-Simulations-Programme ermoglichen zwar auch wiederum nur einen begrenzten Ersatz von Tierversuchen, reichen aber in der Grundausbildung in Kombination mit anderen Methoden zur Darstellung von komplizierten Zusammenhängen aus Man darf dabei aber nicht vergessen, daß auch für diese Aufnahmen und das verwendete Datenmaterial wiederum Tierexperimente durchgeführt wurden Es ware allerdings sinnlos, dieses Archiv nicht zu nutzen, nur weil Kontaktadressen schwer zuganglich sind

Physiologie Praktikum ohne Versuchstiere

Th. Kenner

Die Ausbildung von Medizinstudenten im Studium hat in erster Linie die Zielsetzung, angehende Arzte für die praktische Arztetatigkeit vorzubereiten In engem Zusammenhang damit soll eine kritische wissenschaftliche Denkweise geschult werden Ferner sollen grundlegende methodische Vorgangsweisen der medizinischen Diagnostik erlernt werden

Sowohl altere als insbesonders auch neuere moderne nicht invasive Meßverfahren erlauben heute, auf einfache Weise Messungen am Menschen durchzuführen Somit konnen eine Reihe von experimentellen Methoden, die fruher im Tierversuch durchgeführt wurden - wie etwa Blutdruckmessung, Blutstromungsmessung - einfach und anschaulich am Menschen, d h an und von den Studenten im Praktikum gegenseitig vorgenommen werden

Schließlich ist zu bedenken, daß die genannten Moglichkeiten älterer und neuerer nicht invasiver Methoden bereits soviel Zeit im Praktikum einnehmen, daß es nicht sinnvoll ware, daneben noch Tierversuche durchzuführen

Es gibt daruber hinaus auch noch die Moglichkeit dynamische Prozesse, deren Ablauf fruher im Tierversuch demonstriert wurde, heute in Modellversuchen oder als Simulationsversuch zu veranschaulichen

Neben ethischen Uberlegungen haben all diese Grunde dazu geführt, daß wir seit 15 Jahren keine Notwendigkeit empfinden, im Praktikum für Medizinische Physiologie Tierversuche durchzuführen

Es sei an dieser Stelle erwahnt, daß eine kurzlich vom Dekanat durchgeführte Umfrage ergeben hat, daß an keinem Institut und an keiner Klinik der Medizinischen Fakultat der Universitat Graz für Pflichtlehrveranstaltungen Tierversuche durchgeführt werden

Die Liste der einzelnen Ubungen, die am Physiologischen Institut, teils einzeln teils gruppenweise, durchgeführt werden lautet

Weißes und Rotes Blutbild, Blutgruppenbestimmungen, EKG, Blutdruck- und Blutstromungsmessungen sowie Messungen an einem Kreislaufmodell Spirometrie, Ergometrie, Blutgas- und Laktatbestimmung bei korperlicher Arbeit, schließlich Audiometrie, Vestibulometrie und diverse Messungen am Auge

Alle im Praktikum durchgeführten Versuche sind für das Verstandnis von Messungen in der arztlichen Praxis, sei es für praventivmedizinische Untersuchungen oder für diagnostische Zwecke von Bedeutung Neurophysiologische Messungen werden ebenso wie ein Modell zur Simulation der Interaktion von Synapsen in der Vorlesung besprochen und demonstriert

Erganzend sei erwahnt, daß am Physiologischen Institut auch ein Praktikum für biomedizinische Techniker der Technischen Universitat Graz stattfindet, in dem grundsatzlich der gleiche Themenbereich durchgenommen wird Auch in diesem Praktikum finden keine Tierversuche statt

Im Auftrag des Bundesministeriums für Wissenschaft und Forschung hat das Wiener Boltzmann Institut für Sozialmedizin eine Evaluation der Lehre und der Prufungsergebnisse aus der Sicht der Professoren, Assistenten und Studenten, sowie insbesondere auch eine Evaluation der

Akzeptanz des Praktikums bei Studenten untersucht Diese im Jahre 1992 publizierte Studie hat für das Physiologische Praktikum eine hohe Akzeptanz ergeben, wobei besonders auf die Praxisbezogenheit hingewiesen wurde

Zusammenfassend kann gesagt werden, daß am Physiologischen Institut der Universität Graz seit 15 Jahren kein Tierversuch im Praktikum durchgeführt wird.

Neben ethischen Überlegungen war für diese Entscheidung wesentlich, daß wir Tierversuche zur Lehre für nicht notwendig halten Zielsetzung für das medizinische Praktikum ist die Einführung der Studenten in jene Methoden, die in der ärztlichen Praxis zur Untersuchung von Patienten verwendet werden

Komplexe dynamischer Vorgänge lassen sich neben dem Experiment am Menschen besser durch Modellversuche oder Simulationsberechnungen verstandlich machen

Erfahrungen mit tiersparender Ausbildung in der Physiologie

H. Oetliker

Zusammenfassung

In den Jahren 1986/87 wurde das Praktikum des Physiologischen Institutes der Universität Bern neu uberarbeitet. Eines der Ziele war, den Einsatz von Versuchstieren drastisch zu reduzieren, ohne die Qualität des Unterrichts zu schmälern Dazu waren die Voraussetzungen zu schaffen, daß die Studierenden soweit als moglich die vorgesehenen Lerninhalte in Selbstversuchen oder an Modellen erarbeiten können Ebenso ging es darum, den Studierenden während der für das Praktikum vorgesehenen Zeit die Moglichkeit zu bieten, daß sie sich vermehrt mit der Analyse der erhobenen Befunde befassen konnen Über die dazu getroffenen technischen und organisatorischen Maßnahmen und die im neu gestalteten Praktikum enthaltenen Lerninhalte wird berichtet.

Sowohl aus Sicht der Studierenden als auch aus der Sicht der am Unterricht beteiligten Mitarbeiter am Institut führte die Gesamtheit der Maßnahmen zu einer deutlichen Verbesserung der Lernklimas Nach Meinung der am Unterricht beteiligten Dozenten ist die Qualität des praktischen Unterrichts gesteigert worden

1. Vorgeschichte

Das bis 1986 am Physiologischen Institut der Universität Bern angebotene Physiologiepraktikum basierte in seinen Grundzügen sehr weitgehend auf dem klassischen Physiologiepraktikum wie es seinerzeit von A v. MURALT zusammengestellt worden ist. Verschiedene Versuche sind allerdings im Laufe der Zeit ersetzt, hinzugefügt oder modernisiert worden. Insbesondere wurde bereits vor 1986 versucht, moglichst viele Experimente, die Versuchstiere erforderten, durch Selbstversuche der Studierenden zu ersetzen Die einzelnen Versuchsplätze waren in einfacher bis doppelter Ausführung aufgestellt Dies hatte zur Folge, daß alle diejenigen Experimente, die von den Studierenden während des laufenden Semesters durchzuführen waren, gleichzeitig aufgestellt sein mußten. Die Studenten rotierten somit von einem Versuchsplatz zum anderen. Eine enge Koordination der Vorlesungsinhalte mit den Inhalten der praktischen Ubungen war deswegen nur für einige wenige Gruppen einigermaßen möglich. Im Stundenplan der Studierenden waren für die Physiologiepraktika 4 bis 8 Stunden pro Woche reserviert Die Physiologiepraktika alternierten mit den Praktika der anderen Fächer uber das ganze Semester Fur die Mehrzahl der Praktika war eine Dauer von 2 Stunden vorgesehen Oft waren die Physiologiepraktika zeitlich von Vorlesungen oder praktischen Übungen anderer Facher flankiert, was gelegentlich zu "Kompetition" um die Aufmerksamkeit der Studierenden führte. Es wurde eine Präsenzkontrolle geführt Man war der Ansicht, daß so verhindert werden könnte, daß die Studierenden bei größerem Druck durch andere Fächer die Physiologiepraktika nicht besuchen würden

2. Reorganisation - Kosten

In den Jahren 1986 bis 1987 haben die Dozenten des Physiologischen Instituts der Universität Bern das Praktikum einer grundlegenden Uberarbeitung unterzogen Adressaten dieser Lehrveranstaltung sind Studierende der Human-, Veterinär- und Zahnmedizin im zweiten vorklinischen Jahr ihrer Ausbildung Eine spezielle Lehrveranstaltung in Physiologie für Studierende der Veterinärmedizin wird bisher weder als Vorlesung noch als Praktikum angeboten

Eines der Hauptziele der Reorganisation war die Umstellung von Versuchen an tierischem Material auf Selbstversuche der Studierenden und Computer- oder Analogmodelle Dieses Ziel ist - bis auf einen Versuch an der Froschhaut als Transportepithel - bis zum heutigen Zeitpunkt (Sommer 1992) erreicht worden

Neben Anderungen, die den Stoff und die Prasentationsform betreffen, haben wir organisatorische Maßnahmen ergriffen, die dafür sorgen, daß die Studierenden die Praktikumsversuche eines bestimmten Gebiets, bestehend aus vier bzw acht Versuchen, im Zusammenhang, wenn moglich an vier bzw acht aufeinander folgenden Nachmittagen durchführen können. Zudem ist darauf geachtet worden, daß die entsprechenden Vorlesungen und Praktikumsversuche zeitlich koordiniert sind Die apparative Voraussetzung dafür war, daß praktisch alle Versuche in vierfacher Ausführung aufgestellt werden mußten Die apparativen Umstellungen und Neuanschaffungen haben insgesamt Kosten von ca Sfr 500.000 - verursacht

3. Ausbildungskapazität

Bei einer Belegung eines einzelnen Versuchsplatzes mit vier Studierenden können gleichzeitig 64 Studierende unter den gegebenen raumlichen und personellen Voraussetzungen des Institutes praktisch arbeiten Dadurch, daß gleichzeitig zwei Drittel der Studierenden eines Jahreskurses entweder einen entsprechenden Block der praktischen Kurse in Morphologie oder Biochemie besuchen, ergibt sich eine Totalkapazitat von 192 Studierenden pro Jahreskurs Die Institutsangehörigen, welche ein bestimmtes Gebiet betreuen, sind somit wahrend 12 oder 24 dicht aufeinanderfolgender Halbtage für das Physiologiepraktikum im Einsatz, können aber für den Rest des Semesters uber ihre Zeit anderweitig verfügen Diese Regelung wird von den Institutsangehörigen als angenehm empfunden

4. Praktisch-Methodisches

Aus didaktischen, jedoch auch aus Kostengrunden, wurde ein Grundstock von Meßinstrumenten neu angeschafft, der bei moglichst vielen Versuchen unverändert, oder durch Spezialgeräte erganzt, zur Datenaquisition verwendbar ist --> *Standard Meßplatz* Unsere "Traumvorstellung" ware, daß die Studierenden im ersten Semester bereits im Physikpraktikum beginnen würden, mit den gleichen Geraten, die in unserem Standardarbeitsplatz enthalten sind, ihre Messungen durchzuführen Damit konnte erreicht werden, daß die Studierenden im Physiologiepraktikum ihre volle Aufmerksamkeit den eigentlichen physiologischen Fragestellungen widmen konnten und nicht - wenigstens während der ersten Praktika - einen Teil ihrer Zeit für das Erlernen des Gebrauchs der Meßeinrichtungen einsetzen mußten

Der Standardmeßplatz enthalt in einem fahrbaren Gestell ein digitales Oszilloskop mit digitalem Schreiber [für 1993 ist eine Umstellung auf Datenaquisition mit MacLab und MacIntosh Classic Computer bei allen Arbeitsplatzen vorgesehen (vgl Summation und Tetanus in diesem Band)], ein Reizgerat, welches mit dem digitalen Datenaquisitionssystem synchronisierte und programmierbare Einzel- bis Mehrfachreize mit Reizstarken bis 500 V und einer Pulsdauer bis zu 200 µs erlaubt Zur Anpassung der Signale an die AD-Wandler stehen AC oder DC gekoppelte Verstärker zur Verfügung

Die Stromversorgungen aller Gerate werden uber eine Fehlstromsicherung (10 mA gegen Masse) am Elektrizitätsnetz angeschlossen Die Reizgerate sind galvanisch vom Netz getrennt, die Meßverstarker sind sowohl galvanisch wie optisch von der Versuchsperson getrennt (Uberspannungsschutz des Optokopplers in der Meßleitung 3500 V) Die Reizelektroden werden von der Versuchsperson selber in Position gehalten oder die Versuchsperson muß, falls die Reizelektroden aus versuchstechnischen Gründen am Körper fixiert werden mussen, aktiv einen Schalter geschlossen halten, damit die Reizpulse die Versuchsperson erreichen konnen So kann die Versuchsperson verhindern, daß ihr bei Fehlmanipulationen uber langere Zeit schmerzhafte Reize appliziert werden können

5. Inhaltliches

Die nachfolgende Aufstellung zeigt die zur Zeit wahrend eines Jahreskurses angebotenen Versuche Die mit * markierten Praktikumsversuche werden ganz oder teilweise als Beitrag oder in Abstract-Form im vorliegenden Band vorgestellt

Die Hauptverantwortung für die Durchführung der durch Kursivdruck markierten Ubereinheiten des Praktikums liegt bei denjenigen Dozenten, welche das betreffende Gebiet in der Hauptvorlesung vorgangig behandelt haben Dadurch soll eine Betonung der Einheit zwischen theoretischem und praktischem Unterricht zusatzlich erreicht werden

Allgemeine Physiologie

- Transportepithel (Froschhaut)
- elektrische Phanomene am Analog-Membranmodell
- Leitungsgeschwindigkeit eines motorischen Nerven* - motorische Endplatte*
- Summation und Tetanus am Menschen*

Zentralnervensystem

- spinale Motorik
- Okulomotorik
- Somatosensorik
- hohere Funktionen des Zentralnervensystems

Herz-Kreislauf-Blut

- Elektro- und Vektorkardiographie
- Kardiomechanographie
- Blutflußgeschwindigkeit und Blutdruck
- Bindung von O_2 an Hamoglobin
- Computersimulation des Herz-Kreislaufsystems
- Herztone - Herzklappen
- Blutbild, -gruppen, -gerinnung, -senkungsgeschwindigkeit
- Verformbarkeit und osmotische Hamolyse von Erythrozyten

Niere, Saure-Basenhaushalt, Atmung, Energieumsatz

- Atemmechanik
- Atemregulation
- Computersimulation des Gasaustausches
- Computersimulation der renalen Funktion

Sinnesphysiologie
- Sehschärfe, Akkommodationsbreite, stereoskopisches Sehen*
- Dunkeladaptation, Gesichtsfeldbestimmung, Augenmodell
- Hörschwelle, einfache Hörtests, Richtungshören
- Vestibularapparat, Nystagmus, Cupulogramm

6. Beurteilung der Qualität der Lehrveranstaltung

Die Dozenten des Physiologischen Instituts der Universität Bern sind der Ansicht, daß die Gesamtheit der Veränderungen für die von ihnen empfundene Verbesserung des Lernklimas verantwortlich ist Die über längere Zeit verfolgbaren Resultate der Examina nach dem Auswahl-Antwort-System ergaben einen Anstieg der Leistungen im Fach Physiologie über die letzten Jahre.

Anhand von Selbstversuchen ist für die Studierenden die klinische Relevanz der Lerninhalte offensichtlicher Der Umstand, daß volle Halbtage zur Verfügung stehen, regt verschiedene Studierende zu eigenem Experimentieren an

Zum Teil lassen sich mit Versuchen am Menschen Probleme behandeln, die an isolierten Organen oder narkotisierten Tieren wesentlich schwieriger zu vermitteln wären [vgl. Versuch zum Stereosehen in diesem Band (MOJON D et al)]. Ebenso laßt sich die Lokalisation der motorischen Endplatten in einem Skelettmuskel mit sehr einfachen Mitteln einleuchtend demonstrieren (ZHANG W et al in diesem Band)

7. Akzeptanz

Gemäß der Auswertung eines Fragebogens, der im ersten Jahr nach der Umstellung an alle Studierenden verteilt worden ist, und aufgrund eines Gesprachs mit einer reprasentativen Anzahl von Studierenden wurden die Neuerungen sehr gut aufgenommen. Prasenzkontrollen werden seit der Umstellung nicht mehr durchgeführt Trotzdem sind keine, teilweise leere Praktikumsplatze während der Praktikums -Nachmittage beobachtet worden

Die Praktikumsplätze stehen den Studierenden auch außerhalb der fixen Unterrichtszeiten zur Verfügung. Von dieser Moglichkeit wird oft Gebrauch gemacht. Dies wird ebenfalls als Zeichen einer guten Akzeptanz durch die Studierenden betrachtet

Die Dozenten des Instituts empfinden es als angenehm, daß Diskussionen über Sinn und Unsinn gewisser Tierexperimente der Vergangenheit angehören. Die Institutsangehörigen sind durchwegs der Ansicht, daß sich der nicht unbedeutende Aufwand zur Umgestaltung des Physiologiepraktikums gelohnt hat

Summation und Tetanus am Menschen

H. Oetliker, W. Zhang, D. Mojon, M. Oetliker

Zusammenfassung

Der Versuch "Summation und Tetanus am Menschen" wurde entwickelt mit den Zielen, im Physiologiepraktikum den Verbrauch von Versuchstieren zu reduzieren, die für die Studierenden einsehbare Relevanz des Versuchs und dessen Reproduzierbarkeit innerhalb eines Versuchs zu erhöhen.

Über einen mechanoelektrischen Transducer und Aufklebelektroden werden die kontraktilen und elektrischen Antworten des M. adductor pollicis registriert und auf einem Bildschirm dargestellt. Amplituden und der Zeitverlauf von elektrisch ausgelösten Antworten können mit denjenigen verglichen werden, die von der Versuchsperson willentlich ausgelöst worden sind.

Die Anordnung erlaubt, die klassischen Muskel-Experimente des Physiologie-Unterrichts mit Ausnahme des Längen-Spannungsdiagramms durchzuführen. Gegenüber der Verwendung von isolierten tierischen Muskeln bestehen, zusätzlich zur Einsparung von Versuchstieren, die beträchtlichen Vorteile, daß die Studierenden den Bezug zu ihrer eigenen Motorik erleben können und daß das "Präparat" auch bei längeren Untersuchungen, im Gegensatz zu tierischem Gewebe, praktisch nicht ermüdet.

Bei Studierenden und Betreuern erfreut sich der Versuch einer sehr guten Akzeptanz.

1. Einleitung - didaktische Zielsetzung

Der Versuch "Summation und Tetanus" gehört zu den "klassischen", kaum wegzudenkenden Experimenten eines Physiologiepraktikums für Studierende der medizinischen Berufe an europäischen Universitäten. Der Versuch wurde bisher vorwiegend an einem Nerv-Muskelpräparat oder an isolierten Froschmuskeln durchgeführt. Die Studierenden konnten dabei experimentell sowohl den Einfluß der Reizstärke auf die Kontraktionsamplitude bei Einzelzuckungen als auch den Einfluß des Reizintervalls bei Mehrfachreizungen untersuchen.

Die Relevanz der geschilderten Experimente zum Verständnis der Steuerung von motorischer Aktivität beim Menschen oder bei Säugetieren ist dabei für die Studierenden in unterschiedlichem Ausmaß evident geworden. Gespräche von H. OETLIKER mit zahlreichen Studierenden während der Praktika der letzten Jahre vor Einführung des entsprechenden Versuchs am Menschen und gelegentliche Gespräche mit ehemaligen Studienkolleginnen und -kollegen der Human- und Veterinärmedizin ergaben, daß bei sehr vielen von ihnen eine recht lebhafte, emotional belastete, negative Erinnerung an den Prozeß des Tötens der Frösche übrig geblieben ist. In scharfem Kontrast dazu blieb von den eigentlichen Lerninhalten, die mit den seinerzeitigen Versuchen hätten vermittelt werden sollen, nur relativ wenig haften. Der Eindruck entstand, daß, je stärker die individuelle emotionale Belastung gewesen war, - man könnte dies als Blendeffekt bezeichnen - desto weniger blieb auf Sicht von mehreren Jahren die fachliche Information im Gedächtnis der Studierenden haften. Die vorgenannten Befragungen, welche die Effizienz der Vermittlung von Lerninhalten im betreffenden Gebiet betrafen, wurden nicht genugend systematisch durchgeführt, um Anspruch auf Quantifizierbarkeit zu erheben. Die dabei erhaltenen Eindrücke stellten jedoch zusammen mit ökologischen Bedenken eine Motivation für die Entwicklung einer alternativen Methode zur Vermittlung dieser Lerninhalte dar.

Dazu kommt, daß eine zunehmende Sensibilisierung für ökologische Zusammenhänge in breiten Bevölkerungsschichten und die verschärften Bestimmungen über Import und Export von Wildtieren verschiedener Länder, die übrigens von uns sehr begrüßt werden, den Bezug von Fröschen zu Unterrichtszwecken als ethisch obsolet erscheinen lassen und diesen praktisch sehr wesentlich erschweren. Ein Verbrauch von Fröschen in großer Zahl trägt sicher zur Störung des biologischen Gleichgewichts in Lebensräumen bei. Es ist zu hoffen, daß künftig die okologischen Auswirkungen vermehrt in Betracht gezogen werden, z.B. bei Bewilligungsverfahren für die Einfuhr zur gastronomischen Verwendung von Froschen (für lebende wie für bereits geschlachtete Tiere), die mengenmäßig ein Vielfaches des Verbrauchs in Wissenschaft und Unterricht zusammen ausmacht (wahrend der fruhen 80er-Jahre in der Schweiz ca. 15 000).

Was die rein praktisch-technischen Belange zur Überwindung dieser Einschränkungen angeht, so ware es relativ schwierig und aufwendig, die für solche Organversuche benötigten Frosche in Gefangenschaft zu zuchten. Der Aufwand für eine artgerechte Haltung in künstlich angelegten Biotopen würde den Rahmen der Möglichkeiten eines Instituts sprengen. Eine Durchführung der entsprechenden Versuche mit Muskulatur von nahezu beliebig vermehrbaren Labortieren stellt höhere Anforderungen an die Versuchsanordnungen, was Sauerstoffversorgung und Temperaturkonstanz etc. betrifft.

Es wurde davon ausgegangen, daß, falls den Studierenden Gelegenheit geboten wird, die entsprechenden Versuche an sich selber durchzuführen, es möglich sein sollte, die eingangs erwahnten Nachteile weitgehend zu eliminieren. Zudem sollte damit die direkt einsehbare Relevanz des Versuchs erhoht werden konnen, indem quantitative Vergleiche angestellt werden konnen zwischen willentlich ausgeloster Muskelaktivität und solcher, die durch Applikation bekannter Reizmuster bedingt ist. Zudem konnen die Studierenden zurecht darauf hingewiesen werden, daß sie in klinisch neurologischen Untersuchungen entsprechende Apparaturen und z. T. gleiche Untersuchungstechniken an Patienten anwenden werden.

Der Umsetzung in einen praktisch durchführbaren Versuch kam die Entwicklung im Gebiet der elektronischen Datenerfassung sehr entgegen, weil digitale Oszilloskope (frühe 80er-Jahre) oder auf Computern basierende, bedienungsfreundliche Datenerfassungssysteme zu "budgetfreundlichen" Preisen (ab 1991) erhaltlich wurden.

2. Methodisches - Durchführung - Zeitbedarf

Die Kraftentwicklung im M. adductor pollicis wird, weitgehend isometrisch, so gemessen, daß die Finger 2 bis 5 einer Hand der Versuchsperson, mit der Volarseite nach oben, auf einer gepolsterten Unterlage durch einen Bügel fixiert werden, wahrend der Daumen in eine ringformige Halterung gesteckt wird, die in vertikaler Richtung mit einem mechanoelektrischen Transducer verbunden ist (vgl. Abb. 1). Zur Ableitung der Muskelaktionsströme wird eine Klebelektrode zwischen dem Metacarpale 1 und 2 auf der Dorsalseite der Hand als differente Elektrode und eine Klebelektrode in der Nähe des Zeigfingergrundgelenks als indifferente Elektrode aufgeklebt. Auf eine Registrierung der extrazellularen Aktionsströme über Nadelelektroden oder implantierte feine Drahtelektroden wurde, aus Grunden der Einfachheit und um den Zeitaufwand für Betreuung niedrig zu halten, verzichtet.

Die Reizelektroden werden uber dem N. ulnaris im Sulcus nervi ulnaris positioniert und von der Versuchsperson dort festgehalten. Die Versuchsperson kann so bei eventuellen Fehlmanipulationen des Operateurs, die zu exzessiven Reizungen führen könnten, die Reizung durch

Entfernen der Elektroden selber beenden Es wird jeweils darauf geachtet, daß mit relativ kurzen Reizzeiten (50 bis 100 μs) gearbeitet werden kann Dies bedingt eine Endstufe des Stimulators, die kurzzeitig Reizspannungen von bis zu 500 V produzieren kann Nach eigenen Erfahrungen ist bei kurzen Reizzeiten und entsprechend hohen Reizamplituden die Gefahr, daß bei Mehrfachreizungen Schmerzfasern mitgereizt werden, wesentlich kleiner als bei langen Reizzeiten mit entsprechend tieferen Reizspannungen

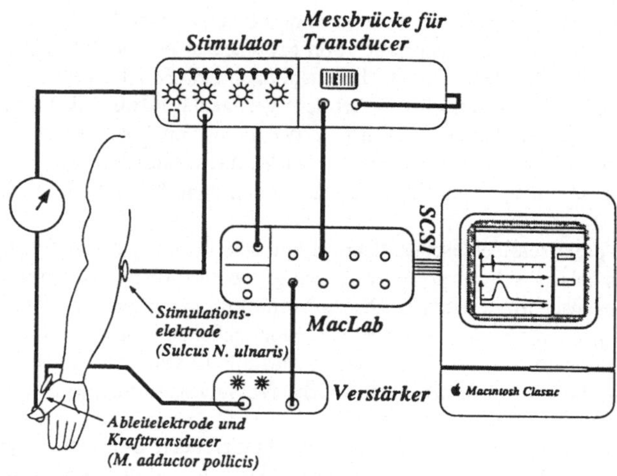

Abb 1 Schematische Darstellung der Versuchsanordnung

Mechanogramm und EMG werden uber einen Analog-Digital-Wandler mit zugehoriger kommerzieller Software (MacLab™, ADInstruments, Castle Hill, NSW 2154, Australia) digital erfaßt und auf einem Macintosh™ Classic™ (Apple Computer Inc) dargestellt (vgl Abb. 1) Die Daten konnen bereits weitgehend anhand der Graphik auf dem Computerschirm analysiert werden Fur ihre Protokolle können die Studierenden Ausdrucke auf Papier uber einen Laser-Drucker anfertigen.

Fur die Durchführung des Versuchs inklusive Auswertung und Diskussion der Befunde stehen vier Stunden zur Verfügung Ein wissenschaftlicher Mitarbeiter des Instituts betreut gleichzeitig vier Gruppen zu je vier Studierenden, die an 4 Apparaturen im gleichen Raum den betreffenden Versuch durchführen

3. Resultate

Nachfolgend wird der Gang des Experiments beschrieben, wie es von "durchschnittlichen" Studierenden in der Regel erlebt werden kann Aus Grunden der Ubersichtlichkeit und Unmittelbarkeit werden, im Format eingeruckt, die didaktischen Intentionen und Schlußfolgerungen aus den Befunden nach der Beschreibung der Einzelschritte und Resultate des Experiments jeweils unmittelbar angefügt

Zu Beginn wird die Versuchsperson angehalten, eine moglichst kurze und möglichst schwache Adduktion und Opposition des Daumens zur Handflache durchzuführen (Ziel sei idealerweise eine Einzelzuckung im M adductor pollicis) Diese sehr schwache "Einzelzuckung" soll gefolgt werden von einer maximalen Kontraktion, die nicht langer als eine halbe Sekunde dauern sollte (Die maximale Zeit, während der eine Registrierung in der Oszilloskop-Betriebsart -

der Datenmenge und der Intervalle zwischen den einzelnen Meßpunkten wegen - vernünftigerweise ausgedehnt werden kann, beträgt ca 2 s)

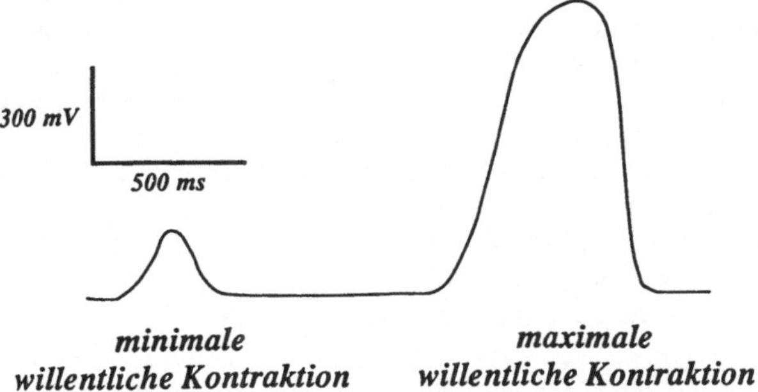

Abb 2 Willentliche Auslosung einer "minimalen" Zuckung und einer maximalen Kraftentwicklung gegen den mechanoelektrischen Transducer Die extrazellularen Aktionsstrome wurden hier nicht aufgezeichnet

Während dieses Vorversuchs finden die Teilnehmer rasch heraus, daß sie die Große und die Dauer des Spannungstransienten, welchen sie vorerst als Einzelzuckung ansehen, mit etwas Übung und bei visueller Ruckkoppelung (uber die Aufzeichnung der Kontraktion auf dem Computerschirm) wesentlich reduzieren können und daß der Unterschied zwischen den Amplituden der Maximalkontraktion und der vermeintlichen "Einzelzuckung" deutlich vergrößert werden kann Diese Messungen dienen auch dazu, die Empfindlichkeit des Verstarkers für das Signal des mechanoelektrischen Transducers so einzustellen, daß sowohl maximale Aktivierungen wie auch "Einzelzuckungen" optimal positioniert, vernunftig aufgelöst und in voller Amplitude dargestellt werden können

Es wird nun die Schwellenreizstärke ermittelt für eine gerade noch detektierbare Kontraktion und den zugehörigen extrazellulären Aktionsstrom. Unter Erhohung der Reizstärke in Schritten zwischen 10 und 50 V wird der Einfluß der Reizstärke auf die Amplitude der Einzelzuckung und des Aktionsstroms untersucht und der Bereich, oberhalb welchem die Reizstärke supramaximal ist, bestimmt (vgl. Abb 3). Je nach Sorgfalt, Fingerspitzengefühl und Interesse der Kursteilnehmer können reproduzierbar einzelne wenige motorische Einheiten uber Veränderung der Reizstarke zusätzlich erregt werden

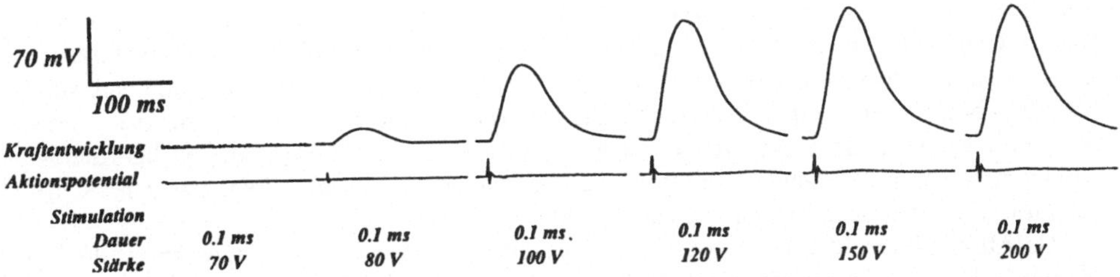

Abb 3 Ermittlung der Schwellenreizstarke und Bestimmung des supramaximalen Bereichs Beim unterschwelligen Transienten mit Reizstarke 70 V ist die Empfindlichkeit fur das Mechanogramm um den Faktor 4 erhoht worden (verrauschte Grundlinie), damit auch eine minimale Kontraktion sichtbar ware

Die Studierenden erfahren so an sich selber, was es bedeutet, unterschiedlich viele motorische Einheiten zu aktivieren. Sie vergleichen die hier künstlich erzeugte Rekrutierung mit der physiologischen Rekrutierungsordnung, die, im Gegensatz zur künstlichen Reizung der motorischen Axone, die großen motorischen Einheiten zuletzt aktiviert.

Aufgrund des Vergleichs des zeitlichen Verlaufs des extrazellulären Aktionsstroms mit demjenigen des Mechanogramms kann die elektromechanische Latenzzeit bestimmt werden Es wird evident, daß bei den beobachteten Zeitverhaltnissen eine erneute Aktivierung ausgelost werden kann, lange bevor die Muskelkontraktion beendigt ist (vgl Abb 3) Unter Programmkontrolle kann ein kleiner Ausschnitt des Computerschirms vergroßert werden, was den Vergleich der Zeitverlaufe verfeinert durchführen laßt Werden die Parameter der Kontraktionen bei Schwellenreizstarke mit denjenigen der willentlich ausgelosten, scheinbaren Einzelzuckungen verglichen, so ist leicht ersichtlich, daß die zu Beginn registrierten willkurlichen, kleinstmoglichen "Einzelzuckungen" auf Antworten von mehreren motorischen Einheiten (initiale Steilheit des Kraft-transienten) beruhen, die zudem nicht nur einmal, sondern mehrmals aktiviert worden sind (Dauer der Kraftentwicklung und des Stromtransienten im EMG)

Bei supramaximaler Reizstarke wird nun der Einfluß des Reizintervalls auf die Kontraktionsamplituden bei Doppelreizung untersucht und graphisch ausgewertet Eine Anzahl von Antworten auf Doppelreize sind in Abb 4 dargestellt

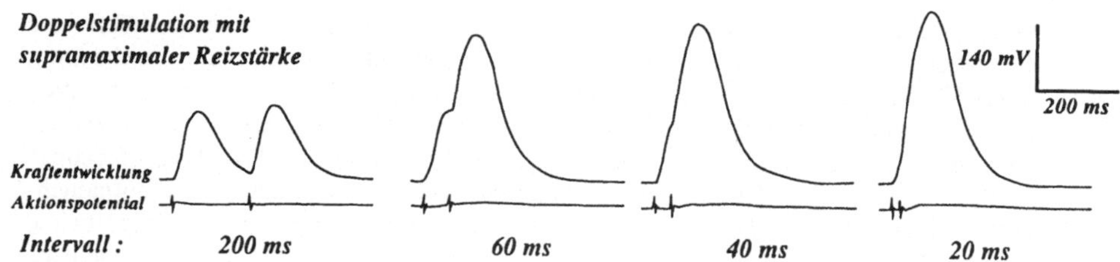

Abb 4 Einfluß des Reizintervalls auf die Kontraktionsamplitude der Summenantwort bei Doppelreizung (Die um Faktor 2 reduzierte Empfindlichkeit im Mechanogramm gegenuber Abb 3 ist zu beachten)

Es ist evident, daß die Maximal-Amplitude der Doppelantwort vom Reizintervall abhangt. Mit halbquantitativer Ermittlung der Differenz zwischen der Antwort auf eine Einzelreizung und der Antwort auf einen Doppelreiz laßt sich zeigen, daß das Zeit-Kraftintegral der durch den zweiten Reiz ausgelosten Antwort bei kurzen Reizintervallen wesentlich großer ist als bei einer Einzelzuckung Es laßt sich so ein minimaler Wert für die nicht von außen erkennbare innere Arbeit, welche u a im Dehnen von elastischen Elementen besteht, abschatzen (Eine echte, digitale Differenzbildung zwischen den Transienten mit einem Reiz und einem solchen mit Doppelreizung ist technisch mit der jetzt verwendeten Versuchsanordnung ohne großen Aufwand moglich Von dieser Moglichkeit wurde aber bis jetzt noch nicht routinemaßig im Studentenkurs Gebrauch gemacht) In diesem Zusammenhang konnen Probleme der Refraktarzeiten für die Aktionspotentiale der verschiedenen Strukturen - Nerv, motorische Endplatte und Muskelfaser - besprochen werden Die Frage stellt sich, ob die Calciumfreisetzung aus dem sarcoplasmatischen Retikulum graduiert ist oder ob sie ebenfalls eine Alles-oder-Nichts-Charakteristik aufweist (U U konnen Vergleiche gezogen werden mit in vitro-Experimenten aus der Literatur, die mit Calciumindikatoren durchgeführt worden sind)

Als Abschluß der Messungen werden mit absteigenden Reizintervallen (zwischen 100 und 10 ms) 10 bis 40 aufeinanderfolgende Mehrfachreizungen durchgeführt (Abb 5)

Anhand dieser Messungen lassen sich die Begriffe unvollstandiger und vollstandiger Tetanus erklaren Die Moglichkeit der Kraftmodulation durch Variation der Frequenz der Aktionspotentiale wird durchschaubar Zum Erstaunen der meisten Kursteilnehmer ist die durch maximale tetanische Stimulation erreichte Kraftentwicklung kleiner als die bei maximaler willentlicher Aktivierung erhaltene maximale Kraft Beim bewußten Ausprobieren wird klar, daß bei willentlicher Kraftentwicklung die Flexoren der Hand mitinnerviert werden (vgl Abb 6) Es kann so unmittelbar veranschaulicht werden, daß vom ZNS aus normalerweise Bewegungsmuster ausgelöst werden, die einen bestimmten operationellen Zweck haben (Hier z.B , den Daumen so fest als möglich an die Handfläche zu drücken und nicht die Aktivierung eines einzelnen Muskels)

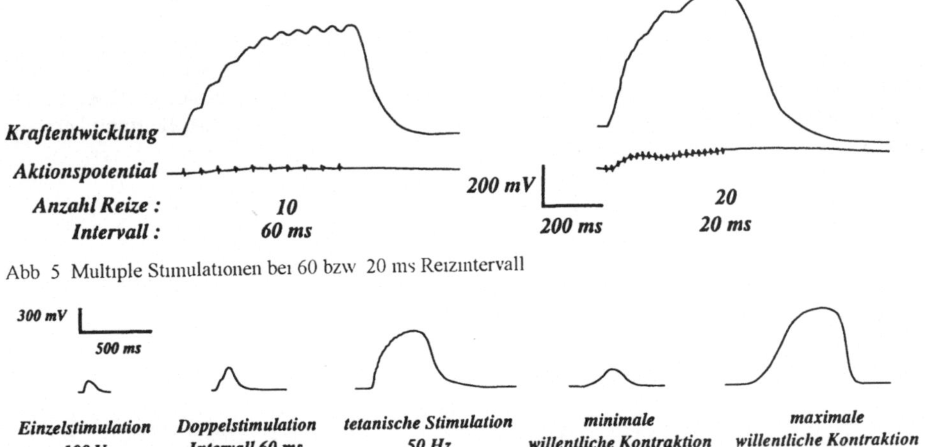

Abb 5 Multiple Stimulationen bei 60 bzw 20 ms Reizintervall

Abb 6 Gegenuberstellung der verschiedenen Krafttransienten zum Vergleich von willentlicher mit kunstlicher Aktivierung

Durch Anhangen verschiedener Gewichte zwischen 0,5 und 10 kg oder durch Applikation bekannter Krafte uber eine Federwaage kann eine Eichkurve für die elektrischen Signale des mechanoelektrischen Transducers erstellt werden In diesem Beispiel betrug die Empfindlichkeit des mechanoelektrischen Transducers mit der ganzen Meßkette 36,5 N/V Die einzelnen Signale konnen anschließend quantitativ ausgewertet werden (hier nicht gezeigt)

4. Gesamtbeurteilung

Es muß vorausgeschickt werden, daß die Beurteilung eines solchen Versuchs in bezug auf zeitliche Veranderungen im Lernverhalten und Lernerfolg naturlich nicht zu vernachlassigende subjektive Komponenten enthalt, da sie durch die gleichen Personen vorgenommen worden ist, die auch die Arbeit mit dem Ziel einer Verbesserung des Lernklimas auf sich genommen hatten. An einem Quervergleich der mit dieser Methode erreichten Lernerfolge durch Außenstehende mit den Erfolgen aufgrund eines Unterrichts mit Verwendung von tierischem Material besteht durchaus Interesse von unserer Seite

Unter Beachtung dieser Vorbehalte kann folgendes erwahnt werden

- Es ist gezeigt worden, daß die Lerninhalte des Gebiets Muskelaktivierung und Summation und Tetanus in Selbstversuchen der Studenten mindestens ebensogut wie an isolierten Muskelpraparaten vermittelt werden konnen
- Was die Reproduzierbarkeit bei langeren Versuchen betrifft, so ist diese in der vorgestellten Durchführungsart deutlich besser Eine Ermudung wurde bei Versuchen im oben beschriebenen Ausmaß nicht festgestellt
- Die beschriebene Anordnung ist allerdings für die experimentelle Erarbeitung der Kraft-Langenbeziehung des Skelettmuskels dem Experiment am isolierten Muskel deutlich unterlegen Nach unserer Erfahrung kann jedoch dieser Aspekt der Muskelkontraktion den Studierenden im theoretischen Unterricht befriedigend vermittelt werden.

Es kann somit abschließend festgehalten werden, daß sich nach unseren Erfahrungen die Umstellung auf Selbstversuche der Studierenden gesamthaft günstig auf das Lernklima sowohl für die Studierenden wie auch für die Mitarbeiterinnen und Mitarbeiter des Instituts ausgewirkt hat

Danksagung

Die Weiterentwicklung und Verfeinerung des Versuchs in technischer Hinsicht wurde von der DORENKAMP-ZBINDEN-Stiftung für realistischen Tierschutz in der wissenschaftlichen Forschung, dem Apple Education Team der Firma Industrade, Schweiz, und der OETLIKER-Stiftung für Physiologie unterstützt Wir mochten diesen Institutionen für ihre Beitrage herzlich danken

Bestimmung der Leitungsgeschwindigkeit des Nervus ulnaris und Lokalisation der motorischen Endplatte am M. abductor digiti minimi

W. Zhang, D. Mojon, H. Oetliker

Zusammenfassung

Als Ersatz für den klassischen Versuch nach HELMHOLTZ am Froschnerven wurde ein Versuch entwickelt, der den Studierenden erlaubt, an sich selbst die Leitungsgeschwindigkeit der motorischen Fasern des N ulnaris zu bestimmen Dabei wird der Nerv transkutan elektrisch stimuliert und das EMG der Hypothenarmuskulatur registriert Zudem ist es moglich, eine obere Grenze der synaptischen Ubertragungszeit abzuschätzen Werden bei Beibehalten des Reizorts die Ableitelektroden entlang dem Muskel verschoben, so kann der "Schwerpunkt" der motorischen Endplatten auf Grund der Form des Aktionspotentials eingegrenzt werden

Der Versuch spart nicht nur Versuchstiere ein, sondern bringt die Studierenden in Kontakt mit einer Untersuchung, die sie spater selber anwenden oder anordnen werden Zudem konnen in diesem Zusammenhang Lerninhalte des Grundstudiums, wie Grundlagen der Untersuchung erregbarer Gewebe, vertieft und visualisiert werden

1. Einleitung

Als Ersatz für den klassischen Physiologie-Versuch "Leitungsgeschwindigkeit des Nerven" nach HELMHOLTZ am N ischiadicus des Frosches wurde ein entsprechender Versuch entwickelt, der den Studierenden erlaubt, im Selbstversuch die Leitungsgeschwindigkeit der motorischen Fasern des N. ulnaris zu messen Zudem erhalten sie die Moglichkeit, nicht-invasiv das Gebiet der motorischen Endplatten eines Muskels abzugrenzen Apparativ und von der Durchführung her ist der Versuch im Wesentlichen an die entsprechenden Untersuchungen in der klinischen Neurologie angelehnt

2. Versuchsanordnung

Der N ulnaris eines Arms wird nacheinander an verschiedenen Stellen (Sulcus bicipitalis, Sulcus N. ulnaris, Sulcus antebrachii lateralis usw) bei fixierter Position der Ableitelektroden transkutan elektrisch stimuliert. Bei der Stimulation wird darauf geachtet, daß die Reizdauer möglichst kurz (0,05-0,1 ms) gehalten wird Mit dieser Maßnahme erreicht man, daß möglichst wenige C-Fasern mitgereizt werden und somit eine Schmerzempfindung meistens nicht auftritt Als Reizantwort wird das Summenaktionspotential (EMG) der Hypothenarmuskulatur

(M abductor digiti minimi) mit NaCl-getrankten Filzelektroden auf der Hautoberflache registriert

Fur die Lokalisierung der motorischen Endplatte werden bei Beibehalten des Reizorts am Sulcus N ulnaris die Ableitelektroden, welche relativ zueinander fixiert sein mussen, entlang dem Muskel verschoben Die so abgeleiteten Summenaktionspotentiale unterscheiden sich sowohl in ihren Amplituden als auch in ihrer Form (z B initial positiver oder negativer Ausschlag)

Das EMG wird elektrisch verstarkt und dann durch einen Analog/Digital-Wandler (MacLab) auf einen Computer (Macintosh Classic, Apple Computer, Inc , USA) ubertragen Bei jeder Aufnahme werden sowohl der Anfang der Aufzeichnung als auch der Beginn der Stimulation vom Computer gesteuert (Abb 1)

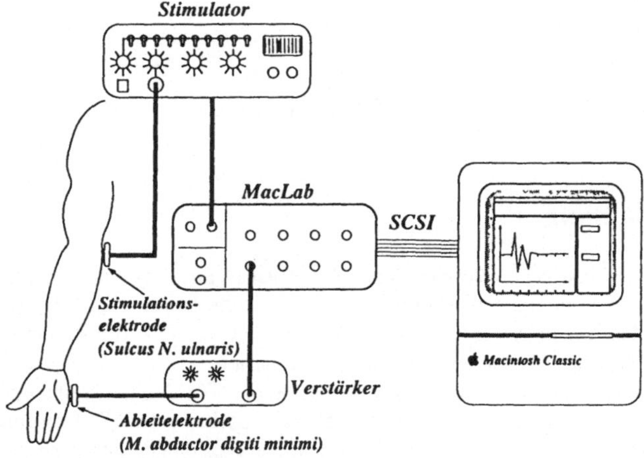

Abb 1

Die vom Computer aufgenommenen EMG-Signale werden als Diagramm, Amplitude des Aktionspotentials gegen Zeit, auf dem Bildschirm dargestellt Aus diesen Aufzeichnungen kann sowohl die Latenzzeit zwischen Anfang der Stimulation als auch die Form des Aktionspotentials beurteilt werden Aus der graphischen Darstellung der Latenzzeit als Funktion der Distanz zwischen Reiz- und Ableitelektroden kann die Leitungsgeschwindigkeit als Steigung der Regressionsgeraden bestimmt werden Auf Grund der Beurteilung der Form des Aktionspotentials kann das Gebiet der motorischen Endplatten des M abductor digiti minimi abgegrenzt werden

3. Ergebnisse

3.1. Bestimmung der Fortleitungsgeschwindigkeit des N. ulnaris

Abb 2 zeigt an einem Beispiel die Bestimmung der Fortleitungsgeschwindigkeit des N ulnaris Auf der linken Seite ist schematisch ein Arm dargestellt, an welchem an 5 verschiedenen Stellen (Sulcus bicipitalis, Sulcus ulnaris, an zwei Stellen des Sulcus antebrachii lateralis und Handgelenk) elektrisch stimuliert wird Die Ableitelektrode wird im Bereich des M abductor digiti minimi fixiert Die entsprechenden Distanzen zwischen Stimulationselektroden und Ableitelektrode sind in der Abbildung angegeben

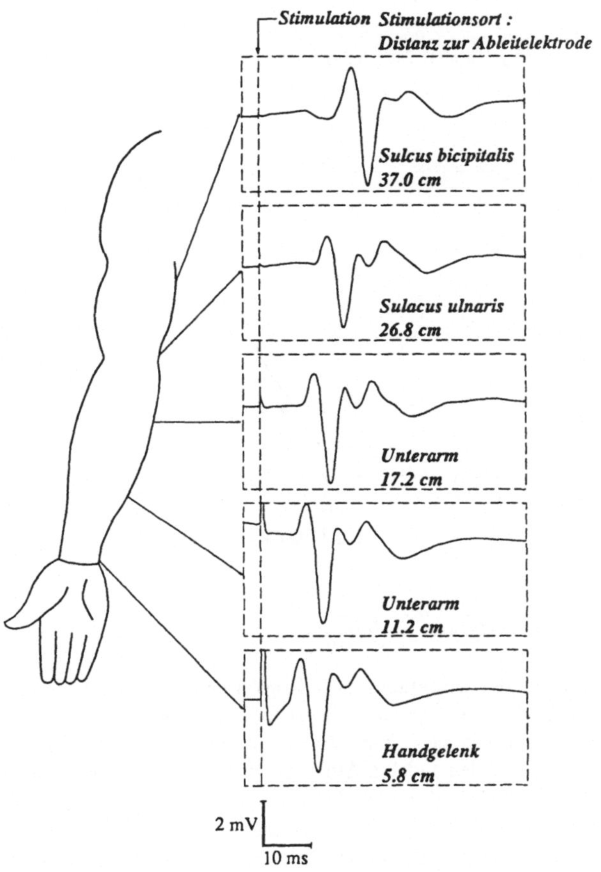

Abb 2

Die Zeit vom Stimulationsbeginn (gestrichelte Linie) bis zum Meßreferenzpunkt (hier das erste positive Maximum auf dem Muskelaktionspotential) setzt sich aus den folgenden Abschnitten zusammen 1) Nutzzeit, 2) Leitungszeit der Nervenfaser, 3) neuromuskuläre Ubertragungszeit, 4) Leitungszeit auf der Muskelfaser und 5) Zeit vom Beginn des Muskelaktionspotentials bis zum Meßreferenzpunkt Werden die Latenzzeiten bei verschiedenen Stimulationen gegenuber den Distanzen der einzelnen Reizelektroden zur Ableitelektrode graphisch aufgetragen (Abb 3), dann kann aus der Steigung der Regressionslinie die Fortleitungsgeschwindigkeit abgelesen werden In unserem Beispiel betragt die Fortleitungsgeschwindigkeit der motorischen Fasern des Nervus ulnaris 55,9 m/s Der Abschnitt auf der Zeitachse zwischen Nullpunkt und der Intersektion mit der Regressionsgeraden beinhaltet die Zeitabschnitte 1, 3, 4 und 5 Werden sehr kurze Reizzeiten und entsprechend hohe Reizstarken verwendet und die Ableitelektroden nahe den motorischen Endplatten positioniert, so stellt sie, bei Wahl des Meßreferenzpunktes moglichst nahe am Beginn des Aktionspotentials, einen vernunftigen oberen Grenzwert für die neuromuskulare Überleitungszeit dar

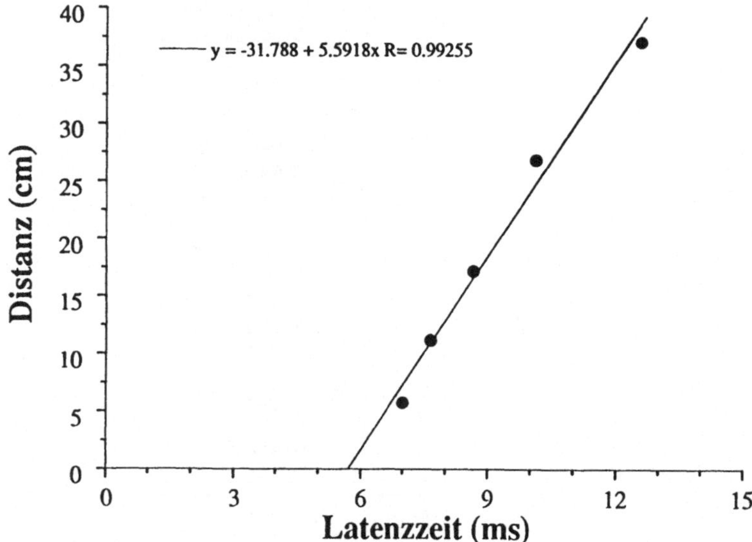

Abb 3

3.2. Lokalisation der motorischen Endplatte

Abb 4 zeigt ein Beispiel der Bestimmung der Region der motorischen Endplatten des M abductor digiti minimi Uber dem Hypothenar wird an 7 verschiedenen Stellen elektrisch abgeleitet Die Reizelektrode ist am Sulcus ulnaris fixiert Die entsprechenden Distanzen zwischen der ersten proximalen Stelle und den anderen Ableitstellen sind auf der Abbildung gekennzeichnet

Aus Abb 4 ist ersichtlich, daß bei Beibehalten des Reizorts (Sulcus N ulnaris) ein Verschieben der Ableitelektroden nach distal eine Veranderung in der Form und Amplitude der abgeleiteten Summenaktionspotentiale bewirkt Vergleicht man die Signale bei einer Position, bei der sicher beide Ableitelektroden proximal der motorischen Endplatten aufliegen (an Stelle 0 mm), mit einer solchen, bei welcher sie sicher beide distal lokalisiert sind (an Stelle 35 mm), ist das EMG-Signal praktisch spiegelbildlich in bezug auf Polaritatsverlauf Falls sich die Ableitelektroden genau symmetrisch uber dem "Schwerpunkt" der Lokalisation der einzelnen motorischen Endplatten befinden, ist die Amplitude des Summenpotentials minimal (22 mm) Durch Suchen der minimalen Ausschlage kann der "Schwerpunkt" der motorischen Endplatten zunehmend feiner eingegrenzt werden

4. Diskussion

Die hier geschilderten Versuche sind seit 1986 Bestandteil des Praktikums für Studierende der medizinischen Berufe Durch diese und andere Versuchsanordnungen, bei denen die Studierenden in Selbstversuchen oder durch Simulation physiologische Phanomene untersuchen konnen, konnen wir weitgehend auf Versuchstiere verzichten

Dieser Versuch bringt außerdem die Studierenden in Kontakt mit einer Untersuchung, die sie spater selber anwenden oder anordnen werden (Neurologie) Dies ist gerade für Studierende der Humanmedizin besonders wichtig

Der Versuch bietet den Studierenden außerdem auch die Gelegenheit, Lerninhalte des Grundstudiums, wie Grundlagen der Untersuchung erregbarer Gewebe zu vertiefen und zu visualisieren.

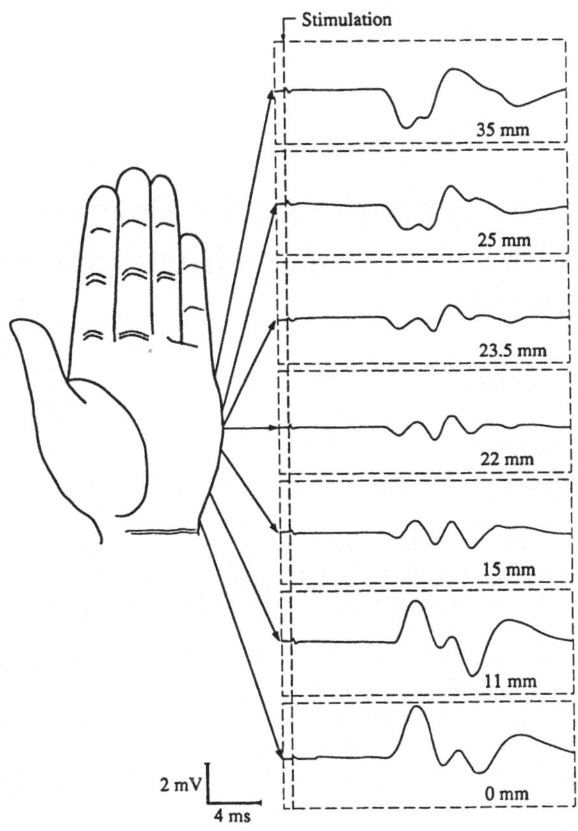

Abb 4

Danksagung

Fur die großzugige finanzielle Unterstutzung zur Weiterentwicklung dieses Versuchs mochten wir dem Apple Education Team der Firma Industrade, Schweiz, bestens danken

Eine einfache psychophysische Bestimmung des interokularen Latenzunterschiedes als Funktion der Lichtintensität

D. Mojon, W. Zhang, H. Oetliker

Zusammenfassung

Aus Experimenten an isolierten Photorezeptoren ist bekannt, daß die Kinetik des Ansprechens auf Lichtreize mit der Intensitat des betreffenden Reizes positiv korreliert ist Wird bei binokularem Sehen ein Grauglas vor ein Auge gehalten, so entsteht interokular ein Unterschied in der Latenz zwischen Reiz und Wahrnehmung

Es wird ein Praktikum für Studierende der medizinischen Berufe vorgestellt, in welchem durch eine einfache und anschauliche graphische Analyse die interokulare Latenz der retinalen Rezeptoren als Funktion der Lichtintensitat gemessen werden kann Ein ungedampft sinusoidal quer zur Blickrichtung schwingendes Pendel wird binokular beobachtet und die scheinbare Abweichung der Pendelbahn in der Blickrichtung bei bekannter Reduktion der Transmission vor einem Auge bestimmt

Dadurch, daß in einem zweiten Versuch beiden Augen asynchron mit bekannter Latenz der Blick auf das Pendel freigegeben wird, kann der Tiefeneindruck pro ms Latenz bestimmt werden Durch Kombination beider Messungen ist graphisch die Latenzveranderung bei einer bestimmten Reduktion der Transmission bestimmbar

1. Einführung

Fur Studierende der Medizinberufe wurde ein Physiologiepraktikum entwickelt, welches durch eine einfache und anschauliche graphische Analyse eine psychophysische Bestimmung der interokularen Latenz der retinalen Rezeptoren als Funktion der Lichtintensitat ermoglicht Bisher bediente man sich in wissenschaftlichen Untersuchungen nur des von C PULFRICH entdeckten und nach ihm benannten Effektes (PULFRICH C , 1922) Dazu wird ein Stab betrachtet, der in einer Ebene senkrecht zur Visierlinie harmonisch ungedampft schwingt Nacheinander werden Grauglaser verschiedener Absorption vor ein Auge gehalten - Je großer die Lichtabsorption des Glases, desto kreisformiger erscheint die Bewegungsbahn des Stabes - Durch eine wenig anschauliche geometrisch-optische Berechnung kann die retinale interokulare Latenz ermittelt werden (LIANG T et PIERON H , 1947)

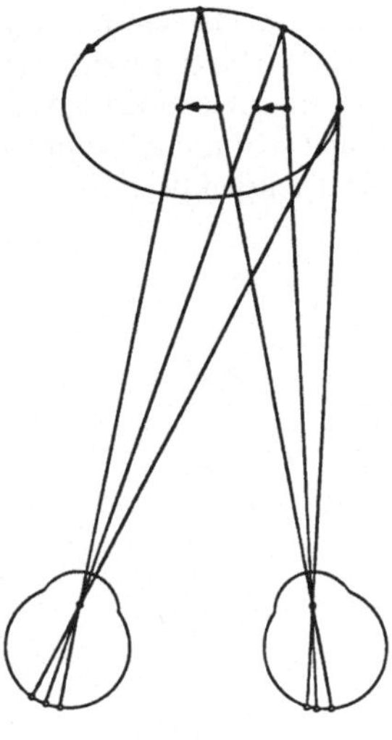

Abb 1

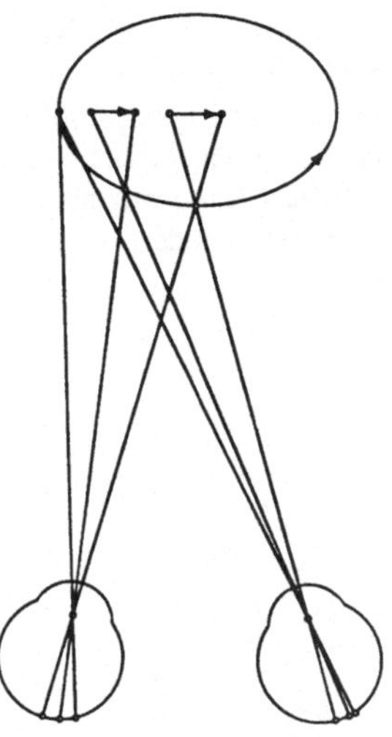

Abb 2

2. Grundlagen

Eine einfache und anschauliche Bestimmung dagegen ermoglicht die zusatzliche Analyse des unter anderem nach ERNST MACH benannten Effektes (DVORAK V , 1872). Beim Mach-Dvorak-Effekt betrachtet man den schwingenden Stab ohne Grauglas durch eine rotierende Lochscheibe, die für kurze Zeit dem einen Auge vor dem anderen die Sicht freigibt. Je größer die Latenz zwischen der Freigabe der Augen, desto großer erscheint die Achse der elliptischen Bewegungsbahn in Richtung der Visierlinie Die Verbindung zwischen raumlichem Eindruck und asynchroner Wahrnehmung ist hier unmittelbar einsehbar (MICHAELS C F et al., 1977)

Beim Pulfrich-Effekt darf davon ausgegangen werden, daß die herabgesetzte retinale Beleuchtung beim Vorhalten eines Graufilters vor ein Auge relativ zum anderen Auge ein verlangsamtes Ansprechen der korrespondierenden retinalen Rezeptoren und somit ein verspätetes Erreichen der Schwelle bewirkt, bei der die entsprechenden Impulse zentralwärts geleitet werden Dadurch werden in der Hirnrinde zeitlich und somit auch raumlich verschiedene Stabstellungen zusammen zu einem "Stereo-Eindruck" verarbeitet Je nach Schwingungsrichtung wird der Stab ungekreuzt oder gekreuzt disparat abgebildet (Abb 1 und 2). - Je großer die Geschwindigkeit des Stabes, desto großer die Achse der Ellipse in Richtung der Visierlinie Derselbe Eindruck entsteht, wenn zwei mit konstanter Geschwindigkeit rotierende Lochscheiben dem einen Auge vor dem anderen für kurze Zeit die Sicht freigeben (LIANG T et PIERON H., 1947, JULESZ B and WHITE B , 1969; MICHAELS C F et al , 1977)

3. Versuchsanordnung und Auswertung des Pulfrich-Effektes

Die Frontplatte mit Grauglashalterung (Abb 3, A) wird soweit nach unten geschoben, daß unterhalb den ruhenden Lochscheiben auf den schwingenden Stab (Abb 3, B) geblickt wird Nacheinander werden Grauglaser verschiedener Transmission vor das rechte Auge gehalten Durch Positionsvergleich mit einem nur in der Visierlinie verstellbaren Stab (Reiterstellung) mit dem Schnittpunkt Pendelbahn-Visierlinie wird die subjektive Entfernung des Pendels bestimmt (Abb 3, C) In unserem Beispiel wird beim Schwingen von rechts nach links abgelesen. Es laßt sich so die Abhangigkeit der subjektiven Tiefe der elliptischen Bahn von der Transmission darstellen. Es entsteht eine erste Kurve, die hier als Mittelung ± Standardabweichung aus 6 Messungen des gleichen Probanden dargestellt ist (Abb 4, Kurve 1) Die eingezeichnete Kurve stellt die Summe zweier Exponentialfunktionen dar. Den Parametern kann vorläufig keine physiologische Bedeutung zugeordnet werden Es ist einleuchtend und sehr leicht überprüfbar, daß sich bei Vorhalten des Grauglases vor das andere Auge der Drehsinn der subjektiv empfundenen elliptischen Bahn ändert.

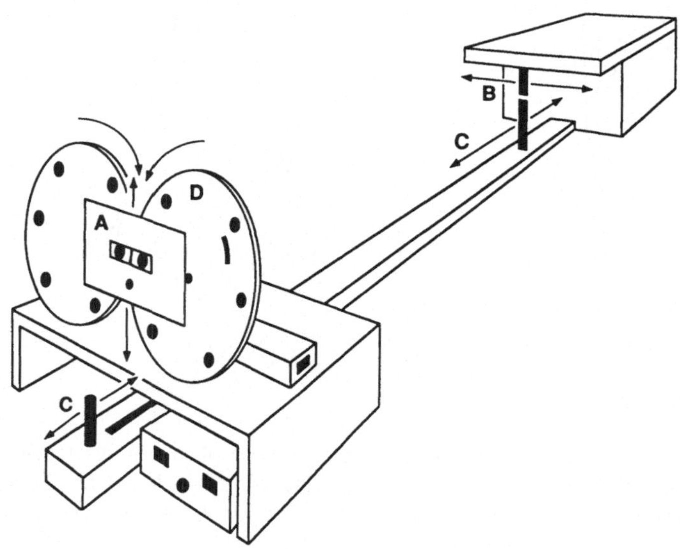

Abb 3

4. Versuchsanordnung und Auswertung des Mach-Dvorak-Effektes

Bei rotierenden Scheiben wird die Frontplatte (Abb. 3, A) soweit nach oben verschoben bis entsprechend dem Augenabstand ein optimaler Durchblick auf den schwingenden Stab moglich ist. Jetzt werden die beiden Lochscheiben (Abb. 3, D) so gegeneinander verschoben, daß sie bei der Rotation jeweils beiden Augen gleichzeitig die Sicht freigeben, d h die Phasenverschiebung Null ist Durch Positionsvergleich mit dem nur in der Visierlinie verstellbaren Stab mit dem Schnittpunkt Pendelbahn-Visierlinie wird die subjektive Entfernung des Pendels bestimmt (Abb. 3, C).

Wiederum wird beim Schwingen von rechts nach links abgelesen Die Messung wird bei verschiedenen Phasenunterschieden der Lochscheiben wiederholt Durch Messung der Winkelgeschwindigkeit der Lochscheiben laßt sich aus der eingestellten Phasenverschiebung die interokulare Präsentationsverzögerung berechnen Es läßt sich so die Abhangigkeit der subjektiven Tiefe der elliptischen Bahn von verschiedenen Latenzunterschieden zwischen beiden Augen darstellen Es entsteht eine Graphik mit den Achsen interokulare Latenz und Tiefeneindruck. Hier wird wiederum eine Mittlung ± Standardabweichung aus 6 Messungen des gleichen Probanden dargestellt (Abb. 5, Kurve 2). Entsprechend dem Positionswechsel des Grauglases von rechts nach links wechselt bei Veränderung des Vorzeichens des Phasenwinkels der Drehsinn der elliptischen Bahn

Kurve-1
Reiterstellung [cm]
Transmission [%]
0
1
2
3
4
5
6
7
0
20
40
60
80
100

Abb 4

Kurve-2
Reiterstellung [cm]
interokulare Präsentationsverzögerung [ms]
0
1
2
3
4
5
6
7
8
9
0
5
10
15
20
25

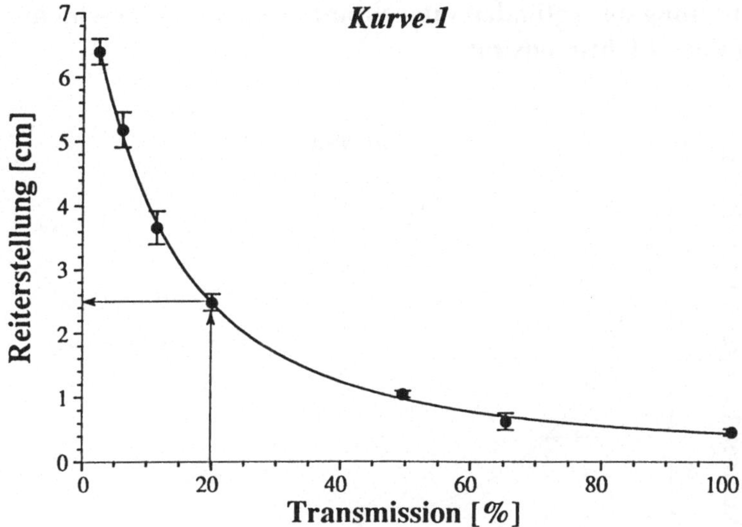

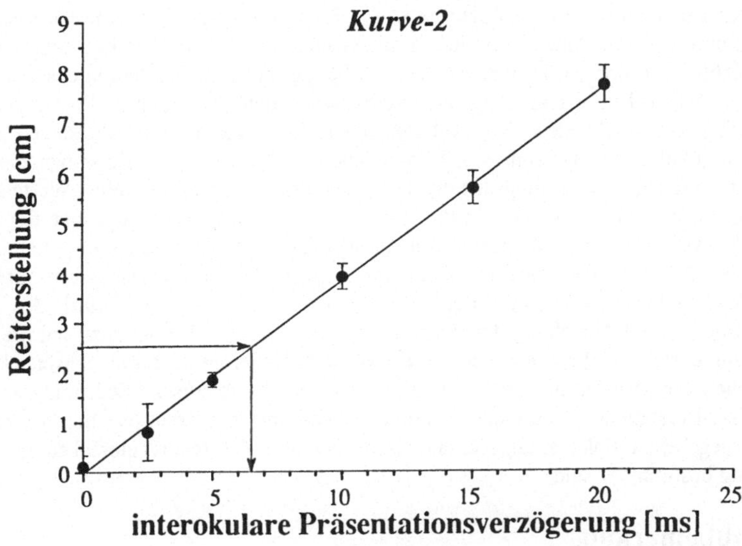

Abb 5

5. Bestimmung des retinalen interokularen Latenzunterschiedes als Funktion der Lichtintensität

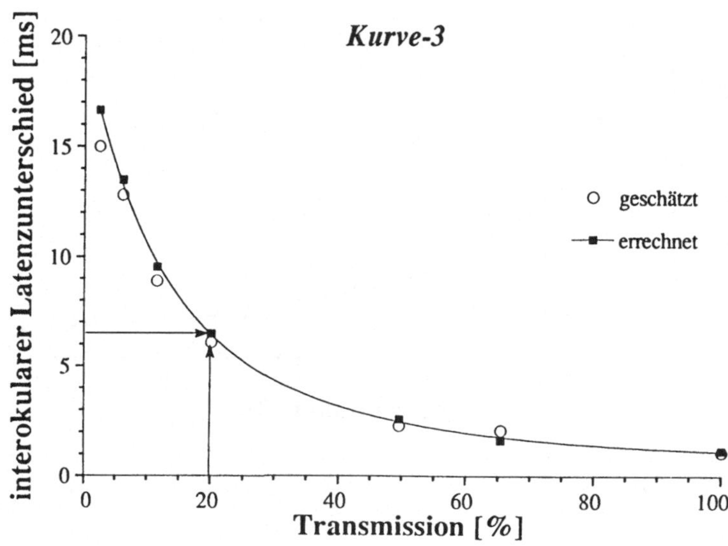

Abb 6

Aus den Kurven 1 und 2 kann einfach die Kurve 3 (Abb 6) graphisch ermittelt werden Die einzelnen Schritte einer solchen Ermittlung sind exemplarisch für die Reiterstellung 2,5 cm eingetragen (Abb 4, 5, und 6) In unserem Beispiel betragt bei einer Reduktion des Lichteinfalls auf 20% gegenuber dem anderen Auge die interokulare Latenz von 6,5 ms Wird davon der bei der Versuchsperson vorhandene "Grund-Latenzunterschied" von 1,25 ms abgezogen, so resultiert eine interokulare Verzogerung von 5,25 ms und eine Verschiebung des schwingenden Stabes um 2 cm auf 1 m Betrachtungsdistanz Die geschlossenen Symbole stellen Werte aus einer graphischen Bestimmung mit einem Millimetermaß dar Es wurde vom Auge eine Regressionsgerade in Kurve 2 gelegt und die dem entsprechenden Tiefeneindruck zugehorige Latenzzeit ermittelt Diese Werte wurden anschließend in Abb 6 gegen den Transmissionswert aufgetragen, der den gleichen Tiefeneindruck erzeugt hatte Bei den offenen Symbolen wurde der Wert des Tiefeneindrucks in die Gleichung der Regressiongeraden in Abb 5 eingesetzt und die Phasenverschiebung errechnet Die eingezeichnete Kurve stellt wiederum die Summe zweier Exponentialfunktionen dar Den Parametern kann vorlaufig keine physiologische Bedeutung zugeordnet werden Es ist erstaunlich, wie kleine Zeitunterschiede mit dieser rein psychophysischen Methode bei gegebenen Beleuchtungsverhaltnissen auch mit der relativ einfachen graphischen Auswertung bestimmbar sind

6. Schlußbemerkung

Unseres Erachtens konnen mit diesem Versuch wesentliche Aspekte der Physiologie der retinalen Rezeptoren, der Informationsverarbeitung in der Sehrinde und der raumlichen Wahrnehmung für die Studierenden unmittelbar erlebbar gemacht werden

Danksagung

Herrn Dr h c CELESTINO CIGADA danken wir herzlich für die Mithilfe bei der Planung und den Bau mehrerer Versionen der Versuchsapparatur

Literatur

DVORAK V , Uber Analoga der personlichen Differenz zwischen beiden Augen und den Netzhautstellen desselben Auges. Sitzungsberichte der Koniglichen Bohmischen Gesellschaft der Wissenschaften, 65-74, 1872

JULESZ B , WHITE B , Short term visual memory and the Pulfrich phenomenon, Nature 222, 639-641, 1969

LIANG T , PIERON H , Recherches sur la latence de la sensation lumineuse par la methode de l'effet chronostéreoscopique, L'année psychologique 43-44, 1-53, 1947

MICHAELS C F , CARELLO C , SHAPIRO B , STEITZ C , An onset to onset rule for binocular integration in the Mach-Dvorak illusion, Vision Res 17, 1107-1113, 1977

PULFRICH C , Die Stereoskopie im Dienste der isochromen und heterochromen Photometrie, Die Naturwiss 10, 553-564, 569-574, 596-601, 714-722, 735-743, 751-761, 1922

Pharmatutor - ein interaktives Lernprogramm für die Ausbildung in der Pharmakologie

M. Liebsch

1. Einleitung

Für Alternativmethoden zum Tierexperiment im Bereich Ausbildung und Lehre gilt das 3R - Konzept (Refine, Reduce, Replace) von RUSSEL und BURCH (1959) ebenso wie für den Bereich der experimentellen Forschung. Mit dem Stichwort *Refine* (Verbessern) wäre z.B. die Einführung von Experimenten zu beschreiben, in denen Beobachtungen oder Messungen mit nicht-invasiven Methoden ohne Belastung der Versuchstiere vorgenommen werden. *Reduce* (Vermindern) kann z.B. erreicht werden, wenn Tierexperimente in der Lehre nur noch für bestimmte Zielgruppen vorgesehen werden, d.h. die Verlagerung der Experimente aus der obligatorischen Grundausbildung in spezielle Praktika. Ein Ersatz, *Replace* (Verzichten), kann immer dann erreicht werden, wenn sich Lehrinhalte z.B. mit Probanden-Experimenten oder ganz ohne Experiment mit audiovisuellen Techniken oder Computern vermitteln lassen, wie RUSSEL und BURCH bereits 1959 vorausgesagt haben.

Ganz unabhängig von einer ethischen Motivation muß der Ersatz von Tierexperimenten immer dann gefordert werden, wenn das Tierexperiment in der Ausbildung ausschließlich die Funktion erfüllt, den Lehrstoff anschaulicher zu vermitteln. In diese Kategorie fallen besonders Tierexperimente der Grundausbildung, in denen mit veralteten Techniken Lehrbuchwissen vermittelt wird. Da diese Versuche in der Regel so angelegt sind, daß sie unter allen Umständen gelingen, wird mit ihnen keines der Ziele erreicht, die ein unverzichtbares Tierexperiment ausmachen sollte.

Für den Ersatz von Tierexperimenten in diesem Bereich der Lehre werden neben Videofilmen Computersimulationen und interaktive Systeme eingesetzt. Dies sind entweder reine Computerprogramme, wie z.B. das auf diesem Kongreß von G. KOBAL demonstrierte Programm "Parkinson" oder Kombinationen von Computer und Bildplattenrecorder, wie z.B. das niederländischen System "Interact". Eine Übersicht der derzeit erhältlichen audiovisuellen Hilfsmittel und Computersimulationen für den gesamten Bereich der biomedizinischen Lehre geben BERNATZKY et al. (1992).

Das hier vorgestellte Programm "PharmaTutor" ist unter den heute erhältlichen Computersimulationen ein "Klassiker". Es wurde noch vor der allgemeinen Verbreitung leistungsfähiger PCs von ROBERT D. PURVES (Dept. of Pharmacology, University of Otago, New Zealand) auf einem einfachen Apple-II (8-bit Computer) geschrieben und später von DANIEL KELLER (Institut für Pharmakologie, Universität Zürich, Schweiz) ins Deutsche übertragen und für den Apple MacIntosh, den IBM-PC und den ATARI ST umgeschrieben (KELLER D., 1987). Dabei erhielt das Programm eine vereinfachte Benutzerführung, eine verbesserte Grafik und eine zusätzliche Simulation. Die Arbeiten von D. KELLER wurden vom Fonds für versuchstierfreie Forschung (FFVFF) in Zürich finanziert.

2. Soft- und Hardware- Voraussetzungen (MS DOS-Version für IBM-PC)

Das eigentliche Programm belegt nur 156 kB RAM-Speicher und umfaßt inclusive aller Treiberdateien 282 kB. Es ist auf allen Rechnertypen (PC, XT und AT) und allen Grafikkarten (Hercules bis VGA) lauffähig Der "PharmaTutor" benötigt allerdings die heute wenig verbreitete graphische Benutzeroberfläche GEM (Digital Research). PC-Anwender, die GEM nicht installiert haben, müssen sich die mit dem Programm mitgelieferte runtime-Version von GEM installieren, womit sich der Gesamtbedarf an freiem Speicher auf der Festplatte auf 558 kB erhöht. Ausdrucke direkt aus dem Programm sind nur mit einem HP-Laserdrucker möglich. Mit Hilfe der unten beschriebenen "snapshots" läßt sich jedoch jeder Drucker verwenden

3. Programmbeschreibung

Der "PharmaTutor" enthalt fünf verschiedene Simulationen In 4 dieser Simulationen werden klassische pharmakologische Experimente am narkotisierten Ganztier oder isolierten Organ dargestellt, wahrend eine Simulation (Pharmakokinetik) aufgrund der starken Vereinfachungen eher als Demonstration anzusehen ist Jeder der fünf Teile bildet eine abgeschlossene Unterrichtseinheit, deren Durcharbeitung anhand der mitgelieferten Anleitung gut eine halbe Stunde in Anspruch nimmt Da der Anwender in die Simulationen eingreifen kann und so den Ablauf der Experimente mitbestimmen kann, ist das Programm als interaktives Lernprogramm zu bezeichnen. Kurze Hinweise als Hintergrundinformation zu den Simulationen konnen jederzeit während des Ablaufs abgerufen werden

Der momentane Status jedes Experiments läßt sich entweder mit dem schon erwahnten HP-Laserdrucker ausdrucken oder als Momentbild ("snapshot") auf der Festplatte abspeichern Diese im GEM-spezifischen Grafikformat IMG abgelegten Bilder können anschließend auf dem Bildschirm betrachtet werden Obwohl "PharmaTutor" nur auf einem HP-Laserdrucker ausdrucken kann, lassen sich die "snapshots" auf jedem Drucker ausgeben, wenn das IMG-Format in eines der heute mehr verbreiteten Grafikformate, wie PCX oder BMP, umgewandelt wird Dazu sind heute die meisten Grafikprogramme, sowie das leicht erhältliche shareware Programm "Graphik Workshop" (Alchemy Mindworks Inc , Ontario, Canada) in der Lage.

Die fünf Simulationen werden nachfolgend im einzelnen behandelt

3.1. Wirkung von Katecholaminen auf den Blutdruck (Abb. 1)

Es wird das klassische pharmakologische Experiment der direkten (blutigen) Blutdruckmessung an der narkotisierten Ratte simuliert Über die A femoralis werden mit einem Statham-Druckwandler Blutdruck und Pulsfrequenz auf einen Schreiber ausgegeben Mit einer Spritze konnen Injektionen uber einen Katheter in die V jugularis vorgenommen werden Die Wirkung von Adrenalin, Noradrenalin und Isoprenalin auf Alpha- und Beta-Rezeptoren konnen allein oder mit zusatzlicher Verabreichung eines Alpha- oder Betablockers studiert werden

3 1.1. Bewertung

Dieser Programmteil hat eine ansprechende Animation Ein akustischer Pulston kann zugeschaltet werden, ebenso kann sich auf Wunsch die Spritze selbstandig füllen und die Injektion vornehmen Die geschriebene Puls-Druckkurve vermittelt ein realistisches Bild der experimentellen Situation, vor allem hinsichtlich der kompensatorischen Beziehung zwischen Blutdruck und Pulsfrequenz Der zeitliche Ablauf ist allerdings abhangig von der Taktfrequenz des PCs und fordert daher bei langsamen Rechnern die Geduld des Benutzers. Ein Nachteil ist, daß die Rezeptor-Agonisten und Rezeptor-Blocker **nur in einer einzigen, festgelegten Dosis** appliziert werden konnen Außerdem konnen neue Dosierungen erst vorgenommen werden, wenn die Wirkung der vorangegangenen Injektion abgeklungen ist Dies schließt die Möglichkeit aus, daß sich der Anwender die gefährlichen, moglicherweise lethalen Folgen einer Überdosierung bewußt machen kann

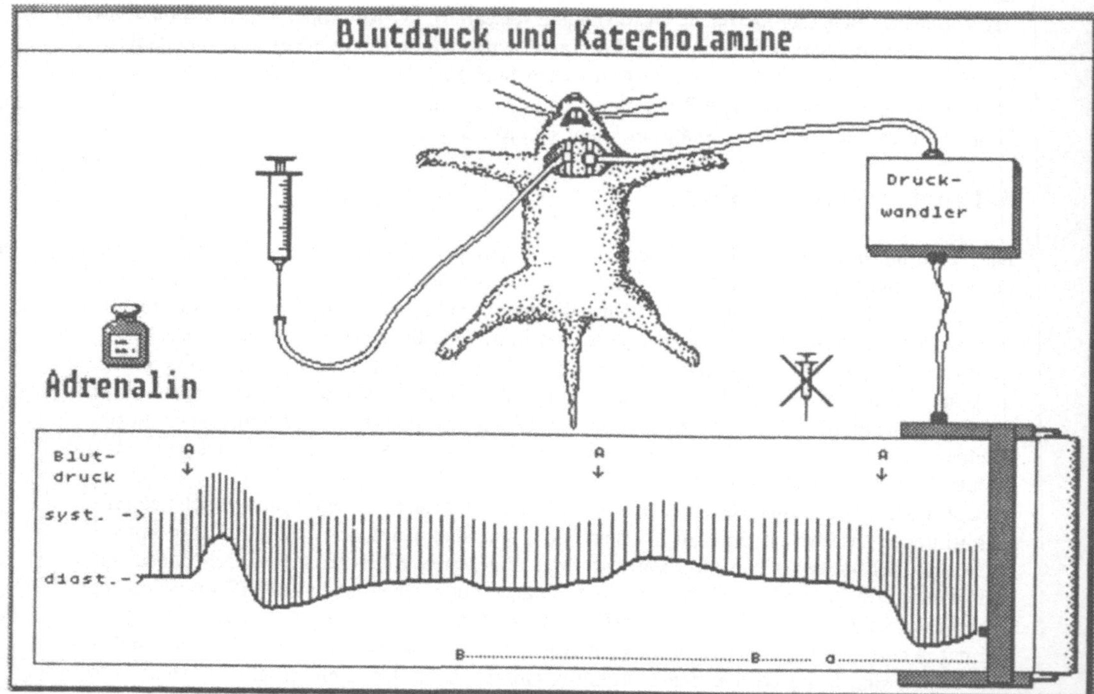

Abb 1 **Blutdruck und Katecholamine**
Hier wurde zunachst Adrenalin (**A**$_{ä}$) verabreicht (**Hyper**tonie, Tachycardie) Die gleiche Applikation zusammen mit einem Betablocker (**B**   ) hat nur eine minimale Hypertonie zur Folge Eine dritte Applikation von Adrenalin zusammen mit einem Alphablocker (**a**   ) fuhrt zu **Hypo**tonie und Tachycardie Die kleine durchkreuzte Spritze symbolisiert, daß noch keine neue Applikation vorgenommen werden kann

3.2. Wirkung von Acetylcholin auf den Blutdruck

Das Experiment simuliert experimentell den gleichen Versuchaufbau wie das vorhergehend beschriebene. In diesem Versuch kann Acetylcholin in niedriger oder hoher Dosis sowohl allein, als auch in **beliebiger Kombination** mit einem Ganglienblocker **und/oder** Atropin verabreicht werden

3 2 1 Bewertung

Bei grundlicher Durcharbeitung aller im Begleitheft vorgeschlagenen Ubungen vermittelt das Experiment ein grundlegendes Verstandnis der Wirkung der verschiedenen ACh-Rezeptoren auf Blutdruck und Herzfrequenz Im ubrigen ist die Simulation wie das vorher beschriebene Experiment zu bewerten

3.3. Glatter Muskel im Organbad (Abb. 2)

Es wird der klassische Organbad-Versuch nach MAGNUS (1904) simuliert, in dem die Kontraktionen eines isolierten Stückes Dünndarm des Meerschweinchens in einem Organbad (Tyrode-Lösung) untersucht werden Dabei ist das Darmstück uber einen Dehnungsmeßstreifen unter Vorspannung mit einer Meßeinrichtung verbunden, die die Kontraktion quantitativ erfaßt. Im Experiment kann ein nicht spezifizierter Agonist (z B Histamin) in einer vom Anwender frei wählbaren Konzentration dem Organbad zugegeben werden. Die Kontraktion des Dünndarms wird registriert und der erreichte Maximalwert festgehalten. Nach Durchspülen (Auswaschen) des Organbades kann der Agonist in einer anderen Konzentration dosiert werden und so nach mehreren Durchläufen eine Dosis-Wirkungs-Beziehung aufgestellt werden Das Experiment kann durch zusätzliche Gabe eines kompetetiven oder eines nicht-kompetetiven Antagonisten erweitert werden

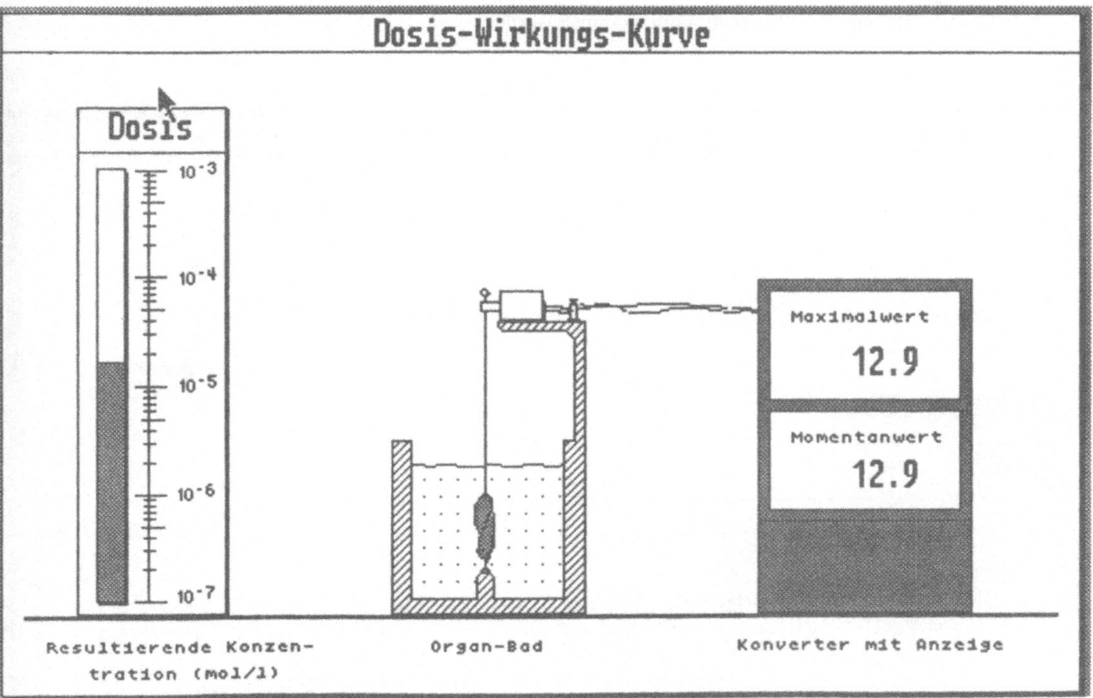

Abb 2 **Glatter Muskel im Organbad: Dosis-Wirkungs-Kurve**
Ein Stück Dünndarm des Meerschweinchens im Organbad kontrahiert sich langsam bis zu einem Maximalwert, der von der Konzentration des Agonisten im Organbad abhängt Diese Konzentration kann vom Anwender selbst auf der linken Skala gewählt werden

3 3 1 Bewertung

Dieser Programmteil gibt die Verhältnisse des Experimentes gut wieder und hat eine für die Anwendung ausreichende Animation Durch den Umstand, daß die Dosierungen vom Anwender frei gewählt und die erzielten Kontrakionswerte zum Erstellen einer Dosis-Wirkungs-Kurve vom Bilschirm abgelesen werden müssen, wird eine dem tatsächlichen Experiment vergleichbare Situation geschaffen Zahl und Abstufung der geprüften Konzentrationen des Agonisten müssen vom Anwender selbst richtig ausgewahlt werden

3.4. Neuromuskuläre Signalübertragung (Abb. 3)

In diesem Teil des Programms wird ein zweiter Organbad-Versuch simuliert Als Skelettmuskel ist das Zwerchfell der Ratte im Tyrodebad mit einem Dehnungsmeßstreifen verbunden Die schnellen Kontraktionen werden auf einem Schreiber ausgegeben. Ausgelost werden die Kontraktionen durch direkte elektrische Stimulation des Muskels einerseits und durch indirekte Stimulation über den Nervus phrenicus andererseits Die supramaximalen elektrischen Reizungen erfolgen ständig alternierend uber zwei Stimulatoren In dem Experiment werden einige Zusammenhange der synaptischen Ubertragung an der motorischen Endplatte untersucht Dazu konnen dem Organbad postsynaptisch wirksame Hemmstoffe der neuromuskularen Signalubertragung mit unterschiedlichem Wirkprinzip zugesetzt werden Tubocurarin als Depolarisationshemmer und Suxamethonium als depolarisierender Hemmstoff Ferner kann die Wirkung von Neostigmin (Hemmstoff der Acetylcholinesterase) untersucht werden Die Applikationen konnen in **beliebiger Kombination** vorgenommen werden

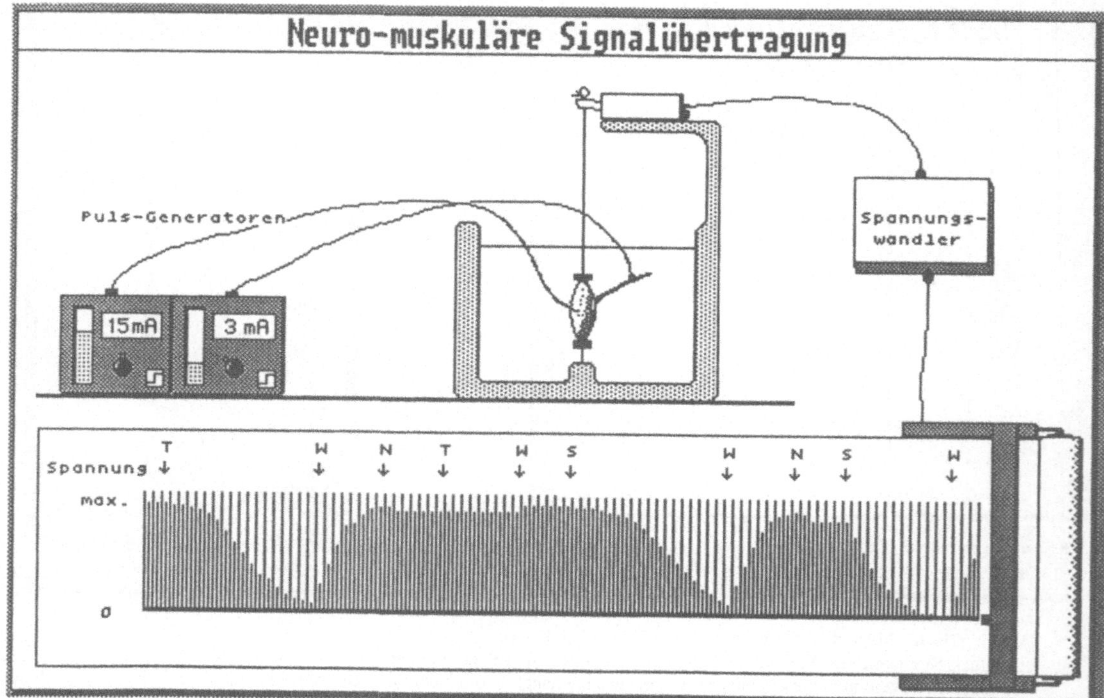

Abb 3 **Neuro-muskuläre Signalübertragung**
Die Simulation zeigt den wechselweise uber den N phrenicus oder direkt elektrisch stimulierten Zwerchfellmuskel der Ratte im Organbad Die Kontraktionen bei direkter Stimulation bleiben immer konstant Die relaxierende Wir-kung (neuromuskulare Blockade) durch Tubocurarin ($\mathbf{T}_{ä}$) ist nach Zugabe von Neostigmin ($\mathbf{N}_{ä}$) antagonisiert, wah-rend die relaxierende Wirkung von Suxamethonium ($\mathbf{S}_{ä}$) durch Neostigmin noch verstarkt wird

3.4.1. Bewertung

Die Simulation weist eine hinreichende Animation auf. Der Versuch liefert im wesentlichen die Erkenntnis, daß zwei neuromuskuläre Hemmestoffe gleicher Wirkung mit unterschiedlichen Wirkprinzipien durch Neostigmin entweder antagonisiert oder verstärkt werden. Positiv fällt auf, daß das Präparat durch gleichzeitige Gabe beider Hemmstoffe irreversibel geschädigt werden kann (wobei die Funktion bei direkter Stimulation des Muskels erhalten bleibt).

3.5. Einfache Pharmakokinetische Modelle (Abb. 4)

In diesem Teil des Programms werden die prinzipiellen zeitlichen Verlaufe des Serumspiegels eines Medikamentes bei unterschiedlichen Applikationsformen demonstriert. Darstellbar sind die intravenöse Bolus-Injektion, die intravenöse Infusion, die orale Einzeldosis und die intravenöse Bolus-Injektion im Zwei-Kompartiment-Modell Darüber hinaus kann der Einfluß einer Niereninsuffizienz bei allen 4 Kurvenverläufen beobachtet werden

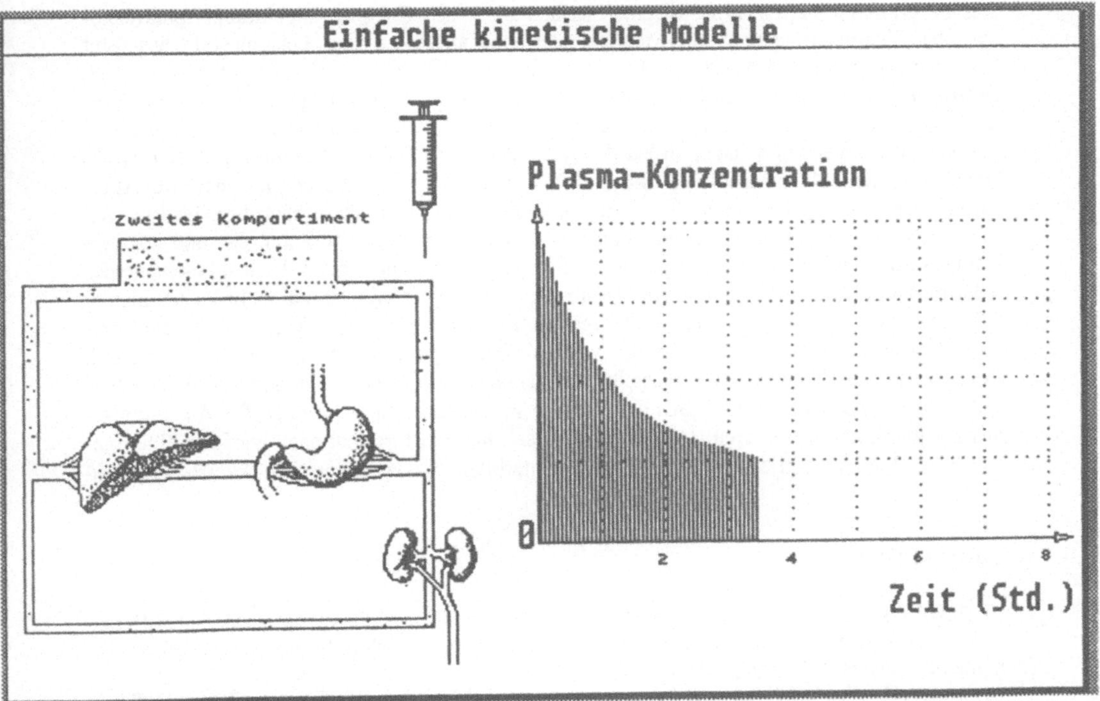

Abb 4 **Einfache kinetische Modelle**
Die Abbildung zeigt eine der vier im Text beschriebenen pharmakokinetischen Demonstrationen (intravenose Bolus-Injektion im Zwei-Kompartiment-Modell) Dieser Programmteil ist nicht interaktiv, sondern dient der Demonstration von pharmakokinetischen Grundlagen

3 5.1 Bewertung

Dieser Programmteil unterscheidet sich von dem Betrachten von Abbildungen im wesentlichen durch den Umstand, daß die Serumspiegelkurven langsam als Animation auf dem Bildschirm entstehen Eine Simulation ist in diesem Programmteil mit Punktchen verwirklicht, die sich in einem Schema aus Blutbahn, Magen, Leber und Niere verteilen Zahl, Dichte und Verbleib der Punktchen vemitteln eine Ahnung der gerade stattfindenden Prozesse von Resorption, Verteilung und Elimination Da kein Parameter beeinflußt werden kann und der Benutzer keine Interaktionsmöglichkeiten hat, ist der Programmteil dennoch eher eine Demonstration der grundsatzlichen pharmakokinetischen Unterschiede der Applikationsformen als eine echte Simulation Es muß fairerweise erwahnt werden, daß die Autoren des Programms darauf auch hinweisen Positiv zu bewerten ist die Moglichkeit, alle Kurven sowohl linear als auch halblogarithmisch darzustellen, weil dadurch das Verstandnis der mathematischen Funktionen erleichtert wird

4. Zusammenfassende Bewertung

Das Programm "PharmaTutor" ist ein Klassiker unter den Computersimulationen pharmakologischer Tierexperimente Seine Moglichkeiten sind allerdings vom Leistungsbild des 8-bit Computers gepragt, für den dieses Programm bei der Entwicklung zugeschnitten war. Nach Umfragen, die wir an einigen Universitaten gemacht haben, werden heute im Hochschulunterricht zunehmend neuere, leistungsstarkere Programme eingesetzt Hier wurden uns u.a die Programme "Cardiolab" und "Dose-Effect-Analysis" der Firma Biosoft (Cambridge, U K), sowie "Pharmacokinetics" von Sheffield Bioscience (Harrogate, U K) als empfehlenswerte Alternativen genannt Die Entwicklung leistungsstarkerer Programme ist zu begrußen, weil sie den Ersatz von Tierexperimenten im universitaren Unterricht nur fordern kann Es muß aber erwahnt werden, daß allein die drei genannten Programme, die nur 3 der 5 Themenkomplexe des "PharmaTutor" behandeln, mit einem Gesamtpreis von 425 £ etwa 10 mal mehr kosten als der "PharmaTutor", der aufgrund seines niedrigen Preises und der geringen Anspruche an die Computer-Hardware pradestiniert ist für eine weite Verbreitung und für die private Nutzung durch Studierende Abschließend sei festgestellt, daß sich der "PharmaTutor" gerade wegen der Ubersichtlichkeit und der einfachen Benutzerführung in deutscher Sprache auch für Ausbildungszwecke im außeruniversitaren Bereich eignet Nach unseren Informationen wird der "PharmaTutor" in Industriebetrieben zur Aus- und Weiterbildung von technischen Mitarbeitern eingesetzt

Literatur

BERNATZKY G , RENZ S , SCHEUBER H -P , Hrsg , Wissen Schutzt Tiere Ein Katalog uber Erganzungs- und Ersatzmethoden zum Tierversuch in Ausbildung und Lehre, Naturwissenschaftliche Fakultat der Universitat Salzburg, 1992

KELLER D., Pharmakologieunterricht am Computer, ALTEX (Alternat Tierexp) 7, 5-11, 1987

MAGNUS R , Versuch am uberlebenden Dunndarm von Saugetieren, Pflugers Arch 102, 123, 1904

RUSSEL W M S und BURCH R L , The Principles of Humane Experimental Technique, London Methuen, 1959

Computerunterstützte Lernmethoden in der Pharmakologie

G. Kobal

Computergestütztes Lernen ist an den medizinischen Fakultäten der Bundesrepublik Deutschland noch eine Seltenheit. Der Grund dafür liegt auf der Hand: Es fehlen die geeigneten Programme. Die verfügbaren Rechner sind leistungsfähig, es gibt die Möglichkeit, menschenfreundliche Oberflächen zu gestalten, aber kaum einer ist da, der diese günstigen Voraussetzungen nutzt. Selbst wenn alle technischen Möglichkeiten bekannt sein sollten, was allerdings eher unwahrscheinlich ist, türmen sich dennoch enorme, meist unüberwindliche Schwierigkeiten vor den willigen Autoren auf. Neben einer kompetenten und didaktisch gelungenen Darbietung des Stoffes muß nämlich bei einem Lernprogramm zusätzlich die Forderung nach Schlichtheit, Vollständigkeit und intuitiver und hochwertiger ästhetischer Gestaltung der Schnittstelle erfüllt werden. In der Regel fühlt sich der "normale" Autor durch diese Ansprüche überfordert. Nur ein Team, bestehend aus Autor, Graphiker und Programmierer, wird in der Lage sein, akzeptable Resultate zu liefern. Eine entsprechende personelle Konfiguration ist aber an deutschen medizinischen Hochschulinstituten praktisch nirgendwo vorhanden, und daher ist es auch nicht verwunderlich, daß es so gut wie keine Eigenentwicklungen gibt. Häufig ist außerdem unklar, wo solche Programme überhaupt eingesetzt werden können. Zum heutigen Zeitpunkt ist es sicherlich illusorisch zu glauben, daß der Student auf seinem Computer daheim in den vollständigen Genuß dieser neuen Lernmöglichkeiten kommen könnte. Er wird in der Regel nicht die erforderliche Hardware-Ausstattung haben, die ein sinnvolles Arbeiten erst möglich macht. Daher werden es wohl vorläufig noch die Hochschulinstitute sein müssen, die den Studenten die entsprechend ausgerüsteten Arbeitsplätze bereitstellen.

An Lernprogrammen gibt es heute bereits einige, vornehmlich amerikanischen Ursprungs, die die Möglichkeiten des Computereinsatzes weitgehend ausschöpfen. Allerdings behandeln sie hauptsächlich anatomische und chirurgische Themen - wohl nicht zuletzt wegen der ausgeprägten Bildhaftigkeit beider Gebiete. Zu anderen Gebieten, z.B. Pharmakologie, Mikrobiologie etc. gibt es fast nichts. Aus diesem Mangel heraus entstand der Plan, die Pharmakologie Kapitel für Kapitel in Form von Lernprogrammen aufzuarbeiten und dabei den Einsatz von Simulationen und computergesteuerten Experimenten einzuplanen. Am Beispiel des jüngst fertiggestellten Programms zur Parkinsonschen Krankheit soll im folgenden erläutert werden, wie solche Programme aufgebaut sind und was sie zu leisten vermögen.

Eine grundsätzliche Überlegung gilt dabei folgendem wichtigen Aspekt: Wie frei darf der Student den Ablauf des Lernens und Bearbeitens der einzelnen Programmteile selbst bestimmen? Es wäre sehr schlecht, wenn ein Lernprogramm nicht wenigstens die gleichen Freiheiten gewährleisten könnte, die einem Buch selbstverständlich sind. Der Student muß also zumindest, ähnlich wie in einem Buch, beliebig herumblättern, ein Lesezeichen benutzen und die gesuchte Information möglichst schnell erreichen können. Bereits hier wird der Vorteil deutlich, den ein

Computer bietet Schnelles Durchsuchen großer Datenmengen ist seine spezifische Leistungsstarke

Obwohl sogenannte Autorensysteme dem Programmierer viel Bequemlichkeit bieten, hat sich nach langen Erprobungszeiten bei den meisten zur Zeit aktiven Autoren das Hypertextsystem durchgesetzt Was ist darunter im konkreten Anwendungsbeispiel zu verstehen? Auf dem Bildschirm erscheint irgendein Text mit Erlauterungen zu einem Phanomen Sollte dem Studenten ein darin verwendeter Begriff nicht klar sein, kann er ihn mit der Maus anklicken und das Programm sucht nach anderen Stellen, die noch weitere Informationen zu diesem Begriff geben (Abb 1)

Insgesamt gibt es z B in dem Programm Parkinson drei Moglichkeiten unmittelbar auf andere Informationen zuzugreifen:

1 Der Begriff ist farblich vom restlichen Text abgegrenzt (Abb 1) Anklicken führt dazu, daß eine Stelle aufgesucht wird, an der der Begriff umfassend erlautert wird Umfassend heißt, daß nicht nur Text, sondern auch Graphiken etc (siehe unten) eingearbeitet sind

2 Man mochte uber einen Begriff genauer informiert werden, ohne daß dieser Begriff oder das Phanomen tatsachlich im aktuell am Bildschirm dargestellten Text vorkommt Dazu gibt es auf einem permanent vorhandenen Rahmen um das abgebildete Text- oder Datenfeld sogenannte Navigationsknopfe Einer von ihnen tragt die Bezeichnung "Term(inus)" Wird er angewahlt (Klicken mit der Maus), kann man in ein kleines, nach dem Anklicken erscheinendes Eingabefenster jeden beliebigen Begriff oder jedes beliebige Phanomen eingeben (Abb 2)

Das Programm sucht anschließend die Stelle, an der der Begriff oder das Phanomen umfassend erlautert wird

3 Will man nur wissen, in welchem Zusammenhang ein Begriff sonst noch verwendet wird, klickt man einen entsprechenden anderen Navigationsknopf mit der Bezeichnung "Wort" an Danach wird der Begriff - ahnlich wie in einem Textverarbeitungsprogramm - so oft aufgesucht, wie es der Student wunscht Man kann so z B nachschauen, welche Antiparkinsonmittel Kopfschmerzen verursachen

Auf dem Rahmen befinden sich weitere Navigationsknopfe, die es erlauben, eine Seite weiter zu blattern, d h auf den nachsten Bildschirminhalt umzuschalten Durch diese Funktion kann das ganze Lernprogramm kontinuierlich Seite für Seite durchgearbeitet werden, genauso wie man ein Buch liest Sollte man durch Anklicken der oben beschriebenen Knopfe "Term(inus)" oder "Wort" den Pfad des linearen Arbeitens verlassen haben, gibt es einen "Ruckkehr"-Knopf, der den Studenten an den Punkt zuruckbringt, an dem er den geradlinigen Lauf des Programms verlassen hatte Andere Knopfe bringen ihn auf die erste, auf die letzte oder auf die vorhergehende Seite Ein weiterer Knopf gewahrt den Zugriff auf Hilfestellungen und Erlauterungen zur Struktur des Programms, wieder ein anderer führt in das Inhaltsverzeichnis und ein letzter in ein globales Indexregister aller vorkommenden Begriffe, die explizit, d h in Form einer eigenen Seite oder einer Folge von Seiten, erlautert werden Mit anderen Worten, dem Studenten steht ein lineares Lernsystem zur Verfügung, das er selbst an beliebiger Stelle in ein frei assoziatives System umwandeln kann Die vorhandenen Informationen sind dabei entweder durch den Lernenden frei oder aber in einer vom Autor empfohlenen Art und Weise verknupfbar Diese assoziative Informationsverknupfung entspricht nach allgemeiner Ansicht eher dem naturlichen Lern-, bzw Problemlosungsverhalten eines Menschen als ein rein lineares System, bei dem ein vorgefertigter Schritt dem anderen folgt Daruber hinaus ist ein solches Hypertextsystem eine Datenbank, die es erlaubt, ohne starr strukturierte Datensatze und Definitionen bestimmter Felder auszukommen

Was ist nun unter der bereits erwahnten "umfassenden" Erlauterung zu verstehen? Im Lernprogramm Parkinson bedeutet das, daß die Lerninhalte nicht auf die engen Fachgrenzen beschrankt sind Zusatzlich zu den pharmakologischen sind auch anatomische, physiologische, pathophysiologische und klinische Daten eingearbeitet Je nach Anforderung konnen das Texte, Zeichnungen, Photos, Rontgenbilder, Film- oder Tondokumente sein Tragt eine Zeichnung Beschriftungen, sind durch ihr Anklicken weitere Informationen zuganglich Im Falle einer anatomischen Abbildung ware das eine noch detailliertere Graphik, ein histologisches Bild oder die Definition eines Begriffs Im Falle der Beschreibung des Symptoms Tremor (Zittern) wird zunachst ein erklärender Text angeboten, dann konnen im Rechner gespeicherte kleine Videofilme (Abb 3) in einem Fenster beliebig oft angeschaut werden, in denen charakteristische Sequenzen dargestellt sind (z B Zittern im Ruhezustand, der sogenannte "Ruhetremor")

Im Falle des Symptoms Sprachstorungen werden diese nicht nur beschrieben, sondern der Student kann sich durch Anklicken eines entsprechenden Knopfes das Interview eines Neurologen mit einem Parkinsonpatienten anhoren und dabei die Sprachveranderungen selbst wahrnehmen und beurteilen Alle klinischen Symptome werden auf diese Weise, unter Einbeziehung vieler medialer Wege - multimedial - dargestellt. Die pharmakologisch therapeutischen Möglichkeiten werden ebenfalls anschaulich vermittelt Neben Informationen zu allen gebrauchlichen Antiparkinsonmitteln werden schwer verstandliche Vorgange, wie z B die Verteilung von L-Dopa im Organismus (nur 1-3% einer Dosis erreicht das Gehirn) in Form von Trickfilmsequenzen veranschaulicht, ebenso die Effekte, die eine kombinierte Verabreichung von Dopa-Decarboxylasehemmern hat (Abb 1) Mochte man auf weitere Informationen uber Medikamente zugreifen, gibt es eine direkte Anbindung an eine pharmakologische Datenbank, bei der die ublichen logischen Suchausdrucke verwendet werden konnen (z B Antiparkinsonmittel **und** Kopfschmerz **und nicht** Ergotalkaloid)

Ein wichtiger Aspekt eines Lernprogrammes ist naturlich, daß man interaktiv seinen Wissensstand uberprufen kann Daher ist in das Programm eine Multiple-Choice Fragensammlung eingebaut, bei der die Antworten des Studenten kommentiert werden Der Lernerfolg wird in Prozent richtig geloster Aufgaben fortlaufend berechnet

Das multimediale Lernprogramm "CoBaL-Parkinson" bietet dem Medizinstudenten insofern mehr, als eines der ublichen Lehrbucher, weil es zum einen die Fachgrenzen uberschreitet, zum anderen geht es uber das hinaus, was ein gedrucktes Buch uberhaupt vermitteln kann, indem es Tonaufnahmen und bewegte Bilder (Videofilme und Trickfilme) einbezieht Durch die Hypertext-Datenbankfunktion, sowie durch die Einbindung regularer Datenbanken wird daruberhinaus die Grenze eines reinen Lernsystems uberschritten Es ist denkbar, daß ein solches stets aktuelles und stets verbesserbares System auch dem Therapeuten eine wertvolle Hilfe sein kann, einmal, um sich gegebenenfalls uber grundlegende Wirk- oder Pathomechanismen zu informieren, zum anderen, um wichtige Detailinformationen zur Therapie zu erhalten

Lernprogramme schlagen neue Wege der Wissensvermittlung ein, die aber keineswegs vom Buch oder gesprochenen Wort des akademischen Lehrers wegführen wollen Durch die Integration vieler medialer Informationskanale ist uber das Ansprechen mehrerer Sinneskanale eine Erhohung der Redundanz moglich, ohne dabei den Lernenden durch Wiederholungen zu langweilen Eher wird ein spielerisches Element in den Lernvorgang eingebracht Intuitive Oberflachen und die Einbeziehung von Film- und Tondokumenten verandern das Bild des kalten und auf manche Menschen abstoßend und bedrohlich wirkende "Phanomens Computer" Das aktive Gestalten des Lernvorganges und das Gefühl, ein sachlich umfangreiches Informationssystem zur Verfügung zu haben, kann das Interesse an einer Thematik langer erhalten und zu einem "immer-wieder"-Benutzen anregen

Literatur

KOBAL G, LASEK R, BRUNE K, Computerized drug information system. Naunyn-Schmiedeberg's Arch Pharmacol 337, R110, 1988

KOBAL G, HUMMEL T, GEISSLINGER G., Teaching pharmacology with drug information systems combined with simulation models on personal computers Naunyn-Schmiedeberg's Arch Pharmacol. 341 (Suppl), 114, 1990

KOBAL G, Teaching pharmacology with drug information systems on personal computers Eu J. Pharmacol. 183/3, 1085-1086, 1990

Abbildungen

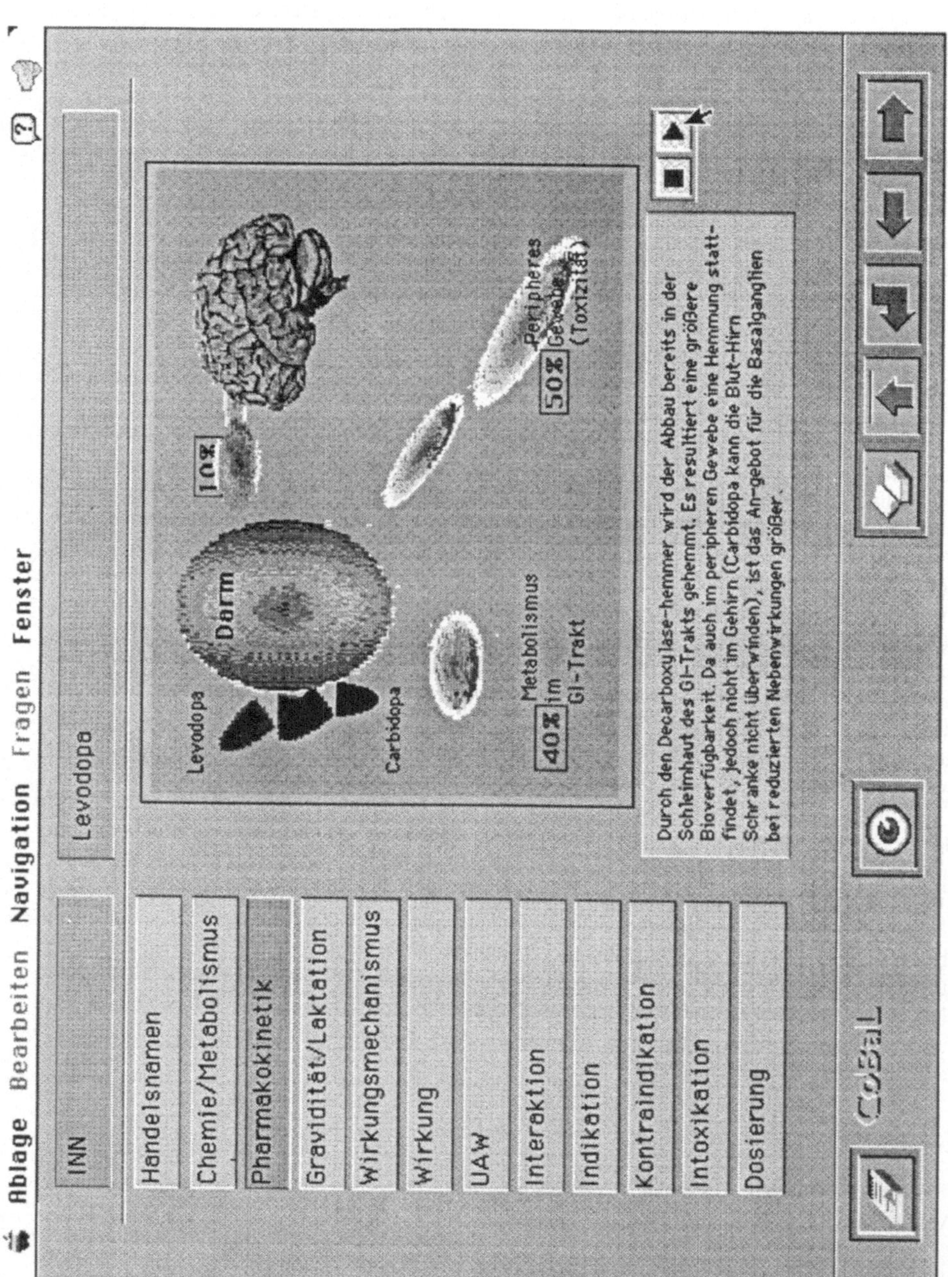

Abb 1

Ablage Bearbeiten Navigation Fragen Fenster
Anklicken der Linien oder grauen Markierungen um Schnittflächen anzuschau-en, sonst weiterblättern...
Cerebellum
Welchen Terminus suchen Sie?
Libido
Cancel
OK
Suche:
Stichwort
Freitext
im Index
CoBaL

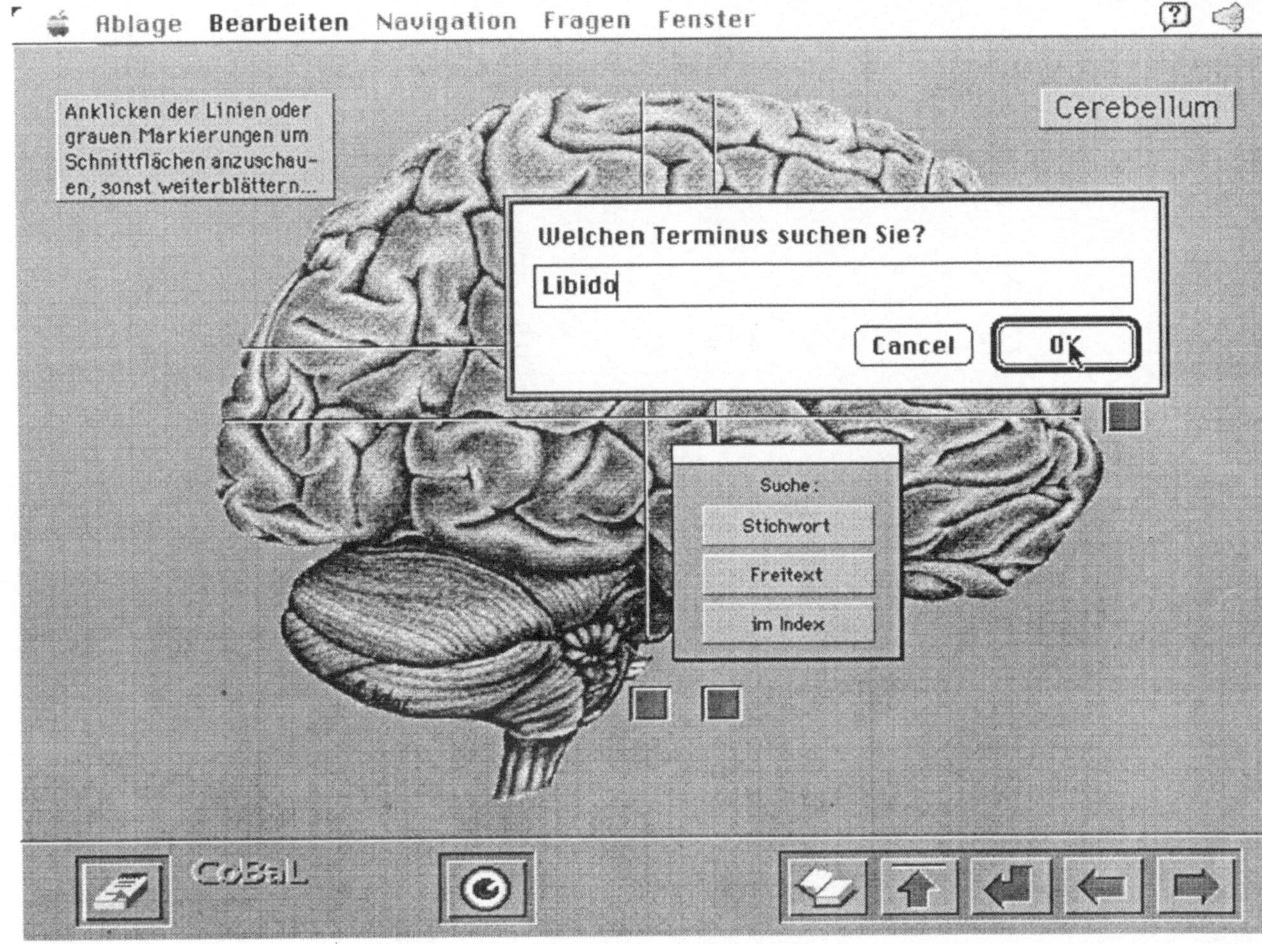

Abb 2

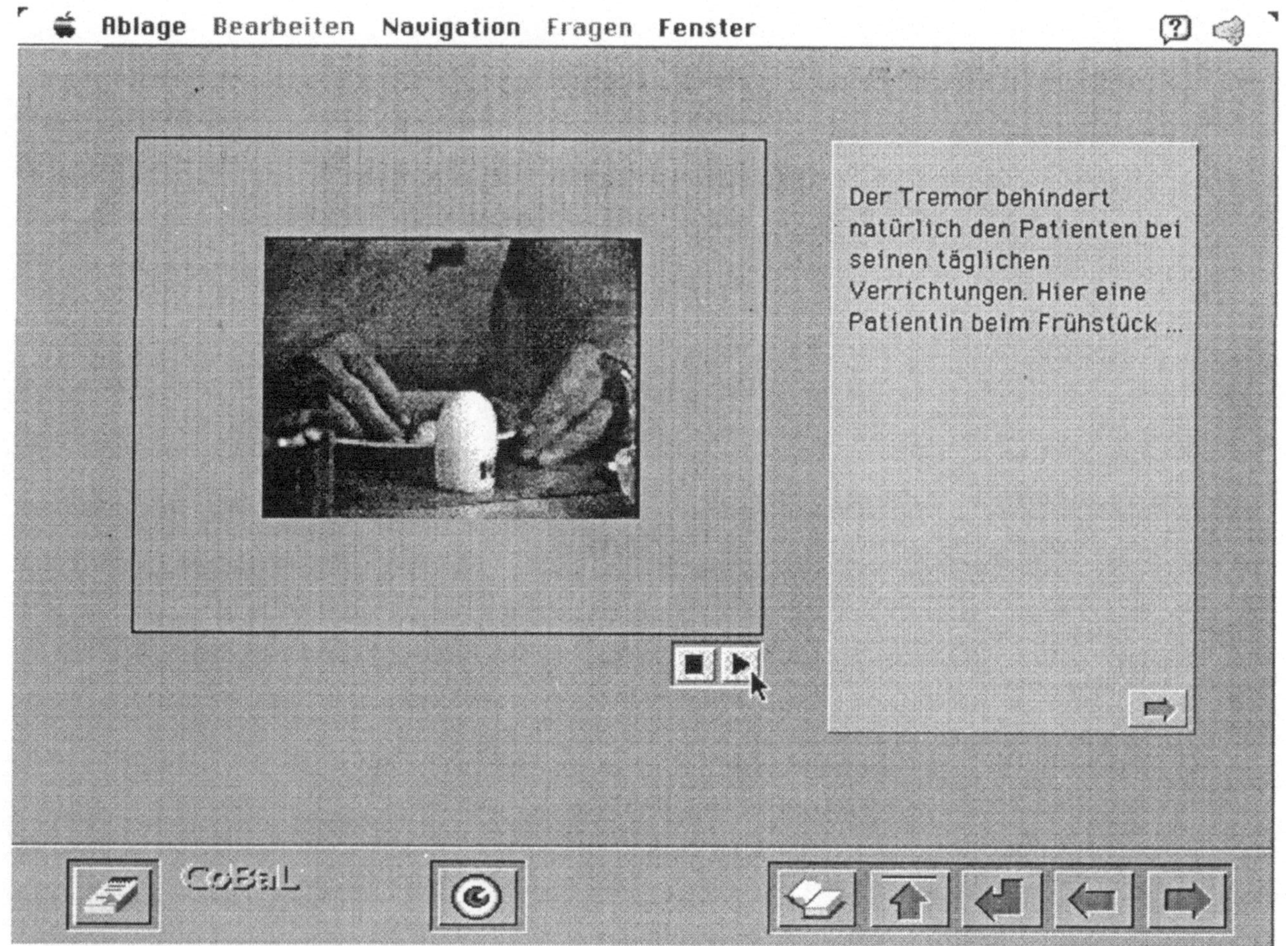
Ablage Bearbeiten Navigation Fragen Fenster
Der Tremor behindert natürlich den Patienten bei seinen täglichen Verrichtungen. Hier eine Patientin beim Frühstück ...
CoBaL

Abb 3

Alternativen im zoologischen Anfängerpraktikum (Teil Wirbeltiere) für Mediziner und Biologen

Ch. Hintze-Podufal

Zusammenfassung

Es wird eine Alternative zum bisher üblichen Präparierpraktikum vorgestellt, die aus einer Kombination von didaktisch aufeinander abgestimmten Dauerpräparaten, Modellen und Filmen besteht. Verwendet wurden Totalpräparate in Verbindung mit Querschnitten durch verschiedene Körperregionen (vom Lanzettfischchen), Gießharzpräparate von Medianschnitten der vorderen und hinteren Körperregion in Verbindung mit Frontalschnitten des Vorderkörpers und Querschnitten durch 4 Regionen (vom Neunauge), Eingußpräparate von vorpräparierten Fröschen, kolorierte Kunstharz-Gipsabgüsse von ganzen Tieren und von Situspräparaten (Eidechse und Schlange), vorbereitete Skelette (Frösche, Reptilien); 3-dimensionale Herz- und Gehirnmodelle (Fische, Frösche, Reptilien), histologische Präparate von Lunge, Leber, Gonaden, Nieren und Darm; Blutausstrichpräparate, Filme zu Organfunktionen und Lebensweisen.

1. Einleitung

Mehrere Gründe legen heutzutage eine sparsame und exemplarische Verwendung von Tieren in der von Zoologen durchgeführten Anfängerausbildung der Biologie- und Medizinstudenten nahe. Zwar konnte man den enorm gestiegenen Teilnehmerzahlen der Anfängerpraktika (z.B. 270 Biologen und 500 Mediziner/Jahr in Göttingen) und dem damit verbundenen Massenverbrauch an Tieren durch Rückgriff auf noch nicht in ihrem Bestand gefährdete Arten bzw. züchterisches Vorgehen entsprechen. Die Grundmotive aller tierschützerischen Aktivitäten werden aber dadurch nicht entkräftet. Sie beruhen auf Vorstellungskraft, Mitgefühl und der Sicht der Tiere als mehr oder minder naher, realer Verwandter des Menschen, einer Sicht, die durch die moderne Biologie immer eindrucksvoller bestätigt wird. Diese Motive bestimmen in zunehmendem Maße die Einstellung gerade auch der Teilnehmer der Anfängerpraktika. Es ist dringend gefordert, sich über die anatomisch präparative Verwendung von Tieren Rechenschaft abzulegen. Die dargestellte Alternative wird den geforderten Lerninhalten - z.B. Kennenlernen der Anatomie und Morphologie der Organsysteme, ihrer Lagebeziehungen und Funktionen in Verbindung zur Lebensweise und ihre vergleichende Betrachtung - voll gerecht. Es wird durch die Verwendung der Präparate und Modelle Zeit für die mikroskopische Betrachtung der Organsysteme und ihrer morphologischen Feinheiten gewonnen, was eine Hilfe für das Verständnis von Funktionsabläufen ist, wozu nach Präparationen kaum Zeit bleibt. Modelle und Dauerpräparate sind immer wieder verwendbar, so werden nach ihrer Einführung keine Tiere mehr benötigt.

Die Darstellung eines Teils des Anfängerpraktikums, den ich in Gottingen durchführe, soll exemplarisch belegen, wie alternatives Vorgehen realisiert werden kann Der hier vorgestellte Teil umfaßt den Stamm der Chordaten bis einschließlich Reptilien Hierbei sollen die morphologischen Details, die in den Praparaten erkennbar sind, deshalb ausführlich geschildert werden, um die Qualitat der Praparate (auch anhand von Folien) zu demonstrieren

2. Stamm: Chordata, Chorda- oder Rückensaitentiere

2.1. 2. Unterstamm: Acrania-Schädellose

Der 2 Unterstamm (UST) steht dem 3 Cranotia, Schadel- oder Wirbeltiere gegenuber Heute Lebende gehoren zur Familie (F) Branchiostomidae - Ordnung (O) Amphioxiformes, z B Branchiostoma lanceolatum PALLAS Ihr Grundbauplan stimmt in wesentlichen Merkmalen mit dem hoherer Chordaten uberein, zeigt zudem typische Evertebratenelemente und charakteristische gruppeneigene Merkmale Erwachsene werden bis zu 7,4 cm lang und 0,8 cm hoch, d h sie sind so klein, daß im Anfängerpraktikum bei der Praparation (VON DEHN M., 1975, RENNER M et al , 1991) die Baueigentumlichkeiten den Studierenden nur ungenugend vermittelt werden konnen So bieten sich von ihnen Totalpraparate, z B mit Hamalaun gefärbt, an Durch die transparente Korperdecke sind die inneren Organe mit Hilfe der Mikroskope gut erkennbar Typische Merkmale der außeren Korperform sind Fehlen eines Kopfes, der paarigen Gliedmaßen, ventral am Vorderende die Mundoffnung mit dem reusenartigen Gitterkorb aus Cirren und dem hufeisenformigen Lippenrand, im hinteren Drittel der Porus abdominalis für die Abgabe des aufgenommenen Atemwassers, caudal der After, ein unpaarer Flossensaum um Rucken und Schwanz bis zum After mit durch bindegewebige Stutzen gefestigtem Coelomkamm und paarige Metapleuralfalten - Durch Regelung der Fokusebene konnen die inneren Organe betrachtet werden wie der Muskelmantel mit segmentierten Myomeren und deren "v"-formig geknickte Anordnung, die Chorda dorsalis mit zarten Langsstrichen, den Trennlinien der geldrollenartig geschichteten, scheibchenformigen Platten, die Stutzelemente der Cirren und der primaren und sekundaren Kiemenbogen, das Ruckenmark dorsal der Chorda mit den Hesseschen Pigmentbecherocellen und dem Gehirnblaschen am Vorderende unter einem großen Photorezeptor, die Kollikersche Grube, das Velum, das den Mundvorraum blendenartig vom Kiemendarm trennt, die Hatscheksche Grube im Dach der Praoralhohle vor dem Raderorgan, der Kiemendarm mit 180-200 Spalten/Seite, die Kiemenbogen mit Cilien und ihren Querverbindungen (Synaptikel) sowie den ventral aufgegabelten Stutzen in den Hauptbogen, der Darm mit dem rechtsseitig gelegenen Leberblindsack und die Gonaden Anteile des Kreislaufsystems, der Nierenorgane und Ruckenmarksnerven werden an Querschnitten demonstriert

2.2. Überklasse: Agnatha - Kieferlose mit der Klasse Cyclostomata - Rundmäuler

Fische dieser Uberklasse (UKL) werden den echten Fischen in der UKL Gnathostomata - Kiefertiere - gegenubergestellt Ihr Bauplan entspricht einer niedrigeren Organisationsstufe, wobei einige Merkmale, z B das Fehlen des Kiefers - daher der Name - als sekundare Anpassung an die parasitare Lebensweise zu werten sind Aus der O Petromyzontia konnte fruher *Petromyzon marinus* L - Meerneunauge oder Lamprete (0,6-1,0 m lang) oder *Lampetra fluviatilis* L - Flußneunauge oder Pricke (14-40 cm lang), dessen Larven unter dem Namen Querder oder Ammocoetes bekannt sind, praparıert werden Das Flußneunauge steht jetzt unter Artenschutz Der Korperbau kann den Studierenden durch Dauerpraparate vermittelt werden Wir haben folgende Teile in Gießharz eingebettet die **vordere Körperregion** bis etwa 2 cm hinter der letzten Kiemenoffnung, ein ca 10-20 cm langes Stuck der **hinteren Region** von der Kloake aus rostral, beide Stucke durch **Medianschnitte** halbiert, erganzt durch **Frontalschnitte** durch die **Kiemenregion**, und 0,5-1 cm dicke Querschnitte durch **Kiemen-**, **Dorsalflossen-** und

Schwanzregion. - An diesen Fertigpraparaten wird die außere Korperform noch deutlich wie der flußaalahnlich dunne Körper, die fehlenden Schuppen und paarigen Flossen, die unpaare Ruckenflosse mit knorpeligen Flossenstrahlen, die segmentale Rumpfmuskulatur unter der Haut, die weißliche bis graugrune Färbung nach dem Prinzip der Gegenschattierung; der Kopf mit dem unterstandigen Mund von Papillen umsäumt, die goldgelben Hornzähne im Mundtrichter - Der Name "Neunauge" läßt sich an den Stücken begründen: in Profilstellung sind dorsal die unpaare Nasenöffnung, seitlich ein Auge unter der transparenten Körperhaut, dahinter 7 äußere Kiemenspalten sichtbar, kleine runde Löcher im Gegensatz zu jenen der echten Fische Ferner können die Hautsinnesorgane des Seitenliniensystems in Form kleiner Poren am Vorderkörper und die Lage des Parietal- und Pinealorgan ermittelt werden - Weiterhin lassen sich die inneren Baueigentumlichkeiten hervorragend studieren wie· die knorpelige Hülle, das Neurocranium, die im Kopf die Sinnesorgane und deren Verrechnungszentrum, das Gehirn, z T umgibt bzw das Viscerocranium, das den Mund stutzt, die rosa-farbenen Knorpelstäbe und -spangen des Kiemenkorbes. das **Gehirn** mit den 5 linear angeordneten Abschnitten, das Riechorgan mit dem stark gefälteten Riechepithel, der blind endende Nasengang, der zahntragende Zungenkopf mit der machtigen Zungenmuskulatur und die Blutraume, die durch Druckveranderung die Pharynxoffnung regeln, die machtigen Speicheldrusen, der Kiemengang mit dem Velum am Eingang, der Darm, der causal durch Mesenterien dorsal in der Leibeshohle befestigt ist und innen Langsfalten aufweist, die großen Leberlappen, die das Pericard umgeben; Gonaden, Nieren und Harnleiter Die Querschnitte im Kiemenbereich zeigen den Bau der Kiemenkammer, -beutel und -fältchen, die zuführenden Gange vom Kiemengang aus und die weiterleitenden zu den außeren Kiemenoffnungen, z T in 3-dimensionaler Ansicht Begriffe wie Holo- und Hemibranchie, der Weg des Atemwassers wahrend des Schwimmens, des Saugvorgangs usw lassen sich an Quer-, Langs- und Frontalschnitten erlautern, dies trifft auch für das Studium des Herzens mit Sinus venosus, Atrium, Ventrikel, Bulbus arteriosus, Arterienstamm, Vena cardinalis anterior bzw posterior, Aorta dorsalis und affenenten Kiemenarterien zu

2.3. Kl.: Amphibia - Lurche

Nachdem schon vor vielen Jahren die heimischen Arten *Rana esculenta* und *R temporaria* in ihrem Bestand gefährdet waren, haben autorisierte Zoofachhändler für Forschung und Lehre *R. ridibunda* aus Polen bzw *R dalmatina* vom Balkan angeboten Da während Lebendtransporten von Froschen in großer Zahl ein nicht geringer Prozentsatz bereits verendet, verwendeten wir den afrikanischen Krallenfrosch *Xenopus laevis* aus eigenen Zuchten für die Praparation *R pipiens* aus Amerika einzuführen (RENNER M , 1991) wurde ich ablehnen Der Massenversand von Fröschen stellt den Tatbestand der Tierqualerei dar - Seit etwa 4 Jahren werden in diesem Praktikumsteil keine Frosche mehr präpariert, sondern bereits vorpraparierte Krallenfrosche in Kunstharz eingegossen verwendet Die Farbechtheit dieser Dauerpraparate ist erstaunlich gut - Die **Präparation** kann jeder Praktikumsleiter nach eigenen Vorstellungen gestalten Bei unseren Froschen wurde die **Rückenhaut** in der Medianen geöffnet und einseitig so umgeklappt, daß sensible, die Haut innervierende Nervenfasern, Verwachsungsstellen der Lymphsacke, Ruckenmuskulatur und das dichte Hautvenennetz sichtbar wurden Der belassene Hautbereich zeigt das Muster des Seitenliniensystems, das bei Mannchen und Weibchen variiert, und die Farbgebung Erlauterungen zum Bau des Integuments und zum Farbwechsel werden anschaulich erganzt durch histologische Praparate von der Froschhaut, die z B Chromatophoren zeigen Es lohnt sich auch abgehautete Hautfetzen mit den Fröschen einzugießen Zu beachten sind auch die Extremitäten mit den Schwimmhauten und Hornkrallen Wird der Mund durch eine geeignete Einlage aufgesperrt gehalten, können Zahne am Oberkiefer und die leichte Oberkieferrinne, in die der Unterkiefer paßt, erkannt werden Ferner sind die Nasenöffnungen, die Augen, das Trommelfell, allerdings nur, wenn die Haut zuvor entfernt wurde, zu betrachten Auch die Columnella auris wird dann sichtbar; sie liegt hier in Körperlängsachse und nicht wie bei anderen Fröschen zum Korperinnern gerichtet - Die **Bauchhaut** wurde bis zur Unterkieferspitze und die Bauchwand bis zum Musculus submaxıllaris geöffnet und dabei der Schultergurtel durchtrennt. Dadurch werden die ınneren Organe ın ihrer Lage erkennbar. Am **Herzen** wurde das silbrig irisierende Perıcard so weıt entfernt, daß es selbst noch erkennbar bleibt, gleichzeitig aber der Blick auf Ventrıkel, Atria, Conus und Truncus arterıosus, Arteriae pulmonales und Carotiden freıgegeben wird. Dıe Venae cavae anteriores sınd identifizierbar und, wenn dıe Ventrıkelspitze im Praparat hochgebogen bleibt und dıe Leberlappen zur Seıte lıegen, auch die Vena cava posterior Sıe kommt von der Leber und verläuft ım hınteren Körperteil zwıschen den Nıeren Mit Hilfe des Stereomıkroskopes lassen sich die Melanophoren auf den Blutgefäßen und am Peritoneum betrachten Zur Erläuterung des unvollständıg getrennten Lungen- und Körperkreislaufes bietet sıch ein im Handel erhaltliches 3-dimensıonales aufklappbares **Herzmodell** an. Gefärbte Blutausstrichpräparate zeigen den Studierenden die kernhaltigen Erythrozyten. - **Leber** und Gallenblase wurden teılweise entfernt und im Präparat zusätzlich mit eıngebettet, dıe leicht rötlıchen **Lungen**säcke seitlıch hervorgezogen Histologische Präparate geben Eınblıck ın ihren Aufbau. - Der Verdauungstrakt wurde am Mageneingang durchtrennt und mıt den die Schlıngen verbındenden Mesenterien etwas seıtlich uber die Oberschenkel gelegt, so kann er, die Mılz und das **Urogenitalsystem** betrachtet werden Bei Weıbchen wurden dıe dıe Korperhohle ausfüllenden Ovarien entfernt und im Praparat seıtlıch mıt eingebettet Bei gunstıger Lage wird ın der Tıefe ein Teil der **Spinalnerven** freigelegt. Die Erläuterung des Nervensystems und sein Vergleich mıt dem der Fische wırd zusatzlıch durch **Gehirnmodelle** unterstutzt. - Die Darstellung des Gefäßsystems wırd erganzt durch **Eingußpräparate** von erwachsenen Larven, dıe durch die sog Spaltholztechnik transparent wurden. Da diese Färbetechnik Auskunft uber den Grad der Verknocherung gibt, eignen sıch dıe Praparate auch für das Studıum des **Skelettes**. An flach aufgeklebten und zusatzlıch an ın Sitzstellung montıerten Skeletten erwachsener Frösche lernen dıe Studıerenden die Kopfskeletteıle, Wırbelsäule, Extremıtaten, Schulter- und Beckengurtel kennen Fılme zu Organfunktionen und Lebensweise runden den Praktıkumsabschnıtt ab

2.4. Kl.: Reptilia - Kriechtiere

Aus der O Squamata (Plagıotremata) - Schuppentıere wurden für das Praktikum die Perleidechse, *Lacerta lepıda* (Unterordnung (UO) Lacertılıa-Eıdechsen) und dıe Vıpernnatter *Natrıx maura* (UO Serpentes-Schlangen) verwendet Leitthema dıeses Praktıkumsabschnıttes ist dıe gegenseitıge Anpassung von Baueigentümlıchkeıten und Lebensweıse Von **einer** Perleıdechse und **einer** Vıpernnatter wurden alle folgenden Praparate hergestellt Zuerst wurde von den ganzen Tıeren eıne Negatıvform aus Sılıkonkautschuk angefertigt, von der belıebig viele Positıvausgüsse mit eınem Gips-Kunstharzgemısch gewonnen werden konnten Durch dıe anschlıeßende naturgetreue Coloratıon ıst deren Außeres den Origınalen zum Vewechseln ahnlıch geworden. Die Studıerenden konnen an ıhnen dıe Beschuppung der Haut und deren Muster, dıe außere Korperform und -glıederung, Lage und Form der Augen, Vorkommen bzw Fehlen von Lıdern und äußerem Gehorgang, Mundform u a Details erkennen und vergleichen - Skelette von Echsen und Schlangen informıeren uber Eınzelheıten des Aufbaus ım Zusammenhang mit der Funktıon, z B. Bewegung, Nahrungsaufnahme, Atmung - An kolorıerten Situsabgüssen von der gleichen Perleidechse bzw Vipernnatter konnen Lage und Funktıon der Organsysteme zu Körperbau und Lebensweıse ın Bezıehung gesetzt werden. 3-dımensionale Herzmodelle der Sumpfschıldkrote und des Nilkrokodıls erleıchtern das Verständnıs der komplızierten Kreıslaufverhältnısse der Reptilıen Dıe Hoherentwıcklung des Gehırns und Besonderheiten, etwa im Zusammenhang mıt dem Rıechvorgang, dem Jacobsonschen Organ und dem Parıetalorgan, werden mıt Hılfe 3-dımensıonaler Gehırnmodelle erlautert Fılme zur Lebensweise der Reptılien und anderer geeıgneter Sachthemen erganzen auch dıesen Praktıkumsteıl sınnvoll

Die Hauptvorteile in der Verwendung der genannten Tiermodelle liegen einmal im Zeitgewinn, der für eine intensivere Erarbeitung des Lernstoffes genutzt wird. Zum andern kann durch den Zeitgewinn und die gleichsam gesicherte Anschaulichkeit das Verstandnis für den Zusammenhang von Bau und Funktion starker gefordert werden Ein Nachteil besteht darin, daß "Präparierfähigkeiten" nicht geubt werden. Dieser Nachteil wird aber durch die folgenden Teile des Praktikums - Vögel und Sauger - , die hier nicht behandelt wurden, aufgefangen.

Danksagung

Für die Mitarbeit bei der Herstellung der Praparate danke ich Frau B GEISTLICH und Herrn Dr. H.-J. THORNS

Literatur

VON DEHN M , Vergleichende Anatomie der Wirbeltiere. Taschentext 30, Weinheim Verlag Chemie, 1975

MARINELLI W , STRENGE A , Vergleichende Anatomie und Morphologie der Wirbeltiere, Wien Verlag Franz Deutike, 1955

RENNER M , STORCH V , WELSCH U , Kukenthals Leitfaden fur das Zoologische Praktikum, Stuttgart - Jena Gustav Fischer Verlag, 1991

Mikrochirurgische Ausbildungs- und Trainingsmöglichkeiten ohne Versuche am lebenden Tier

A. Kröpfl

Zusammenfassung

Im Unfallkrankenhaus Salzburg, wo seit 1977 die Mikrochirurgie im Rahmen der unfallchirurgischen Versorgung zur Lösung spezieller chirurgischer Probleme herangezogen wird, wurde seit 1989 das Ausbildungs- und Trainingsprogramm für die Mikrochirurgie abgeändert.

Wurde früher nach Erlernen der mikrochirurgischen Grundtechniken das narkotisierte Versuchstier zur weiteren Ausbildung der angehenden Mikrochirurgen verwendet, so wird seit 1989 das weitere Training der mikrochirurgischen Nahttechniken am toten Organ fortgeführt. Verwendet werden dafür der Nervus ischiadicus des Huhnes sowie die Koronararterien des Schweineherzens.

Erst nach Abschluß dieses Trainingsprogrammes wird zur Überprüfung der erworbenen Technik am lebenden Versuchstier geübt. Dies hat zu einer deutlichen Reduktion der Tierversuche bei gleichbleibendem Lerneffekt ohne Qualitätsverlust in der Klinik geführt.

1. Einleitung

Praktisch alle chirurgischen Fachdisziplinen bedienen sich zur Lösung spezieller Probleme ihres Fachbereichs mittlerweile der Mikrochirurgie. Mit ihrer Hilfe ist es möglich, unter Mikroskopvergrößerung kleinste Strukturen zu präparieren und zu anastomosieren, welche mit dem unbewehrten Auge nicht mehr zu nähen waren. Dadurch ist es möglich, Anastomosen von Gefäßen und Nerven mit einem Durchmesser sogar von unter einem Millimeter durchzuführen.

Diese spezielle Technik bedarf natürlich einer gesonderten Ausbildung sowie eines permanenten Trainings.

In der Literatur wird für die Erlernung der mikrochirurgischen Nahttechnik nach dem Üben an zerschnittenen Silastik-Folien und -Röhrchen nahezu ausschließlich das narkotisierte Versuchstier, vornehmlich die Ratte, angeführt und empfohlen. Die Möglichkeit des Trainings am toten Organ wird nur in wenigen Publikationen hervorgehoben (Ayobi S. et al., 1992, Freys S. und Koob E., 1988, Goldstein M., 1979, Govila A., 1981, Pfander A., 1980, Sucur D. et al., 1981).

Im Unfallkrankenhaus Salzburg, wo seit 1977 mikrochirurgische Eingriffe durchgeführt werden, wurde bis 1989 die mikrochirurgische Technik ebenfalls vornehmlich an der narkotisierten Ratte trainiert.

Durch die erwahnten Literaturhinweise ermutigt, haben wir seit 1989 das Trainingsprogramm umgestellt und uben nun die mikrochirurgischen Techniken hauptsächlich am toten Organ

2. Methodik

Das hauseigene Mikrochirurgie-Labor ist ausschließlich der mikrochirurgischen Aus- und Weiterbildung vorbehalten und ist mit einem Stativ-Operationsmikroskop bestuckt.

Die ersten Nahtübungen werden an zerschnittenen Silastik-Folien durchgeführt, wobei es gilt, sich mit den Instrumenten unter Mikroskopvergroßerung zurechtfinden und so die ersten Nahtreihen zu setzen

Anschließend konnen die ersten Anastomosen an durchtrennten Silastik-Röhrchen mit einem Durchmesser von 2-5 Millimetern trainiert werden Der Schwierigkeitsgrad der Ubungen kann dabei durch geringere Rohrchendurchmesser und geringere Fadenstarken gesteigert werden

Nach Abschluß dieses Trainingsprogrammes kann dann mit den Ubungen am toten Organ begonnen werden Die Gefäßanastomosen werden dabei an Koronararterien des Schweineherzens geubt Ungeoffnete Schweineherzen können nach Rucksprache in einer Metzgerei oder einem Schlachthof besorgt werden Mittels einer Knopfkanule wird eine handelsubliche Elektrolyt-Infusionslosung in das Ostium einer Koronararterie eingebracht und damit kann das Gefäß mit Flussigkeit durchströmt werden (Abb 1 und 2)

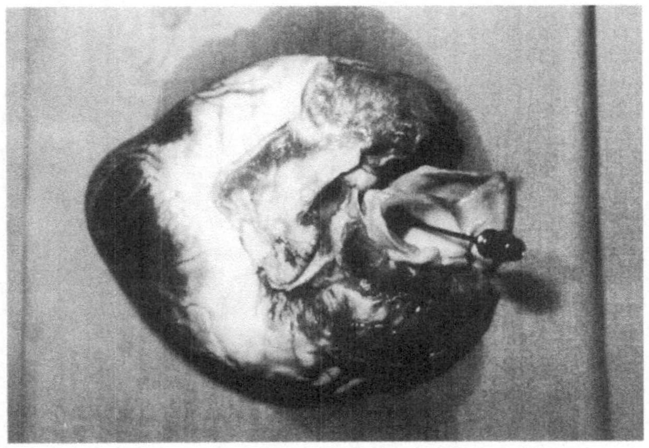

Abb 1 Die Kanule wird von der Aorta ascendens in das Ostium einer Koronararterie eingefuhrt

Unter Mikroskopvergroßerung kann nun das Koronargefäß und seine Seitenaste prapariert werden, wobei für die Übungen vorzugsweise Gefäßabschnitte von unter zwei Millimeter verwendet werden Nach Ausklemmen eines entsprechenden Gefäßabschnittes kann nun jede mikrochirurgische Gefäßnaht-Technik trainiert werden, wie End-zu-End-Anastomosen, End-zu-Seit-Anastomosen und Interponat-Techniken Die Nahte werden in Einzelknopftechnik mit einem Faden mit einem Durchmesser von 25 tausendstel Millimeter angelegt Nach fertiggestellter Anastomose werden die Mikrogefäß-Klemmen abgenommen und mittels der Perfusionslosung, die zu Ubungszwecken auch eingefärbt werden kann, werden die Durchgangigkeit und die Dichtheit der einzelnen Anastomosen uberpruft

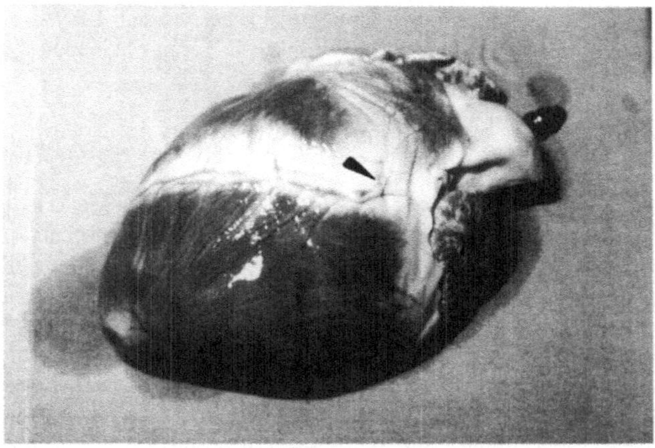

Abb 2 In eine Koronararterie des Schweineherzens ist eine Kanule zur Perfusion des Gefäßes eingefuhrt und mit einer Naht (Pfeil) fixiert

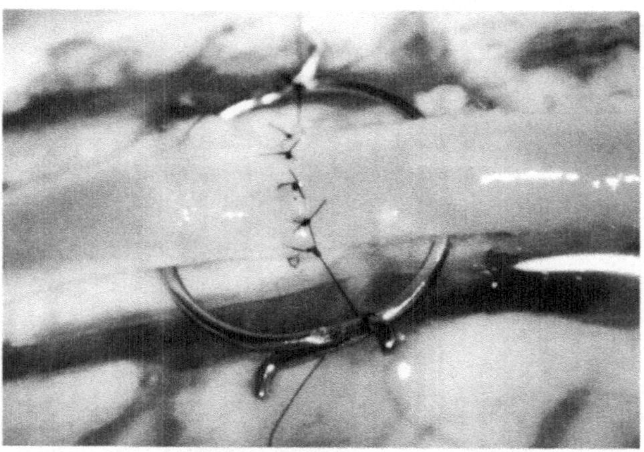

Abb 3 Fertiggestellte End-zu-End Anastomose einer Koronararterie in Einzelknopftechnik

Naturgemaß wird eine derartige Anastomose immer minimal undicht bleiben, da durch das Fehlen der Thrombozytenaggregation die primare Abdichtung der Anastomose unterbleibt Durch Uberwachung der Ubungen durch einen erfahrenen Mikrochirurgen kann der Auszubildende aber bald abschatzen, ob noch eine Zwischennaht notig ist oder nicht

Epineurale und interfaszikulare perineurale Nervennahte werden am Nervus ischiadicus und dessen Aufzweigungen an einem Huhnerschenkel geubt Auch hier konnen primare Anastomosen sowie Nerven-Interponat-Techniken trainiert werden

Dieses Trainingsprogramm am toten Organ wird in unserem Hause von den in der Mikrochirurgie Auszubildenden für zirka 4 bis 6 Monate durchgeführt, wobei zweimal wochentlich je 2 bis 3 Stunden geubt wird Nach Abschluß dieses Programms wird zur Uberprufung der erworbenen Kenntnisse zwar noch am narkotisierten Versuchstier geubt, um die Gefäßanastomosen-Technik hinsichtlich der Moglichkeit der Thrombosierung der Anastomose uberprufen zu konnen, durch das Trainingsprogramm am toten Organ konnte jedoch die Zahl der Tierversuche drastisch gesenkt werden, ohne dadurch einen Einbruch in der Qualität der mikrochirurgischen Versorgung in der Klinik hinnehmen zu müssen

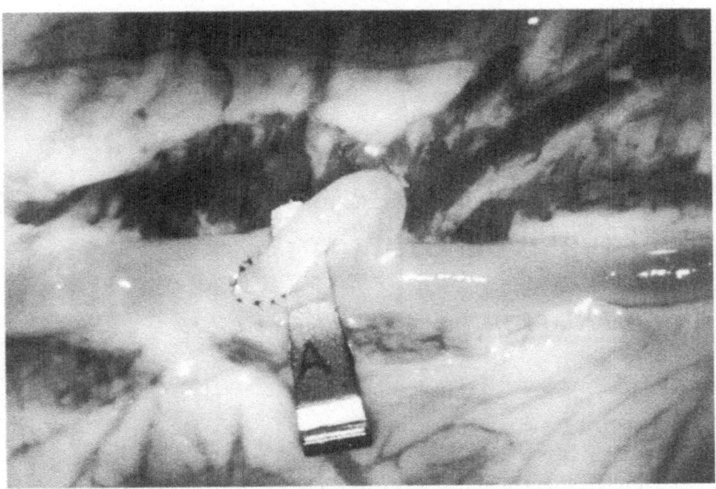

Abb 4 Fertiggestellte End-zu-Seit - Anastomose eines Seitenastes mit einer Koronararterie, das zwischenliegende Hauptgefäßsegment ist ausgeklemmt und die Umgehungsstrombahn wird von der Perfusionslösung durchströmt

Literatur

AYOBI S, WARD P, NAIK S, SANKARAN M, The use of placenta in a microvascular exercise, Neurosurgery 30, 252-254, 1992

FREYS S M, KOOB E, Ausbildung und Training in der Mikrochirurgie ohne Versuche am lebenden Tier, Handchirurgie 20, 11-16, 1988

GOLDSTEIN M, Use of fresh human placenta for microsurgical training. Journal of Microsurgery 1, 70-71, 1979

GOVILA A, A simple model on which to practise microsurgical technique a fresh chicken, Brit J Plast Surg 34, 486-487, 1981

PFANDER A, Zum Training der mikrochirurgischen Gefäßanastomose, Handchirurgie 12, 59-60, 1980

SUCUR D, KONSTANTINOVIC P, POTPARIC Z, Fresh chicken leg an experimental model for the microsurgical beginner, Brit J Plast Surg 34, 488-489, 1981

Alternativmodelle zur Reduzierung der Versuchstierzahl für die Ausbildung in der minimal invasiven Chirurgie

M. Günther, K. Hantusch, P. Hantusch

Zusammenfassung

Die sturmische Entwicklung minimal invasiver Operationsmethoden erfordert effektive und praxisnahe Ausbildungs- und Trainingsprogramme, damit die Komplikationsrate besonders in der Einstiegsphase in vertretbaren Grenzen gehalten werden kann

Neben der Vermittlung theoretischer Kenntnisse, vor allem durch den Videofilm, kommen dem Einsatz von Simulationstrainern mit verschiedenen Ubungsmodulen und praparierten Organen zur Einsparung von Versuchstieren sehr große Bedeutung zu

Die klinischen Hospitationen stellen eine weitere wichtige Moglichkeit dieses komplexen Ausbildungsprogrammes dar

1. Einleitung

Die Entwicklung minimal invasiver Operationstechniken hat in den letzten Jahren zu einem Wandel in der Chirurgie gefuhrt Noch nie hat sich in der Geschichte der Chirurgie eine neue Operationsmethode derart rasch verbreitet und weiterentwickelt wie auf diesem Gebiet Diese vollig neue Chirurgie, die technisch sehr anspruchsvoll ist, bereitet auch dem Chirurgen mit einem großen Erfahrungsschatz beim Einstieg betrachtliche Schwierigkeiten

Bisher wurden chirurgische Techniken meist durch Assistenztatigkeit und durch Operieren unter Anleitung erfahrener Kollegen im Operationssaal erlernt Standardisierte Operationslehren waren ein wichtiges Hilfsmittel Bei den endoskopischen Operationsverfahren versagen diese konventionellen Ausbildungsformen

Auch der chirurgisch Erfahrene muß in verhaltnismaßig kurzer Zeit die endoskopische Technik für bisher als Routineeingriffe geltende Operationen erlernen Dabei wird nach den in der Lern- und Einfuhrungsphase gegenuber den konventionellen Verfahren erhohten Komplikationsraten immer haufiger die Frage diskutiert, welcher Ausbildungsstand für das selbstandige Operieren zu fordern ist Diese Problematik wird neben den zahlreichen euphorischen Berichten auch zunehmend in den offentlichen Medien behandelt So zweifelte kurzlich "The New York Times" (14 6 1992) angesichts der sich haufenden Komplikationen im Rahmen der laparoskopischen Cholezystektomien an, ob ein "two day training seminar" zum Erlernen der Technik ausreicht Dazu kommt die standige Erweiterung der Indikationen, die den Chirurgen in Zeitdruck und Zugzwang bringt - eine zumindest risikovolle, wenn nicht gar gefährliche Entwicklung

Sicher werden in der Zukunft sehr viele gastrointestinale Operationen, aber auch thorakoskopische, gynäkologische, orthopädische und urologische Eingriffe minimal invasiv erfolgen können. Die diagnostische Laparatomie hat die ungeahnten Möglichkeiten dieser neuen Operationstechnik aufgezeigt.

Durch die überzeugenden Vorteile für die Patienten, der Schmerzarmut, der raschen Erholung nach dem operativen Eingriff sowie dem besseren kosmetischen Ergebnis und der geringeren Gefahr von postoperativen Verwachsungen, wird die minimal invasive Operationstechnik zur Notwendigkeit in jeder chirurgischen Klinik. Schon heute ist sie zu einer von den Patienten bevorzugten Methode geworden. Nach BUEß G. (1992) werden in absehbarer Zeit gut die Hälfte aller chirurgischen Eingriffe endoskopisch durchgeführt.

Wer minimalinvasiv operieren will, muß sich durch ein intensives Training umfassend darauf vorbereiten. In Beichlingen ist in enger Zusammenarbeit mit der instrumenten- und geräteentwickelnden Industrie ein Zentrum im Aufbau, in dem systematisch diese neue Operationstechnik erlernt werden kann. Die angebotenen Ausbildungs- und Trainingsprogramme sind effektiv und praxisnah, wobei jedoch auf eine weitestgehende Einsparung von Versuchstieren Wert gelegt wird. Somit kann die Komplikationsrate, besonders in der Einstiegsphase, in vertretbaren Grenzen gehalten werden. Außerdem wird verhindert, daß diese neue, Mensch und Tier viele Schmerzen ersparende Operationstechnik durch unerfahrene Chirurgen unnötig in Mißkredit gebracht wird.

2. "Verein MIC" Beichlingen

Beichlingen liegt im Bundesland Thüringen, 30 km nördlich von Weimar. Hier befindet sich die nahezu 1000 Jahre alte Schloßanlage, die zusammen mit entsprechenden Neubauten jahrzehntelang als Fachschule für Veterinärmedizin genutzt wurde. Heute nutzt die 1990 gegründete Akademie Beichlingen GmbH die Schloßanlage als Tagunghotel, während der "Verein zur Förderung von Forschung, Lehre und praktischer Ausbildung in der Minimalinvasiven Chirurgie e.V." (kurz: Verein MIC) den Kliniktrakt langfristig gemietet hat.

Neben der kontinuierlichen Forschungstätigkeit auf dem Gebiet der gesamten minimalinvasiven Chirurgie stehen komplexe Ausbildungs- und Trainingskurse im Mittelpunkt der Tätigkeit dieses gemeinnützigen Vereins. Dabei fordert die rasante Entwicklung der endoskopischen Chirurgie ein abgestimmtes Vorgehen in Forschung und Ausbildung geradezu heraus. Dieses in Beichlingen angewandte Modell der Verbindung von Forschung und Ausbildung in der MIC ermöglicht neben der Einsparung von Versuchstieren einen optimalen Informationstransfer zwischen den einzelnen Forschungsgruppen und den auszubildenden Kollegen aus der Praxis.

Die minimalinvasiven Methoden der einzelnen operativen Disziplinen der Medizin sind sich vielfach so ähnlich, daß alle Vertreter der Fachbereiche einmal erarbeitete Erkenntnisse sofort übernehmen können. Der "Verein MIC" fördert deshalb die Zusammenarbeit der operativ tätigen Mediziner und baut Beichlingen zu einem futuristisch ausgerichteten Zentrum aus, in dem die endoskopisch tätigen Kollegen ihre Erfahrungen untereinander austauschen können. Diese enge interdisziplinäre Kooperation ist eine Alternative zu den bisher üblichen minimal-invasiven Trainingsmethoden. Technisch relativ einfache und in der Praxis häufig ausgeführte Operationen, wie die laparoskopische Cholezystektomie, bieten sich für eine gemeinsame Durchführung, vor allem mit den Allgemeinchirurgen, an. Endoskopische Operationstechniken, die in der Veterinärmedizin eine Indikation haben, werden sofort für den Einsatz in der Tiermedizin weiterentwickelt bzw. modifiziert, um somit bei notwendigen Operationen auch Tieren Schmerzen zu ersparen.

3. Methodisch-didaktische Aspekte in der Ausbildung

Die Ausbildung in der minimal invasiven Chirurgie muß in einem Stufenprogramm des endoskopischen Trainings erfolgen. Dieses wird bereits zum Zeitpunkt der Entwicklung neuer endoskopischer Operationsmethoden und während der Evaluierung in einigen klinischen Zentren festgelegt und beruht grundsätzlich auf Alternativmethoden zum Tierversuch.

Nach STEIGER A. (1989) sind Alternativmethoden Versuchsanordnungen, bei denen der lebende Organismus durch schmerzfreie Materie ersetzt wird, ohne daß die Aussagekraft des Experiments oder das Lernziel geschmälert wird. Im weiteren Sinn gelten als Alternativmethoden auch Versuchsanordnungen, welche die Zahl und die Belastung der Versuchstiere reduzieren.

An jede Alternativmethode müssen dabei folgende Anforderungen gestellt werden:

1. Mit dem Trainingsprogramm muß das geforderte **Lehrziel erreicht** werden und
2. sie müssen **realitätsgerecht, problemorientiert und experimentgerecht** sein (kein Mickey Mouse-effect!)

RUSSELL W. und BURCH R. (1959) haben das Ziel der Alternativmethoden mit der Kurzformel **"3 R"** umschrieben:

"reduce", d.h. die Verminderung der Zahl der Tiere
"refine", d.h. die Verbesserung der Methodik zur Entlastung der Tiere im Versuch
"replace", d.h. der Ersatz des Tierversuchs durch eine andere Methode

Wichtig sind dabei

- die **Validierung**, d.h. die Bewertung der wissenschaftlichen Qualität der Methode,
- die **Evaluierung**, d.h. die Bewertung des praktischen Nutzens und
- die **Verbreitung der Ergebnisse** in geeigneten Publikationen bzw. wissenschaftlichen Veranstaltungen.

Zum jetzigen Zeitpunkt muß zwischen Chirurgen, die die neuen Operationstechniken erst erlernen wollen und solchen, die bereits über Erfahrungen verfügen, unterschieden werden. Dementsprechend sind sowohl Grundkurse als auch Kurse für Fortgeschrittene zu planen.

Die **Grundlagenkurse** vermitteln Kenntnisse über das neuartige Instrumentarium und die umfangreichen apparativ-technischen Voraussetzungen der MIC. Weiterhin bedarf der Übergang vom dreidimensionalen OP-Situs zum zweidimensionalen Bildschirmbild der Gewöhnung. Eine koordinierte und dem Operationsablauf in allen Phasen angepaßte Kameraführung muß ebenso trainiert werden wie das Arbeiten in einem Operationsteam. Für die Erlernung der minimal invasiven Grundtechniken und der video-optischen Orientierung im Raum sind die Simulationstrainer gut geeignet (Abb. 1 u. 2.). Die Anlage des Pneumoperitoneums und die Trokarplazierungen können geübt werden. Greif- und Koordinationsübungen mit zunächst einem, später mit zwei Instrumenten leiten zu dem neuen operativen Handling über. An verschiedenen Übungsmodulen (Abb. 3) und präparierten Organen, die wahlweise in den Simulationstrainer eingebracht werden, sind entsprechende Operationsabläufe trainierbar. Neben Präparationstechniken (Schere, Präparierstiel u.a.) werden hierbei der Einsatz mono- und bipolarer Instrumente zur Elektrokoagulation und -präparation sowie endoskopische Naht- und Knüpftechniken geübt. Theoretische Erörterungen der Tutoren, meist unter Verwendung von Videofilmen, komplettieren das Lehrprogramm.

In Beichlingen kann eine Vielzahl von Operationen an Schlachthoforganen im Simulationstrainer während der ausgeschriebenen Kurse durchgeführt werden. Entscheidend ist die richtige

Praparation der Organe, bevor sie in das Phantom eingelegt werden

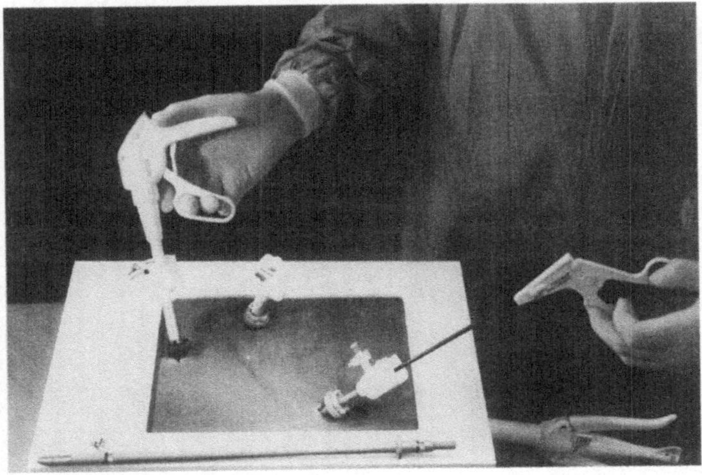

Abb 1 Training am Simulationstrainer

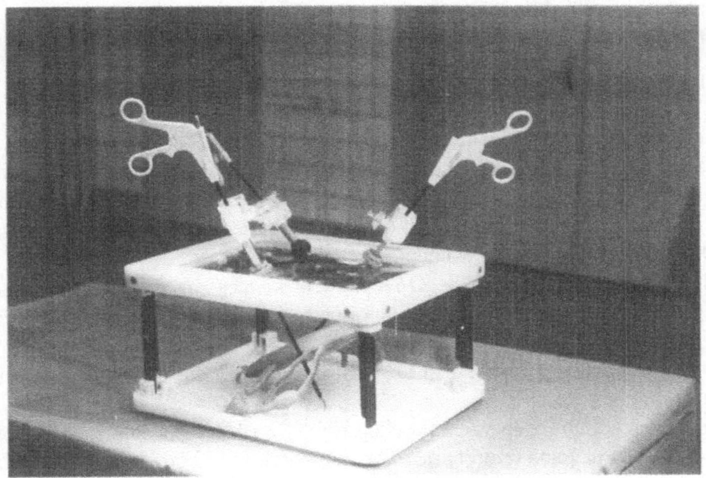

Abb 2 Offener Simulationstrainer mit Ubungsmodul

Die **laparoskopische Cholezystektomie** erfolgt an der Schweineleber (Abb 4) An diesem Organ laßt sich die Freilegung und das Clippen der Gefäße und die interaktive Koordination bei der Abpraparation und Bergung der Gallenblase sehr gut uben

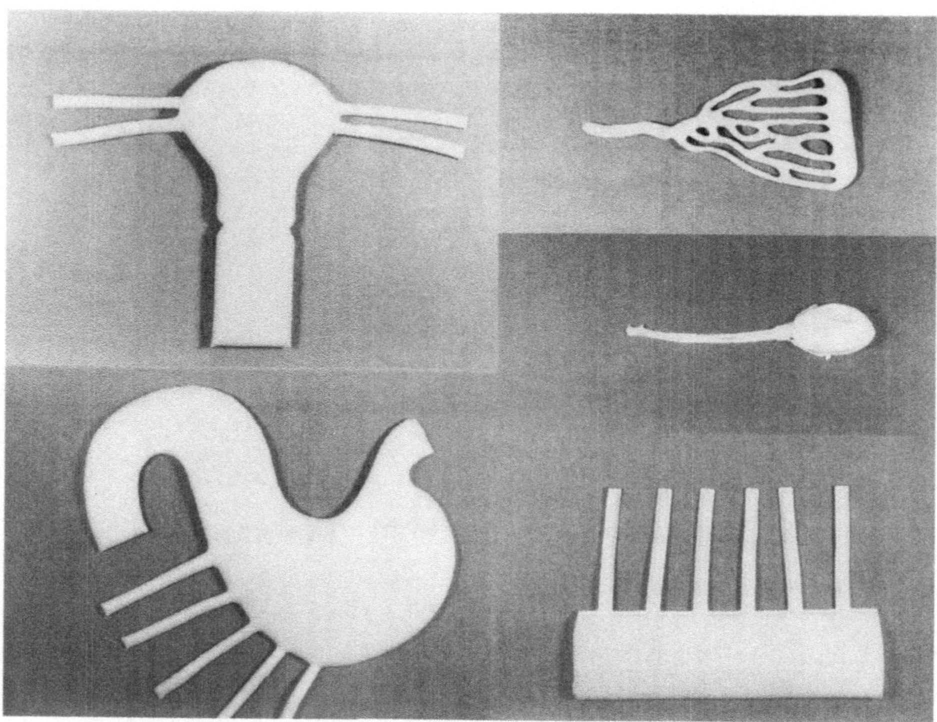

Abb. 3. Verschiedene Übungsmodule

Fur die schichtenweise **Präparation mit Endoschere** und Koagulationssonde sowie zur Ubung von **Endonahttechniken** eignen sich als Modell besonders praparierte Huhnerschenkel

Koloneingriffe lassen sich am wassergefullten Schweinedarm simulieren (Abb 5) Das Clippen der Intestinalgefäße und das Simulieren der verschiedenen Anastomosentechniken sind an diesem Organmaterial hervorragend moglich

Gynäkologische und urologische Operationen konnen im Simulationstrainer an im Schlachthof in toto entnommenen Urogenitalorganen von Schwein und Rind durchgefuhrt werden

Thorakoskopische Eingriffe werden an Schweinelungen, die an Beatmungsgerate angeschlossen sind, simuliert

Mikrochirurgische Übungen von speziellen Naht- und Knotentechniken erfolgen ebenfalls an toter biologischer Substanz (Koronarien am Schweineherz, Volar- und Plantargefäße oder -nerven der Gliedmaßen u a) oder am Nahtubungs-Folien-Modell (Braun-Dexon-GmbH)

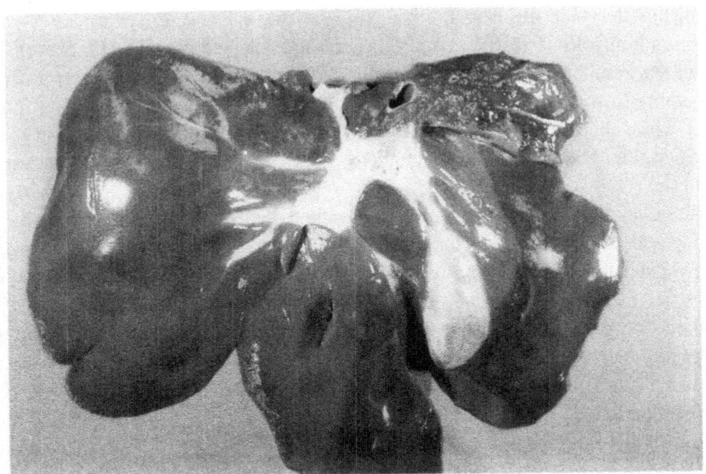

Abb 4 Praparierte Schweineleber fur die Simulation der laparoskopischen Cholezystektomie

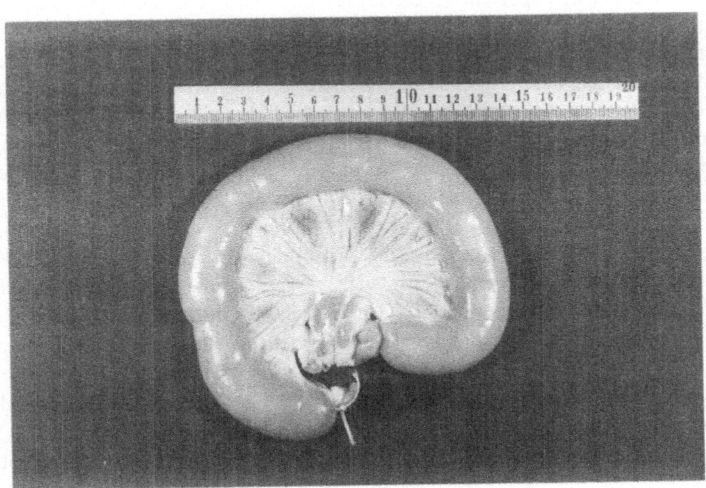

Abb 5 Praparierter und wassergefullter Schweinedarm fur die Simulation von Darmeingriffen

Mechanische Ubungsmodule und Schlachthoforgane stellen somit in dieser Lernphase akzeptable Alternativmodelle zum Tierversuch dar Erst, wenn eine gewisse Sicherheit im operativen Handling und im Zusammenspiel des Teams erreicht ist, konnen die am Simulationstrainer erworbenen Kenntnisse und Fertigkeiten bei einer Ubungsoperation am Versuchstier angewandt werden Dazu steht einer Gruppe von vier Chirurgen je ein Tier (Lauferschwein von ca 15 bis 30 kg Korpergewicht) zur Verfugung

Es ist unbedingt erforderlich, nach dem Training an Modellen und totem biologischen Gewebe das endoskopische Operieren an lebenden Versuchstieren zu uben Nur am lebenden Tier kann der Einfluß der Operation (z B das Anlegen eines Pneumoperitonaeums) auf den Gesamtorganismus kontrolliert werden Auch das richtige Gefuhl bei der Anlage der Trokare entsprechend der vorgesehenen Operationsmethode (Abstand meistens 5 cm, optimaler Winkel der Instrumente sollte 80 bis 90 Grad betragen) ist nur am Versuchstier trainierbar Nur so ist bei der späteren klinischen Anwendung eine Verletzung innerer Organe oder großerer Gefäße (Aorta!) vermeidbar Die in der Vergangenheit aufgetretenen Todesfälle waren zumeist darauf zuruckzuführen

Das bimanuelle Arbeiten mit dem endoskopischen Instrumentarium bei schwieriger Praparationstechnik und anatomischer Orientierung, wie z B die Identifikation der einzelnen anatomischen Gewebestrukturen mit Freipraparation, Clippen und Durchtrennen von Gefäßen, die Uberprufung der Funktionstuchtigkeit der endoskopischen Nahte und Anastomosen sowie der Zuverlassigkeit der gesetzten Clips ist ausschließlich an durchblutetem Gewebe moglich Auch die Beherrschung von Problemsituationen, wie Blutungen, undichte Anastomosen, fehlerhafte Klammernaht an Darm, Bronchien und Lungengefäßen (Lobektomie) ist nur am lebenden Versuchstier erlernbar

Wahrend der **allgemeinchirurgischen Grundkurse** werden vorzugsweise laparoskopische Cholezystektomien, Darmskelettierungen und Anus praeter Anlagen am Schwein durchgeführt Die laparoskopische Appendektomie wird nach Skelettierung und Durchtrennung eines Dunndarmsegmentes mit der Roederschlinge oder dem Endostapler simuliert

Die **Kurse für Fortgeschrittene** bauen auf den Grundkursen und den bereits vorliegenden Erfahrungen in der MIC (z B bei laparoskopischen Cholezystektomien) auf Im Mittelpunkt eines solchen Kurses stehen spezielle Operationsverfahren wie z B die laparoskopische kolorektale Chirurgie In diesem Rahmen ist eine enge Integration von Forschung und Ausbildung besonders im Hinblick auf den jetzigen Entwicklungsstand der MIC unbedingt erforderlich.

Die Tutoren mussen sich in ihrer klinischen Arbeit in verhaltnismaßig kurzer Zeit einen anspruchsvollen Wissensstand erarbeiten, den sie an die Kursteilnehmer theoretisch und praktisch weitervermitteln konnen So benotigte die Arbeitsgruppe, die Kurse für laparoskopische kolorektale Chirurgie durchführt, für diesen Vorlauf eine einjahrige tierexperimentelle Studie und mehrmonatige klinische Erfahrungen in zwei Universitatskliniken und einem Landeskrankenhaus

Der methodisch-didaktische Aufbau dieser Ausbildungsprogramme unterscheidet sich deutlich von denjenigen der Grundlagenkurse Nach kurzen videogestutzten theoretischen Ausführungen speziell zu den einzelnen Operationen wird das Hauptaugenmerk auf die selbstandige operative Tatigkeit gelegt Aus didaktischen Grunden erscheint es dabei gunstig, daß diese Phase des Kurses mit einer OP-Demonstration der erfahrenen Arbeitsgruppe eingeleitet wird An jedem operativen Arbeitsplatz unterstutzt ein Tutor aus dieser Gruppe dann das jeweilige Operationsteam Wahrend eines Kolon-Kurses konnen u a eine laparoskopische Sigmaresektion, eine Rektopexie und eine Rektumextirpation von den Teilnehmern durchgeführt werden

4. Fragen des Tierschutzes

Ubungen an Simulationstrainern und totem biologischen Material (Schlachthoforgane) stellen wertvolle **Alternativmodelle** zum Tierversuch dar und sollten besonders bei den Grundlagenkursen zum breiten Einsatz kommen

Allerdings demonstriert gerade die Entwicklung der minimal invasiven Operationsmethoden die Notwendigkeit von Tierversuchen auch im Rahmen der Ausbildung, um diesen Fortschritt der Chirurgie nicht in Frage zu stellen Der Chirurg muß innerhalb kurzester Zeit diese neuen Operationsverfahren sicher erlernen Im Tierversuch kann er vor dem klinischen Einstieg jeden einzelnen Schritt des Operationsablaufes kontrolliert nachvollziehen

Nur kritisch kontrollierte Studien sind geeignet, unerwunschte Therapiefolgen zu erkennen und somit die Patienten, die Arzte und die Methode selbst zu schutzen

Um Operationen an Tieren durchzuführen, bedarf es der strengen Einhaltung der Bestimmungen des **Tierschutzgesetzes** (1986). Das Genehmigungsverfahren ist nach dem Tierschutzgesetz sehr komplex und bietet zahlreiche Kontroll- und Einflußmöglichkeiten.

Auf die Notwendigkeit der Tierversuche (§5 Abs. 2) im Rahmen der Ausbildung wurde bereits hingewiesen. Operative Eingriffe an Wirbeltieren dürfen nur von Personen mit abgeschlossenem Hochschulstudium der Medizin, Veterinärmedizin und Biologie, Fachrichtung Zoologie, vorgenommen werden (§9 Abs. 1). Da bei vergleichbaren Operationen am Menschen nicht ohne Narkose gearbeitet wird und die Tiere keinen unnötigen Schmerzen ausgesetzt werden dürfen, werden auch sie vor Beginn des Eingriffes sachgerecht durch Tierärzte anästhesiert (§5 Abs. 3). Tierversuche, die der Aus-, Fort- und Weiterbildung dienen, sind anzeigepflichtig und müssen an einer wissenschaftlichen Einrichtung durchgeführt werden (§10) Ein **Tierschutzbeauftragter**, der nicht selbst an den Operationen beteiligt ist, überwacht ständig deren ordnungsgemäßen Ablauf.

Als Versuchstiere im Rahmen der MIC-Ausbildung dienen in Beichlingen Schweine mit einem Gewicht von 15 bis 30 kg, die aufgrund ihrer dem menschlichen Situs sehr ähnlichen Anatomie gut geeignet sind Dabei werden anstatt körperlich gesunder Tiere sogenannte **Selektionsschweine** verwendet, die infolge von Anomalien und Erkrankungen in landwirtschaftlichen Betrieben ausgesondert wurden Es ist allgemein üblich, diese Tiere zu töten, da ihre weitere Aufmast ökonomisch unrentabel ist Für die Verwendung der Selektionsschweine in den Beichlinger Kursen liegt eine **gesonderte Genehmigung** des zuständigen Ministeriums des Landes Thüringen vor. Die Euthanasie der Tiere am Ende der Operationen ist vergleichsweise humaner als die Selektion, da sie durch eine Überdosierung des Narkotikums sterben.

Bei den den Kursen vorausgehenden Studien werden die Tiere von Human- und Veterinärmedizinern operiert, anschließend in eine postoperative Intensivstation gebracht, ehe sie in einem amtstierärztlich kontrollierten und allen Anforderungen des Tierschutzgesetzes entsprechenden Versuchstierstall untergebracht werden.

Das in Beichlingen praktizierte Vorgehen mit Einsparung von Versuchstieren auf ein Mindestmaß durch die Nutzung von Alternativmethoden und die Verwendung von Selektionstieren in den Ausbildungskursen findet eine hohe Akteptanz bei den Kursteilnehmern

5. Klinische Hospitationen

Nach Vermittlung grundlegender Kenntnisse der MIC an Simulationstrainern und bei Operationen am Versuchstier ist vor dem endgültigen klinischen Einstieg eine Hospitation an einer ausgewiesenen Klinik anzustreben Eine mehrtägige Assistenztätigkeit bei einem in der MIC erfahrenen Operateur erhöht zusätzlich die Sicherheit und vermittelt vor allem Details in der klinischen Ablauforganisation. Die meisten dem "Verein MIC" angehörenden Kliniken bieten den Kursteilnehmern diese Möglichkeit an

Eine weitere Hilfe für den klinischen Einstieg bietet auch die Durchführung der ersten Operationen in der betreffenden Klinik unter Assistenz eines erfahrenen Kollegen aus einem Zentrum. Es zeigte sich bereits bei den Operationen am Tier, daß operationstechnisch anspruchsvolle Eingriffe, z B. am Kolorektum, ein auf allen Positionen eingespieltes Team voraussetzen. Daraus schlußfolgernd sollen jetzt Kurse organisiert werden, die von Operationsteams der Kliniken belegt werden können.

Die sich abzeichnenden Entwicklungstendenzen in der MIC auf fast allen Gebieten der operativen Medizin werden auch in Zukunft effektive Ausbildungs- und Trainingsprogramme erfordern Das in Beichlingen praktizierte Modell bietet einige wesentliche Vorteile. Es besteht ein optimaler Informationstransfer zwischen den einzelnen Forschungsgruppen und - was besonders wichtig erscheint - zu vielen klinisch tätigen Kollegen im Rahmen der gleichzeitig stattfindenden Ausbildungskurse. Diese Verfahrensweise bedeutet eine erhebliche Verkürzung der Zeitspanne zwischen der Entwicklung einer neuen Operationsmethode und ihrer Überführung in die Klinik Ein weiterer, nicht zu unterschatzender Vorteil ist die Prasenz fast aller auf dem Gebiet der MIC tatigen Firmen in Beichlingen Dieser enge Kontakt zwischen Forschungsgruppen, klinisch arbeitenden Arzten und der Industrie bringt wertvolle Impulse auch für die unbedingt erforderliche apparativ-technische und instrumentelle Weiterentwicklung auf diesem Gebiet bei weitgehender Einsparung von Versuchstieren

Literatur

BUEß G , Referat 21 Tagung der Deutschen Gesellschaft fur Endoskopie und bildgebende Verfahren, Munchen, 26 -28 3 1992

Bundesgesetzblatt 1986 Nr 42 (Tierschutzgesetz), 1986

HUNTER J G., Avoidance of bile duct injury during laparoscopic cholezystektomie, Am. J. Surg , 162, 71-76, 1991

KERN K A , Risk management goals involving, injury to the common bile duct during laparoscopic cholezystektomie Am J Surg , 163, 551-552, 1992

KIPFMULLER K , MENTGES B , LATTWEIN G , HACK D., BUEß G , Das videogestutzte Kurssystem zur transanalen endoskopischen Mikrochirurgie, in BUEß G (Hrsg) Endoskopie, Koln: Deutscher Arzte-Verlag, 1990

KLAIBER C , METZGER A , Manual der laparoskopischen Chirurgie, Bern Gottingen Toronto: Verlag Hans Huber, 89-91, 1992

PIER G , GOTZ F , Simulationstrainer fur die endoskopischen Operationstechniken Chirurg, 63, 387-392, 1992

RASSWEILER J , HENKEL O , POTEMPA M , GUNTHER M , COPTCOAT M , ALKEN P., Experimentelle Grundlagen der laparoskopischen Nephrektomie, Minimal Invasive Chirurgie, 2, 51-58, 1992

RUSSELL W , BURCH R , Principles of humane experimental technique, London Methuen, 1959

SEMM K , Ausbildung in der pelviskopischen Operationstechnik, in BUEß G (Hrsg), Endoskopie, Koln Deutscher Arzteverlag, 1990

STEIGER A , Tierschutzgesetzgebung und Tierversuche in der Schweiz - Wirkungen und Forderungen, Schweiz Arch Tierheilk 131, 435-456, 1989

Der Einsatz von Trainingsmodellen in der Notarztausbildung. Eine Alternative zum Tierlabor?

S. Deiler, K.-G. Kanz, L. Schweiberer

Zusammenfassung

Das Management von komplexen Notfallsituationen erfordert adäquat ausgebildete Notärzte. Die Fahigkeiten hierzu können nicht allein durch theoretische Weiterbildung erworben werden sondern es mussen auch praktische Fertigkeiten unter Streßsituationen vollkommen beherrscht werden Praktische Trainingskurse für die Versorgung von Schwerverletzten, bei denen z.T. an Tieren geubt wird, sollen auf den spateren Einsatz vorbereiten. Wir entwickelten einen "Trauma Management Trainer", der durch realitätsnahe Fallsimulation die Ausbildung in der Versorgung von Schwerverletzten ohne Verwendung von Tieren ermoglicht. Alle wesentlichen diagnostischen und therapeutischen Schritte können an diesem Modell durchgeführt werden. Die beliebige Wiederholbarkeit von Behandlungstechniken, der kontinuierliche Behandlungsablauf und die zahlreichen, interaktiven Variationsmoglichkeiten, die dem Ausbilder zur Verfügung stehen, machen die Ausbildung mit dem "Trauma Management Trainer " der Übung im Tierlabor uberlegen.

1. Problemstellung

Das Management von komplexen Notfallsituationen erfordert qualifizierte Retter, deren medizinische Leitung der adaquat ausgebildete Notarzt hat. Als Voraussetzungen hierzu gehören die Kenntnis und sichere Anwendung von Behandlungsstrategien und -techniken sowie praktische Fertigkeiten und manuelle Geschicklichkeit Die Qualifikation des Notarztes am Unfallort wird durch schnelle Entscheidungsfindung und Lösung von Problemen vor Ort bestimmt. Der Notarztindikationskatalog zeigt das Spektrum der lebensbedrohlichen Zustande, die beherrscht werden mussen.

Notarztindikationskatalog
- Atemstorung
- Bewußtlosigkeit
- Schocksymptomatik
- starke Schmerzen uber Herz und Lunge
- Krampfanfälle
- eingeklemmte oder verschuttete Personen, Sturz aus großer Höhe
- Unfälle mit erkennbar Schwerverletzten
- starke Blutungen

- Vergiftungen
- Verbrennungen und Veratzungen größeren Ausmaßes
- Elektrounfälle
- Ertrinkungsunfälle
- Verdacht einer anderweitigen Lebensbedrohung

Dieses Management von Notfallsituationen kann allerdings nicht allein durch abstrakten Wissenstransfer wie zum Beispiel durch Vorlesungen oder Seminare erlernt werden (DONABEDIAN A , 1966; LOWENSTEIN S R et al , 1986) Auch ein "training on the job" von Assistenten während ihrer Weiterbildung auf dem Notarztwagen kann diese Forderungen nicht erfüllen, da die Inzidenz von Polytraumata und Herz-Kreislauf-Stillstanden für den einzelnen Notarztstandort zu gering ist Der Notarztwagen Munchen-Mitte der Berufsfeuerwehr Munchen ist seit uber 25 Jahren an unserem Haus stationiert und wurde 1990 zu 3 069 lebensbedrohlichen Erkrankungen oder Unfällen alarmiert Hierbei wurden 47 polytraumatisierte Patienten durch unsere Notarzte versorgt, bei 151 Patienten mußte eine Cardiopulmonale Reanimation bei einem Herz-Kreislauf-Stillstand durchgeführt werden Ein Assistent mußte also 2 Wochen lang 24 Stunden taglich unseren Notarzwagen begleiten, um einmal einen erfahrenen Notarzt bei der Versorgung eines polytraumatisierten Patienten assistieren zu konnen Zudem wollen wir bei gefährdeten Patienten lebensrettende Maßnahmen durch ungeubte Assistenten unter Aufsicht eines erfahrenen Kollegen nicht durchführen lassen

2. Ausbildungskonzepte in der Notfallmedizin

2.1. Cardiopulmonale Reanimation

Fur die Ausbildung in der Cardiopulmonalen Reanimation wurde von KAYE die sog Megacode Station entwickelt, die bei den ACLS-Kursen (Advanced Cardiac Life Support) der American Heart Association und zunehmend auch in Europa für Trainings- und Prufungszwecke verwandt wird An dieser Station kann das standardisierte, schrittweise Vorgehen bei der Cardiopulmonalen Reanimation im Rahmen einer Fallsimulation realitatsnah theoretisch und insbesondere praktisch geubt werden (American Heart Assotiation, 1986)

2.2. Versorgung von Schwerverletzten

Von P E COLLICOTT wurde 1977 ein den ACLS-Kursen ahnliches Ausbildungskonzept zur Versorgung von polytraumatisierten Patienten vorgestellt, das 1979 durch das American College of Surgeons übernommen wurde Bei diesen ATLS-Kursen (Advanced Trauma Life Support) wird in einer Moulage-Station an geschminktem Rettungspersonal die Untersuchung des Patienten und der weitere Behandlungsablauf geubt und diskutiert Invasive Maßnahmen wie Einbringen einer Thoraxdrainage, Durchführung einer Peritoneallavage, Venae sectio und Crikothyreotomie werden im Tierlabor an narkotisierten Tieren durchgeführt, die anschließend getotet werden (COLLICOTT P E , 1979 und 1984) In England und Australien werden bei ahnlichen Kursen hierfür Tierkadaver verwendet

Wir meinen, daß zur Erlernung von praktischen Kenntnissen und Fähigkeiten die Verwendung von lebenden Tieren aus ethischen und rechtlichen Grunden hierfür nicht erforderlich ist Die Aufteilung des ATLS-Kurses in Moulage-Station und Tierlabor laßt einen realitatsnahen Versorgungsablauf prinzipiell nicht zu Bei der Ausbildung im Tierlabor werden die einzelnen Fertigkeiten aus dem zusammenhangenden Ablauf der Versorgung herausgerissen und mussen an die besonderen Vorgaben und Dimensionen des Versuchstieres adaptiert werden

Diese Problematik in der Ausbildung von notfallmedizinischen Fertigkeiten und Handlungsablaufen sowie die intensive wissenschaftliche Auseinanderstzung mit dem polytraumatisierten

Patienten und der Beginn einer Qualitätssicherung bei der Versorgung von Schwerverletzten führte uns zur Entwicklung einer Lehr- und Trainingseinheit für die Versorgung von Schwerverletzten, dem "Trauma Management Trainer".

3. Der Trauma Management Trainer

Es handelt sich um eine wiederverwendbare Simulationseinheit, an der die gesamte präklinische und im Schockraum ablaufende Erstversorgung eines chirurgischen Notfallpatienten realitätsnah trainiert werden kann (KANZ K.-G. et al., 1989). An diesem "Trauma Management Trainer" können sowohl einzelne diagnostische und therapeutische Maßnahmen als auch der gesamte Ablauf der Versorgung von Unfallverletzten im Rahmen einer wirklichkeitsnahen Fallsimulation einschließlich moglicher Komplikationen und Problemstellungen theoretisch und praktisch gelehrt, geübt und uberprüft werden. Zusatzlich ist das Modell derart universell gestaltet, daß die im Notarztwagen und im Schockraum der Klinik üblicherweise zur Verfügung stehenden Instrumente und Gerate, wie Katheter, Tuben und Einführungsbestecke, Respiratoren und Monitore, uneingeschrankt verwendet werden konnen, um auch deren Handhabung zu demonstrieren und zu trainieren.

Die Einheit besteht im wesentlichen aus einer lebensgroßen Phantompuppe und einer Steuerelektronik. Fur die Phantompuppe wurden zum Teil bereits kommerziell erhältliche Teile verschiedener Modelle (Intubationstrainer Laerdal, Infusionstrainer Laerdal, Krankenpflegepuppe CLA1 Coburger Lehranstalt) verwendet. Des weiteren wurden unsererseits speziell entwickelte und gefertigte Bauteile, insbesondere für die invasiven Maßnahmen, verwendet. Bei der Steuerelektronik handelt es sich um einen modifizierten Herzrhythmussimulator (HeartSim 2000 Laerdal), bei dem über spezielle Kabelsets an handelsüblichen Monitoren zusätzlich zur EKG-Kurve auch die arteriellen und zentralvenosen Drucke dargestellt werden können.

Funktionen der Einheit
* Freimachen der Atemwege
* oro- und nasopharyngeale Intubation
* Anbringen einer HWS-Schienung (StifNeck)
* Maskenbeatmung
* tastbarer, R-Wellen getriggerter Carotispuls
* Simulation einer spritzenden, arteriellen Blutung
* fernbedienbare Pupillenweite
* Ableitung eines EKG
* Darstellung der arteriellen, zentralvenosen und pulmonalarteriellen Drucke
* Punktion von peripheren Venen
* Punktion von zentralen Venen
* Einbringen einer Pulmonalisschleuse
* endotracheale Intubation
* Laryngospasmus und Regurgitation
* Auskultation der Ventilation
* maschinelle Beatmung (einschl. PEEP)
* Simulation eines Hamato-/Pneumothorax
* Einbringen einer Thoraxdrainage
* Anschluß einer Unterwasserableitung
* Simulation einer Perikardtamponade
* Perikardpunktion
* Katheterisierung der Blase

* Simulation einer Blasenruptur, Urogenitalverletzung
* Simulation einer abdominellen Blutung
* Durchführung einer Peritoneallavage

4. Durchführung von Trainingskursen

Die von uns selbst gefertigten Modelle werden neben dem Studentenunterricht auch für die Weiterbildung der Assistenten unserer Klinik routinemaßig eingesetzt Der Umfang des Kursprogrammes wird hierbei an den jeweiligen Ausbildungsstand der Kursteilnehmer - Studenten, Arzte, Facharzte - angepaßt Es umfaßt Kurzvorträge uber die im Notarztdienst und Schockraum der Klinik entwickelten, erprobten und validierten Behandlungsstandards bei der Versorgung von Schwerverletzten Daran anschließend werden sowohl einzelne praktische Fertigkeiten als auch das gesamte Management von komplexen Notfallsituationen an dem "Trauma Management Trainer" gezielt gelehrt und trainiert Durch die Moglichkeit, alle wesentlichen diagnostischen und therapeutischen Schritte an einem Modell auszuführen, entsteht eine wirklichkeitsnahe Situation für den Kursteilnehmer Diese Ausbildung erlaubt die Etablierung eines Behandlungsstandards, der durch definierte Prozeß- und Strukturqualität die Grundvoraussetzung für die Validierung der Ergebnisqualitat ist

Neben der Ausbildung von Studenten und Assistenten der Klinik wurden seit April 1989 an unsererm Hause 5 mehrtagige Trainingskurse durchgeführt, hierbei 177 Arzte in der Versorgung von Schwerverletzten in Bezug auf Technik und Konzeption des Vorgehens ausgebildet Weiterhin wurden Kurse bei nationalen und internationalen Kongressen als Workshops veranstaltet

5. Zusammenfassung der Vorteile der Ausbildung am "Trauma Management Trainer" gegenüber dem Tierlabor

* Mit dem "Trauma Management Trainer" konnen sowohl einzelne diagnostische und therapeutische Maßnahmen als auch der gesamte Ablauf der Versorgung von Unfallverletzten im Rahmen einer wirklichkeitsnahen Fallsimulation einschließlich moglicher Komplikationen und Problemstellungen theoretisch und praktisch gelehrt, geubt und uberpruft werden
* Das Modell ist derart universell gestaltet, daß die im Notarztwagen und im Schockraum der Klinik ublicherweise zur Verfügung stehende Ausrustung uneingeschränkt verwendet werden kann, um auch deren Handhabung zu demonstrieren und zu trainieren
* Der Ausbilder kann wahrend des Ubungsablaufes interaktiv durch eine Fernbedienung eingreifen und die Ubungsbedingungen verandern
* Die Veranstaltung von Weiterbildungskursen ist nicht auf Institutionen mit einem Tierlabor beschrankt
* Die einzelnen Fertigkeiten sind beliebig oft wiederholbar

Die Ausbildung an der Trainingseinheit ist unserer Meinung nach der Ausbildung im Tierlabor somit uberlegen

Literatur

American Heart Assotiation, Standards and guidelines for cardiopulmonary resuscitation and emer-gency cardiac care, JAMA 255, 2905-2989, 1986

COLLICOTT P E , Advanced trauma life support course an improvement in rural care, Neb Med J 64, 279-280, 1979

COLLICOTT P E et al , Advanced trauma life support course for physicans, in American College of Surgons, Instructor Manual, American College of Surgons, Chicago, 1984

DONABEDIAN A., Evaluating the quality of medical care, Part 2, Milbank Meml Fund Q. 11, 166-206, 1966

KANZ K.-G., DEILER S., RUHLAND B., DUSWALD K.-H., EITL F., SCHWEIBERER L., Trauma Management trainer, Der Chirurg 60, 821-824, 1989

LOWENSTEIN S R et al., Benefits of training physicians in advanced cardiac life support, Chest 18, 512-516, 1986

Herzforschung ohne Versuchstier - elektrophysiologische Untersuchungen an isolierten humanen Zellen aus Operationsmaterial

B. Koidl, B. Pelzmann, P. Schaffer, H. Mächler, B. Rigler, K.H. Tscheliessnigg

Zusammenfassung

Aus kleinsten bei Herzoperationen anfallenden Muskelstucken aus Vorhof und Ventrikel wurden menschliche Herzmuskelzellen isoliert An diesen Zellen wurden mit Hilfe der patch-Elektrodentechnik Aktionspotentiale abgeleitet und in voltage-clamp Experimenten die diesen Erregungsprozessen zugrundeliegenden Ionenstrome analysiert Wahrend für die Depolarisationsphase von Vorhof und Ventrikel ein schneller Natriumstrom in Verbindung mit einem Kalziumstrom mit langsamer Kinetik verantwortlich ist, zeigte sich, daß in der Repolarisationsphase ein deutlicher Unterschied zwischen den beiden Gewebetypen besteht Hier spielt im Vorhof ein transienter Kaliumstrom, im Ventrikel jedoch der für diesen Herzbereich typische "delayed rectifier"-Kaliumstrom in Verbindung mit dem "inward rectifier"-Kaliumstrom die entscheidende Rolle Die vorliegenden Resultate zeigen, daß an der menschlichen Herzmuskelzelle physiologische und pharmakologische Untersuchungen mit den modernsten biophysikalischen Methoden moglich sind, welche dieses Praparat zu einer wichtigen Alternative zu Versuchen mit Gewebematerial aus Versuchstieren machen

1. Einleitung

Viele Fragestellungen uber die Erregungsvorgange im Herzen und deren Beeinflußbarkeit durch Pharmaka konnen heute an isolierten Myocyten bearbeitet werden Dieses auch im quantitativen Sinne bedeutungsvolle Forschungsgebiet hat eine alte Tradition Schon 1912 gelang es BURROWS (BURROWS M T , 1912), Explantate aus embryonalem Huhnermyokard in vitro zu kultivieren Ein sehr wesentlicher methodischer Fortschritt war die Einführung enzymatischer Disaggregierungsverfahren in der Mitte der Funfzigerjahre (RINALDINI L M , 1954, CAVANAUGH M W , 1955), welche die Herstellung von Zellkulturen und Untersuchungen auch an isolierten, allerdings ausschließlich embryonalen Zellen ermoglichten Die Erforschung der Erregungsvorgange in diesen Zellen mittels der Mikroelektrodentechnik blieb jedoch meist auf Zellreaggregate beschrankt, weil Einzelzellableitungen mit dieser Technik nur selten erfolgreich waren

In den vergangenen zwei Jahrzehnten brach durch die Entwicklung zweier experimenteller Techniken eine neue Ara in diesem Forschungsgebiet an Es war dies einerseits die Praparation einzelner Kalzium-toleranter Myocyten aus verschiedenen Teilen des Herzens nun auch erwachsener Tiere durch Perfusion des Herzkranzgefäßsystems mit Kollagenaselösungen (vgl. DOW J W. et al, 1981), auf der anderen Seite wurden durch die Einführung der patch-Elektrodentechnik (HAMILL O.P. et al., 1981) in der Analyse der Erregungsvorgänge analytische Möglichkeiten eröffnet und eine experimentelle Sicherheit erreicht, die vorher bei Verwendung von Mikroelektroden undenkbar waren.

Die neueste Entwicklung in diesem Arbeitsgebiet sind die Versuche, beide experimentelle Errungenschaften auf menschliche Präparate auszudehnen Bei den verschiedenen Herzoperationen fallen Muskelstücke aus den unterschiedlichsten Herzteilen an. Die Praparation einzelner Zellen aus diesen sehr kleinen Gewebestücken ist allerdings schwierig, weil hier eine Perfusion der Koronargefäße nicht moglich ist. Daher mußten besondere mechanische Verfahren entwikkelt werden, die das Loslösen der einzelnen Zellen aus dem durch Enzymlösungen von außen angedauten Gewebe ermöglichen (JACOBSON S.L. et al., 1990).

Experimente an Zellen aus menschlichem Material haben naturlich einen besonderen Stellenwert in der medizinischen Grundlagenforschung. Einerseits können Befunde mit unmittelbarer Relevanz für die Humanmedizin gewonnen werden und andererseits kann bei diesen Versuchen vollkommen auf Versuchstiere verzichtet werden. Das Ziel der hier vorgestellten experimentellen Untersuchungen war, funktionell intakte Präparationen von Herzzellen aus menschlichem Vorhof und Ventrikel zu erhalten und die Möglichkeit einer elektrophysiologischen Charakterisierung der Erregungsvorgange in diesen Zellen aufzuzeigen

2. Methode

Einzelne Zellen wurden aus kleinsten Stucken von humanem Vorhof- bzw. Ventrikelgewebe, welche bei Herzoperationen anfielen, isoliert Die Gewebestücke wurden nach ihrer Zerkleinerung in 1 mm^3 große Teile für 7 min mit einer 5%-igen Trypsinlösung behandelt. Anschließend wurde eine fraktionierte Behandlung mit Kollagenaselösung (7-10 Fraktionen zu je 15 min, 300 IU/ml Kollagenase) durchgeführt Diese enzymatischen Disaggregierungsschritte erfolgten in der von JACOBSON et al. (JACOBSON S L. et al., 1990) beschriebenen Disaggregierungskammer, in welcher das Gewebe zwischen den Fingern zweier feiner Silikonbürsten zerrieben wird Die isolierten Zellen wurden aus jeder Fraktion abgetrennt und in einer Lösung aufgenommen, in der die Ca^{2+}-Konzentration in kleinen Schritten bis zu einer Konzentration von 1,8 mmol/l erhöht wurde Die auf diese Weise gewonnen Zellen wurden bis zum Experiment in einem Inkubator aufbewahrt Die Zellen erwiesen sich bis 48 Stunden nach der Präparation als voll funktionsfähig

Die Experimente wurden auf einem Umkehrmikroskop durchgeführt, auf dessen Objekttisch eine nach oben offene Versuchskammer mit einer auf 37°C erwärmten Tyrodelösung durchstromt wurde. Dadurch war es möglich, Temperatur und pH konstant zu halten, und es konnten Substanzen an die Zellen herangeführt werden.

Die Messung des Membranpotentials der Zellen sowie der Membranströme in voltage-clamp Experimenten erfolgte uber patch-Elektroden Für die Aktionspotentialmessungen wurden die Signale mit einem konventionellen Mikroelektrodenvorverstärker verstärkt. Zur Strommessung wurde ein patch-Elektrodenvorverstarker eingesetzt, dessen Ausgang über einen Analog/Digitalwandler an ein von einem Personalcomputer gesteuertes Datenaufnahme- und Datenanalysiersystem angeschlossen war Die Darstellung der digitalisierten Daten erfolgte auf einem Laserdrucker

3. Ergebnisse und Diskussion

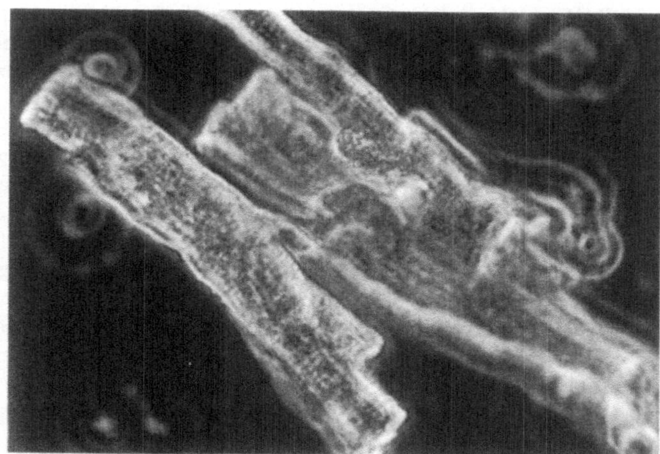

Abb. 1 Isolierte Herzmuskelzellen aus einem menschlichen Papillarmuskel

Einzelne Herzmuskelzellen wurden aus Gewebe von Vorhof und Ventrikel präpariert. Abb. 1 zeigt eine Präparation von Zellen aus einem Papillarmuskelstück. Der Anteil der vitalen Zellen in solchen Präparationen ist beträchtlich. Die Präparation von Vorhofgewebe ist aufgrund der größeren Fragilität des Gewebes einfacher durchzuführen als die von Ventrikelgewebe und erbringt ebenfalls regelmäßig stäbchenförmige Zellen, deren Länge und Durchmesser allerdings geringer sind als die der Ventrikelzellen.

Das mit einer patch-Elektrode abgeleitete Aktionspotential einer Vorhofzelle (Abb. 2) zeigt den für diesen Herzbereich typischen nadelförmigen Zeitverlauf, der durch das Fehlen des für den Ventrikel charakteristischen Plateaus zustandekommt.

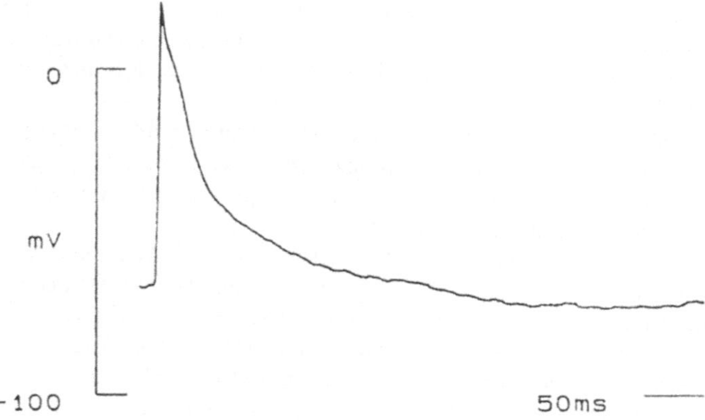

Abb. 2 Aktionspotential einer menschlichen Vorhofzelle

In voltage-clamp Messungen wurde untersucht, welche Stromkomponenten diesem charakteristischen Zeitverlauf des Aktionspotentials zugrundeliegen. Neben dem für die schnelle Depolarisationsphase verantwortlichen Na^+-Strom wurde als weitere wichtige Stromkomponente ein transienter Auswärtsstrom I_{to} nachgewiesen, von dessen Aktivierung die rasche initiale

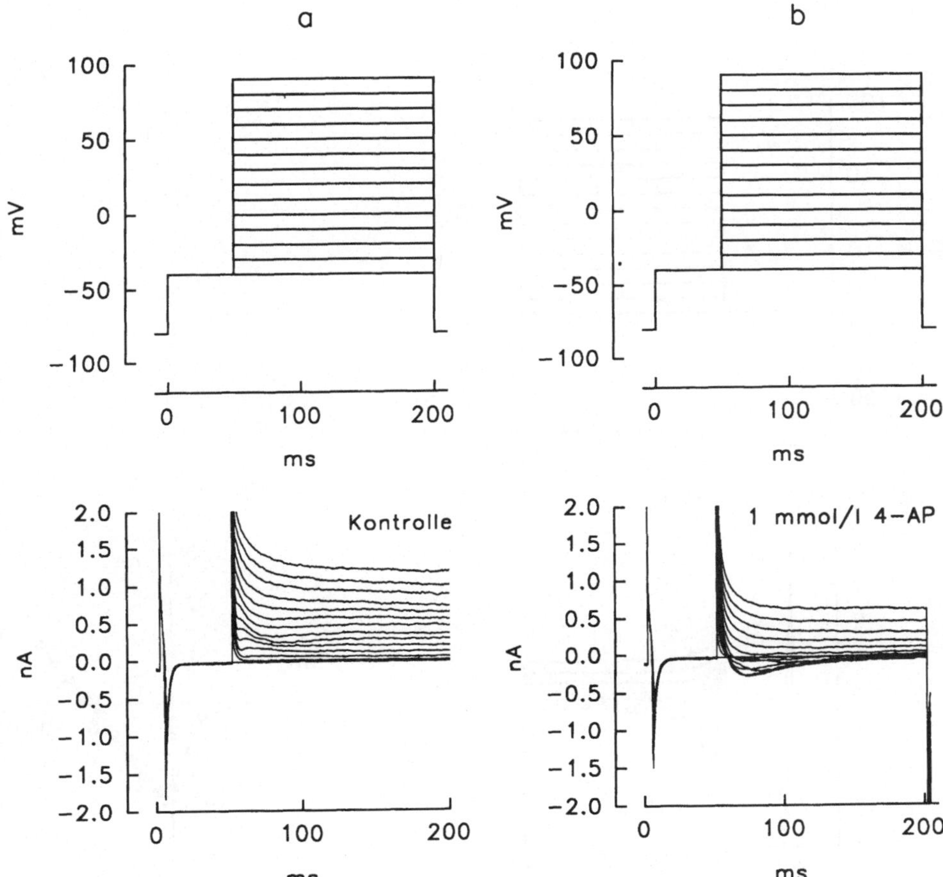

Abb 3a, b Membranstrommessung durch voltage clamp in einer menschlichen Vorhofzelle Oben Spannungsprotokoll, unten Stromregistrierung a Kontrolle, b nach Behandlung mit 1 mmol/l 4-Aminopyridin In der Kontrolle lost der zweistufige Spannungssprung zuerst den Natriumstrom aus, in der zweiten Stufe wird der transiente Kaliumstrom aktiviert Nach Blockierung des letzteren durch 4-Aminopyridin wird der vorher uberlagerte Kalziumstrom sichtbar

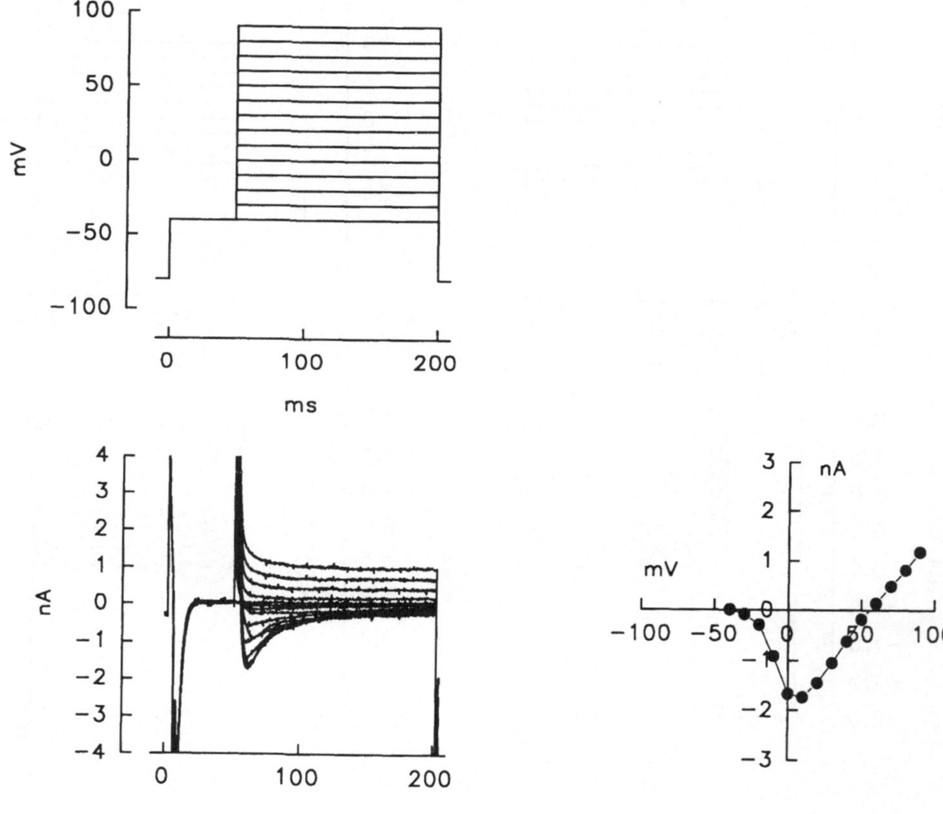

Abb 4 Durch ein bereits in Abb 3 gezeigtes Spannungsprotokoll wird in einer menschlichen Ventrikelzelle wahrend der zweiten Stufe der Kalziumstrom ausgelost Rechts Strom/Spannungskurve des Kalziumstromes

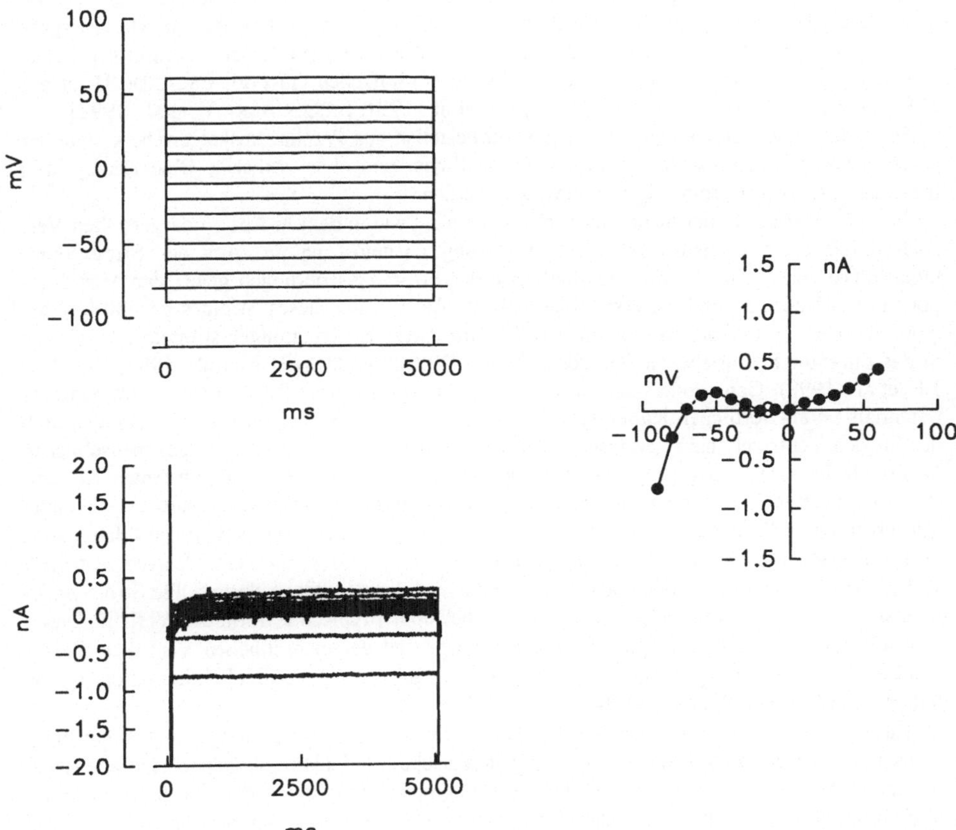

Abb 5 Durch lange Potentıalsprunge ın eıner menschlıchen Ventrıkelzelle werden die fur dıe Repolarısatıon des Aktıonspotentıales verantwortlıchen Stromkomponenten deutlıch sıchtbar Der N-formıge Verlauf der Strom/ Spannungskurve weıst auf dıe Exıstenz zweıer, namlıch der "delayed rectıfier"- und der "ınward rectıfier"-Komponente des Kalıumstromes hın

Repolarisation des Membranpotentials herrührt Beide Stromkomponenten sind aus dem in Abb 3a dargestellten Experiment ersichtlich, in dem das Membranpotential von einem Haltepotential von -80 mV zuerst auf -40 mV geklemmt (oben Klemmprotokoll) wurde, was zur Auslosung und spontanen Inaktivierung des Na^+-Stromes führte (unten· Stromregistrierung). Im zweiten Potentialsprung, welcher schrittweise auf verschiedene Potentiale zwischen -40 mV und +90 mV erfolgte, wurde der transiente Auswartsstrom (I_{to}) aktiviert Der für den Herzmuskel charakteristische und an Ventrikelzellen durch ein identisches Spannungsprotokoll aktivierte Kalziumstrom I_{Ca} (vgl Abb 4) ist in der Vorhofzelle durch I_{to} uberlagert und wird erst nach dessen Blockierung (in Abb 3b durch 1 mmol/l 4-Aminopyridin) meßbar. Diese Ergebnisse fügen sich gut in das sich aus der allerdings bisher noch spärlichen Literatur ergebende Bild uber die Erregungsprozesse in menschlichen Vorhofzellen ein (vgl. ESCANDE D et al, 1987; HEIDBUCHEL H et al., 1990, QUADID H et al., 1991; SAKAKIBARA Y et al, 1992).

In ähnlichen Messungen an einzelnen Ventrikelzellen aus Papillarmuskelgewebe konnte der unten gezeigte Kalziumstrom I_{Ca} wesentlich deutlicher und ohne vorherige Blockierung eines transienten Auswartsstromes I_{to} nachgewiesen werden

In Abb 4 ist ein Experiment dargestellt, in dem I_{Ca} wie in dem in Abb 3 dargestellten Versuch durch einen zweistufigen Spannungssprung ausgelost wurde Aus der Strom/Spannungskurve von I_{Ca}, in der die Maximalwerte der Stromregistrierungen gegen das Membranpotential aufgetragen sind, ist ersichtlich, daß die Aktivierung dieses Stromes bei -30 mV beginnt und bei +10 mV das Maximum erreicht wird Diese Beobachtungen stimmen gut mit den in der Literatur beschriebenen Befunden uberein (BEUCKELMANN D J. et al, 1991, BENITAH J P et al, 1992) Ganz anders scheint es hingegen mit den für die Repolarisation des Aktionspotentials verantwortlichen Kaliumstromen zu sein NANASI et al (1992) haben gefunden, daß der für den Ventrikel charakteristische "delayed rectifier"-Kaliumstrom I_K in der menschlichen Ventrikelzelle wenig ausgepragt ist Anstelle dieses Stromes wurde dem transienten Kaliumstrom I_{to} eine wichtige Rolle auch bei der Repolarisation der menschlichen Ventrikelzelle zugeschrieben Diese Befunde konnten von uns nicht bestatigt werden Wie Abb 5 zeigt, kann auch in der menschlichen Ventrikelzelle durch geeignete Spannungssprunge ein "delayed rectifier"-Kaliumstrom ausgelost werden und die im rechten Teil der Abbildung dargestellte Strom/Spannungskurve zeigt den von vielen Saugetierarten bekannten typisch N-formigen Verlauf Dieser Verlauf weist darauf hin, daß am Repolarisationsprozeß der menschlichen Ventrikelzelle sowohl die Komponente I_K, als auch der zeitunabhangige "inward rectifier"-Kaliumstrom I_{K1} beteiligt sind (ARENA J P et al, 1990)

Zusammenfassend kann festgehalten werden, daß es heute moglich ist, an der einzelnen menschlichen Herzmuskelzelle in elektrophysiologischen und pharmakologischen Experimenten die Erregungsvorgange und ihre Ionenstromkomponenten, sowie den Einfluß von Wirkstoffen mit allen zur Verfügung stehenden biophysikalischen Analysemoglichkeiten zu untersuchen Die Bedeutung dieser Moglichkeiten für die Humanmedizin bedarf keiner besonderen Betonung, daruberhinaus stellen sie aber einen wichtigen Schritt in den Bemuhungen um eine Reduktion von Tierversuchen und um eine Verminderung der Zahl der benötigten Versuchstiere in der medizinischen Grundlagenforschung dar

Gefördert vom Fonds zur Forderung der wissenschaftlichen Forschung, Projekt P9045-MED.

Literatur

ARENA J P, WALSH K B, KASS R S, Measurement, block and modulation of potassium channel currents in the heart, in COLATSKY T J (Ed), Potassium channels, basic function and therapeutic aspects, New York Wiley-Liss, 1990

BENITAH J.-P., BAILLY P., D'AGROSA M.-C., DAPONTE J.-P., DELAGO C., LORENTE P., Slow inward current in single cells isolated from adult human ventricles, Pflügers Archiv, 421, 176-187, 1992

BEUCKELMANN D.J., NABAUER M., ERDMANN E., Characteristics of calcium-current in isolated human ventricular myocytes from patients with terminal heart failure, Journal of Molecular and Cellular Cardiology, 23, 929-937, 1991

BURROWS M.T., Rhythmische Kontraktionen der isolierten Herzmuskelzelle außerhalb des Organismus, Münchener medizinische Wochenschrift, 59, 1473-1475, 1912

CAVANAUGH M.W., Pulsation, migration and division in dissociated chick embryo heart cells in vitro, Journal of Experimental Zoology, 128, 573-590, 1955

DOW J.W., HARDING N.G.L., POWELL T., Isolated cardiac myocytes I.Preparation of adult myocytes and their homology with the intact tissue, Cardiovascular Research, 15, 483-514, 1981

ESCANDE D., COULOMBE A., FAIVRE J.-F., DEROUBAIX E., CORABOEUF E., Two types of transient outward currents in adult human atrial cells, American Journal of Physiology, 252, H142-H148, 1987

HAMILL O.P., MARTY A., NEHER E., SAKMANN B., SIGWORTH F.J., Improved patch-clamp techniques for high-resolution current recording from cells and cell-free membrane patches, Pflügers Archiv, 391, 85-100, 1981

HEIDBUCHEL H., VEREECKE J., CARMELIET E., Three different potassium channels in human atrium, Circulation Research, 66, 1277-1286, 1990

JACOBSON S.L., ALTSCHULD R.A., HOHL C.M., Muscle cell cultures from human heart, in: PIPER H.M.(Ed.) Cell culture techniques in heart and vessel research, Berlin: Springer, 1990

NANASI P.P., VARRO A., LATHROP D.A., Ionic currents in ventricular myocytes isolated from the heart of a patient with idiopathic cardiomyopathy, Cardioscience, 3, 85-89, 1992

OUADID H., SEGUIN J., RICHARD S., CHAPTAL P.-A., NARGEOT J., Properties and modulation of Ca-channels in adult human atrial cells, Journal of Molecular and Cellular Cardiology, 23, 41-54, 1991

RINALDINI L.M., A quantitative method for growing animal cells, Nature 173, 1134-1135, 1954

SAKAKIBARA Y., WASSERSTROM J.A., FURUKAWA T., JIA H., ARENTZEN C.E., HARTZ R.S., SINGER D.H., Characterization of the sodium current in single human atrial myocytes, Circulation Research, 71, 535-546, 1992

Von der Zellkultur zum Herzen in vivo Entwicklung eines neuen Weges zur Myokardzellprotektion

H.M. Piper, B. Siegmund, K.-D. Schlüter

Zusammenfassung

Es wurde nach einem neuartigen Weg gesucht, den Pathomechanismus der akuten Reoxygenationsschädigung im ischämisch-reperfundierten Myokard wirkungsvoll zu unterbrechen. Der Kausalzusammenhang dieses Mechanismus' konnte am Modell isolierter Myokardzellen aufgeklärt werden. Hieraus wurde als protektives Verfahren abgeleitet, den myofibrillären Kontraktionsmechanismus zu Beginn der Reoxygenation temporär zu blockieren. Die Wirksamkeit dieses protektiven Prinzips wurde dann am Gesamtmyokard in vitro und in vivo nachgewiesen. Mit diesem Verfahren kann grundsätzlich die bisher bekannte Grenze der Reversibilität ischämischer Myokardschädigung überwunden werden.

1. Einleitung

Es ist heute in vielen klinischen Zentren möglich, innerhalb weniger Stunden nach dem akuten Verschluß einer Herzkranzarterie diese wiederzueröffnen und damit das ischämische Myokard zu reperfundieren. In der Ischämie werden die Myokardzellen energetisch verarmt und zunehmend geschädigt. Nach nur mäßig ausgeprägter ischämischer Energieverarmung führt Reoxygenation durch Reperfusion zur (unter Umständen sehr langsamen) Erholung des betroffenen Myokards. Nach extensiver Energieveramung kann Reoxygenation jedoch akut den bis dahin entwickelten Zellschaden noch massiv verstärken (sog. "Sauerstoffparadox", HEARSE D.J. et al., 1973). Es entwickelt sich dann eine massive Hyperkontraktur der Myofibrillen und, als Folge im Gewebsverband, ein wechselseitiges Zerreißen benachbarter Zellen.

Das Auftreten akuten Reoxygenationsschadens ist in der Vergangenheit als Grenze der Reversibilität der Myokardzellschädigung durch Sauerstoffmangel angesehen worden. Die Entwicklung schwerer, zuletzt irreversibler Zellschädigung im ischämisch-reperfundierten Myokard in vivo hat sich wegen der Komplexität der Gewebssituation bisher einer sehr detaillierten Analyse entzogen. Zur Aufklärung über den zu Grunde liegenden Pathomechanismus haben wir daher Modelle reduzierter Komplexität, nämlich das isolierte Herz oder isolierte Herzmuskelzellen, herangezogen. Die an diesen Modellen gewonnenen Einsichten wurden dann am Herzen in vivo überprüft.

2. Ursachen für die reoxygenationsbedingte Hyperkontraktur

Die Entwicklung zellulärer Schädigung in ischämischem und hypoxischem Myokard wird ausgelöst durch ein Defizit in der Energieproduktion, das durch mangelnde Zufuhr von Sauerstoff und oxidativen Substraten bedingt ist Das Energiedefizit führt zur Verlangsamung oder zum Stillstand wichtiger Funktionen des Erhaltungsstoffwechsels, wobei die Kontrolle der zytosolischen Ca^{2+}-Homoiostase von besonderer Bedeutung ist. In der diastolisch stillstehenden Myokardzelle liegt die zytosolische Ca^{2+}-Konzentration normalerweise um 4 Zehnerpotenzen unterhalb der extrazellulären Konzentration. In der energieverarmten Zelle kann dieser Gradient nicht mehr aufrechterhalten werden, und die zytosolische Ca^{2+}-Konzentration steigt an, wie an isolierten Zellen gezeigt wurde (ALLSHIRE A. et al., 1987; SIEGMUND B. et al., 1992b) (Abb. 1).

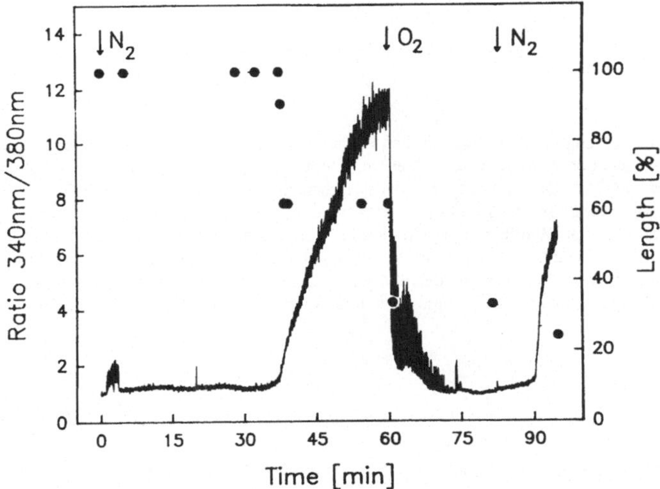

Abb 1 Isolierte Herzmuskelzelle (Ratte) in Kultur unter Anoxie-Reoxygenation (N_2, O_2) Zellänge und freies zytosolisches Ca^{2+} Die freie zytosolische Ca^{2+}-Konzentration wird durch das Verhaltnis der Intensitäten der Fluoreszenz eines Indikatorfarbstoffes (Fura-2) bei 340 und 380 nm Anregungswellenlange in relativen Einheiten dargestellt (Originalregistrierung) Das Inkubationsmedium war substratfrei Unter Anoxie entwickelt die Zelle eine partielle Rigorverkurzung und eine massive Ca^{2+}-Uberladung des Zytosols ($\supseteq$10 μM) Reoxygenation fuhrt zur Erholung der Ca^{2+}-Konzentrationen auf niedrige Ruhewerte, die Zelle entwickelt aber schnell eine maximale Hyperkontraktur (aus SIEGMUND B et al , 1992a)

Setzt bei der Reoxygenation von Ca^{2+}-uberladenen Myokardzellen die oxidative Energieproduktion in den Mitochondrien wieder ein, kommt es zu einer sich schlagartig entwickelnden Hyperkontraktur. Wir haben zeigen können, daß die Hyperkontraktur ausgelöst wird durch die maximale Aktivierung des myofibrillären Kontraktionsmechanismus' als Folge des Zusammentreffens von (noch) deutlich erhöhten zytosolischen Ca^{2+}-Spiegeln (Folge des vorherigen Energiemangels) mit der Wiederverfügbarkeit von ATP (Beginn der oxidativen Phosphorylierung) (PIPER H.M, 1989; SIEGMUND B et al., 1990, 1991, 1992b) (Abb. 2).

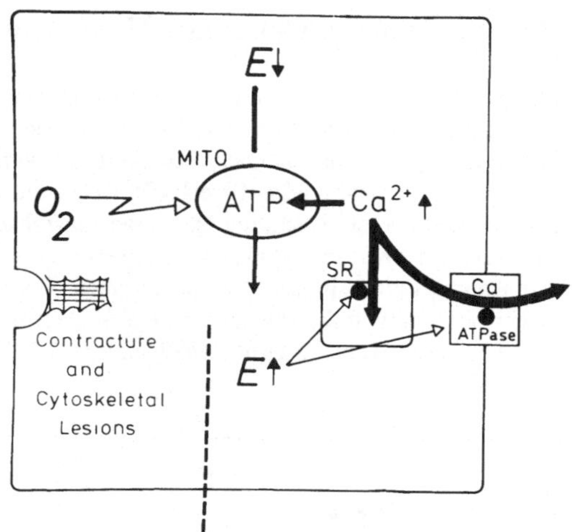

Abb 2 Schema Reoxygenation einer hypoxischen Herzmuskelzelle bei bereits eingetretener zytosolischen Ca^{2+}-Uberladung Reoxygenation fuhrt zu einer schnellen Wiederaufnahme der oxidativen Energieproduktion durch die Mitochondrien (MITO) Die Erholung des zytosolischen Energiestatus' (E) reaktiviert die Ca^{2+}-Pumpen des sarkoplasmatischen Retikulums (SR) und des Sarkolemms und fuhrt so zu einer Reduktion der zytosolischen Ca^{2+}-Konzentration An den Myofibrillen spielt sich aber ein deletarer Mechanismus ab Aktivierung des kontraktilen Apparats durch hohe Ca^{2+}-Spiegel und Wiederangebot von Energie kann die Kontraktur, d h eine ungezugelte Kontraktion auslosen BDM verhindert die Kontraktionsauslosung durch diese Faktoren (durchbrochene Linie), wahrend es eine Erholung des Energiestatus und der zytosolischen Ca^{2+}-Kontrolle zulaßt (aus SIEGMUND B et al , 1992a)

3. Protektion gegen die reoxygenationsbedingte Hyperkontraktur

Die Studien an isolierten Myokardzellen haben gezeigt, daß diese an demjenigen Punkt einer hypoxischen Energieverarmung, an dem Reoxygenation eine Hyperkontraktur der Myofibrillen auslost, die Fahigkeit zur energetischen Erholung noch nicht verloren haben und sogar noch in der Lage sind, die intrazellulare Ionenhomoiostase wieder zu normalisieren Dieser Befund hat zu der Frage geführt, ob man die Myokardzelle in einer solchen pathologischen Situation dann nicht auch gegenuber der gefährlichen reoxygenationsbedingten Hyperkontraktur und der diese im Gewebsverband begleitenden Zellzerreißung protektionieren kann

Unser gedanklicher Ansatz für ein solches Protektionsverfahren war folgender (PIPER H M., 1989) Erfolgt die Reoxygenation der Myokardzelle zunachst unter dem Schutz einer temporären Blockade des Kontraktionsmechanismus', wird die Moglichkeit eroffnet, die oxidativ bereitgestellte Energie zunachst nur für ein Wiedergewinnen der zytosolischen Ca^{2+}-Kontrolle zu nutzen Nach Normalisierung der zytosolischen Ca^{2+}-Spiegel müßte die kontraktile Blockade durch Auswaschen des Inhibitors dann aufgehoben werden konnen, ohne daß die deletare Hyperkontraktur noch auftritt. Wie in Abb 3 für eine isolierte Myokardzelle gezeigt, kann auf diese Weise die deletare reoxygenationsbedingte Hyperkontraktur tatsächlich vermieden werden

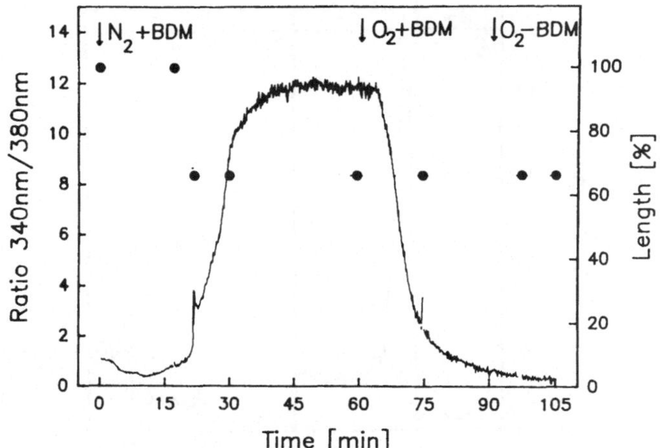

Abb 3 Protektıve Wırkung kontraktıler Blockade durch BDM (20 mM) Isolıerte Herzmuskelzelle (Ratte) ın Kultur unter Anoxıe-Reoxygenatıon (N_2, O_2) Zellange und freıes zytosolısches Ca^{2+} Methoden wıe für Abb 1 beschrıeben Dıe ın Gegenwart von BDM reoxygenıerte Zelle entwıckelt keıne Hyperkontraktur Dıese bleıbt auch aus, wenn BDM nach Erreıchen normal nıedrıger Ca^{2+}-Spıegel wıeder ausgewaschen wırd (-BDM) (aus SIEGMUND B et al , 1992a)

4. Protektion gegen das Sauerstoffparadox im sauerstoffverarmten-reoxygenierten Myokard in vitro und in vivo

Nachdem auf Ebene eınzelner Herzmuskelzellen der ursächlıche Mechanismus der Schädigung durch das Sauerstoffparadox analysıert und hıeraus eın Ansatz für die Protektıon gegen diese Schadigung abgeleitet worden war, haben wır das protektıve Prinzıp, das in einer ınitialen temporaren Blockade der kontraktılen Elemente zu Begınn der Reoxygenatıon besteht, auch an Ganzherzpräparaten überprüft (SCHLUTER K.-D. et al., 1991; SIEGMUND B. et al , 1992a) (Abb 4)

Die Gruppe von GARCIA-DORADO (1992) hat kürzlıch das beschrıebene protektıve Prinzip auch am regıonal-ischamischen-reperfundıerten Herzen ın vivo überprüft. Es wurde in diesem, der klınischen Situation sehr nahestehenden, tıerexperimentellen Modell (Schweineherz in vivo) ebenfalls eın deutlıch protektıver Effekt gefunden Die nach 50 mın Verschluß und Reperfusion des ramus ınterventricularıs anterıor der lınken Kranzarterıe auftretende Gewebsnekrose konnte um 31% vermındert werden, wenn dıe Reperfusıon des ıschämıschen Areals ın Gegenwart des Kontraktıonsblockers BDM durchgeführt wurde Wır haben kurzlıch ähnlıche Befunde am Hundeherzen in vivo gewonnen (unveröffentlicht).

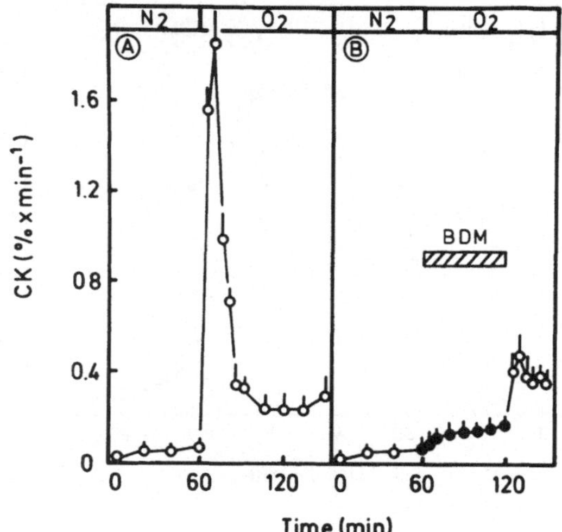

Abb 4 Freisetzung von Creatinkinase (CK) aus einem perfundierten Rattenherz wahrend 60 min Anoxie (N_2) und anschließender Reoxygenation (O_2), ausgedruckt als Prozent der initialen Gesamtgewebsaktivitat dieses Enzyms Die in der Reoxygenationsphase beobachtete Enzymfreisetzung ist Ausdruck der durch Hyperkontraktur hervorgerufenen Zellzerreißung im Gewebsverband Links Reoxygenation ohne den Kontraktionshemmstoff 2,3-Butandionmonoxim (BDM) Rechts Reoxygenation mit BDM (20 mM) wahrend der ersten 60 min der Reoxygenation (geschlossene Kreise) Mittelwerte ± S E M, n=8 Herzen (aus SCHLUTER K -D et al , 1991)

5. Schlußfolgerungen

Unsere Befunde zeigen, daß die Reversibilitat des Schadens der energieverarmten, hypoxischen Myokardzelle deutlich über die bisher bekannte Grenze hinausgeschoben werden kann Sie belegen zudem, daß es zum Zeitpunkt der Auslosbarkeit akuten Reoxygenationsschadens noch zu keiner wirklich kritischen Schadigung von Sarkolemm und Mitochondrien gekommen ist Dies steht im Gegensatz zu fruheren Vermutungen, die auf Studien der Zellmorphologie oder der Funktion isolierter Zellorganellen beruhten

Wir haben gezeigt, daß temporare kontraktile Blockade wahrend der Initialphase der Reoxygenation nicht nur isolierte Kardiomyozyten, sondern auch das hypoxisch-reoxygenierte und ischamisch-reperfundierte Herz gegen akuten Reoxygenationsschaden schutzen kann Die Entwicklung dieses neuartigen protektiven Ansatzes für die Myokardschädigung durch Ischamie-Reperfusion basierte auf der Analyse des kausalen Detailgeschehens auf zellularer Ebene. Dort gewonnene grundsatzliche Erkenntnisse konnten dann erfolgreich auf das Gesamtmyokard in vitro und in vivo übertragen werden

Literatur

ALLSHIRE A., PIPER H M , CUTHBERTSON K S R , COBBOLD P H , Cytosolic free Ca^{2+} in single rat heart cells during anoxia and reoxygenation, Biochem J 244, 381-385, 1987

GARCIA-DORADO D , THEROUX P , DURAN J M , SOLARES J , ALONSO J , SANZ E , MUNOZ R , ELIZAGA J., BOTAS J , FERNANDEZ-AVILES F , SORIANO J , ESTEBAN E , Selective inhibition of the contractile apparatus A new approach to modification of infarct size, infarct composition and infarct geometry during artery occlusion and reperfusion, Circulation 85, 1160-1174, 1992

HEARSE D.J, HUMPHREY S.M., CHAIN E.B, Abrupt reoxygenation of the anoxic potassium-arrested perfused rat heart: A study of myocardial enzyme release, J Mol Cell. Cardiol. 5, 395-407, 1973

PIPER H.M., Energy deficiency, calcium overload or oxidative stress: possible causes of irreversible ischemic myocardial injury, Klin. Wschr. 67, 465-476, 1989

SCHLÜTER K.-D., SCHWARTZ P., SIEGMUND B., PIPER H.M., Prevention of the oxygen paradox in hypoxic-reoxygenated hearts, Am. J. Physiol. 261, 416-423, 1991

SIEGMUND B., KOOP A., KLIETZ T., SCHWARTZ P., PIPER H.M., Sarcolemmal integrity and metabolic competence of cardiomyocytes under anoxia-reoxygenation, Am. J. Physiol. 258, 285-291, 1990

SIEGMUND B., KLIETZ T., SCHWARTZ P., PIPER H.M., Temporary contractile blockade prevents hypercontracture in anoxic-reoxygenated cardiomyocytes, Am. J. Physiol. 260, 426-435, 1991.

SIEGMUND B, SCHLUTER K-D., PIPER H.M., "Preconditioning" of the hypoxic heart muscle cell for reoxygenation, Cardiovasc. Res., im Druck, 1992a

SIEGMUND B., ZUDE R., PIPER H M, Recovery of anoxic-reoxygenated cardiomyocytes from severe Ca^{2+}-overload, Am. J. Physiol. 263, 1262-1269, 1992b

Aus pluripotenten embryonalen Stammzellen differenzierte Herzmuskelzellen als in vitro-System für pharmakologische und embryotoxikologische Studien

A.M. Wobus, V. Maltsev, J. Hescheler

Zusammenfassung

Pluripotente embryonale Stammzellen (ESC) der Maus sind permanente Linien aus der inneren Zellmasse von Blastozysten oder einzelnen Blastomeren von 8-Zell-Embryonen Sie differenzieren nach Kultivierung in Zellaggregaten ("embryoid bodies") in Derivate aller 3 Keimblätter, des Endoderms, des Ektoderms und des Mesoderms, so auch in spontan pulsierende Herzmuskelzellen Diese Herzzellen konnen sowohl im Zellverband als auch nach enzymatischer Isolierung in Einzelzellen für pharmakologische und elektrophysiologische Untersuchungen eingesetzt werden

Die differenzierten Herzmuskelzellen sind charakterisiert durch funktionelle Expression von Adreno- und Cholinozeptoren sowie von L-Typ-Ca^{2+}-Kanalen Die Aktionspotentiale der pulsierenden Herzzell-Aggregate, als auch isolierter Einzelzellen, zeigten die typische Form von embryonalen Herzmuskel- und Sinusknotenzellen

Elektrophysiologische Untersuchungen ergaben, daß die an isolierten Herzzellen erhobenen Befunde auf Ionenstrome mit den chronotropen Effekten an Herzzellen in Aggregaten von "embryoid bodies" miteinander korrelierten

Im Verlauf der Differenzierung von ESC in Herzmuskelzellen wirkten embryotoxische Substanzen, wie z B Retinsaure (RA), während definierter Zeiten (0-2 d, 2-5 d, 5-7 d) der in vitro-Kultur auf die differenzierenden "embryoid bodies" ein

Retinsaure führte konzentrations- und zeitabhangig zu einer Modulation der Differenzierung in Herz- oder in Skelettmuskelzellen. Die in Anwesenheit von Retinsaure differenzierten Herzmuskelzellen zeigten funktionelle Expression von Adrenozeptoren und Ca^{2+}-Kanalen, jedoch nicht von muskarinen Cholinozeptoren

Das ESC-Differenzierungssystem wird vorgeschlagen als alternatives Zellmodell für pharmakologische, elektrophysiologische und embryotoxikologische Untersuchungen und damit als Tierersatzsystem für die *in vitro*-Reproduktionstoxikologie

1. Einleitung

Zur Erfassung embryotoxischer Effekte stehen nur in begrenztem Umfang aussagefähige *in vitro*-Testsysteme zur Verfügung (SCHWETZ B A et al , 1991). Es besteht deshalb nach wie vor die Notwendigkeit, Zellmodelle zu entwickeln, die den komplexen Entwicklungszustand totipotenter embryonaler Stammzellen während der Embryogenese auch unter *in vitro*-Bedingungen repräsentieren, und vor allem im Präscreening für potentielle Teratogene eingesetzt werden können (SMITH M.K. et al., 1983). Eine Alternative zu Experimenten an Säugerembryonen können *in vitro*-Untersuchungen an pluripotenten bzw. totipotenten embryonalen Stammzellen (ESC, ES-Zellen) der Maus sein (WOBUS A.M. und HESCHELER J., 1992).

Embryonale Stammzellen sind permanente Zellinien, die aus den undifferenzierten embryonalen Zellen des Mausembryos kultiviert werden (EVANS M.J. and KAUFMAN M.H., 1981) und in endodermale, ektodermale und mesodermale Zelltypen differenzieren können (WOBUS A.M. et al 1984, DOETSCHMANN T C et al., 1985)

Im Folgenden werden Ergebnisse zur *in vitro*-Differenzierung embryonaler Stammzellen in Herzmuskelzellen, ihre Charakterisierung, sowie die Modulation der Differenzierung durch Retinsäure, eine der wirksamsten teratogenen Verbindungen, vorgestellt

2. Material und Methoden

2.1. Zellkultur

Die embryonalen Stammzellinien D3 (DOETSCHMANN T C et al, 1985) und BI17 (WOBUS A M et al, 1991) wurden im undifferenzierten Zustand auf Feeder-layer Mitomycin C-inaktivierter embryonaler Mausfibroblasten in Dulbecco-modifiziertem Medium (DMEM) unter Zusatz von 15% fotalem Kälberserum (FKS) und Additiva (nach WOBUS A.M. et al., 1984; und WOBUS A.M et al, 1991) kultiviert Zellaggregate in Form sogenannter "embryoid bodies" mit definierter Zellzahl (400 Zellen/"embryoid body") wurden 2 Tage (0-2 d) im hängenden Tropfen (20 µl, RUDNICKI M.A. and MCBURNEY M.W., 1987) und weitere 5 Tage (2-5 d und 5-7 d) für insgesamt 7 Tage (= "7 d embryoid body") in Suspensionskultur differenziert (Abb 1) Danach wurden die "embryoid bodies" auf Gelatine (0,1%)-beschichtete Ge-webekulturschalen ubertragen, wo sie adharierten und weiter in verschiedene Zelltypen endodermalen, ektodermalen und mesodermalen Ursprungs, so auch in spontan pulsierende Herzmuskelzellen, differenzierten (WOBUS A M et al., 1991; WOBUS A.M und HESCHELER J., 1992).

Messungen der chronotropen Reaktionen und Bestimmungen der Aktionspotentiale erfolgten an diesen Herzmuskelzellen (WOBUS A.M. et al., 1991).

2.2. Präparation von Einzelzellen

Fur weitere elektrophysiologische Untersuchungen wurden einzelne Herzmuskelzellen aus ausgewachsenen "embryoid bodies" nach der Zellisolationsmethode für Herzgewebe (modifiziert nach ISENBERG G and KLOCKNER U, 1982, HESCHELER J. et al, 1986) isoliert. Etwa 5-20 pulsierende Areale differenzierter Herzmuskelzellen wurden mit Hilfe eines Mikroskalpells präpariert und in ein "Niedrig-Kalzium-Medium" überführt Danach wurde Kollagenase-enthaltendes "Enzym-Medium" zugefügt und die Gewebsfragmente 35 bis 50 min bei 37°C inkubiert Die dissoziierte Zell-und Gewebssuspension wurde in "KB-Medium" überführt und durch leichte Bewegung 2-3 Stunden disaggregiert Die isolierten Einzelzellen wurden auf 3x5 mm große Glasplattchen plattiert und in DMEM + 20% FKS + Additiva (s 2.1) kultiviert. Die isolierten Herzmuskelzellen pulsierten spontan bis zu 14 Tagen der in vitro-Kultur

Verwendete Lösungen:

1 "Niedrig-Kalzium-Medium" 120 mM NaCl, 5,4 mM KCl, 5 mM $MgSO_4$, 5 mM Na-Pyruvat, 20 mM Taurin, 10 mM Hepes, pH 6,9.

2 "Enzym-Medium": Niedrig-Kalzium-Medium plus 1 mg/ml Kollagenase (Typ-B, Boehringer, Mannheim) plus 30 µM $CaCl_2$.

3 "KB-Medium" 85 mM KCl, 30 mM K_2HPO_4, 5 mM Kreatin, 20 mM Taurin, 20 mM Glucose, pH 7,2 (modifiziertt nach ISENBERG G. and KLOCKNER U ,1982).

2.3. Elektrophysiologische Untersuchungen

Es wurde die Patch-Clamp-Technik in der Ganzzellkonfiguration (nach HAMILL O P et al , 1981) angewandt. Dazu werden fein ausgezogene Glaspipetten (Offnungsdurchmesser ca 1 µm) auf die Zelloberfläche aufgesetzt Durch leichtes Ansaugen kommt es zu einer stabilen Verbindung zwischen der Zellmembran und dem Glas der Patch-Pipette, die eine elektrische Abdichtung der Membran gegenüber der Außenlösung im Giga-Ohm-Bereich bewirkt Sodann wird durch verstärktes Ansaugen das Membranstuck unter der Pipettenöffnung durchgerissen Es entsteht dadurch eine niederohmige Verbindung zwischen Pipettenlosung und Zytoplasma Dies ist die Voraussetzung zur Ableitung des Membranpotentials bzw der Spannungsklemme Die Resistenz der Patch-Pipetten beträgt 3 bis 5 MOhm

Die nach 2 2 praparierten Herzmuskelzellen wurden auf den Glasplättchen in die Meßkammer (37°C) überführt und sowohl unter Strom- als auch unter Spannungsklemm-Bedingungen untersucht.

2.4. Embryotoxikologische Experimente

Zur Untersuchung toxischer Effekte auf die Differenzierungskapazitat und das Differenzierungsmuster wurden embryonale Stammzellen während definierter Zeiten der "embryoid body"-Bildung in Anwesenheit von Retinsaure (RA, all-trans-retinoic acid, Serva, Heidelberg, FRG) in Herzmuskelzellen differenziert Die folgenden Behandlungszeiten (s Abb 1) wurden gewahlt·

0 bis 2. Tag — endodermale Differenzierung,

2 bis 5 Tag — endodermale und beginnende ektodermale Differenzierung,

5. bis 7. Tag. — ektodermale und beginnende mesodermale Differenzierung

Das Modellsystem der "embryoid body"-Differenzierung basiert auf den bisherigen Befunden der in vitro-Differenzierung embryonaler Stammzellen (DOETSCHMANN T C et al , 1985, ROBERTSON E J , 1987) und embryonaler Karzinomzellen (RUDNICKI M A and MCBURNEY M W , 1987), wonach davon ausgegangen werden kann, daß ein 4-5 Tage alter "embryoid body" einem Mause-Embryo im Blastozysten-Stadium und ein 7-8 Tage differenzierter "embryoid body" einem Eizylinder-Stadium entsprechen

3. Ergebnisse und Diskussion

3.1. Pharmakologische und elektrophysiologische Charakterisierung in vitro differenzierter Herzmuskelzellen

Nach Plattierung 7 Tage differenzierter "embryoid bodies" der ESC-Linien D3 und Bl17 entwickeln diese in Abhangigkeit von der Zellzahl und der Differenzierungsdauer in 80 bis 90% der ausgewachsenen "embryoid bodies" spontan pulsierende Herzmuskelzellen (WOBUS A M et al , 1991)

Mit Hilfe von Messungen der chronotropen Reaktivitat wurde die Wirkung kardiotroper Wirkstoffe an den aus ESC differenzierten Herzmuskelzellen untersucht Es wurde nachgewiesen, daß die aus ESC in vitro differenzierten Herzzellen Adrenozeptoren und muskarine Cholinozeptoren sowie Calcium-Kanäle des L-Typs entwickelten und chronotrope Reaktionen gegenuber Digitoxin zeigten (Tabelle 1) Die Effekte waren durch die spezifischen Antagonisten wieder aufhebbar (WOBUS A M et al , 1991, WOBUS A M und HESCHELER J , 1992) Weiterhin wurde eine entwicklungsabhangige funktionelle Expression des $ß_2$-Adrenozeptors nachgewiesen. Während die β_1-Adrenozeptoren und muskarinen Cholinozeptoren bereits in einem frühen Differenzierungszustand funktionell aktiv waren, sind β_2-Adrenozeptoren offenbar erst in terminal differenzierten Herzzellen wirksam. Die Effekte waren den chronotropen Reaktionen vergleichbar, die an 6 Tage kultivierten neonatalen Herzmuskelzellen ermittelt wurden. Es gab ferner keine Unterschiede in der Reaktivität von aus verschiedenen ES-Zellinien (z.B. D3 und Bl17) differenzierten Herzmuskelzellen (WOBUS A.M. et al., 1991).

Elektrophysiologische Untersuchungen der Membranpotentiale ergaben, daß die spontan pulsierenden Herzmuskelzellen rhythmische Aktionspotentiale ausbilden, die den typischen Verlauf von embryonalen Kardiomyozyten und Sinusknotenzellen (IRISAWA H., 1989; SPERELAKIS N and PAPPANO A J, 1983) zeigen

Tabelle 1 Chronotrope Effekte kardiotroper Wirkstoffe bei maximal effektiven Konzentrationen auf spontan pulsierende Herzmuskelzellen, differenziert aus embryonalen Stammzellen der Linien D3 und Bl17 (nach WOBUS A M et al, 1991, wenn nicht anders angegeben, fur "7 + 2 d", IBMX=Isobutylmethylxanthin, PD= Phosphodiesterase, AC= Adenylatzyklase)

Substanz (Maximal effektive Konzentration)	Funktion	Chronotrope Reaktion
(-)Isoprenalin (10 µM)	ß-Adrenozeptor-Agonist	positiv
IBMX (10 µM)	Inhibitor der PD	positiv
Forskolin (1 µM)	Aktivator der AC	positiv
Clenbuterol (1 µM)	ß-Adrenozeptor-Agonist	keine Reaktion
Clenbuterol (1 µM)	" " ("7 + 9 d")	positiv
(-)Phenylephrin (100 µM)	β_1-Adrenozeptor-Agonist	positiv
Carbachol (100 µM)	Muskariner Cholinozeptor-Agonist	negativ
Digitoxin (1 µM)	Herzglykosid	keine Reaktion
Digitoxin (1 µM)	" " ("7 + 9 d")	positiv
Nisoldipin (0,1 µM)	Ca^{2+}-Kanal-Blocker	negativ
Gallopamil (1 µM)	" "	negativ
·Diltiazem (10 µM)	" "	negativ
BayK 8644 (1 µM)	Ca^{2+}-Kanal-Öffner	positiv

3.2. Elektrophysiologische Charakterisierung isolierter spontan pulsierender Herzmuskelzellen

3 2 1 Aktionspotentiale

Unter Stromklemm-Bedingungen zeigten die aus pulsierenden Arealen ausgewachsener "embryoid bodies" isolierten Herzzellen spontane Aktionspotentiale (Abb. 2), die den von pulsierenden Arealen des "embryoid bodies" abgeleiteten Aktionspotentialen entsprachen (WOBUS A M. et al., 1991). Die Aktionspotentiale mit einer Frequenz von etwa 1-5 Hz verliefen synchron zu den Kontraktionen. Die Amplitude der Aktionspotentiale betrug 70-80 mV bei einer Dauer von etwa 100 ms. Die Aufstrichphase bei einem Schwellwert von -40 mV erreichte eine Geschwindigkeit von etwa 1 V/s, was auf eine Ca^{2+}-Kanal-Strom-getragene Depolarisation hinweist (TRAUTWEIN W. and HESCHELER J, 1990) Damit entsprachen die an Einzelzellen aus differenzierten "embryoid bodies" von ESC abgeleiteten Aktionspotentialmuster denen, die für sinoatriale Zellen oder embryonale Herzzellen aus Primarkulturen beschrieben wurden (SPERELAKIS N and PAPPANO A J , 1983)

3 2 2 Ionenstrome

Der Einsatz isolierter Herzzellen ermoglicht die Anwendung der Spannungsklemme und damit die Analyse von Ganzzell-Ionenströmen Es wurde die Wirkung von herzspezifischen Agonisten auf Ionenströme sowie deren hormonelle Regulation untersucht Alle Einzelzellen zeigten einen langsamen Einwartsstrom, der durch depolarisierende Spannungspulse oder eine "Rampe" aktiviert wurde (Abb 3) Die Strome zeigten eine Abhangigkeit gegenuber extrazellularem Ca^{2+} und entsprachen in ihrer Kinetik und Pharmakologie dem kardialen L-Typ des Ca^{2+}-Kanals (MALTSEV V et al , in Vorbereitung).

Der Ca^{2+}-Strom wurde durch Adrenalin stimuliert (Abb 3A), was mit den chronotropen Effekten und Aktionspotentialen (gemessen an pulsierenden Arealen aus "embryoid bodies", WOBUS A M et al , 1991) korrelierte.

Ein Hauptweg der ß-Adrenozeptor-abhangigen positiv inotropen und chronotropen Stimulation von Herzgewebe ist mit der Aktivierung der Adenylylzyklase und anschließender Erhöhung des intrazellulären cAMP-Gehaltes verbunden Forskolin, ein direkter Aktivator der Adenylylzyklase, aktivierte den Ca^{2+}-Kanal-Strom (Abb 3B) in gleicher Weise wie Adrenalin, was darauf hinweist, daß ß-Adrenozeptoren uber eine - für Herzmuskelzellen charakteristische - cAMP-abhangige Signalkaskade stimuliert werden (TRAUTWEIN W and HESCHELER J , 1990).

Carbachol, ein stabiles Derivat des Azetylcholins aktivierte einen einwarts gleichrichtenden K^{+}-Strom (Abb 4) Dieser Effekt erklarte die negativ chronotropen Effekte von Carbachol, die wir in Messungen an pulsierenden Arealen ausgewachsener "embryoid bodies" von ES-D3-Zellen (WOBUS A M et al , 1991) erhalten haben

Damit zeigten die Spannungsklemm-Experimente an isolierten Herzmuskelzellen aus differenzierten "embryoid bodies", daß die Befunde auf Ionenstrome und die an Herzzellaggregaten von "embryoid bodies" gemessenen chronotropen Effekte (WOBUS A M et al. 1991) miteinander korrelierten Adrenozeptoren und muskarine Cholinozeptoren von aus ESC *in vitro* differenzierten Herzmuskelzellen werden somit funktionell exprimiert und reguliert wie in Herzzellen lebender Organismen (SPERELAKIS N and PAPPANO A J , 1983, TRAUTWEIN W and HESCHELER J , 1990)

3.3. Embryotoxikologische Studien an differenzierenden pluripotenten embryonalen Stammzellen

Weiterhin untersuchten wir die Frage, ob und in welcher Weise embryotoxische/teratogene Substanzen die Differenzierungskapazitat der ES-Zellen beeinflussen, wenn sie wahrend definierter Zeiten der "embryoid body"-Differenzierung einwirkten Die Arbeiten sollten darüberhinaus die Frage beantworten, ob das ESC-Differenzierungssystem als zelluläres *in vitro*-Modell der fruhen Saugerembryogenese und damit als alternatives Tierersatzsystem in der Reproduktionstoxikologie geeignet ist

Vitamin A-Saure (Retinsaure, RA), eines der bekanntesten Teratogene bei Saugern (KOCHHAR D M , 1967), führt zu vielfältigen Embryopathien beim Menschen (LAMMER E J et al , 1985), wenn es wahrend kritischer Phasen der Embryonalentwicklung auf den Embryo einwirkt Eine Beeinflussung der normalen Entwicklung der Keimblatter ist seit langem postuliert worden (MORRISS G M , 1972) RA induziert homeotische Transformationen bei der Maus (KESSEL M and GRUSS P , 1991) und bei Xenopus (SIVE H L and CHENG P F , 1990) in Abhangigkeit von Konzentration und Einwirkungszeit wahrend der fruhen Embryogenese In Teratokarzinomzellen (ECC) führt RA zu einer sequentiellen Aktivierung von Entwicklungs-Kontrollgenen (SIMEONE A et al , 1990) Eine Modulation der Expression von Retinsaure-

Rezeptor-Genen (RAR-α-, -ß- und -γ-Gene) wurde während der Differenzierung von ECC in die ektodermale Linie nachgewiesen (JONK L.J.C et al., 1992).

Ausgehend von diesen Befunden untersuchten wir während definierter Zeiten der "embryoid body"-Bildung den Einfluß von RA auf die Herzzelldifferenzierung (dabei kann nur auszugsweise auf einige Ergebnisse der RA-Behandlung eingegangen werden).

Einwirkung von hohen RA-Konzentrationen (10^{-7} und 10^{-8} M) auf ES D3-Zellen während der ersten beiden Kultivierungstage (0-2 d) der "embryoid bodies" hemmte die Herzmuskelzelldifferenzierung, während geringere RA-Konzentrationen (10^{-9} und 10^{-10} M) im Vergleich zur Kontrolle keinen Effekt hatten bzw eher zu einer leichten Stimulation der Herzzellbildung führten

Behandlung der "embryoid bodies" mit hohen RA-Konzentrationen (10^{-7} und 10^{-8} M) zwischen dem 2 und 5. Tag der Differenzierung hemmte ebenfalls die Entwicklung von Herzmuskelzellen, induzierte jedoch die Bildung von Skelettmuskelzellen (Abb. 5 und 6), nachgewiesen durch Immunfluoreszenz mit dem Myosin-monoklonalen Antikörper MF-20. Darüberhinaus wurden Skelettmuskel-spezifische myogenin-Gen-Transkripte bereits in 7 Tage alten "embryoid bodies" nachgewiesen, während erste Skelettmuskelzellen und myogenin-Transkripte in der Kontrolle frühestens 5 bzw 6 Tage nach der Übertragung 7 Tage alter "embryoid bodies" beobachtet wurden (WOBUS A M et al , in Vorbereitung).
Hohe Konzentrationen an RA hemmten offensichtlich die Differenzierung der ES-Zellen in ein "ventrales" Differenzierungsprogramm (Herzzellen) und führten zu einer Aktivierung eines "dorsalen" Musters (Skelettmuskelzellen) Diese spezifische Aktivierung wurde nur beobachtet, wenn RA während eines Zeitraums einwirkte, in dem ektodermale Zellen (2-5 d) im "embryoid body" differenzierten

RA-Einwirkung während eines späteren Differenzierungsstadiums (5-7 d) stimulierte die Herzmuskelzelldifferenzierung im Vergleich zur Kontrolle bei einigen Versuchsvarianten. Diese in Anwesenheit von RA differenzierten Kardiomyozyten waren durch funktionelle Expression von Adrenozeptoren und Ca^{2+}-Kanalen, nicht aber von muskarinen Cholinozeptoren charakterisiert (MALTSEV V et al , in Vorbereitung)

Die hier im kurzen Überblick dargestellten Ergebnisse der spezifischen Modulation der Differenzierung pluripotenter embryonaler Stammzellen durch die teratogene Verbindung RA zeigen, daß das "embryoid body"-Differenzierungsmodell als zelluläres System für Prozesse der embryonalen Differenzierung auch unter in vitro-Bedingungen eingesetzt werden kann. Dabei können derartige induktive Vorgänge mit immunologischen und histochemischen Methoden auf zellulärer Ebene, als auch auf der Ebene der Genexpression (PCR-Analyse und Expressionsnachweis mit Northern-Blots) untersucht werden Die elektrophysiologischen Untersuchungen erlauben darüberhinaus die Analyse des Einflusses embryotoxischer Verbindungen auf Ionenströme und Signaltransduktionskomponenten

Danksagung

Wir danken für finanzielle Unterstützung der Zentralstelle zur Erfassung und Bewertung von Ersatzmethoden zum Tierversuch (ZEBET) beim Bundesgesundheitsamt (BGA) und dem Ministerium für Wissenschaft und Forschung des Landes Sachsen-Anhalt, Bundesrepublik Deutschland
VICTOR MALTSEV ist Gastwissenschaftler vom Institut für Immunologie des russischen Gesundheitsministeriums, Moskau

Literatur

Doetschmann T C , Eistetter H.R , Katz M , Schmidt W , Kemler R , The in vitro development of blastocyst-derived embryonic stem cell lines. Formation of visceral yolc sac, blood islands and myocardium, J Embryol. Exp. Morph 87, 27-45, 1985

Evans M J and Kaufman M H., Establishment in culture of pluripotential stem cells from embryos, Nature 291, 154-156, 1981

Hamill O P , Marty A , Neher E, Sakman B , Sigworth F.J , Improved patch-clamp techniques for high-resolution current recording from cells and cell-free membrane patches, Pflugers Arch 391, 85-100, 1981

Hescheler, J., Kameyama M , Trautwein W., On the mechanism of muscarinic inhibition of the cardiac Ca current, Pflügers Arch 407, 182-189, 1986

Irisawa H., The action potentials of cardiomyocytes, in Isolated adult cardiomyocytes, Piper H.M. and Isenberg G. (eds), vol 2, Electrophysiology and contractile function Chapter 1, Boca Raton: CRC Press, 1-12, 1989

Isenberg G. and Klockner U , Calcium tolerant ventricular myocytes prepared by preincubation in a "KB medium", Pflügers Arch 395, 6-18, 1982

Jonk L.J.C , deJonge M E J , Kruyt F A E , Mummery C L , van der Saag P T., Kruijer W , Aggregation and cell cycle dependent retinoic acid receptor mRNA expression in P19 embryonal carcinoma cells, Mechanisms of Development 36, 165-172, 1992

Kessel M and Gruss P , Homeotic transformations of murine vertebrae and concomitant alteration of *Hox* codes induced by retinoic acid, Cell 67, 89-104, 1991

Kochhar D M , Teratogenic activity of retinoic acid Acta Pathol Microbiol Scand 70, 398-404, 1967

Lammer E J , Chen D T , Hoar R M , Agnish A D , Benke P J , Braun J T , Curry C J , Fernhoff P M., Grix A W., Lott I T., Richard J M , Sun S C., Retinoic acid embryopathy, N Engl J. Med 313, 837-841, 1985

Morriss G.M , Morphogenesis of the malformations induced in rat embryos by maternal hypervitaminosis A, J Anat 113, 241-250, 1972

Robertson E J , Embryo-derived stem cell lines, in Robertson E J (ed), Teratocarcinomas and embryonic stem cells a practical approach, 71-112, Oxford IRL Press, 1987

Rudnicki M A and McBurney M W , Cell culture methods and induction of differentiation of embryonal carcinoma cell lines, in Robertson E J (ed), Teratocarcinomas and embryonic stem cells a practical approach, 19-49, Oxford IRL Press, 1987

Schwetz B A , Morrissey R E , Welsch F , Kavlock R A , In vitro teratology, Env Health Persp 94, 265-268, 1991

Simeone A., Acampora D , Arcioni L , Andrews P W , Boncinelli E , Mavilio F , Sequential activation of *HOX2* homeobox genes by retinoic acid in human embryonal carcinoma cells, Nature 346, 763-766, 1990

Sive H L and Cheng P.F , Retinoic acid perturbs the expression of *Xhox lab* genes and alters mesodermal determination in *Xenopus laevis*, Genes & Dev 5, 1321-1332, 1991

Smith M K , Kimmel G L , Kochhar D M., Shepard T H , Spielberg S P , Wilson J G , A selection of candidate compounds for *in vitro* teratogenesis test validation, Teratogenesis, Carcinogenesis and Mutagenesis 3, 461-480, 1983

Sperelakis N and Pappano A J , Physiology and pharmacology of developing heart cells, Pharmacol Ther 22, 1-39, 1983

Trautwein W and Hescheler J , Regulation of cardiac L-type calcium current by phosphorylation and G proteins, Annu Rev Physiol 52, 257-274, 1990

Wobus A.M , Holzhausen H , Jakel P , Schoneich J , Characterization of a pluripotent stem cell line derived from a mouse embryo, Exp Cell Res 152, 212-219, 1984

Wobus A.M , Wallukat G , Hescheler J , Pluripotent mouse embryonic stem cells are able to differentiate into cardiomyocytes expressing chronotropic responses to adrenergic and cholinergic agents and Ca^{2+} channel blockers, Differentiation 48, 173-182, 1991

Wobus A M und Hescheler J , Entwicklung eines in vitro-Herzzell-Modells fur embryotoxikologische und pharmakologische Studien, ALTEX (Alternat Tierexp) 17, 29-42, 1992

Abbildungen

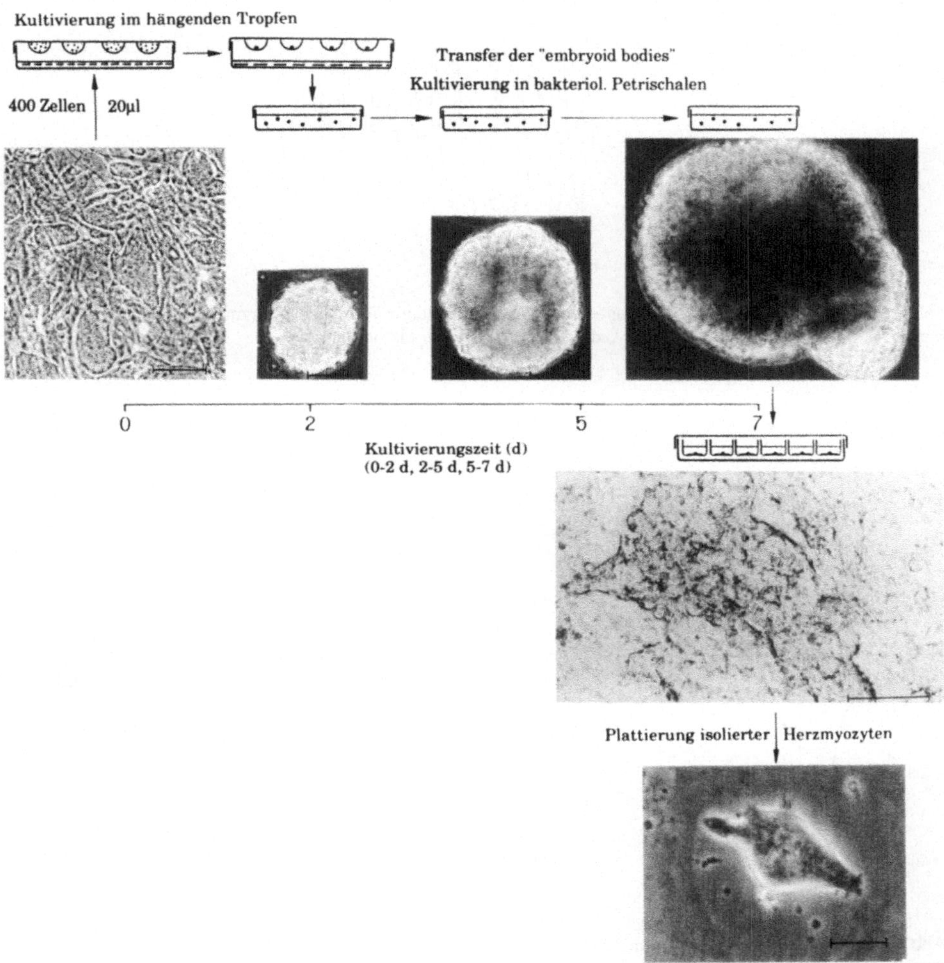

Abb 1 Kultivierungs- und Differenzierungsschema von embryonalen Stammzellen der Maus in spontan pulsierende Herzmuskelzellen 400 ES-Zellen werden 2 Tage (0-2 d) im hangenden Tropfen (20 µl) in "embryoid bodies" kultiviert Nach weiterer Kultivierung in bakteriologischen Petrischalen werden die 7 Tage differenzierten "embryoid bodies" jeweils in einzelne Gelatine-beschichtete Kavitaten von Mikrowell-Platten ubertragen, wo sie anhaften und in Zelltypen endodermalen, ektodermalen und mesodermalen Ursprungs differenzieren Die ersten spontan pulsierenden Herzmuskelzellen erscheinen bereits 1 Tag (= "7 + 1 d") nach "embryoid body"-Plattierung und erreichen eine optimale Differenzierung nach 5 Tagen Aus diesen differenzierten Herzmuskelzell-Arealen wurden nach enzymatischer Dissoziation mit Kollagenase Einzelzellen isoliert, die fur elektrophysiologische Untersuchungen auf Deckglaschen (3x5mm) ubertragen wurden, wo sie anhafteten und nach einigen Stunden Kultivierung wieder spontane Kontraktionen zeigten [Phasenkontrast, Maßstab Balken= 100 µm, bzw 20 µm (isolierte Herzzelle)]

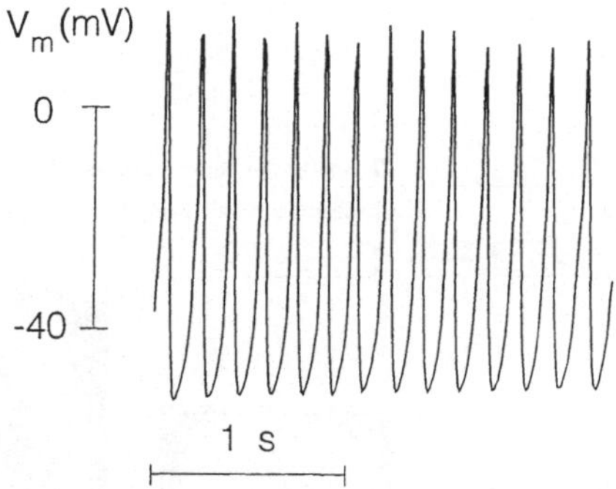

Abb 2 Aktionspotentiale abgeleitet von einer isolierten spontan pulsierenden Herzmuskelzelle aus differenzierten ausgewachsenen ESC-D3 "embryoid bodies" 9 Tage nach Plattierung

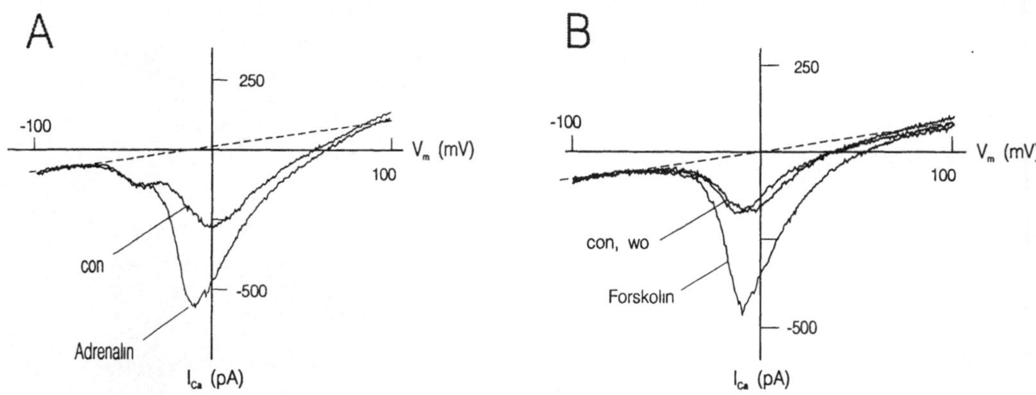

Abb 3 Spannungsabhangige Ca^{2+}-Kanal-Strome abgeleitet an isolierten, aus ES-D3-Zellen differenzierten Herzmuskelzellen Stimulierender Effekt von A) Adrenalin (10^{-5}M) und B) Forskolin (10^{-5}M) auf den Ca^{2+}-Strom Ganzzell-Strome wurden bei Spannungsklemm-"Rampen" (300 ms) von -100 bis +100 mV mit 120 mM CsCl in der Patch-Pipette und 1,8 mM $CaCl_2$ in der Badlosung gemessen

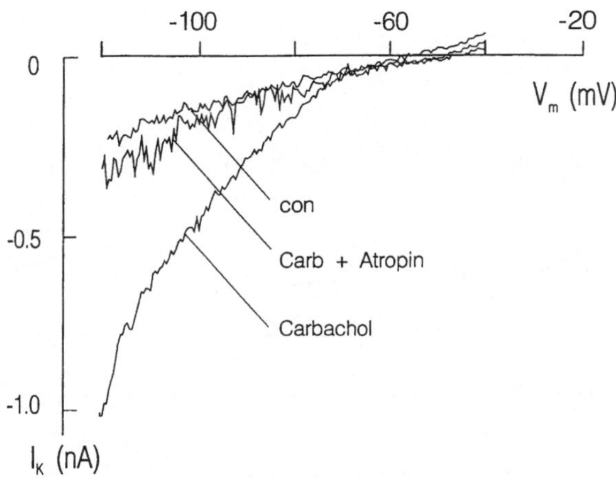

Abb 4 Stimulierender Effekt von Carbachol (10^{-5}M) auf den einwarts gerichteten K^{+}-Strom in isolierten aus ES-D3-Zellen differenzierten Herzmuskelzellen Blockierender Effekt von Atropin (10^{-4}M) auf die Carbachol-induzierte Leitfähigkeit Ganzzell-Strome wurden bei Spannungsklemm-"Rampen" (300 ms) von -120 bis -40 mV mit 20 mM KCl in der Badlosung gemessen

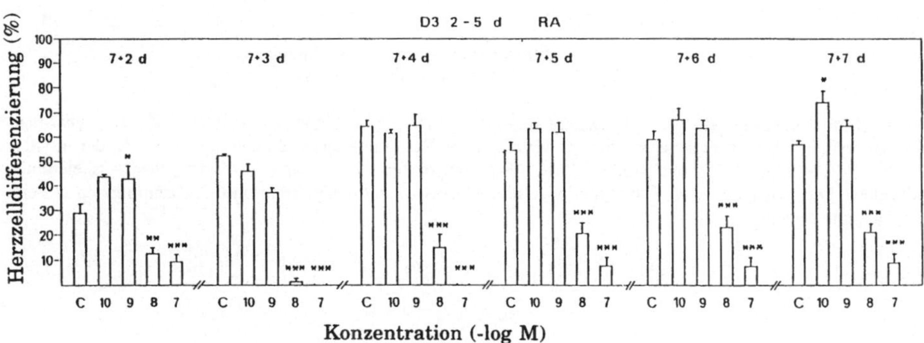

Abb 5 Differenzierung von Herzmuskelzellen (in % der "embryoid bodies") nach Behandlung von ES-D3-Zellen wahrend der "embryoid body"-Kultivierung zwischen dem 2 und 5 Tag mit Retinsaure (RA) in Abhangigkeit von der Differenzierungszeit (C= Kontrolle, RA-Konzentrationen 10^{-10} bis 10^{-7} M) Hemmung der Herzzelldifferenzie-rung bei 10^{-7} und 10^{-8} M RA

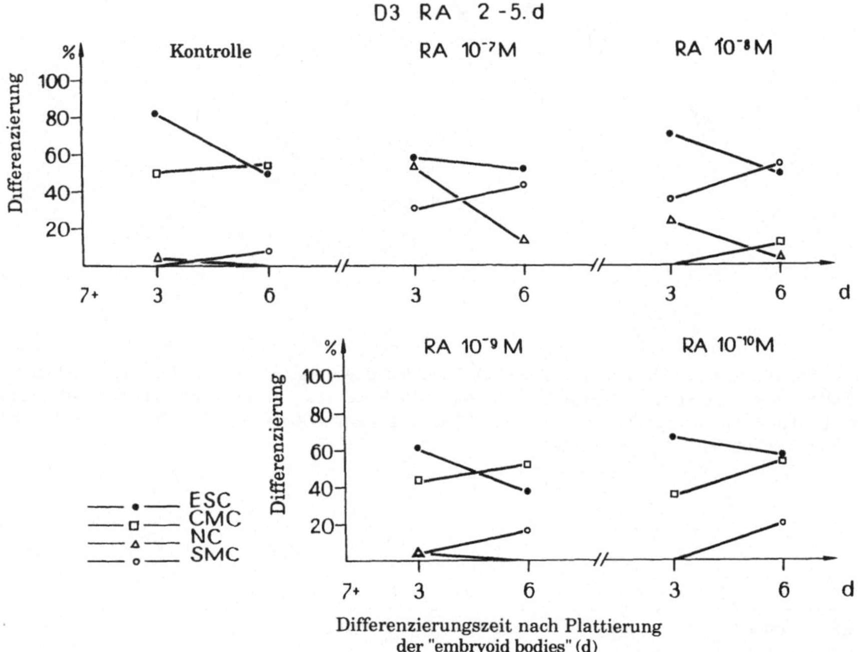

Abb 6 Morphologische Analyse differenzierender und proliferierender Zelltypen aus ES-D3-Zellen nach 7-tägiger "embryoid body"-Differenzierung, bei Anwesenheit von Retinsaure zwischen dem 2 und 5 Tag der in vitro-Kultur (ESC= embryonale Stammzellen, CMC= Kardiomyozyten, NC= neuronale Zellen, SMC= Skelettmuskelzellen) Differenzierung von Skelettmuskelzellen bei Einwirkung hoher Retinsaure-Konzentrationen anstelle von Herzmuskelzellen

Wege zum Ersatz von Tierversuchen für die Wirkwertbestimmung von Herzglykosid-Gemischen

H.D. Lehmann, J. Hupe, D. Seemann

Zusammenfassung

Die Standardisierung herzglykosidhaltiger Pflanzenextrakte, als Arzneimittel für Herz-Kreislauf-Erkrankungen, erfolgt in Deutschland gemaß DAB 10 mit der von KNAFFL-LENZ entwickelten intravenosen Titrationsmethode am narkotisierten Meerschweinchen Wir haben es unternommen, eine Ersatzmethode an schmerzfreier Materie zu entwickeln, die den KNAFFL-LENZ-Test in Zukunft überflüssig machen kann.

Die Methode basiert auf der Verwendung spontan kontrahierender Aggregate embryonaler Hühnerzellen, an denen der Wirkwert der Glykoside nach dem gleichen Kriterium wie bei der KNAFFL-LENZ-Methode, d h. anhand der Intoxikation bzw. dem Sistieren der Kontraktion bestimmt wird. Herzzell-Aggregate werden in Tyrode-Lösung unterschiedlichen Glykosid-konzentrationen ausgesetzt und die Zeitdauer bis zum Stillstand ermittelt Die Konzentrations-Wirkungs-Beziehung stellt eine hyperbolische Funktion dar, aus der nach doppelt reziproker Transformation Kenngrößen für die Wirkstärke gewonnen werden können. Wir verwenden die EC_{15min}, d.h. die Konzentration, die zu einem Kontraktionsstillstand nach 15 min Einwirkungsdauer führt. Ähnlich wie bei der Meerschweinchentitration nach KNAFFL-LENZ wird die biologische Wirkstarke der Glykosidgemische jeweils auf ein entsprechendes Referenzglykosid bezogen Diese zellbiologische Methode hat sich hinsichtlich Präzision und Praktikabilität dem Tierversuch mindestens gleichwertig erwiesen und erfüllt damit die Kriterien einer Ersatzmethode

1. Einleitung

Herzglykosidhaltige Pflanzenextrakte erfreuen sich in Deutschland unveranderter Beliebtheit bei Arzt und Patient für die Therapie leichter Grade der Herzinsuffizienz und verschiedener Formen von Kreislaufschwäche. Es handelt sich dabei vorwiegend um Extrakte aus Convallaria majalis, Adonis vernalis, Urginea maritima, Nerium oleander u.a. Die Standardisierung dieser pflanzlichen Arzneimittelzubereitungen, also die Bestimmung des biologischen Wirkwerts von Herzglykosidgemischen, erfolgt gemäß DAB 10 (Deutsches Arzneibuch, 1991) mit der von KNAFFL-LENZ (KNAFFL-LENZ E., 1926) entwickelten intravenösen Titrationsmethode am narkotisierten Meerschweinchen. Hierbei wird als Maß der Wirkstärke der zu prüfenden Herzglykoside die letale, zum Herzstillstand führende Dosis am narkotisierten Meerschweinchen durch intravenöse Infusion bestimmt. Die letale Dosis einer mit optimaler Geschwindigkeit infundierten Herzglykosid-Mischung basiert auf Versuchen an jeweils 10 Tieren. Parallel dazu sind Titrationen an 10 Tieren mit dem für jedes Glykosidgemisch (in den Monographien zum DAB 10) definierten Referenzglykosid, einem Reinglykosid, durchzuführen Der biologische Wirkwert des Glykosidgemisches wird als Quotient der letalen Dosen des Referenzglykosids und des Glykosidgemisches errechnet Wir haben es in unserem Hause seit langerem unternommen, nach Ersatzmethoden zu suchen, die den KNAFFL-LENZ-Test in Zukunft überflussig machen konnen

2. Ergebnisse und Diskussion

Begonnen wurde zunachst mit Versuchen, den Tierversuch durch chemisch-analytische Verfahren zu ersetzen Es hat sich gezeigt, daß mittels HPLC alle relevanten Glykosidfraktionen reproduzierbar identifiziert werden konnen Der HPLC-Fingerprint hat sich für Zwecke der Qualitatskontrolle von Droge und Extrakt sehr bewahrt und wird deshalb bei uns routinemaßig eingesetzt Das Verfahren ist behordlich anerkannt (Monographie BGA Berlin, 1993) Nicht geeignet ist dieses Verfahren jedoch zur Beurteilung der biologischen Wirkstarke, da die im Extrakt bzw der Droge enthaltenen Glykoside in ihrer Relation untereinander biologischen Schwankungen unterworfen sind, die zu schwer voraussehbaren pharmakologischen Kombinationseffekten am Wirkort Herz führen Die HPLC-Methode hat damit zwar geholfen, einen Teil der notigen Tierversuche einzusparen, sie hat diese aber nicht völlig überflussig gemacht

Wir sind deshalb dazu ubergegangen, eine zellbiologische Ersatzmethode an schmerzfreier Materie auf der Grundlage der in unserem Hause im Bereich der Einheit Molekulare Pharmakologie und Screening vorhandenen Kenntnisse in der Herzzelltechnologie zu entwickeln. Grundsatzlich wurde dabei der Gedanke verfolgt, die Wirkwertbestimmung an Herzzellen nach dem gleichen Kriterium wie bei der KNAFFL-LENZ-Methode vorzunehmen, d h die Intoxikation, den Herzstillstand, als Parameter zu verwenden Fur eine Ersatzmethode war daruber hinaus zu fordern, daß sie hinsichtlich Prazision und Praktikabilitat dem Tierversuch mindestens gleichwertig ist Wir glauben, ein solches Verfahren unter Verwendung spontan kontrahierender Aggregate embryonaler Huhnerzellen zu besitzen Die Prinzipien dieser Methodik sind allgemein etabliert und bereits für verschiedene morphologische, physiologische und pharmakologische Studien eingesetzt worden (NAG A C , 1990, MILETICH D J et al , 1983)

Das von uns verwendete Verfahren laßt sich wie folgt beschreiben Als Ausgangsmaterial dienen Herzen von Huhnerembryonen aus 11 Tage bebrüteten Eiern Aus den Ventrikeln werden Einzelzellen durch fraktionierte Inkubation in trypsinhaltiger Lösung gewonnen und nach Filtration und Zentrifugation auf eine Zelldichte von 2 Millionen/ml Zellkulturmedium eingestellt Man laßt die Herzzellen in Kulturschalen, auf deren Böden sie nicht haften, innerhalb von 4 Tagen reaggregieren Nach dieser Inkubationszeit zeigen die Aggregate im Kulturmedium spontane Kontraktionen, die in ihrem Ablauf an das Schlagen eines normalen Herzens erinnern Die Kontraktionen - deren Frequenz 40-80 min^{-1} betragt - konnen unter dem Mikroskop verfolgt und mit Videotechnik aufgezeichnet werden Bei Zusatz von Herzglykosiden kommt es bei den Aggregaten zunachst zur Frequenzsteigerung und spater zu Unregelmaßigkeiten in der Schlagfolge, die dann in einen Stillstand ubergehen Wie nicht anders zu erwarten, ist die Zeit bis zum Stillstand der Aggregate abhangig von der Konzentration des Glykosids im Medium. Wahrend bei hohen Glykosidkonzentrationen die Aggregate in einen permanenten Stillstand geraten, ist bei niedrigen Glykosidkonzentrationen nur ein temporärer Stillstand zu beobachten, der von kurzen Phasen erneuter Aktivitat unterbrochen wird Der temporare Stillstand dürfte Folge der Blockade nur eines Teils der Na^+/K^+-ATPase und damit der Persistenz einer Teilaktivitat der Na^+/K^+-Pumpe sein (AKERA T , 1981) Aufgrund dieses Phanomens wurde als Stillstand der Zeitpunkt definiert, zu dem die Aggregate für mindestens 10 s keine Kontraktion mehr aufweisen Die Dauer bis zum Stillstand, die Stillstandszeit, dient als konzentrationsabhangiger Parameter für die Glykosidwirkung Nach diesem Verfahren wurden Konzentrations-Wirkungs-Beziehungen für die in unserem Hause interessierenden Reinglykoside Proscillaridin,

Convallatoxin, Cymarin und Oleandrın sowie dıe glykosıdhaltıgen Extrakte von Scilla, Convallaria, Adonıs und Oleander gewonnen. Jedem Meßwert liegen dabei die Einzelwerte von 10 verschiedenen, etwa gleichgroßen, aus wenigen hundert Eınzelzellen bestehenden Aggregaten zugrunde

Trägt man in eınem Diagramm dıe Stillstandszeıten uber den Logarithmus der Konzentratıon der Glykoside auf, so erhält man hyperbolische Konzentratıons-Wirkungs-Kurven (Abb 1)

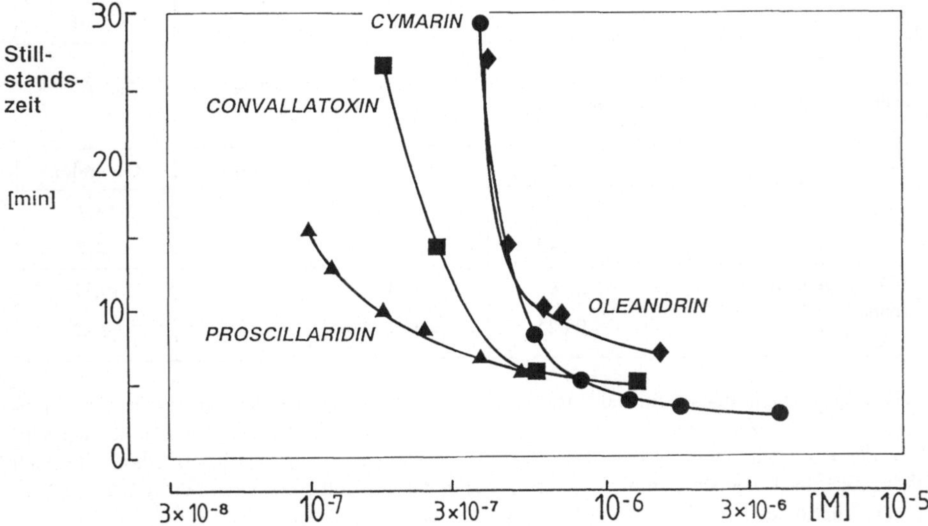

Abb 1 Konzentratıons-Wırkungs-Bezıehungen von vıer Reınglykosıden

Dıe resultıerenden Kurven der 4 Reinglykosıde unterscheiden sıch außer ın ıhrem Konzentratıons-Wirkungs-Bereıch auch ın ıhrer Steilheit; der großte Unterschied besteht zwıschen Oleandrin und Proscıllaridin Wir können weiterhin feststellen, daß dıe Form der Konzentratıons-Wirkungs-Kurven von Glykosidgemisch und als Referenz verwendetem Reinglykosid gut ubereınstımmen Die hyperbolische Konzentrations-Wirkungs-Kurve kann durch Verwendung der Reziprokwerte ın eıne Gerade transformiert werden, aus der sich geeignete Kenngrößen gewınnen lassen Auf Grund des Verlaufs der Konzentrations-Wirkungs-Bezıehungen für die von uns untersuchten Glykosıde bzw. Glykosidgemısche wurde als charakterisıerende Große für die Potenz die EC_{15min} gewählt, d.h dıe Konzentratıon, dıe eınen Stillstand der Aggregate nach einer Einwırkungsdauer von 15 mın herbeıführt

Dıe auf diese Weise gewonnenen EC_{15min}-Werte der 4 Reınglykosıde lıegen ım 100-nanomolaren Bereıch In der Tabelle 1 sınd dıe EC_{15min}-Werte sowıe die LD_{100}-Werte, dıe bei der Infusıon der Glykosıde an Meerschweınchen und Katzen gewonnen wurden bzw literaturbekannt (BAHRMANN H and GREEF K., 1981) sınd, vergleıchend dargestellt

Dıe Ergebnısse zeıgen, daß EC- und LD-Werte ın der gleichen Großenordnung lıegen, d h die Sensıbilität der Herzzellmethode an embryonalen Huhner-Kardıomyozyten ıst äquivalent der Meerschweınchen- bzw Katzenmethode Auch bei der Gegenüberstellung der EC- und LD-Werte für Glykosıdextrakte (Tabelle 2) zeıgt sıch eine gute Übereinstimmung der Werte von Zellmethode und Ganztıermethode

Tabelle 1 EC_{15min} fur kultivierte embryonale Huhner-Kardiomyozyten sowie letale Dosen (LD_{100}) fur Meerschweinchen und Katze

Glykosid	Proscillaridin	Convallatoxin	Cymarin	Oleandrin
EC_{15min} Herzzelltest [mol/l]	$1{,}0\cdot10^{-7}$	$2{,}9\cdot10^{-7}$	$5{,}1\cdot10^{-7}$	$4{,}7\cdot10^{-7}$
LD_{100} Meerschweinchen (nach KNAFFL-LENZ) [mol/kg]	$6{,}2\cdot10^{-7}$	$5{,}4\cdot10^{-7}$	$2{,}2\cdot10^{-6}$	$4{,}2\cdot10^{-7}$
LD_{100} Katze [mol/kg]	$3{,}2\cdot10^{-7}$	$1{,}4\cdot10^{-7}$	$2{,}0\cdot10^{-7}$	$3{,}4\cdot10^{-7}$

Tabelle 2 EC_{15min} fur kultivierte embryonale Huhner-Kardiomyozyten und letale Dosen (LD_{100}) fur Meerschweinchen (Mittelwerte ± Standardabweichung)

Glykosidextrakt	Scilla	Convallaria	Adonis	Oleander
EC_{15min} Herzzelltest [mg/l]	0,124 ±0,045	20,88 ±2,14	294 ±61	51,2 ±4,7
LD_{100} Meerschweinchen (nach KNAFFL-LENZ) [mg/kg]	0,593 ±0,025	16,34 ±0,81	264 ±18	40,12 ±2,22

Dies gilt gleichermaßen für die Variabilitat des Wirkwertes, also des Quotienten der Ergebnisse von Referenzglykosid und Glykosidgemisch Die Variabilitat der Ergebnisse bei Verwendung des Herzzelltests ist weder besser noch schlechter als die der Ganztiermethode Je nach Glykosidgemisch konnen sich aber Unterschiede in der absoluten Hohe der Wirkwerte ergeben, die mit Hilfe eines Korrekturfaktors berucksichtigt werden mussen

Schließlich ist noch festzustellen, daß die Herzzellmethode auch hinsichtlich Praktikabilitat durchaus konkurrenzfähig mit der bisher verwendeten Meerschweinchen-Methode ist Der apparative Aufwand ist etwa vergleichbar, der Zeitbedarf für die Erhebung eines Wirkwertes sogar deutlich (ca 50%) geringer

3. Schlußfolgerung

Auf Grund der bestehenden Sensitivitat, Reproduzierbarkeit und Praktikabilitat sind wir der Uberzeugung, daß das hier vorgestellte Verfahren der Wirkwertbestimmung von Glykosiden und Glykosidgemischen an Herzzell-Aggregaten von embryonalen Huhnerherzen als Ersatzmethode für die bislang verwendete Meerschweinchentitration nach KNAFFL-LENZ geeignet ist Es sollen daher die erforderlichen Schritte zur behordlichen Anerkennung eingeleitet werden

Literatur

AKERA T , Effects of cardiac glycosides on Na^+, K^+-ATPase, in GREEF K (Hrsg) Cardiac glycosides, Handbook of experimental pharmacology, Berlin Heidelberg New York Springer-Verlag, 56/I, 287-336, 1981

BAHRMANN H and GREEF K , Evaluation of cardiac glycosides, in GREEF K (Hrsg) Cardiac glycosides, Handbook of experimental pharmacology, Berlin Heidelberg New York Springer-Verlag, 56/I, 117-152, 1981

Deutsches Arzneibuch 10, Stuttgart Deutscher Apotheker, 1991

KNAFFL-LENZ E , The physiological assay of preparation of digitalis, J Pharmacol Exp Ther 29, 407-425, 1926

MILETICH D.J., KHAN A., ALBRECHT R.F., JOSEFIAK A., Use of heart cell cultures as a tool for the evaluation of halothane arrhythmia, Tox. appl. Pharmacol. 70, 181-187, 1983

Monographie des Bundesgesundheitsamtes Berlin: Fixe Kombinationen aus Adoniskrautflüssigextrakt, Maiglöckchenkrauttrockenextrakt, Meerzwiebeltrockenextrakt und Oleanderblättertrockenextrakt, Bonn: Bundesanzeiger, 1993 (im Druck)

NAG A.C., Embryonic chick heart muscle cells, in: PIPER H.M. (Hrsg.) Cell culture techniques in heart and vessel research, Berlin Heidelberg New York: Springer-Verlag, 3-19, 1990

Eine neue Methode zur Präparation und Aufbewahrung von menschlichem Herzmuskelgewebe für physiologische und pharmakologische Untersuchungen

G. Hasenfuss

Zusammenfassung

In vitro-Experimente an isoliertem menschlichen Herzmuskelgewebe bieten neue, vielversprechende Moglichkeiten zur Erforschung der Pathogenese und der Therapie von Herzerkrankungen und ermoglichen die Einsparung von Tierexperimenten in der Herz-Kreislaufforschung. Menschliches Herzmuskelgewebe steht im Rahmen der Herzchirurgie, insbesondere der Transplantationschirurgie zur Verfügung Die Verwendung von explantiertem menschlichen Herzmuskelgewebe war jedoch bisher entscheidend limitiert Erstens sind im menschlichen Herzen dunne Herzmuskelstreifen, wie sie für physiologische und pharmakologische Untersuchungen benotigt werden, nur selten vorhanden, zweitens gab es bisher keine Moglichkeiten explantiertes menschliches Herzmuskelgewebe uber einen langeren Zeitraum in funktionstuchtigem Zustand aufzubewahren und damit auch uber weitere Entfernungen vom herzchirurgischen Zentrum zum Untersuchungslabor zu transportieren Die neu entwickelte Methode stellt eine Losung beider Probleme dar Sie ermöglicht die Aufbewahrung menschlichen Herzmuskelgewebes uber mehr als 20 Stunden und erlaubt ferner die Praparation kleindimensionierter Herzmuskel-Streifenpraparate Die Methode besteht aus einer neu entwickelten protektiven Lösung, die 2,3-Butandion Monoxim enthalt und aus einer speziellen Praparationstechnik.

Die entwickelte Methode erlaubt zahlreichen Labors die Verwendung menschlichen Herzmuskelgewebes für physiologische und pharmakologische Untersuchungen am intakten Muskelstreifen und ermoglicht daher eine signifikante Reduktion von Tierversuchen auf den Gebieten der Herzmuskelforschung und der Entwicklung und Erprobung von Herz-Kreislaufmedikamenten

1. Einleitung

Mit der zunehmenden Zahl von Herztransplantationen ist es seit einigen Jahren möglich, menschliches Herzmuskelgewebe für in vitro-Experimente zu verwenden (GINSBURG R et al., 1983, BOHM M et al , 1988, GWATHMEY J.K et al , 1987) Insuffizientes Myokard steht aus explantierten erkrankten Herzen zur Verfügung Nichtinsuffizientes Myokard wird verfügbar, wenn explantierte Spenderherzen aus technischen Grunden nicht für die Transplantation verwendet werden konnen und für wissenschaftliche Untersuchungen freigegeben werden

In vitro-Untersuchungen am menschlichen Myokard bieten vielversprechende Möglichkeiten zum besseren Verständnis der Pathophysiologie und der Behandlung von menschlichen Herzerkrankungen. Untersuchungen am menschlichen Herzmuskel stellen daher aus zwei Gründen einen großen Fortschritt dar: Erstens erlauben sie eine signifikante Einsparung von Tierexperimenten. Zweitens ermöglichen sie, Erkrankungen am menschlichen Herzen selbst zu erforschen, ohne auf Tiermodelle zurückgreifen zu müssen, deren Übertragbarkeit auf die Verhältnisse am menschlichen Herzen häufig fraglich ist.

Die Verwendung menschlichen Herzmuskelgewebes für wissenschaftliche Untersuchungen hatte bisher zwei entscheidende Einschränkungen:

1 Ein Herzmuskel-Streifenpräparat für mechanische und biophysikalische Untersuchungen unter physiologischen Bedingungen sollte für eine adäquate Oxygenierung eine kleine Querschnittsfläche haben (KOCH-WESER J., 1963) Da jedoch im Gegensatz zum Herzen kleiner Säugetiere im menschlichen Herzen Muskelstreifen dieser Dimension nur selten vorhanden sind, mußten bisherige Untersuchungen bei niedrigerer Stimulationsfrequenz und Temperatur durchgeführt werden oder die Muskelstreifen mußten aus größeren Muskelstücken geschnitten werden Eine Reduktion der Untersuchungstemperatur oder der Stimulationsfrequenz ändert jedoch das Verhalten des Herzmuskels und macht daher die Interpretation der Untersuchungsbefunde schwierig Das Schneiden von Herzmuskelgewebe ist problematisch, da hierdurch in der Regel eine Schädigung des Myokards verursacht wird, die umso ausgeprägter ist, je kleiner die Querschnittsfläche des Muskelstreifens präpariert wird

2 Herzchirurgische Eingriffe und insbesondere Herztransplantationen werden nur in wenigen Zentren durchgeführt Da mit bisherigen Techniken Herzmuskelgewebe nur über wenige Stunden in intaktem Zustand aufbewahrt werden konnte, sind Untersuchungen am intakten menschlichen Herzmuskel-Streifenpräparat nur an Instituten möglich gewesen, die in unmittelbarer Nähe eines herzchirurgischen Zentrums gelegen sind. Aufgrund dieser Einschränkungen werden von den meisten Physiologen und Pharmakologen, die sich mit der Myokardfunktion und ihrer pharmakologischen Beeinflussung beschäftigen, Untersuchungen an Tiermodellen der Herzinsuffizienz und anderer kardialer Erkrankungen durchgeführt.

Um diese Probleme, die eine Verwendung menschlichen Herzmuskelgewebes für klinisch-wissenschaftliche Untersuchungen erschweren, zu beseitigen, entwickelten wir eine Methode, die es ermöglicht, menschliches Herzmuskelgewebe über mehr als 20 Stunden aufzubewahren und kleindimensionierte Muskelstreifen zu präparieren

2. Methoden und Ergebnisse

Alle Studienprotokolle waren von der zuständigen Ethikkommission geprüft und gebilligt worden. Im Falle der Verwendung des menschlichen Myokards lag die Einverständniserklärung der Patienten oder der Angehörigen zur Durchführung der wissenschaftlichen Untersuchungen vor.

2.1. Entwicklung der protektiven Lösung und der Präparationstechnik

2 1 1 Entwicklung der neuen protektiven Lösung

Pilotexperimente in isoliertem menschlichen Herzmuskelgewebe haben gezeigt, daß bei der Verwendung gängiger kardioplegischer Lösungen zum Transport und zur Präparation des Myokards nach Auswaschen der Lösung die Präparate ihre Erregbarkeit verloren hatten oder nur geringe Kontraktionskräfte zu erzielen waren. Daher mußte zunächst eine neue kardioplegische bzw. protektive Lösung entwickelt werden, die die Schädigung des Myokards während des Transports und der Präparation verhindert.

Zur Entwicklung der protektiven Lösung wurde 2,3-Butandion-Monoxim (BDM) verwendet. BDM ist ein effektiver, rasch wirkender und voll reversibler Inhibitor der Myokardkontraktion und kann das Myokard vor Hypoxie und dem Kalziumparadox schutzen (HORIUTI K et al, 1988; NAYLER W G et al, 1987, DALY M J et al, 1987) Die Ratio für den Einsatz von BDM war, daß die Elimination der Myokardkontraktion den myokardialen Energieverbrauch reduziert und das Myokard vor Schadigung wahrend der Praparation schützt

In Experimenten mit rechtsventrikularen Kaninchen-Papillarmuskeln, die auf konventionelle Weise prapariert worden waren, wurde diejenige BDM Konzentration ermittelt, die zum volligen Verschwinden der Kontraktion von Myokardfasern führte Die entwickelte protektive Lösung hat die in Abb. 1 dargestellte Zusammensetzung

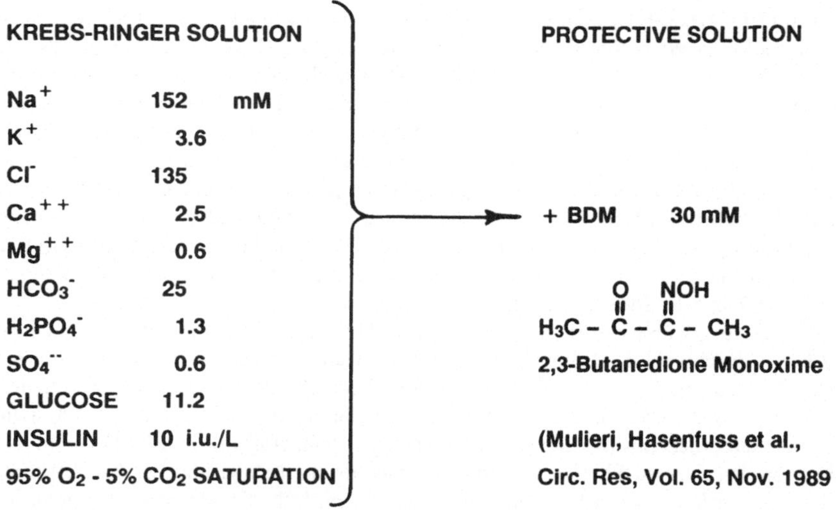

Abb 1 Zusammensetzung der protektiven Losung

Die Reversibilitat der BDM-Behandlung wurde an Kaninchen-Papillarmuskeln untersucht Die isometrische Kontraktionskraft wurde zunachst an nicht mit BDM vorbehandelten Muskeln gemessen Anschließend wurden die Muskeln für 30-60 Minuten in der protektiven BDM-Losung inkubiert (30°C, 0,3 Hz) Die Kontraktionskraft wurde erneut nach Auswaschen der BDM-Losung gemessen Es war lediglich eine minimale und statistisch nicht signifikante Abnahme der Kontraktionskraft um 2,5±2,32% festzustellen ($p>0,05$, $n=8$)

Um den Zeitraum naher zu charakterisieren, uber den mit der BDM-Losung die kontraktile Funktion erhalten werden kann, wurden weitere Experimente durchgeführt Nach Inkubation eines Myokardstreifens in BDM-Losung für eine Stunde wurden aus diesem 2 Muskelstreifen prapariert Ein Streifen wurde sofort untersucht, der andere nach einer 10 stundigen Inkubation in BDM Bei beiden Praparaten wurde nach Auswaschen der BDM-Losung die isometrische Kontraktionskraft (37°C, 1 Hz) gemessen Die Unterschiede zwischen den nach einer und nach zehn Stunden gemessenen Parametern der isometrischen Kontraktion waren statistisch nicht signifikant ($p>0,05$, $n=8$) Zusatzlich wurde ein Muskelstreifen für mehr als 20 Stunden in BDM aufbewahrt Die Kontraktionskraft dieses Streifens betrug 18,2 mN/mm^2, die des vergleichbaren, schon nach einer Stunde untersuchten Streifens betrug 19,2 mN/mm^2

2 1 2 Entwicklung einer neuen Methode zur Praparation dunner Herzmuskelstreifen

Die Rationale zur Verwendung der BDM-Losung wahrend der Muskelstreifen-Praparation beruht auf der Annahme, daß ein Hauptteil der irreversiblen Schadigung beim Schneiden von Herzmuskelgewebe auf den selbstdestruktiven Prozeß der Kontraktur zuruckzuführen ist und daß dies durch die neu entwickelte protektive Losung verhindert werden kann

Zur Präparation des menschlichen Herzmuskelgewebes wurden zwei neue Präparationskammern entwickelt (Abb. 2). Eine größere Kammer wurde für die grobe Vorpräparation und eine kleinere Kammer für die endgültige Präparation der feinen Muskelstreifenpräparate konstruiert.

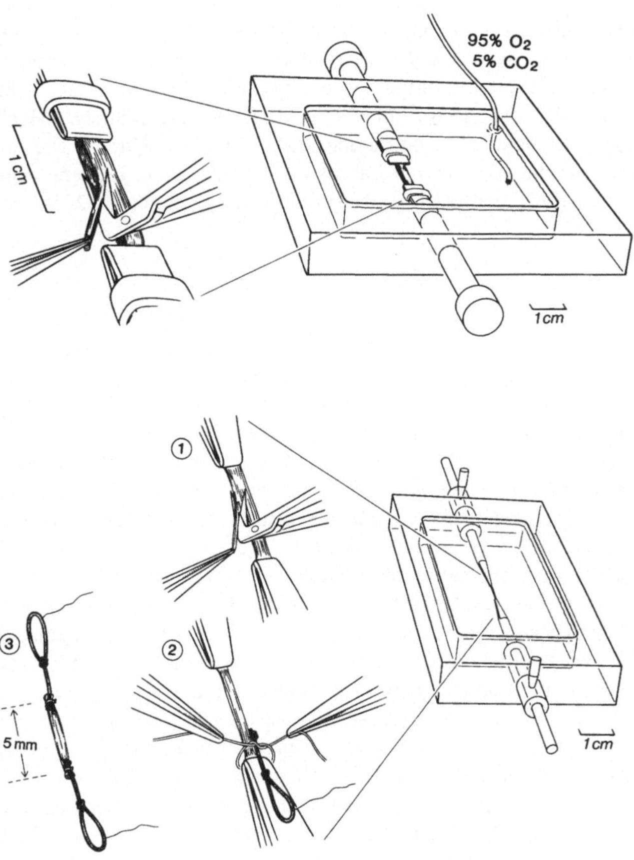

Abb 2 Kammern für die Präparation kleindimensionierter Herzmuskel-Streifenpräparate Oben ist die größere Kammer für die Vorpräparation des Muskels dargestellt Die Präparation erfolgt unter mikroskopischer Sicht mittels Mikroscheren und Pinzetten exakt entlang der Faserorientierung Die endgültige Präparation erfolgt in einer kleineren Kammer (unten) Hier werden abschließend mittels Seidenligaturen Schlingen befestigt, über die das Präparat an einem Kraftaufnehmer angebracht werden kann In beiden Präparationskammern befindet sich protektive Lösung, die kontinuierlich mit einem Sauerstoffgemisch begast wird

Unmittelbar nach der operativen Entnahme eines Myokardstücks wird dieses in der BDM-Lösung inkubiert und mit einem Carbogen-Gas-Gemisch (95% 0_2 - 5% $C0_2$) begast. In dieser Lösung wird das Muskelstück ins Labor transportiert. Danach wird das Myokardstück in die größere Präparationskammer gebracht und zwischen den Plastikhalterungen aufgespannt (Abb 2) In der Kammer, in der sich ebenfalls die protektive Lösung befindet, kann der Muskel gedreht und mit Mikroscheren und Pinzetten unter mikroskopischer Sicht (10x-20x) entlang der Faserrichtung präpariert werden Anschließend wird der Muskelstreifen in die kleinere Präparationskammer gebracht, die ebenfalls mit BDM-Lösung gefüllt ist. Dort erfolgt die endgültige Fertigstellung des Präparates. Nach Abschluß der Präparation verbleibt der Muskel noch für 15-30 Minuten in der BDM-Losung, bevor diese zur Durchführung der Experimente ausgewaschen wird

2 1 3 Qualitat der Muskelstreifenpraparate

Im Myokard aus terminal insuffizienten Herzen mit dilatativer Kardiomyopathie (37°C, 60 Schlage pro Minute) betrug die maximale Kontraktionskraft 13,9±2,0 mN/mm² Dieser Wert ist 2,3 bis 8fach hoher als die von anderen Arbeitsgruppen gemessenen Werte, die diese Präparationstechnik nicht anwenden (GINSBURG R et al , 1983, BOHM M. et al , 1988, ECKEL L. et al , 1982, BRUCKNER R et al , 1984) Im nichtinsuffizienten menschlichen Myokard betrug bei unseren Messungen die maximale Kontraktionskraft 25,9±3,9 mN/mm². Dieser Wert liegt 4,3 bis 14,9fach hoher als die von anderen Labors in vergleichbarem Gewebe gemessenen Werte (GINSBURG R et al , 1983, BOHM M et al , 1988, ECKEL L et al., 1982, BRUCKNER R et al , 1984)

3. Diskussion

Trotz großer Fortschritte in der pharmakologischen und chirurgischen Therapie, ist die Herzinsuffizienz in westlichen Landern eine der haufigsten und schwerwiegendsten Erkrankungen Da die pathophysiologischen Veranderungen, die der Herzinsuffizienz zugrunde liegen, noch weitgehend unbekannt sind, sollten intensive wissenschaftliche Untersuchungen zur Aufklarung der subzellularen Veranderungen und zur Ermittlung neuer Therapieverfahren durchgeführt werden Entsprechend sind zahlreiche Tiermodelle der menschlichen Herzinsuffizienz entwickelt worden Bei diesen Tiermodellen wird die Herzinsuffizienz entweder medikamentös-toxisch oder chirurgisch induziert und entwickelt sich uber Tage bis Monate. Obwohl durch diese Tiermodelle wichtige Befunde erhoben worden sind, stellt sich immer kritisch die Frage, ob diese Befunde tatsachlich auf die Situation des menschlichen Herzens übertragbar sind

In den letzten Jahren haben biochemische und physiologische Untersuchungen am isolierten Myokard, das uberwiegend aus der Transplantations-Chirurgie zur Verfügung stand, auf den großen Vorteil der Untersuchungen am menschlichen Myokard hingewiesen

In der vorliegenden Arbeit wurde eine Methode vorgestellt, welche die Verwendung isolierten menschlichen Herzmuskelgewebes zahlreichen physiologischen und pharmakologischen Forschungslabors ermoglicht Die Methode besteht aus einer neuen protektiven Losung und aus einer speziellen Paparationstechnik unter Verwendung unterschiedlicher Praparationskammern Streifenpraparate aus menschlichem Herzmuskelgewebe, die mit der neuen Technik präpariert wurden, hatten eine geringe Querschnittsflache, zeigten ein sehr gutes Kontraktionsverhalten und konnten daher unter physiologischen Bedingungen untersucht werden Die isometrische Spitzenkraft, die die Qualitat der Praparate widerspiegelt, liegt 2,3 bis 14,9fach hoher als die Werte, die von anderen Labors bisher angegeben wurden (GINSBURG R et al., 1983, GWATHMEY J K et al , 1987, ECKEL L et al , 1982, BRUCKNER R et al , 1984) Weiterhin ermoglicht die protektive BDM-Losung die Aufbewahrung des Gewebes in funktionstuchtigem Zustand uber mehr als 20 Stunden und erlaubt somit den Transport vom Transplantationszentrum bis zum Forschungslabor uber weite Strecken

Die Untersuchungen, die von unserer Arbeitsgruppe bisher am menschlichen Myokard durchgeführt und publiziert wurden, unterstreichen die Relevanz und Akzeptanz der Methode Der Vorteil der Untersuchung menschlichen Myokardgewebes im Gegensatz zum Tiermyokard wird u a durch eine von uns durchgeführte Spezies-Vergleichsstudie deutlich Hier wurde gezeigt, daß erhebliche Unterschiede im Energieumsatz und in der Regulation der kontraktilen Proteine zwischen den einzelnen Spezies bestehen (HASENFUSS G et al , 1991) Weiterhin war es mit der neuen Methode erstmals moglich, mit mechanischen und biophysikalischen Untersuchungen insuffizientes und suffizientes menschliches Myokard unter physiologischen Bedingungen zu vergleichen (MULIERI L.A et al., 1992, HASENFUSS G. et al , 1992). Ferner konnte gezeigt werden, daß die entwickelte Methode ermöglicht, die Effekte von Herz-Kreislauf-pharmaka am menschlichen Herzmuskel zu charakterisieren und zu quantifizieren (HASENFUSS G. et al., 1991).

Zusätzliche Untersuchungen könnten weitere Applikationsmöglichkeiten der Methode verdeutlichen. Vorläufige Ergebnisse zeigen, daß bei Verwendung der protektiven Lösung die Erfolgsrate bei der Präparation von Papillarmuskeln aus Tierherzen deutlich zunimmt, und daß die Ausbeute bei der Präparation von isolierten Herzmuskelzellen gesteigert werden kann. Diese Befunde weisen darauf hin, daß durch die entwickelte Methode sowohl der Ersatz von Tierversuchen durch Untersuchungen am menschlichen Myokard als auch eine Reduktion von Versuchstieren bei der Durchführung von Tierexperimenten erreicht werden können

Literatur

BOHM M , BEUCKELMANN D., BROWN L , FEILER G , LORENZ B , NABAUER M , KEMKES B , ERDMANN E., Reduction of beta-adrenoceptor density and evaluation of positive inotropic responses in isolated, diseased human myocardium, Europ Heart J 9, 844-852, 1988

BRUCKNER R , MEYER W , MUGGE A , SCHMITZ W , SCHOLZ H , Alpha-adrenoceptor-mediated positive inotropic effects of phenylephrine in isolated human ventricular myocardium, Eur J Pharmacol 99, 345-347, 1984

DALY M.J , ELZ J.S , NAYLER W G., Contracture and the calcium paradox in the rat heart, Circ Res 61, 560-569, 1987

ECKEL L., GRISTWOOD R W , NAWRATH H , OWEN D.A A , SATTER P., Inotropic and electrophysiological effects of histamine on human ventricular heart muscle, J Physiol 330, 111-123, 1982

GINSBURG R , BRISTOW M R , BILINGHAM M E , STINSON E B , SCHROEDER J.S., HARRISON D.C., Study of the normal and isolated human heart Decreased response of failing heart to isoproterenol, Am Heart J 106, 535-540, 1983

GWATHMEY J K , COPELAS L , MACKINNON R , SCHOEN F J., FELDMAN M D , GROSSMAN W , MORGAN J.P., Abnormal intracellular calcium handling in myocardium from patients with endstage heart failure, Circ Res 61, 70-76, 1987

HASENFUSS G., MULIERI L.A , BLANCHARD E M , HOLUBARSCH CH., LEAVITT B J , ITTLEMAN F., ALPERT N.R., Energetics of isometric force development in control and volume-overload human myocardium. Comparison with animal species, Circ Res 68, 836-846, 1991

HASENFUSS G., MULIERI L A , LEAVITT B , ALLEN P D , ALPERT N R , Alteration of contractile function and excitation-contraction coupling in dilated cardiomyopathy, Circ Res 70, 1225-1232, 1992

HASENFUSS G., MULIERI L A , LEAVITT B J , HOLUBARSCH CH , JUST H , ALPERT N R , Energy cost of isometric contraction in control and failing human myocardium Influence of isoproterenol and ouabain, Cardiovasc Drugs Ther 5 (Suppl 3), 341, 1991

HORIUTI K., HIGUCHI H., UMAZUME Y , KONISHI M , OKAZAKI O., KURIHARA S , Mechanism of action of 2,3-butanedione-monoxime on contraction of frog skeletal muscle fibres, J Muscle Res Cell Motil 9, 156-164, 1988

KOCH-WESER J , Effect of rate changes on strength and time course of contraction of papillary muscle, Am J Physiol 204, 451-457, 1963

MULIERI L A., HASENFUSS G., ITTLEMAN F , BLANCHARD E , ALPERT N R , Protection of human left ventricular myocardium from cutting injury with 2,3-butanedione monoxime, Circ Res 65, 1441-1444, 1989

MULIERI L A , HASENFUSS G , LEAVITT B , ITTLEMAN F., ALLEN P D , ALPERT N R., Altered myocardial force-frequency relation in human heart failure, Circulation 85, 1743-1750, 1992

NAYLER W G , BUCKLEY D J , ELZ J.S , Hypoxia and relaxation, in GROSSMAN W , LORELL B.H (eds) Diastolic relaxation of the heart, Boston Martinus Nijhoff Publishing, 67-72, 1987

Untersuchung des Wirkmechanismus von Antiarrhythmika mittels hochauflösendem Oberflächen-EKG am isolierten Langendorff-Herz

G. Stark, U. Stark, H.A. Tritthart

Zusammenfassung

Um Aufschluß uber die Wirksamkeit eines Antiarrhythmikums zu bekommen, ist es notwendig, dessen Effekte auf das intakte Reizbildungs- und Leitungssystem zu kennen. Während der Entwicklung einer antiarrhythmisch wirksamen Substanz ist es daher von größter Wichtigkeit, moglichst fruhzeitig diese Informationen zu bekommen Dadurch konnen etwaige Fehlentwicklungen, die auch mit einer großen Anzahl an unnotigen Tierversuchen einhergehen, vermieden werden

Mittels eines hochauflosenden EKG-Analysesystems ist es moglich, unter in vitro-Bedingungen an isolierten, nach der Methode von Langendorff perfundierten Saugetier-Herzen zusatzlich zu den herkommlichen EKG-Signalen, die fruhe atriale Erregung sowie die Depolarisation im His-Purkinjesystem darzustellen Weiters ist es moglich, die Refraktarzeiten unter verschiedensten Frequenzbedingungen, sowie an jedem Abschnitt des Reizleitungssystems des Atrium- und Ventrikelmyokards, zu bestimmen Durch ein derartiges Meßsystem ist die Moglichkeit geboten, bereits in einem initialen Stadium der Entwicklung einer Substanz, Informationen uber die Einflußnahme auf klinikrelevante Parameter wie das EKG oder die Refraktarzeiten zu bekommen Weiters ist es in diesem Modell moglich, unter verschiedensten Reizprotokollen, Effekte auf das Reizleitungssystem zu untersuchen, die bislang nur mittels aufwendiger Experimente am narkotisierten Großtier erhoben werden konnten

Ein derartiges Meßsystem ermoglicht daher eine verbesserte Planung der Entwicklung von Antiarrhythmika und kann direkt zu einer Reduktion von Experimenten am narkotisierten Großtier führen Weiters konnen auch Experimente an Herzteilen von Kleintieren wie dem isolierten Atrium, AV-Knoten, Papillarmuskel usw eingespart werden

1. Methode und Ergebnisse

Isolierte Meerschweinchenherzen von Tieren mit einem Korpergewicht von 300-400 g wurden uber eine modifizierte Langendorffapparatur (Anton Paar KG, Graz, Austria) mit Tyrode (in mM NaCl 132,1, KCl 2,7, $CaCl_2$ 2,5, $MgCl_2$ 1,15, $NaHCO_3$ 24,0, NaH_2PO_4 0,42, D-glucose 5,6) perfundiert Das Perfusat wurde mit einem Gemisch aus 95% O_2 und 5% CO_2 begast, wobei die Temperatur des Perfusats bei 36°C lag Entsprechend der Herzgroße wurde eine Perfusionsrate von 6-8 ml/min gewahlt Zur Ableitung der EKG-Signale wurden zwei Silberdrahtelektroden an der epikardialen Oberfläche so in der Ventilebene positioniert, daß die eine Elektrode im Bereich des Abgangs der Arteria interventricularis anterior lag, die andere gegenüber zwischen den beiden Herzohren (STARK G. et al., 1989a). Mit dieser Ableitung können durch ein hochauflösendes Verstärkersystem zusätzlich zu den herkömmlichen EKG-Signalen auch die frühe atriale- und die His-Bündelerregung dargestellt werden (Abb. 1).

Dadurch ist es möglich, mittels einer einfachen epikardialen Ableitung auftretende Blockbilder im His-Bündel, wie dies in der Abbildung 2 unter Propranolol gezeigt wird, darzustellen (STARK G. et al., 1989b).

Werden zwei Elektrodenpaare im rechten Winkel zueinander in der Höhe der Ventilebene plaziert, so ist es möglich, eine vektorkardiographische Darstellung des EKGs zu erreichen. Durch das hohe Auflösungsvermögen ist es weiter möglich, die räumliche Richtung der Erregungsausbreitung im His-Bündel sowie im Bereich des Sinusknotens bzw. der Crista terminalis darzustellen. Ein Beispiel in Abbildung 3 zeigt unter 0,1 µM Verapamil eine von Schlag zu Schlag sich ändernde Vektorschleife des frühen atrialen Signals Diese Beobachtung entspricht einer leitungsverzögernden Wirkung im Bereich der sinoatrialen Leitung mit einer geänderten Ausbreitungsrichtung der Erregungsfront über die Crista terminalis.

Durch epikardiale Stimulation mit verschiedensten Reizprotokollen können die Refraktärzeiten im Bereich der sinoatrialen- und atrioventrikulären Leitung sowie des Atrium- und Ventrikelmyokards bestimmt werden. Zur Bestimmung der Refraktärzeit im His-Purkinjesystem müssen die Stimulationselektroden über den rechten Vorhof in das AV-Knotenareal vorgeschoben werden In Abbildung 4 ist die Bestimmung der maximalen Reizfolgefrequenz in jedem der vorher erwähnten Herzteile sowie die Messung der Sinusknotenerholungszeit gezeigt.

2. Diskussion

Die elektrokardiographische Darstellung des Erregungsablaufs über das gesamte Reizleitungssystem des Herzens benötigt im allgemeinen den Einsatz von intrakardialen Kathetern. Derartige Ableitetechniken können daher am intakten Herzen lediglich im Tierversuch am narkotisierten Hund oder Schwein mit der nötigen Genauigkeit und Verläßlichkeit durchgeführt werden. Die Entwicklung eines EKG-Verstärkersystems, welches eine Darstellung von sonst nur intrakardial detektierbaren Signalen direkt von der Herzoberfläche ermöglicht, führt dazu, daß solche Messungen auch am isolierten Kleintierherzen durchgeführt werden können Dies bietet die Möglichkeit, Tierversuche an lebenden Tieren zur Erfassung der intrakardialen elektrischen Aktivität auf ein notwendiges Minimum zu reduzieren

Durch das hohe Auflösungsvermögen des Verstärkersystems ist es erstmalig möglich, die Erregungsausbreitung im Bereich der sinoatrialen- und His-Bündelleitung vektorkardiographisch zu untersuchen (Abb. 5). Ein weiterer Vorteil dieses Meßsystems liegt in der Möglichkeit der Bestimmung der Refraktärzeiten durch die einfache epikardiale Positionierung der Stimulationselektroden.

Dieses Meßsystem ist daher bestens geeignet, die elektrophysiologischen Effekte verschiedenster Substanzen, sei es aus therapeutischer oder sicherheitspharmakologischer Überlegung, an allen Teilen des Herzens zu ermitteln. Dadurch kann auf eine Vielzahl anderer Experimente an einzelnen Herzteilen (isoliertes Atrium, AV-Knoten, Papillarmuskel usw.) verzichtet werden Weiters besteht während einer Substanzentwicklung bereits zu einem frühen Zeitpunkt der Entwicklung die Möglichkeit, für den klinischen Anwender relevante Daten zu erheben, die frühzeitig das mögliche Einsatzgebiet einer Substanz charakterisieren. Dadurch wird in weiterer Folge, durch eine gezielte Planung, eine weitere Reduktion von Tierversuchen ermöglicht.

Literatur

STARK G , STARK U., TRITTHART H A , Assessment of the conduction of the caidiac impulse by a new epicardiac surface and stimulation technique (SST-ECG) in Langendorff perfused mammalian hearts, J Pharmacol Method 21, 195-209, 1989a

STARK G., STARK U., LUEGER A , BERTUCH H., PILGER E., PIETSCH B., TRITTHART H.A., The effects of the propranolol enantiomers on the intracardiac electrophysiological activities of Langendorff perfused hearts, Basic Res Cardiol 84, 461-468, 1989b

Abbildungen

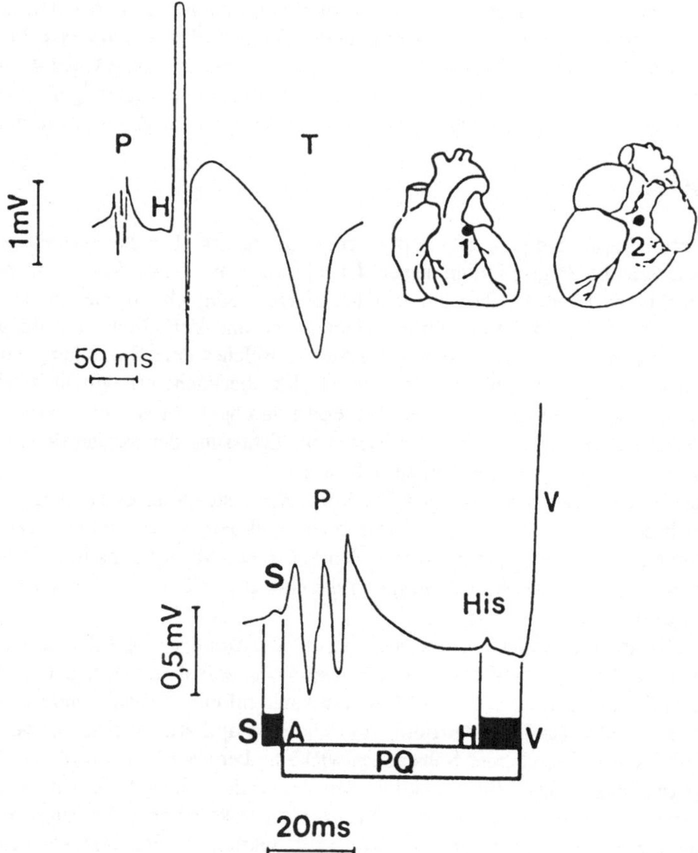

Abb 1 EKG von der epikardialen Oberflache des Herzens mit der Zusatzinformation uber die fruhe atriale- und His-Bundeldepolarisation S=Sinusknoten, A=Atrium, His=His-Bundel, V=Ventrikel

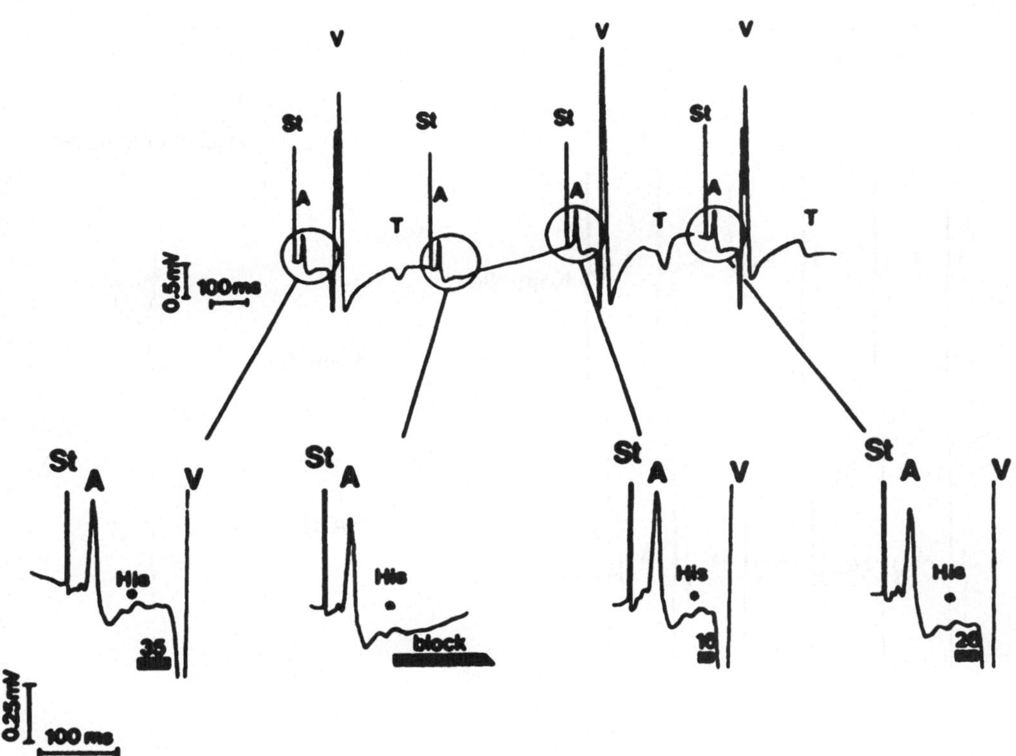

Abb 2 Hıs-Bundel-Block unter der Perfusıon mıt 10 µM (S)-Propranolol St=Stımulus, A=Atrıum, T=T-Welle, V=Ventrıkel

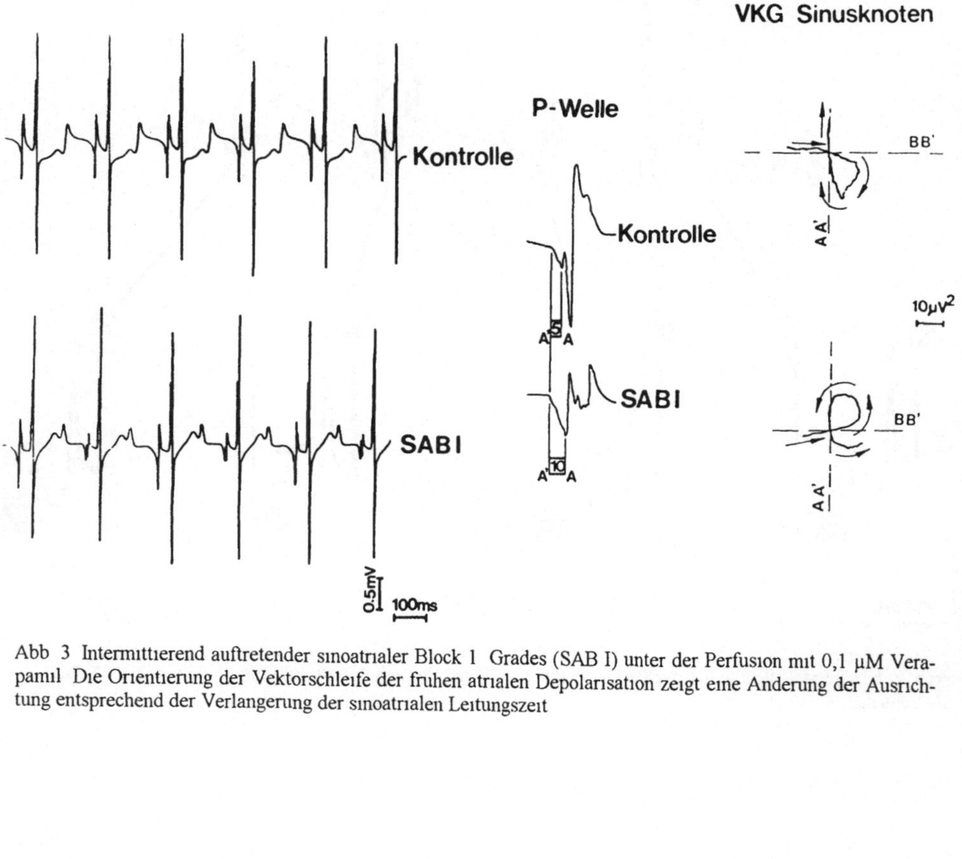

Abb 3 Intermittierend auftretender sinoatrialer Block 1 Grades (SAB I) unter der Perfusion mit 0,1 µM Verapamil Die Orientierung der Vektorschleife der fruhen atrialen Depolarisation zeigt eine Anderung der Ausrichtung entsprechend der Verlangerung der sinoatrialen Leitungszeit

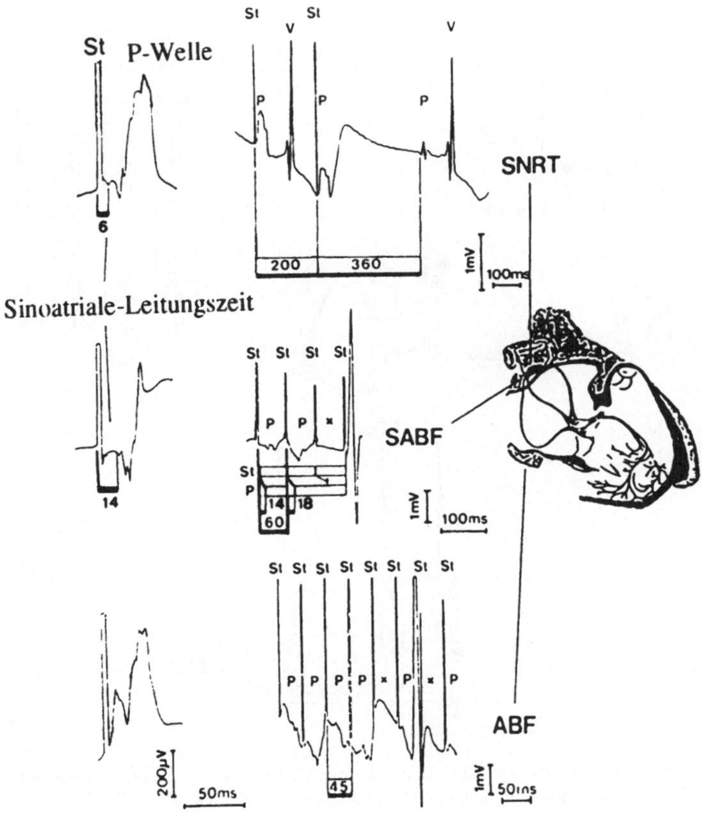

Abb 4a Hier sind die EKG-Sequenzen nach Erreichen der maximalen Grenzfrequenz der sinoatrialen-Leitung (SABF), des Atriummyokards (ABF) sowie die Bestimmung der Sinusknotenerholungszeit (SNRT) gezeigt (s a Abb 4b)

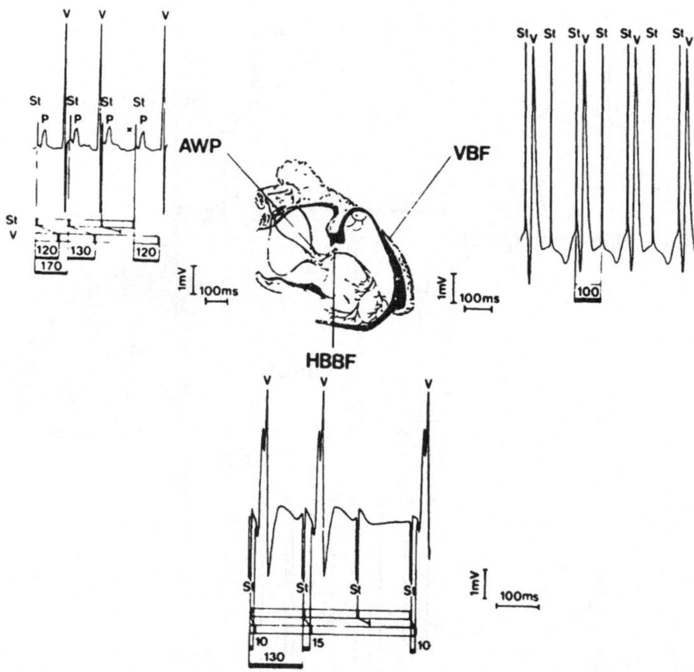

Abb 4b In dieser Abbildung sind die EKG-Sequenzen nach Erreichen der maximalen Reizfolgefrequenz des AV-Knotens (AWP), der His-Bundelleitung (HBBF) und des Ventrikelmyokards (VBF) dargestellt (s a Abb 4a)

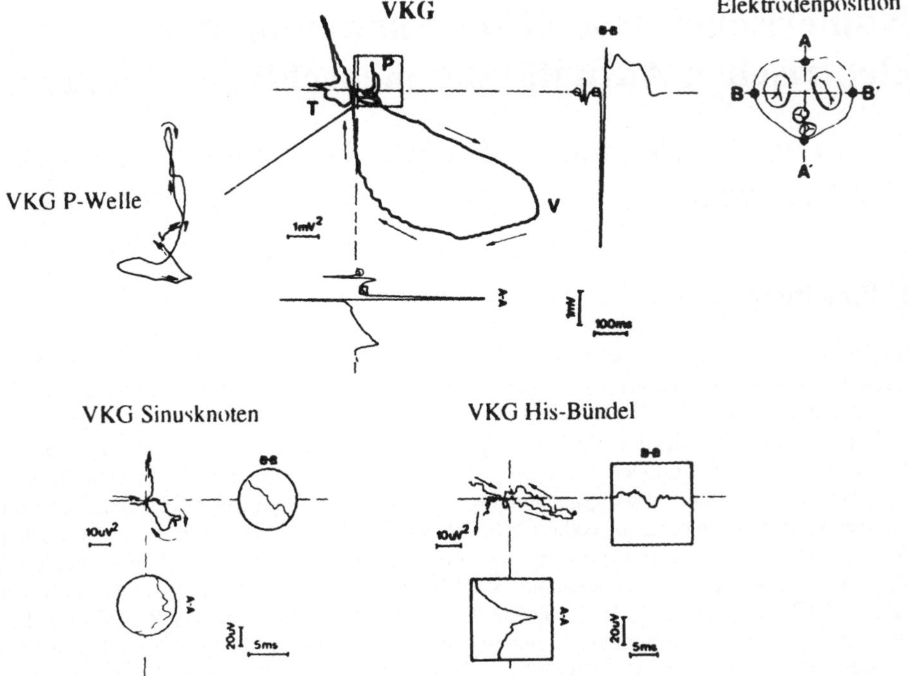

Abb 5 Gezeigt ist ein Vektorkardiogram eines isolierten spontan schlagenden Meerschweinchenherzens Die Vektorschleife der Atrium-, der Sinusknoten- und der His-Bundeldepolarisation sind in einer hoheren Verstarkung dargestellt

Numerisches Modell zur Simulation der elektrischen Aktivität des menschlichen Herzens

P. Wach, R. Killmann, F. Dienstl, M. Renhardt, P. Fleischmann

1. Einleitung

Der Zweck eines Computermodells ist, bekannte Forschungsergebnisse, die in Form von Meßdaten und Strukturerkenntnissen vorliegen, optimal zu nutzen und ein besseres Verstandnis für den Ablauf von komplexen Prozessen zu gewinnen.

Zur Simulation des elektrischen Erregungsvorganges im menschlichen Herzen wird ein dreidimensionales Computermodell verwendet, das die Anatomie des gesamten menschlichen Herzens nachbildet und die Erregungsausbreitung makroskopisch, ahnlich dem Huygenschen Prinzip der Wellenausbreitung, modelliert (KILLMANN R., 1990, KILLMANN R. et al. 1991a, WACH P. et al., 1989). Das Elektrokardiogramm und das Magnetokardiogramm konnen unter Verwendung des sogenannten "bidomain model" (KILLMANN R., 1990, GESELOWITZ D. B. and MILLER W. T., 1983, MILLER W. T. and GESELOWITZ D. B., 1978, PLONSEY R., 1984) und eines Thoraxmodells in die Simulation einbezogen werden. Beide Großen werden vollig nichtinvasiv am Menschen mittels Elektroden bzw. eines Mehrkanalsquids gemessen (HEINECKER R. und GONSKA B. D. 1992, GRAUMANN R. et al., 1991). Die Großenordnungen liegen bei 1 mV bzw. bei 10 pT. Das sogenannte "Vorwartsproblem" der Elektro- und Magnetokardiographie besteht darin, normale oder pathologische Standardableitungen und Maps zu simulieren. In gunstigen Fallen kann durch mehrmaliges Berechnen des Vorwartsproblems das wesentlich schwierigere "inverse Problem" gelost werden. Man kann beispielsweise supraventrikulare Tachykardien (KILLMANN R. et al., 1991a), die sich uber akzessorische Bundel ausbreiten, untersuchen. Dabei ist die Lage der akzessorischen Bahn im Modell frei wahlbar. Weiters kann die Ausbreitung der elektrischen Erregung in ischamischen Gebieten unterschiedlicher Lage modelliert werden, die Veranderung der Ausbreitungsgeschwindigkeit und der Aktionspotentialform bei Ischamie und Infarkt wird berucksichtigt. Ein weiteres Anwendungsgebiet ist das Studium und die Weiterentwicklung von Rekonstruktionsalgorithmen (MACLEOD R. S., 1990, JOANNIDES A. A. et al., 1990, MOSHAGE W. et al., 1991).

Da der medikamentose und nervale Einfluß auf die im Modell enthaltenen elektrophysiologischen Parameter weitgehend aus der medizinisch-pharmakologischen Forschung bekannt ist, ist eine Untersuchung des Einflusses von Medikamenten prinzipiell ebenfalls moglich (HEISTRACHER T., 1991).

Nicht zuletzt stellt ein Computermodell für den gesamten Erregungs- und Repolarisationsvorgang des Herzens und für die Entstehung von Elektro- und Magnetokardiogrammen auch eine wertvolle Hilfe in der Ausbildung dar.

2. Methode

2.1. Das Thoraxmodell

Zur Simulation von realistischen Elektro- und Magnetokardiogrammen ist sowohl ein Thorax- als auch ein Herzmodell nötig. Hierbei wird für das elektrische Potential eine Integralgleichung und für das magnetische Feld eine Integraldarstellung verwendet (EICHTINGER CH. et al., 1988). Die Lösung der Integralgleichung kann durch einfache Zerlegung der Oberflächen in Dreiecke oder durch die Boundary-Element-Methode erfolgen (MEIJS J.W.H. et al., 1989). Mit dem Ergebnis für das elektrische Potential kann die Integraldarstellung für das magnetische Feld berechnet werden.

Obwohl es für gute Amplitudentreue der berechneten Maps notwendig ist, ein aufwendigeres Thoraxmodell zu verwenden, können wesentliche Eigenschaften und grundsätzliche Zusammenhänge auch mit dem extrem vereinfachten Modell des elektrisch leitenden Halbraumes nachgebildet werden In diesem Fall ist die Lösung der Integralgleichung besonders einfach.

In dieser vereinfachten Darstellung erkennt man aus Gleichung (2), daß die Normalkomponente des magnetischen Feldes nicht mehr von der elektrischen Potentialverteilung auf der Oberfläche und somit auch nicht von den Volumenströmen abhängt Mit den zur Zeit zur Verfügung stehenden Meßeinrichtungen wird nur diese Normalkomponente mehrkanalig und simultan erfaßt (GRAUMANN R et al., 1991). Diese Meßdaten enthalten in erster Näherung nur Information über eingeprägte Ströme im Herzen, die parallel zur Oberflache fließen.

2.2. Bidomain Modell

Die in den Gleichungen (1) bis (3) verwendeten, eingeprägten Ströme sind einer direkten Messung nicht zugänglich. Man kann aber mit Hilfe der Modellvorstellung eines Bisynzytiums einen Zusammenhang zum Membranpotential angeben (GESELOWITZ D B. and MILLER W T , 1983)

Die effektiven elektrischen Leitfähigkeiten sind nur in grober Näherung isotrop Der in Gleichung (4) auftretende makroskopische Gradient des Membranpotentials gibt nur die Veränderung des über mehrere Zellen gemittelten Membranpotentials mit dem Ort wieder. Er definiert u.a. auch die Erregungs- und die weniger scharf ausgebildete Repolarisationsfront.

Für isotrope und konstante Leitfähigkeiten können die Volumenintegrale in Gleichung (1) bis (3) durch äquivalente Oberflächenintegrale (WACH P. et al., 1988) ersetzt werden.

2.3. Modell der elektrischen Erregung und Repolarisation

Das gesamte Herz einschließlich des Reizleitungssystems (KILLMANN R. et al , 1991b) wird in ein Gitter mit einer minimalen Gitterweite von 1,25 mm zerlegt Es werden verschiedene Herzgewebsarten, wie z B. Ventrikelmyokard, Purkinjesystem etc. definiert und einem Punkt zugeordnet Jedem Gewebe und jedem Gewebeübergang wird eine Leitungsgeschwindigkeit zugeordnet Die Faserrichtung des Myokards wird mit Hilfe zweier Winkel definiert und durch einen rotationssymmetrischen Leitungsgeschwindigkeitstensor beschrieben.

Für jedes Gewebe wird auch eine Verteilung der Refraktärperiode ERP(700) und eine Leitungsgeschwindigkeit CV(700) für eine Zykluslänge von 700 ms festgelegt. Die Abhängigkeit der Refraktärperiode ERP und der Leitungsgeschwindigkeit CV von der aktuellen Zykluslänge ACL wird mit Hilfe mathematischer Gleichungen modelliert. Die aktuellen Werte von ERP und CV sind der Literatur entnommen (RENSMA P.L. et al , 1988, BREMBILLA-PERROT B et al , 1988, DENES P et al., 1974, EDVARDSSON N et al., 1984; ENDRESEN K. et al , 1987; STEVENSON W.G et al., 1987; WIENER K et al., 1981; OMORI I et al., 1989)

Es kann grundsatzlich jedes Voxel in den erregten Zustand versetzt werden. Mit Hilfe der Leitungsgeschwindigkeiten wird die Zeit errechnet und gespeichert in der ein benachbartes Voxel erregt werden kann. Das Voxel mit der niedrigsten Zeit wird dann tatsächlich in den Erregungszustand versetzt Hierdurch kann das Fortschreiten der Erregungswelle sowohl im Normalfall als auch bei Extrasystolen untersucht werden Damit erhält man die zeitliche Verteilung der Membranpotentiale V_m, und es kann mit den Gleichungen (1) bis (6) das EKG und das MKG berechnet werden. Fur den Fall, daß die mittlere Leitfähigkeit k_H in Gleichung (6) isotrop angenommen werden kann, kann auch für anisotrope Leitfähigkeit s_{in} noch eine Lösung mittels Integralgleichungen angegeben werden

2.4. Berücksichtigung der verschiedenen Aktionspotentialformen

Wenn ein Zellgebiet erregt wird, antwortet es mit einem bestimmten Aktionspotential. Durch eine mathematische Formel mit 10 Parametern kann das Aktionspotential V_m mit Verzögerung, Amplitude, Anstieg, Plateau, Overshoot usw nachgebildet werden (MYERBURG R.J. et al, 1978, KILLMANN R et al, 1991b, WOHLFART B, 1987; ARNOLD L. et al, 1982)

2.5. Berücksichtigung der Herzbewegung

Fur die Berechnung von EKG und MKG wird die Kontraktion des Herzens in der Weise berucksichtigt, daß bis zum Beginn der T-Welle die enddiastolische Form des Herzens, in der Repolarisationsphase die Geometrie eines kontrahierten und gedrehten Herzens, verwendet wird (RENHARDT M et al, 1991)

3. Ergebnisse

In Abb. 1 ist der Erregungsablauf in anteriorer Ansicht dargestellt Die nebenstehende Zeitskala in Millisekunden bezieht sich auf den Sinusknoten als Startpunkt der Erregungswelle Abb 2 zeigt die mit dem Modell berechneten EKG Zeitverlaufe an den Brustwandableitpunkten V_1 bis V_6 nach Wilson In Abb 3 ist ein simuliertes magnetokardiographisches MAP dargestellt Da bei bestimmten Krankheiten (Hypertonie, Ischamie, Infarkt, Schenkelblock etc) schon in einem sehr fruhen Stadium charakteristische Veranderungen dieser "Maps" auftreten, ist die Methode der MKG Bewertung in Zukunft wahrscheinlich von hoherem diagnostischen Wert Das Simulationsmodell stellt für die Erforschung hochempfindlicher Diagnoseverfahren ein sehr wertvolles Hilfsmittel dar Abb 4 zeigt das simulierte MKG-MAP bei einer großen Ischämie im anterolateralen Bereich Die für Ischamie und Infarkt charakteristische Hebung der ST-Strecke ist deutlich zu erkennnen

Mit Hilfe der Methode der Current-Density-Rekonstruktion (GRAUMANN R et al, 1991) ist eine "inverse" Berechnung der Verteilung der Strome im menschlichen Herz teilweise möglich, das Herzmodell leistet einen wertvollen Beitrag für die Entwicklung neuer Rekonstruktionsmethoden Abb 5 zeigt die rekonstruierten Verletzungsströme in einer Herzschicht aus einem simulierten MKG-MAP bei Myokardischamie

4. Zusammenfassung

Das Herzmodell ist ein wichtiges Werkzeug zur Erforschung biophysikalischer, pharmakologischer und klinischer Fragestellungen. Die weitere Entwicklung in Richtung der Berucksichtigung der elektrischen Leitfähigkeitsanisotropie, der Gitterweitenanpassung, der Implementierung von Mustererkennungsalgorithmen, der Einführung ionischer Parameter und der exakten Modellierung einzelner Gewebsbereiche soll dieses Computermodell zu einem wichtigen universellen Hilfsmittel für Forschung und Lehre auf dem Gebiet der Elektro- und Magnetokardiologie erweitern. Bereits jetzt sind Fragen der Detektierbarkeit von pathologischen Veränderungen von EKG und MKG mit diesem Modell zu beantworten Der wichtigste Einsatz in nächster Zukunft sollen die Überprüfung der Genauigkeit von Rekonstruktionsalgorithmen, die Untersuchung des Einflusses von Medikamenten und die Entwicklung neuer EKG und MKG Bewertungsverfahren sein. Durch die Anwendung moderner Verfahren wie lokale Gewebsmodellierung, Neuronale Netze, Theorie nichtlinearer Systeme sollen neue charakteristische Eigenschaften der Erregungsausbreitungsvorgänge bei Tachykardien und vor allem beim Flimmern modelliert werden können.

Teile dieser Arbeit wurden durch den Fonds zur Förderung der wissenschaftlichen Forschung, Projekt 8877MED, unterstützt und erfolgten in Kooperation mit der Siemens AG, Erlangen, Bereich Medizinische Technik (R. KILLMANN) und der Medizinischen Universitätsklinik Innsbruck (F. DIENSTL).

Literatur

ARNOLD L., PAGE J., ATTWELL D , CANNELL M , EISNER D.A., The dependence on heart rate of human ventricular action potential duration, Cardiovasc. Res , 16, 547-551, 1982

BREMBILLA-PERROT B., TERRIER DE LA CHAISE, A., CHERRIER F., PERNOT C , Evaluation of the refractory periods of the atrioventricular accessory pathways, Eur Heart J. 9, Abstract supplement 1, 205 (abstract publication), 1988

DENES P., WU D., DHINGRA R , PIETRAS R.J., ROSEN K.M., The effects of cycle length on cardiac refractory periods in man, Circulation 49, 32-41, 1974

EDVARDSSON N., HIRSCH I , OLSSON S.B , Right ventricular monophasic action potentials in healthy young men, PACE 7, 813-821, 1984

EICHTINGER CH , WACH P , KILLMANN R., BRAUER H., Improved forward solution of ECG and MCG mapping derived from a distributed soruce within an integral equation model, Graz: Proceedings BME Austria, 126-130, 1988

EICHTINGER CH , Modellstudien uber Magnetokardiographie, Dissertation an der Technischen Universitat Graz, 1990

ENDRESEN K., AMLIE J.P , FORFANG K , SIMONSEN S., JENSEN O , Monophasic action potentials in patients with coronary artery disease reproducibility and electrical restitution and conduction at different stimulation rates, Cardiovasc Res. 21, 696-702, 1987

GESELOWITZ D B , MILLER W T , A bidomain model for anisotropic cardiac muscle Ann. Biomed Eng. 11, 191-206, 1983

GRAUMANN R., ABRAHAM-FUCHS K , MOSHAGE W , SCHNEIDER S , Reconstruction of current densities with anatomical constraints, Munster Proceedings 8th International Conference on Biomagnetism, 353-354, 1991

HEINECKER R , GONSKA B D , EKG in Praxis und Klinik, Stuttgart Georg Thieme-Verlag, 1992

HEISTRACHER T , Modellierung der Einflüsse der Innervation des Herzens auf die Erregungsausbreitung, Diplomarbeit an der Technischen Universität Graz, 1991

JOANNIDES A A , BOLTON J P.R., CLAKE C.J.S., Continuous probabilistic solutions to the biomagnetic inverse problem, Inverse Problems 6, 523-542, 1990

KILLMANN R., Three-dimensional numerical simulation of the excitation and repolarisation process in the entire human heart with special emphasis on reentrant tachycardias, Dissertation at Graz University of Technology, 1990

KILLMANN R , WACH P , DIENSTL F , Three-dimensional computer model of the entire human heart for simulation of reentry and tachycardia: gap phenomenon and Wolff-Parkinson-White syndrome, Basic Res. Cardiol. 86, 485-501, 1991a

KILLMANN R., WACH P., RENHARDT M., ROSIAN M., Mathematische Modellierung der Aktionspotentialformen des Herzens, Biomed. Tech 36, Ergänzungsband 1, 250-251, 1991b

MACLEOD R.S., Percutaneous transluminal coronary angioplasty as a model of cardiac ischemia. clinical and modelling studies, Dissertation, Dalhousie University Halifax, 1990

MEIJS J.W.H , WEIER O.W., PETERS M J., OOSTEROM A., On the numerical accuracy of the boundary element method, IEEE Trans on Biomed Eng 36, 1038-1049, 1989

MILLER W T , GESELOWITZ D.B , Simulation studies of the electrocardiogram, I. The normal heart, Circ Res 43, 301-314, 1978

MOSHAGE W , ACHENBACH S , GRAUMANN R , SCHNEIDER S., GÖHL K., BACHMANN K., Stromdichte-Rekonstruktion in der klinischen Magnetokardiographie, Biomed Tech., 36, Ergänzungsband 1, 147-148, 1991

MYERBURG R J., GELBAND H , CASTELLANOS A , NILSSON K , SUNG R.J , BASSETT A L., Electrophysiology of endocardial intraventricular conduction The role and function of the specialized conducting system, in. WELLENS H J J , LIE K I , JANSE M J (eds), The conduction system of the heart. Structure, function and clinical implications, 2nd ed Martinus Nijhoff Medical Division, The Hague, 336-359, 1978

OMORI I , INOUE D , SHIRAYAMA T., ASAYAMA J., KATSUME H., NAKAGAWA M , Effect of paced cycle length on sinus node effective refractory period before and after autonomic blockade in patients with sick sinus syndrome, Eur Heart J. 10, 409-416, 1989

PLONSEY R , Quantitative formulations of electrophysiological sources of potential fields in volume conductors, IEEE Transactions on biomedical engineering 31, 868-872, 1984

RENHARDT M , WACH P , KILLMANN R , Modellierung der Kontraktion des Herzens innerhalb eines numerischen Herzmodells, Biomed Tech 36, Ergänzungsband 1, 258-259, 1991

RENSMA P L , MAURITS M A , LAMMERS W.J.E P., BONKE F.I.M., SCHALIJ M.J , Length of excitation wave and susceptibility to reentrant atrial arrhythmias in normal conscious dogs, Circ. Res. 62, 395-410, 1988

STEVENSON W G , WIENER I , WEISS J N , Effects of spatial separation of stimulation sites on ventricular refractoriness during programmed electrical stimulation, Am Heart J. 114, 1396-1399, 1987

WACH P , KILLMANN R , EICHTINGER CH , SCHUY S , Ein Vergleich der Auswertung der intramuralen und epikardialen bzw endokardialen Verteilung des Transmembranpotentials zur Darstellung der Quellstruktur im EKG- und MKG-Vorwartsproblem, Biomed Tech 33, 261-265, 1988

WACH P , KILLMANN R , DIENSTL F , EICHTINGER CH , A computer model of human ventricular myocardium for simulation of ECG, MCG and activation sequence including reentry rhythms, Basic Res Cardiol 84, 404-413, 1989

WIENER K., KUNKES S , RUBIN D., KUPERSMITH K , PACKER M , PITCHON R., SCHWIETZER P , Effects of sudden change in cycle length on human atrial, atrioventricular nodal and ventricular refractory periods, Circulation 64, 245-248, 1981

WOHLFART B , A simple model for demonstration of STT-changes in ECG, Eur Heart J. 8, 409-416, 1987

Formeln

$$(1)\ V(\mathbf{r}_s) = \frac{2}{k} \int_{v_H} J_o(\mathbf{r}_Q)\ \mathrm{grad}_Q\ G(\mathbf{r}_s, \mathbf{r}_Q)\ dv_H$$

$$(2)\ H_n(\mathbf{r}_A) = \int_{v_H} (\mathbf{n} \times J_o(\mathbf{r}_Q))\ \mathrm{grad}_Q\ G(\mathbf{r}_A, \mathbf{r}_Q)\ dv_H$$

$$(3)\ H_t(\mathbf{r}_A) = \int_{v_H} (J_o(\mathbf{r}_Q) \times \mathrm{grad}_Q\ G(\mathbf{r}_A, \mathbf{r}_Q))_t\ dv_H + k \int_A V(\mathbf{r}_q)\ (\mathrm{grad}_q\ G(\mathbf{r}_A, \mathbf{r}_q) \times \mathbf{n})\ dA$$

k	mittlere Leitfähigkeit
$J_o(\mathbf{r}_Q)$	eingeprägte Stromdichten in Quellpunkten im Herzen
$V(\mathbf{r}_s)$, $V(\mathbf{r}_q)$	elektrisches Potential an den Aufpunkten bzw Quellpunkten der Thoraxoberfläche
$H_n(\mathbf{r}_A)$	Normalkomponente des magnetischen Feldes in einem Aufpunkt sehr nahe der Thoraxoberfläche
$H_t(\mathbf{r}_A)$	Tangentialkomponente in einem Aufpunkt sehr nahe der Oberfläche
n	Normalvektor sehr nahe der Thoraxoberfläche

$grad_j\, G(\mathbf{r}_i, \mathbf{r}_j)$	Gradient der Greenschen Funktion im Punkt $\mathbf{r}_i$ bezüglich der Variation des Punktes $\mathbf{r}_j$
V_H	Herzvolumen
A	Oberfläche des Thorax

(4) $\mathbf{J}_o = - s_{in}\, \text{grad}\, V_m$

(5) $\mathbf{J} = \mathbf{J}_o - k_H\, \text{grad}\, V$

(6) $k_H = s_{in} + s_{ex}$

$\mathbf{J}_o$	eingeprägte Stromdichte
$\mathbf{J}$	Gesamtstromdichte
s_{in}	effektive elektrische Leitfähigkeit im Zellinnenraum
s_{ex}	effektive elektrische Leitfähigkeit im Zellaußenraum
k_H	mittlere Leitfähigkeit des Herzgewebes
grad V_m	(makroskopischer) Gradient des Membranpotentials
V	Potential

Abbildungen

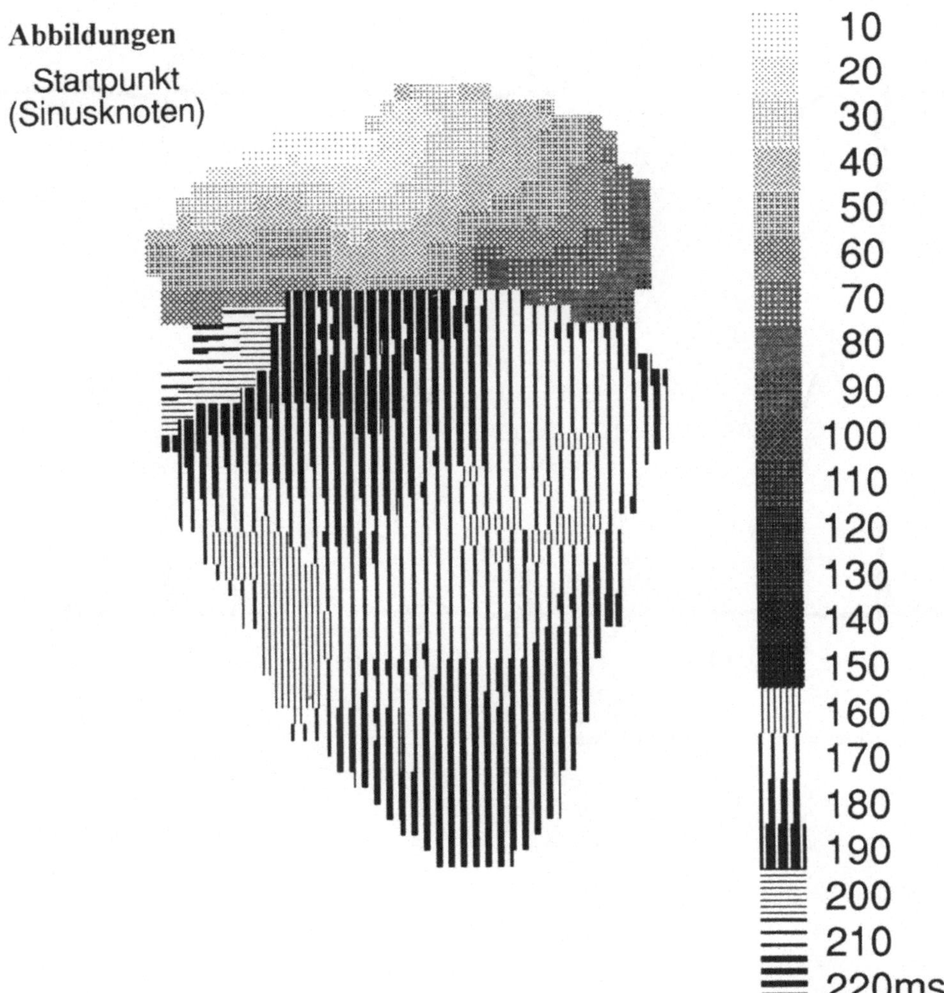

Abb 1 Simulierte Erregungsausbreitung am Epikard des Herzens (anteriore Ansicht)

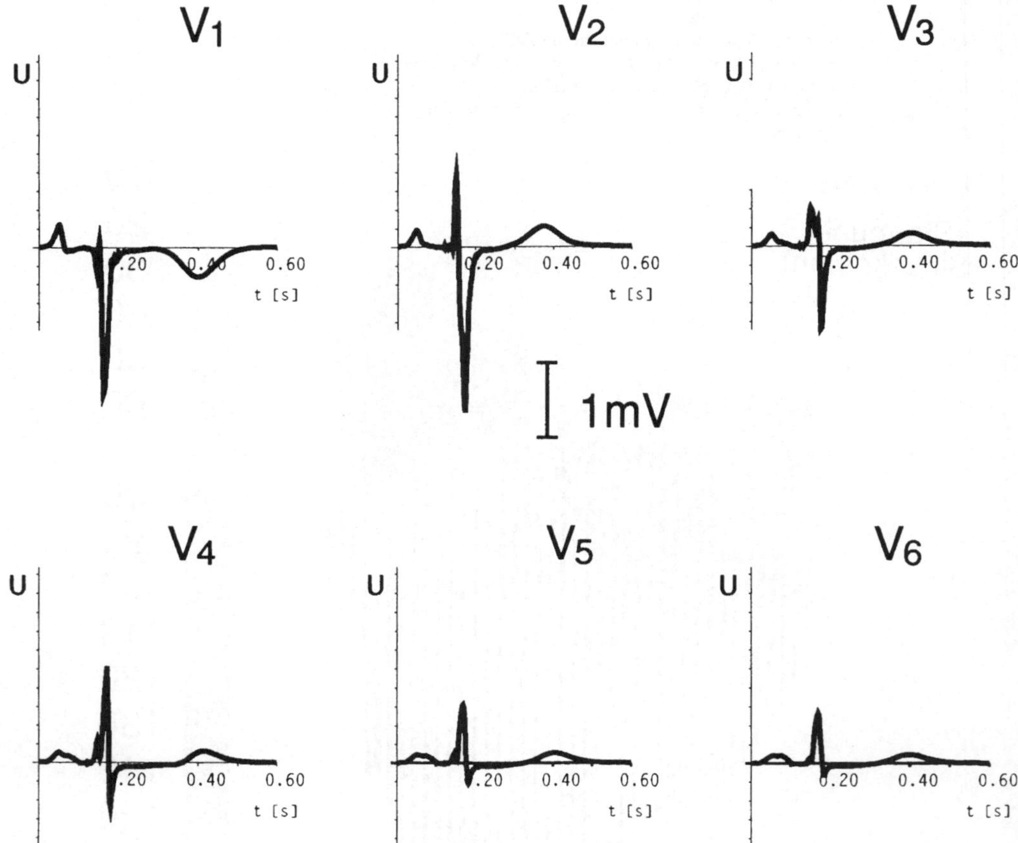

Abb 2 Brustwandableıtungen nach Wılson

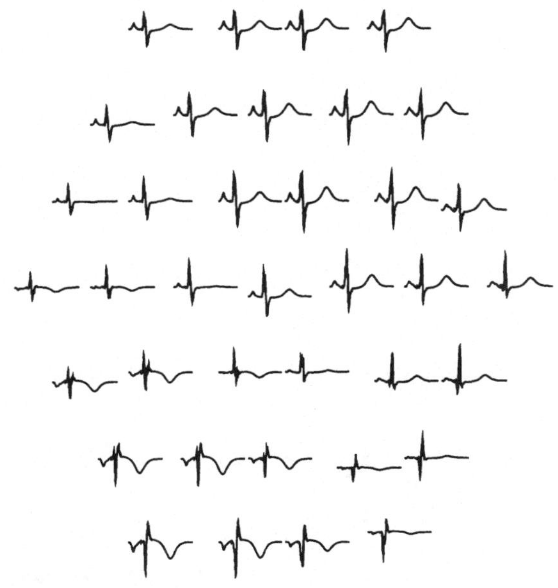

Abb 3 Magnetokardıographısches Map (Normalfall)

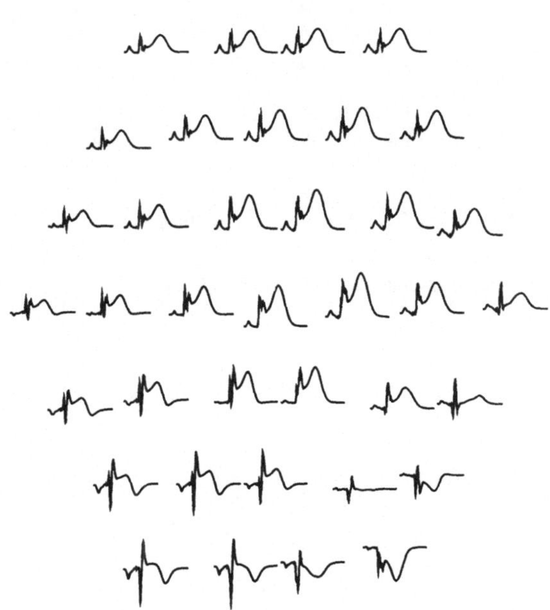

Abb 4 Magnetokardıographısches Map (anterolaterale Ischamıe)

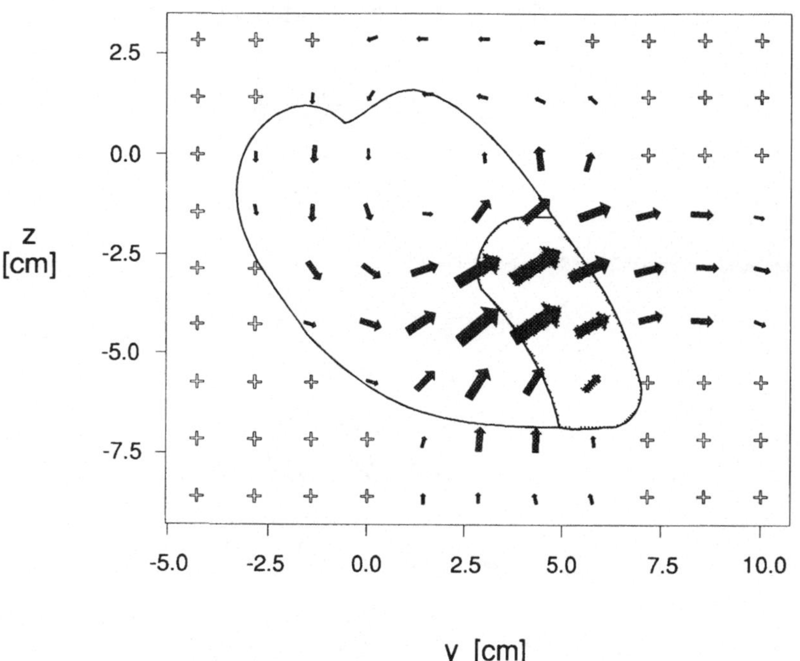

Abb 5 Rekonstruierte Verletzungsströme (anterolaterale Ischämie)

Optimierung von Versuchen durch exakte Planung

K.P. Pfeiffer

Zusammenfassung

Der Zweck der Studienplanung ist, mit einer möglichst kleinen Zahl an Beobachtungen oder Meßwerten bei minimaler Belastung der Untersuchungsobjekte oder -subjekte ein Maximum an verwertbarer Information zu gewinnen. Dies erfordert eine systematische, stufenweise Vorgangsweise und eine Zusammenarbeit zwischen Fachwissenschafter und Biometriker, weil gleichzeitig die Problemstellung präzisiert und operationalisiert werden muß und die statistische Auswertbarkeit der zu erhebenden Daten gewährleistet sein muß.

Die wesentlichen Stufen einer Studienplanung werden in Form einer Checkliste beschrieben.

Der meist schwierigste Schritt der Studienplanung ist die Umsetzung einer verbal formulierten Fragestellung in eine statistisch analysierbare Arbeitshypothese. In der Planungsphase müssen das Studiendesign, d.h. die Auswahl- bzw. Zuordnungsverfahren für die Untersuchungsobjekte und -subjekte und die Meßverfahren festgelegt werden. Weiters muß eine Klassifikation der Variablen in Haupt- und Nebenzielkriterien, sowie deskriptive Größen vorgenommen werden.

Die Berechnung des erforderlichen Stichprobenumfanges bei Vorgabe des Fehlers 1. und 2. Art stellt einen zentralen Punkt in der Studienplanung dar. Ohne auf spezielle Verfahren zur Fallzahlberechnung einzugehen, werden uni- und multivariate Ansätze kurz besprochen.

Studienplanung heißt auch, auf die optimale Verwertung der Daten zu achten. Dies erfordert eine möglichst präzise, fehlerfreie Dokumentation und den Einsatz adäquater statistischer Verfahren.

1. Einleitung

Das Ziel der Studienplanung ist die Strukturierung einer Problemstellung im Hinblick auf Datenerfassung und Datenverarbeitung. Ausgehend von einer Präzisierung der Problemstellung werden Untersuchungsobjekte, Ziel- Einfluß- und Störgrößen, Datenerhebungs- und Meßverfahren festgelegt.

Der Zweck der Studienplanung ist, mit einer möglichst kleinen Zahl an Beobachtungen oder Meßwerten bei minimaler Belastung der Untersuchungsobjekte oder -subjekte ein Maximum an verwertbarer Information zu gewinnen.

Durch eine systematische Vorgangsweise können die aussagekräftigsten Merkmale identifiziert werden, der Einfluß möglicher Störfaktoren kann minimiert oder kontrolliert werden und die statistische Verwertbarkeit der erhobenen Daten kann gesichert werden. Studienplanung ist ein Optimierungsprozeß, bei welchem Kosten, Zeit und Belastung minimiert und der Informationsgewinn maximiert werden sollen.

Studienplanung bedeutet, Daten gezielt zu erheben und zu dokumentieren und nicht Daten zu sammeln

Seit vielen Jahren wird von verschiedensten Institutionen versucht, eine systematische Vorgangsweise bei statistischen Untersuchungen zu forcieren Wahrend beispielsweise im Bereich der Landwirtschaft ausgefeilte Studienplane eine lange Tradition haben, wird bei vielen medizinischen, biologischen und umweltbezogenen Untersuchungen der Studienablauf und die Datenerfassung noch immer vom Zufall dominiert Erst in den letzten Jahren haben vor allem im Bereich der klinischen Studien gut strukturierte Studienplane Eingang gefunden und gewisse Grundregeln, wie sie in den GCP-Richtlinien (WITTE P U et al , 1990) enthalten sind, werden immer haufiger als Richtlinien herangezogen Nicht zuletzt sind es die Ethik-Kommissionen, die die Moglichkeit haben, auf eine optimale Planung, Durchführung und Auswertung von Studien zu achten (LEVINE R J , 1986)

Bei der folgenden Beschreibung der Phasen einer Studienplanung wird auf detaillierte statistische Formulierungen verzichtet und es werden beispielhaft möglichst einfache Ansatze gewahlt

2. Stufen der Studienplanung und Systemanalyse

Studienplanung bedeutet, das zu untersuchende System zu analysieren, die wesentlichen Elemente des Systems zu identifizieren und die Beziehungen dieser Elemente zu erfassen Fur eine systematische Vorgangsweise bei der Studienplanung sollen einige wichtige Punkte in Form einer Checkliste dargestellt werden (MARKS R G , 1982, PFEIFFER K P , 1989, 1991)

2.1. Wozu?

An die erste Stelle jeder Studienplanung sollte man folgende Fragen stellen

- Ist diese Studie notwendig oder gibt es nicht schon in der Literatur ausreichende Ergebnisse, die z B eine aufwandige randomisierte klinische Studie uberflussig machen?
- Welche neuen Erkenntnisse erwartet man sich von dieser Studie?

Der wesentliche Punkt der Studienplanung ist die Umsetzung einer verbal formulierten Problemstellung in eine prazise statistische Fragestellung Es geht dabei um eine Prazisierung des Studienziels durch die Spezifizierung der wesentlichen Zielgroßen und durch die Festlegung des Studiendesigns

Eine Prazisierung der Fragestellung im statistischen Sinne bedeutet, zuerst einmal zu unterscheiden, ob es sich um eine explorative oder konfirmatorische Analyse handelt Bei konfirmatorischen Studien ist weiters zu klaren, ob es um eine Parameterschatzung oder um die Prufung von Hypothesen geht

Generell ist hier der Studientyp festzulegen (KLEINBAUM D G , 1982) Dabei ist zu entscheiden, ob es sich um ein Experiment, Quasi-Experiment oder um eine Beobachtungs-Studie handelt, ob es sich um eine Fall-Referenz- oder um eine Kohortenstudie handelt und ob die Daten retrospektiv oder prospektiv erhoben werden Retrospektive Studien sind meist kostengunstiger, sie haben jedoch den Nachteil, daß die vorliegenden Daten nicht für den speziellen Studienzweck erhoben wurden, daß wichtige Informationen fehlen und daher oft nicht eine ausreichende Spezifitat gewahrleisten Prospektive Studien sind meist zeit- und kostenintensiver Sie haben jedoch den Vorteil, daß moglichst spezifische Zielgroßen erhoben und viele Einflußfaktoren kontolliert und/oder dokumentiert werden konnen

Gerade in dieser Phase hat der Statistiker eine wichtige Rolle, weil er den Aspekt der statistischen Auswertbarkeit im Hinblick auf die zu untersuchende Problemstellung einbringen kann und so wesentlich zur Strukturierung der Fragestellung beitragt

Zur Präzisierung der Problemstellung gehort auch die Spezifizierung des Konfidenzintervalls für zu schätzende Parameter bzw. des Fehlers 1. und 2 Art bei Hypothesenprüfungen Diese Informationen sind für die Fallzahlschatzung unbedingt notwendig

Ist das Studienziel der Vergleich zweier oder mehrerer Gruppen, so muß definiert werden, was vom Gesichtspunkt des Fachwissenschafters als relevanter Unterschied anzusehen ist

2.2. Was?

Schon bei der Formulierung der Problemstellung wird die Frage der wesentlichen Ziel- und Einflußgrößen und der Variationsursachen aufgeworfen. Um ein aussagekräftiges Studienergebnis zu erhalten, müssen auch entsprechende aussagekraftige Zielvariablen verwendet werden. Es ist zu untersuchen, durch welche Variablen das Untersuchungsziel am besten charakterisiert wird. Bei Fall-Referenz Studien bedeutet dies, daß das zu untersuchende Krankheitsbild moglichst klar definiert werden muß (SCHLESSELMANN J J , 1982)

Um ein Krankheitsbild zu definieren kann man.

- Symptome
- Merkmale
- Laborwerte

heranziehen.

Bei der Auswahl der Studienvariablen ist generell zwischen quantitativen und qualitativen, hier wiederum zwischen nominalen und ordinalen, Größen zu unterscheiden

Um ein Therapieergebnis zu beurteilen, hat man bisher meist biologisch manifeste Ergebnisgrößen, wie z.B. die Überlebenszeit, das Ausmaß der Senkung des Blutdrucks usw verwendet. In letzter Zeit hat man vor allem bei chronischen Erkrankungen und bei der Krebstherapie auch funktionelle, psychologische und soziale Auswirkungen einer Therapie für die Bewertung des Therapieerfolges herangezogen und sogenannte Quality Adjusted Life Years (QALYs) als Zielgröße verwendet (GOTAY C C. and MOORE T D , 1992)

Bei der Auswahl der Einflußfaktoren ist zu untersuchen, welche durch einen geeigneten Studienplan kontrolliert bzw gesteuert werden konnen bzw welche vorgegeben und daher nicht beeinflußbar sind Dies hangt auch vom Studientyp ab, namlich ob es sich um ein Experiment oder um eine Beobachtungsstudie handelt

Eine dritte Gruppe von Variablen sind sogenannte Storfaktoren Das sind all jene Faktoren, die nicht von primärem Studieninteresse sind, die durch die Studienplanung nicht ausgeschaltet werden konnen, die aber auf das Studienergebnis möglicherweise einen substantiellen Einfluß ausuben. Diese Störfaktoren mussen unbedingt dokumentiert werden. um eine Verzerrung des Studienergebnisses durch additive oder multiplikative Wirkungen bei der statistischen Analyse vermeiden zu konnen.

Typische Störfaktoren in klinischen Studien sind Zusatzmedikationen aber auch soziookonomische Faktoren

Eine weitere Unterteilung der zu erhebenden Größen sollte nach folgenden Gesichtspunkt erfolgen:

- Hauptzielkriterien
- Nebenzielkriterien
- deskriptive Größen

Die Anzahl der Hauptzielkriterien sollte im Hinblick auf eine prazise Fragestellung moglichst klein gehalten werden

Bei mehreren Hauptzielkriterien mussen bei der statistischen Analyse entweder multivariate Methoden verwendet werden bzw es ist eine entsprechende Korrektur des Fehlers 1 Art vorzunehmen

2.3. Wann, wo, an wem?

Studienplanung beinhaltet auch, die logistischen Probleme bei der Durchführung einer Studie rechtzeitig zu erfassen

Reprasentative Daten kann man nur durch eine geplante Datenerfassung gewinnen Die Auswahl von reprasentativen Stichproben ist meistens kein triviales Problem Bevor man an die Auswahl der Stichproben herangeht, muß geklart werden, auf welche Grundgesamtheit sich die Studie bezieht und aus welcher Grundgesamtheit daher die Stichproben zu entnehmen sind bzw wie bei einer prospektiven Studie die Untersuchungsobjekte oder -subjekte zuzuordnen sind Der Zweck der Stichprobenauswahl ist die Vermeidung von Verzerrungen durch Fehlselektion bzw nicht-reprasentative Auswahl

Wenn zu Beginn der Studie die wesentlichen Einfluß- und Storgroßen bereits spezifiert wurden und der Studientyp feststeht, kann man darauf aufbauend einen Stichprobenplan entwikkeln Haufig wird eine einfache Randomisierung oder Zufallsauswahl - je nach Studientyp - nicht ausreichend sein sondern es mussen Stratifizierungen oder Clusterbildungen vorgenommen oder mehrstufige Erhebungsverfahren geplant werden Bei orts- und zeitabhängigen Stichproben ist oft eine systematische Rasterbildung zu empfehlen (GILBERT R O , 1987, PFEIFFER K P , 1989)

Bei klinischen Studien wird man an dieser Stelle die Ein- und Ausschlußkriterien definieren

Plant man eine Fall-Referenz Studie, so ist einerseits die Fall-Gruppe durch das entsprechende Krankheitsbild moglichst genau zu definieren und andererseits eine Referenz-Gruppe zu wahlen, bei welcher das Krankheitsbild moglichst klar ausgeschlossen werden kann Des weiteren ist aber zu beachten, daß bezuglich moglicher wichtiger Einfluß- und Storgroßen, wie z. B Alter, Geschlecht usw keine substantiellen Unterschiede zwischen den Gruppen bestehen, da dies sonst zu einer Verzerrung des Studienergebnisses führen konnte

2.4. Wer, wie, womit?

Hier sollten die Meßmethoden festgelegt werden Bei den auszuwahlenden Meßverfahren muß darauf geachtet werden, daß systematische Meßfehler z B durch die Formulierung genauer Meßvorschriften vermieden werden und daß der zufällige Meßfehler moglichst klein ist

Systematische Fehler entstehen meist durch falsche Eichung, sie konnen aber auch durch verschiedene Meßmethoden bis hin zu geratespezifischen Effekten verursacht werden Besondere Beachtung sollte den Meßfehlern bei subjektiv beeinflußbaren Daten, wie z B Befragungen nach dem Wohlbefinden usw geschenkt werden Hier sind haufig beobachterspezifische Effekte festzustellen, wie z B unterschiedliche Beurteilung durch den Arzt und den Patienten

Beim zufälligen Fehler geht es primar um die Reproduzierbarkeit der Meßergebnisse Weitere Aspekte sind die Abhangigkeit des zufälligen Fehlers vom Absolutwert der Meßgroße und der kleinste auffindbare Betrag

Bei multizentrischen Studien ist eine Ubereinstimmung der Meßverfahren zwischen den Zentren herzustellen und z B durch laufende Ringversuche auf Einhaltung des Standards zu achten Ahnliche Probleme konnen bei langer dauernden Versuchen auch innerhalb eines Zentrums auftreten

Ein haufig verwendetes Meßinstrument bei klinischen Studien, aber auch bei vielen anderen epidemiologischen und umweltbezogenen Studien, sind Fragebogen Man sollte sich dabei bewußt sein, daß mittels Fragebogen erhobene Daten "weich" sind und daher besondere Sorgfalt bei der Konzeption der Fragen notwendig ist (SCHLESSELMANN J J , 1982, MARKS R G , 1982) Ein Fragebogen sollte stets einer Zuverlassigkeitsprufung (Reliabilitatsprufung) und Richtigkeitsprufung (Validitatsprufung) unterzogen werden Die Reproduzierbarkeit muß gewahrleistet sein, d h das Ergebnis darf nicht vom Interviewer abhangen und eine leicht modifizierte Form der Fragestellung sollte zum gleichen Ergebnis führen. Validität kann in die drei Komponenten

- Relevanz: liefert der Fragebogen die Information, die gesucht wird,
- Vollständigkeit: liefert er alle relevanten Informationen,
- Genauigkeit: kann man den Antworten vertrauen,

untergliedert werden.

2.5. Wieviele, wie oft, wie lange? Fallzahlschätzung

Die Bestimmung des Stichprobenumfanges ist eines der fundamentalen Probleme der Studienplanung. Bei vielen Studien wird der Stichprobenumfang durch zeitliche oder ökonomische Grenzen bestimmt. Vom Standpunkt des Statistikers sind es aber der Fehler 1. und 2. Art zusammen mit der statistisch formulierten Fragestellung, die den Stichprobenumfang bestimmen.

Weiters muß eine grundsätzliche Entscheidung getroffen werden, ob ein sogenannter offener oder geschlossener Studienplan gewählt wird Bei offenen, sogenannten sequentiellen Plänen wird nach jeder Untersuchung überprüft, ob eine Entscheidung bereits möglich ist. Der maximale Stichprobenumfang kann vorher berechnet werden (BAUER P. et al., 1986; MALLI K.H., 1990). Der erwartete Stichprobenumfang liegt unter jenem von geschlossenen Planen. Bei geschlossenen Plänen wird der Stichprobenumfang bei der Planung festgelegt und die Auswertung erfolgt nach Erhebung aller Daten Eine Mischform stellen gruppensequentielle Pläne dar. In der Praxis finden derzeit sequentielle Plane, vor allem wegen des oft komplizierten Datenmanagements, noch wenig Anwendung.

Die häufig an den Statistiker gestellte Frage. "Wie groß muß meine Stichprobe für diese Untersuchung sein?" läßt sich meist nicht ganz einfach beantworten Neben einer statistischen Formulierung der Fragestellung und der Spezifikation des Fehlers 1. und 2 Art sind häufig eine Reihe von Informationen erforderlich, die nur nach umfangreichen Literaturstudien oder erst nach Pilotstudien zur Verfügung stehen.

In Abhängigkeit vom Studienplan (z.B. Ein-, Zwei- oder Mehrstichprobenproblem), sowie in Abhängigkeit vom Meßniveau der Zielgroßen (nominal, ordinal, stetig) stehen Verfahren und Tabellen zur Berechnung des erforderlichen Stichprobenumfanges zur Verfugung (LEMESHOW S et al., 1990; MALLI K.H., 1990, SCHLESSELMANN J J., 1982).

Obwohl bei sehr vielen medizinischen und biologischen Studien nicht nur eine Zielgröße, sondern mehrere erhoben werden, sind kaum Arbeiten über Verfahren zur Fallzahlberechnung bei multivariaten Daten bekannt Da zu erwarten ist, daß durch eine multivariate Betrachtung pro Beobachtung ein höherer Informationsgewinn zu erzielen ist, wurde von uns speziell für den multivariaten Zweigruppen-Vergleich bei stetigen, normalverteilten Daten ein Verfahren zur Fallzahlbestimmung entwickelt (BURGHARDT W., 1992, BURGHARDT W. et al., 1993). Dabei müssen neben den Informationen über Lageunterschiede und Varianzen der einzelnen Variablen auch Informationen über die Korrelation zur Verfügung stehen. Es konnte gezeigt werden, daß unter bestimmten Voraussetzungen, die vor allem die Korrelationsmatrix betreffen, durch eine multivariate Betrachtung der Stichprobenumfang gegenüber einer univariaten Betrachtung verringert werden kann.

2.6. Dokumentation

Eine gute Dokumentation ist Voraussetzung für eine gute statistische Auswertung. Bei der Gestaltung des Dokumentationsbogens sollte man auf eine gute Übertragbarkeit der Daten achten. Bei einer computerunterstützten Datenerfassung sollte man möglichst viele Plausibilitätsprüfungen einbauen und die Vollständigkeit der Datensätze prüfen.

2.7. Informations- und Datenverarbeitung

Nicht selten werden mühsam erhobene, wertvolle Daten mit primitiven, oft falschen statistischen Verfahren ausgewertet und der Informationsgehalt der Daten wird nur unzureichend ausgeschöpft. Andererseits ist es oft bedenklich, wie unsystematisch erhobene Daten mit Hilfe eines Statistik-Programmpaketes konfirmatorischen Analysen unterzogen werden.

Um die Information optimal auszuwerten, müssen die adäquaten statistischen Verfahren eingesetzt werden, d.h. es muß vor der Verwendung eines statistischen Verfahrens überprüft werden, ob die geforderten Voraussetzungen, wie z.B. Skala (nominal, ordinal, metrisch), Verteilungsform, Varianzgleichheit usw. erfüllt sind.

Statistische Studienplanung erfolgt immer unter dem Gesichtspunkt der statistischen Verwertbarkeit der zu erhebenden Daten. Eine gut geplante Studie kann auch statistisch optimal ausgewertet werden. Zum Zeitpunkt der Auswertung wird man auch feststellen, daß sich der Zeitaufwand für die Studienplanung gelohnt hat. Daher sollte der Statistiker schon am Beginn einer Studie, d.h. in der Planungsphase konsultiert werden und nicht am Ende einer Studie, wenn ein "unstrukturierter Datenmüll" verarbeitet werden soll.

3. Diskussion

Studienplanung ist ein Optimierungsprozeß im Hinblick auf Stichprobenumfang, Datenerfassung, Informationsgewinn und Datenverarbeitung. Mit minimalem Stichprobenumfang soll ein Maximum an verwertbarer Information gewonnen werden. Dies impliziert eine ethisch begründete Forderung, nämlich eine Minimierung der Belastung der Probanden, um möglichst rasch zu einer statistisch gesicherten Entscheidung zu kommen, um z.B. eine verbesserte Therapie zur Verfügung zu stellen. Dies erfordert eine systematische Vorgangsweise und die Beachtung gewisser Richtlinien. Einige dieser Richtlinien können als Checkliste mit Fragen über Studienziel, Studiendesign, Variablenliste und Meßverfahren formuliert werden. Die hier formulierten Fragen sind keineswegs vollständig und jede Studie bedarf individueller Modifikationen, die sich aus der Diskussion und Kooperation zwischen Fachwissenschafter und Formalwissenschafter ergeben.

Häufig wird die Meinung vertreten, daß ein genügend großer Stichprobenumfang alle hier angesprochenen Probleme beseitigen kann. Dem seien folgende Empfehlungen gegenübergestellt.

Lieber wenige gute Daten,
als viele schlechte Daten!

Auch die beste statistische Analyse
kann eine schlechte Datenqualität nicht kompensieren!

Mit Unterstützung des Fonds zur Förderung der wissenschaftlichen Forschung, Projekt Nr. S46-13

Literatur

BAUER P., SCHEIBER V., WOHLZOGEN F.J., Sequentielle statistische Verfahren, Stuttgart: Gustav Fischer Verlag, 1986

BURGHARDT W., Fallzahlbestimmung für multivariate Studien, Diplomarbeit an der Universität Graz (durchgeführt am Physiologischen Inst., Univ. Graz), 1992

BURGHARDT W., PFEIFFER K.P., KVAS E., Sample size determination for multivariate comparisons of two groups (submitted)

GILBERT R.O., Statistical methods for environmental pollution monitoring, New York: van Nostrand Reinhold Comp., 1987

GOTAY C.C. and MOORE T.D., Assessing quality of life in head and neck cancer, Quality of Life Res., 1, 5-17, 1992

KLEINBAUM D.G., Epidemiologic research, Belmont, Ca., Liftime Learning Publ., 1982

LEMESHOW S., HOSMER D.W., KLAR J., LWANGA S.K. Adequacy of sample size in health studies, Chichester: J. Wiley, 1990

LEVINE R.J., Ethics and regulation of clinical research, New Haven: Yale Univ. Press, 1986

MALLI K.H., Stichprobenpläne für ausgewählte klinische Versuchspläne, Diplomarbeit an der TU Graz (durchgeführt am Physiologischen Inst., Univ. Graz), 1990

MARKS R.G., Designing a research project, Liftime Learning Publ., Belmont, Ca., 1982

PFEIFFER K.P., Kriterien für die Planung und Gewinnung von Umweltdaten, Int. Umweltwiss. Fachtage: Informationsverarbeitung für den Umweltschutz, Graz Joanneum Res.,17-26, 1989

PFEIFFER K.P., Datengewinnung in der Umweltforschung: Repräsentativität und Validität, in: Umwelt- und Sozialverträglichkeit von Projekten und Maßnahmen (ZENKL M , ed), Wien: Böhlau Verlag, 457-465, 1991

SCHLESSELMANN J.J , Case-control studies, New York· Oxford Univ. press, 1982

WITTE P.U., SCHENK J., SCHWARZ J A., KORI-LINDNER C. (ed.), Ordnungsgemäße klinische Prufung, Fürth: E. Habich Verlag, 1990

Gesetzlich geforderte Tierversuche und mögliche Alternativen bei der Prüfung von Impfstoffen und Immunseren ad us. vet.

K. Cußler

Zusammenfassung

Impfstoffe und Immunseren sind besondere Arzneimittel (AM), deren Qualitat aufgrund der unvermeidbaren biologischen Schwankungen besonders überwacht und geprüft werden muß. Tierversuche nehmen hier eine zentrale Stellung ein und sind in zahlreichen Prüfanweisungen bindend vorgeschrieben Es wird dargelegt, daß bei der Entwicklung und Prufung von immunologischen Tierarzneimitteln

- Replacement nur bei wenigen Prufvorschriften moglich erscheint
- Reduction durch eine Verkleinerung der Versuchsgruppen bei einigen Standardmethoden durchführbar ist
- Refinement durch die Ablosung der zahlreichen Infektionsversuche zugunsten serologischer Verfahren die wichtigste Aufgabe darstellt

1. Einleitung

Sera und Impfstoffe sind Arzneimittel, die im wesentlichen der Vorbeugung und Therapie von Infektionskrankheiten dienen Sie werden meist an vollig gesunden Tieren angewendet Daher wird zu Recht eine besonders gleichmaßige und zuverlassige Unschadlichkeit und Wirksamkeit erwartet Der Staat ubt deshalb in fast allen Landern durch Erlaß von Maßnahmen, die fast immer Prufungen an Versuchstieren beinhalten, seine Uberwachung der Herstellung und Prufung von solchen biologischen Praparaten aus Die Hersteller und auch die Kontrollbehorden werden verpflichtet, die Produkte chargenweise zu prufen Die wichtigsten grundlegenden Erkenntnisse bei der Bewertung von Unschadlichkeit und Wirksamkeit dieser immunologischen Arzneimittel (IAM) wurden seit Jahrzehnten uber Tierversuche (TV) gewonnen Jede Regelung zur Abschaffung der Prufungen am Versuchstier durch alternative Verfahren muß daher auch daran gemessen werden, inwieweit der bisherige Grad an Sicherheit und Wirksamkeit erhalten bleibt

2. Tierversuche in der Entwicklung und Prüfung von Impfstoffen

Tierversuche haben zu bedeutsamen wissenschaftlichen Entdeckungen in der Entwicklung von Impfstoffen und Immunseren gefuhrt und damit wesentlich zum Verstandnis der Funktion des Immunsystems beigetragen Erst nach der Demonstration der Wirksamkeit durch Infektionsversuche am Labortier konnten Impfstoffe und Immunseren (z B gegen die Diphtherie) beim Menschen eingesetzt werden.

2.1. Notwendigkeit der Tierversuche zur Impfstoffprüfung

Auch heute kann die Forschung im Bereich der Immunologie nicht ohne Versuchstiere auskommen. Das Immunsystem von Mensch und Tier ist sehr kompliziert aufgebaut. Allein die Verteilung der lymphoiden Organe auf die verschiedenen Körperpartien und die Zirkulation einer Vielzahl unterschiedlicher Immunzellen über Blut und Lymphe durch sämtliche Körpergewebe lassen deutlich werden, daß es unmöglich ist, die Komplexität einer Immunantwort, die immer aus einer Zusammenarbeit dieser verschiedenen Zellpopulationen besteht, durch in vitro-Reaktionen zu erfassen. Nur wenige Fragestellungen, die lediglich einen definierten Schritt oder eine relativ kurze Abfolge immunologischer Reaktionen erfordern, können in der Zellkultur nachvollzogen werden.

In der Forschung und Entwicklung (F+E) von Impfstoffen ist die Durchführung von TV unerläßlich. Die Mehrzahl der Versuche erfordert nur geringe Manipulationen an den Versuchstieren, die (sofern sachgerecht durchgeführt) nur wenig Schmerzen verursachen

Bei der Prüfung zugelassener Impfstoffe kann nur in einigen Ausnahmefällen (z B bei der Wirksamkeitsprüfung lange etablierter Virus-Lebendimpfstoffe) auf den TV verzichtet werden

2.2. Welche Tierarten werden eingesetzt?

Das wichtigste Versuchstier für den Immunologen ist die Labormaus Die Züchtung zahlreicher genetisch exakt definierter Inzuchtlinien erlaubt die Verwendung eines einheitlichen Tiermaterials. Die Funktion und die Genetik der Immunzellen sind bei der Maus und beim Menschen am besten erforscht Sehr viele Immunreaktionen des Menschen sind am Mäusemodell nachvollziehbar. Daher werden sehr viele Mäuse für die Entwicklung humanmedizinischer Impfstoffe eingesetzt

Bei der Impfstoffprüfung wird diese Entwicklung jedoch noch nicht ausreichend berücksichtigt. In allen veterinärmedizinisch relevanten Monographien wird die weiße Maus als Versuchstier vorgeschrieben, d h hier kommen in der Praxis fast immer Auszuchtstämme zum Einsatz, obwohl für den Versuchszweck Inzuchtstämme sicher besser geeignet wären. Bei Infektionsmodellen zur Wirksamkeitsprüfung könnte durch die Verwendung von Inzuchtmäusen möglicherweise eine Reduzierung der Tierzahlen in den einzelnen Versuchsgruppen erreicht werden

Weiterhin werden zur Impfstoffprüfung relativ viele Kaninchen und Meerschweinchen eingesetzt. Beide Tierarten reagieren im allgemeinen auf eine Impfung mit einer sehr guten Antikörperbildung und eignen sich daher besonders gut für Titerverlaufsstudien und die Produktion von Antiseren Eine große Anzahl von Kaninchen wird immer noch für die Durchführung des Pyrogentests benötigt

Wegen ihrer besonderen Empfänglichkeit für bestimmte Infektionen, wie z.B. die Leptospirose, werden Hamster in einigen Versuchen gebraucht

In der Impfstoffprüfung für die Veterinärmedizin ist darüber hinaus natürlich auch der Einsatz sämtlicher Tierarten notwendig, für die Impfstoffe zugelassen sind bzw entwickelt werden Hier reicht das Artenspektrum vom Kanarienvogel und Fisch bis hin zum Pferd

2.3. Welche Tierzahlen fallen an?

Obwohl die Zahl der benötigten Versuchstiere aufgrund der Versuchstiermeldeverordnung und einigen anderen Datenerhebungen bekannt ist, macht es doch erhebliche Schwierigkeiten, sich einen Überblick über den genauen Verbrauch an Tieren auf dem Gebiet der Impfstoffprüfung zu verschaffen Die TV zur F+E von IAM sind genehmigungspflichtig. Es ist daher anzunehmen, daß hier recht konkrete Angaben vorliegen. Schwieriger ist die Erfassung der Tierzahlen zur Prüfung bereits zugelassener Präparate, für die nur die Anzeigepflicht gilt. Es werden in diesem Bereich wesentlich weniger Angaben verlangt. Eine Auftrennung der TV in die Bereiche IAM und pharmazeutische Arzneimittel ist oftmals nicht möglich.

Anhand einer Datenerhebung des BMFT aus dem Jahr 1988 habe ich versucht, einen Überblick über diesen Bereich zu gewinnen. Aus der Studie ergibt sich, daß mindestens 20% aller Versuchstiere für Untersuchungen im Impfstoffbereich benötigt werden. Bezogen auf den Verbrauch von 2,1 Mio. Versuchstieren in der Bundesrepublik Deutschland im Jahr 1990 entspricht dies etwa 420 000 Tieren. Diese hohe Prozentzahl stimmt mit den Angaben, die von HENDRIKSEN (1988) für die Niederlande angegeben werden, überein und kann daher als Richtwert gelten.

2.4. Welchen Belastungen werden die Tiere ausgesetzt?

Der Grad der Belastung bei TV zur Prüfung von IAM ist höchst unterschiedlich. In der überwiegenden Zahl der Versuche ist diese relativ gering. Zu dieser Gruppe zählen Versuche, bei denen Tiere lediglich eine Impfstoffinjektion erhalten und am Ende des Versuchs eventuell noch einer Blutentnahme unterzogen werden. Als Beispiele können die Versuche zur spezifischen Unschädlichkeit und die Versuche zur Messung der Wirksamkeit durch Antikörperbestimmung angeführt werden. Die Versuchstiere brauchen hier nur Manipulationen zu erdulden, die auch später das Haustier treffen können.

Daneben gibt es aber auch höchst belastende TV. Bei zahlreichen IAM ist zur Überprüfung der Wirksamkeit ein Belastungsversuch vorgeschrieben. Hier werden geimpfte Tiere und ungeimpfte Kontrolltiere einer tödlichen Toxin- oder Keimdosis ausgesetzt. Dies bewirkt extreme Leiden, vergleichbar einem LD_{50}-Test. Einige dieser TV sind in den Tabellen 1 und 2 aufgeführt.

Die Belastung der Tiere in den einzelnen Versuchen wird später noch anhand von Beispielen erläutert (siehe 4.2.).

3. Rechtliche Bestimmungen, die eine Durchführung von TV fordern

Hier sind international verbindliche Vorschriften, die nationale Gesetzgebung und schließlich die auf den einzelnen Impfstoff bezogenen Zulassungsunterlagen anzusprechen.

3.1. Internationale Bestimmungen

Auf EG-Ebene wird zur Zeit sehr intensiv an einheitlichen Rechtsnormen zur Entwicklung und Prüfung von AM gearbeitet. Diese werden vom Ausschuß für veterinärmedizinische pharmazeutische Produkte (CVMP) erstellt. Für den Bereich der IAM leistet eine eigene Arbeitsgruppe die wesentlichen Vorarbeiten. Bei der Festlegung der Anforderungen an IAM gehen also die Vorschläge vieler Einzelstaaten ein. Dies führt in der Regel zu höheren Anforderungen bei der Impfstoffprüfung und läßt meist keine Reduzierung der Versuche zu. Da die für TV wesentlichen Bestimmungen erst im Entwurf vorliegen, soll hierauf noch nicht näher eingegangen werden.

Wesentlich bedeutsamer sind derzeit die Bestimmungen des Europäischen Arzneibuchs (EAB). Das EAB hat Rechtskraft in allen Mitgliedsstaaten des Abkommens und soll garantieren, daß die Prüfung der AM, für die eine Monographie existiert, gleichartig abläuft. Mehrfachprüfungen sollen hierdurch vermieden werden. Das EAB schreibt viele TV bindend vor, die später (siehe 4.2.) anhand einzelner Beispiele näher erläutert werden.

An dieser Stelle sind auch noch die Anforderungen der WHO an Impfstoffe zu erwähnen. Diese sind zwar nicht rechtsverbindlich, sie werden jedoch häufig als allgemein anerkannte Methoden berücksichtigt.

3.2. Nationale Bestimmungen in Deutschland

Auf nationaler Ebene ist es das Deutsche Arzneibuch (DAB), das die meisten TV vorschreibt. Die Bestimmungen von DAB und EAB sind identisch. In anderen Ländern, z.B. in Großbritannien, enthält das nationale Arzneibuch, der British Veterinary Codex, noch wesentlich mehr Vorschriften zu TV.

Der allgemeine Rahmen für die Impfstoffprüfung in Deutschland wird durch die Tierimpfstoff-Verordnung, die wiederum auf dem Tierseuchengesetz basiert, vorgegeben. Hier ist vorgeschrieben, daß alle IAM auf ihre Unschädlichkeit und Wirksamkeit zu prüfen sind. Dabei ist der aktuelle wissenschaftliche Kenntnisstand zu berücksichtigen.

3.3. Zulassungsdokumentationen

Schließlich werden TV bei Impfstoffen, die neuartig sind oder für die aus anderen Gründen noch keine Monographien entwickelt wurden, in den Zulassungsunterlagen festgeschrieben. Art und Umfang der Prüfung sind dann jedoch nur für die nationale Prüfung verbindlich, d.h. wenn dieser Impfstoff auch in anderen Ländern zugelassen ist, kann es vorkommen, daß andere oder sogar zusätzliche TV vorgeschrieben werden. Es wäre wünschenswert, möglichst viele Impfstoffmonographien auf internationaler Ebene zu erstellen.

4. Entwicklung von Alternativmethoden

Die Entwicklung von Alternativmethoden ist schon aus ethisch-moralischen Gründen eine grundsätzliche Verpflichtung. Sie ist auch in rechtlichen Bestimmungen, z.B. in Artikel 23 der EG-Richtlinie über den Schutz der für Versuchszwecke verwendeten Tiere, fixiert.

4.1. Voraussetzungen für die Akzeptanz von Alternativmethoden

Der § 2 der Arzneibuchverordnung erlaubt im Prinzip die Verwendung einer von der Vorschrift abweichenden Methode, sofern mit dieser die gleichen Ergebnisse wie mit der beschriebenen Methode erzielt werden. Eine Vorschrift der WHO über Toxoidimpfstoffe sagt aus, daß eine in vitro-Methode zur Titerbestimmung des Antitoxingehalts von Einzeltieren dann angewendet werden kann, wenn mit dieser Alternativmethode eine für alle Impfstoffe dieser Art anwendbare Validierungsstudie durchgeführt wurde.

Beide Beispiele machen deutlich, daß zur Ablösung eines Arzneibuchversuchs aufwendige Untersuchungen notwendig sind, um die Gleichwertigkeit der Methoden darzulegen. Bei der Wirksamkeitsprüfung von IAM ist dies nur durch einen Ringversuch auf internationaler Ebene möglich. Dieser Sachverhalt mag erklären, warum bisher im Veterinärbereich noch keine EAB-Bestimmung über TV geändert wurde, obwohl schon zahlreiche Arbeiten über die Entwicklung von Ersatzmethoden veröffentlicht wurden. Die meisten Publikationen beschreiben zwar interessante neue Ansätze, die Austestung der Alternativmethode bleibt jedoch in der Regel auf das eine Labor beschränkt. Zur Zeit laufen im Veterinärbereich lediglich zwei EG-Ringversuche, die sich mit der Austestung von Alternativmethoden bei Tetanustoxoid- und bei Tollwut-Impfstoffen befassen.

4.2. Ansätze für Alternativmethoden anhand ausgewählter Beispiele

Die Reinheitsprüfung von Toxoidimpfstoffen verlangt stets einen Nachweis zur ausreichenden Inaktivierung des Toxins. Bei einigen bakteriellen Giften, z.B. *Clostridium perfringens*- und *Pasteurella multocida*-Toxin, führt der zelltoxische Effekt zu morphologischen Veränderungen bei bestimmten Zellinien. Andere Toxine, wie Tetatus und Botulismus-Toxin, die keinen feststellbaren Schaden an einer Zellkultur verursachen, müssen stets am Tier getestet werden.

Bei Viruslebendimpfstoffen wird häufig eine Untersuchung zum Ausschluß von Fremdviren gefordert Hierbei ist eine geringe Impfstoffmenge intracerebral an Jungmäuse zu applizieren. Dieser Test sollte sich durch eine sinnvolle Kombination von Zellkulturverfahren und modernen biotechnologischen Methoden, wie der Polymerase-Chain-Reaction, ersetzen lassen

Bei den Wirksamkeitsprufungen existieren zahlreiche Prüfmodelle, die den Labortieren erhebliche Leiden bereiten. In diese Gruppe gehören alle Infektionsversuche, die besonders häufig bei bakteriellen Impfstoffen verwendet werden.

Eine Gruppe von Infektionsversuchen beruht auf einer einfachen Lebend-Tot-Auszählung von Tieren, die nach einem Zeitraum von 2 bis 4 Wochen nach einer Impfung eine Injektionslosung mit Toxin oder Bakterienkulturen erhielten Dabei wird gefordert, daß 80-100% der geimpften Tiere uberleben, wahrend möglichst alle Kontrolltiere verenden sollen Derartige Versuche sind beispielsweise für die Prüfung von Impfstoffen gegen Leptospirose, Rauschbrand und Botulismus vorgeschrieben (Tabelle 1)

Tabelle 1 Tierversuche zur Wirksamkeitsprufung bakteriologischer Tierimpfstoffe nach dem DAB 10 Vergleich der Uberlebensraten geimpfter und ungeimpfter Tiere

DAB-Monographie	Tiere	Zahl	Art des Versuchs	Auswertung
Botulismus-Impfstoff	Mause	30	Toxinbelastung mit 50 PD_{50}	80% der geimpften Tiere mussen geschutzt sein, alle Kontrolltiere erkranken
Leptospirose- Impfstoff fur Tiere	Hamster	10	Infektionsversuch	mind 80% der geimpften Tiere mussen uberleben, mind 80% der Kontrolltiere mussen sterben
Milzbrandsporen-Lebend-Impfstoff fur Tiere	Kaninchen oder Meerschweinchen oder Schafe	13 13 8	Infektion mit 100 DLM	alle geimpften Tiere mussen uberleben, alle Kontrolltiere mussen an Milzbrand sterben
Rauschbrand-Impfstoff fur Tiere	Meerschweinchen	10	Infektionsversuch	alle geimpften Tiere mussen uberleben, alle Kontrolltiere mussen verenden

PD_{50} = paralytische Dosis bei 50% der Versuchstiere
DML = minimale letale Dosis

Ein anderes Testprinzip beruht auf dem Vergleich der Schutzwirkung des Testpräparates mit einer Referenzsubstanz bekannter Wirkung Die Wirksamkeit eines Testpräparates kann bei einer solchen Standardmethode in Internationalen Einheiten (I E) angegeben werden Mindestens drei Verdunnungsstufen jedes Praparats werden an gleich große Versuchstiergruppen verimpft Auch hier werden die Überlebensraten der Tiere in den einzelnen Gruppen nach einer Belastungsinfektion ermittelt Aus dem Vergleich der Ergebnisse von Prüfprodukt und Standardsubstanz kann die Wertigkeit der Probe in I E errechnet werden. Diese Methodik findet sich in den Prufbestimmungen von IAM zur Bekampfung von Clostridieninfektionen (Tabelle 2) und beim Schweinerotlauf (siehe auch BECKMANN R und CUßLER K , Wertbemessung von Rotlaufimmunseren vom Pferd im Rahmen der Wirksamkeitsprufung - Tierversuch und Alternative, in diesem Buch) Sie erfordert aufgrund der vielen Versuchsgruppen einen großen Verbrauch an Versuchstieren, der sich durch eine Verbesserung des Versuchsaufbaus und eine Verringerung der Gruppengroßen sicher reduzieren ließe Es sollte bei diesen Wirksamkeitsprufungen generell angestrebt werden, den Belastungsversuch durch eine Antikorperbestimmung bei den geimpften Tieren zu ersetzen Dies ist sicherlich bei Toxoid-Impfstoffen am ehesten möglich.

Tabelle 2 Tierversuche zur Wirksamkeitsprufung bakteriologischer Tierimpfstoffe gemäß DAB 10 nach Standardmethoden

DAB-Monographie	Tiere	Zahl	Art des Versuchs	Auswertung
Clostridium-Novyi-(Typ B)-Impfstoff fur Tiere	Kaninchen	10	Impfung und Blutentnahme	
und	Mause	> 10	Bestimmung des Pruftoxins	Bestimmung der LD_{50}
Clostridium-Perfringens-Impfstoff fur Tiere	Mause Mause	> 20 ca 100	Vorprufung* Hauptprufung**	Vergleich der Schutzwirkung der Kaninchenseren mit den jeweiligen int Standardpraparaten fur jeden Impfstoff gesondert
und Pararauschbrand-Impfstoff fur Tiere				
Tetanus-Impfstoff fur Tiere	*Methode A* Kaninchen oder Meerschweinchen	 10 10	Impfung und Blutentnahme	
	Mause	> 10	Bestimmung des Pruftoxins	Bestimmung der PD_{50}
	Mause	ca 20 ca 100	Vorprufung* Hauptprufung**	Vergleich der Schutzwirkung der Kaninchen- bzw Meerschweinchenseren mit dem Tetanusserum-Standard
	Methode B Mause oder Meerschweinchen	ca 100	Toxinbelastung mit 100 PD_{50}	Vergleich der Schutzwirkungen von Impfstoff und Tetanus-Impfstoff-Standard
Schweinerotlauf-Impfstoff	Mause	106	Impfungen mit abgestuften Verdunnungen von Impfstoff und Standard Injektion mit 100-1000 LD_{50}	Vergleich der Schutzwirkungen des Impfstoffes mit dem internationalen Impfstoff-Standard

* Austestung der Serum/Toxinmischung fur die Hauptprufung
** Injektion von Verdunnungsreihen der Serum/Toxinmischung im Bereich der LD_{50} bzw PD_{50}

LD_{50} = letale Dosis bei 50% der Versuchstiere
PD_{50} = paralytische Dosis bei 50% der Versuchstiere

Im nachfolgenden Beitrag (BECKMANN R und CUßLER K , Wertbemessung von Rotlaufimmunseren vom Pferd im Rahmen der Wirksamkeitsprufung - Tierversuch und Alternative) wird ein solches Infektionsmodell und ein Versuchsansatz für eine Alternativmethode ausführlich erortert

5. Ausblick

Seit Jahren wird daran gearbeitet, TV im Bereich des Wirksamkeitsnachweises und der Unschadlichkeit von Impfstoffen und Immunseren einzuschränken. Die vorhandenen Ersatzmethoden sind leider noch nicht sehr zahlreich und wissenschaftlich zum Teil nicht hinreichend abgesichert. Deshalb mangelt es ihnen vielfach an Anerkennung

Eine Intensivierung der Forschung zur Findung von alternativen Prufverfahren erscheint trotz teilweise entmutigender Ergebnisse sinnvoll Dabei sollte aber vermehrt Wert auf eine Kooperation mit den Expertengremien in Kontrollbehörden und Arzneibuchkommissionen auf nationaler und internationaler Ebene gelegt werden. Hierdurch konnten gut geeignete Methoden schneller aufgegriffen, validiert und umgesetzt werden Dies setzt jedoch auf allen Seiten einen starken Willen zur Zusammenarbeit und die Bereitschaft für zusätzliche Arbeiten voraus. Auf diesem Gebiet ist noch viel Informationsarbeit zu leisten Die bloße Verpflichtung zur Entwicklung von Alternativmethoden, wie sie in der nationalen und internationalen Tierschutzgesetzgebung schon lange verankert ist, reicht hierzu offenbar nicht aus

Literatur

British Pharmacopoeia (Veterinary). Her Majesty's Stationery Office, London, 1985

Bundesministerium fur Forschung und Technologie (Hrsg.), Datenerhebung zum Einsatz von Tieren in Forschung und Entwicklung, Bonn, 1988

Deutsches Arzneibuch, 10 amtliche Auflage (DAB 10), Band 3, Stuttgart Deutscher Apotheker-verlag, 1991

Europaisches Arzneibuch (EAB), englische Fassung, Second Edition, Fourteenth Fascicule, Maisonneuve S A Sainte-Ruffine France, 1990

HENDRIKSEN C F M , Laboratory Animals in vaccine production and control Replacement, Reduction and Refinement Dordrecht Boston London Kluwer Academic Publishers, 1988

Weitere Literaturhinweise konnen beim Verfasser angefordert werden

Wertbemessung von Rotlaufimmunseren vom Pferd im Rahmen der Wirksamkeitsprüfung - Tierversuch und Alternative

R. Beckmann, K. Cußler

Zusammenfassung

Für die Wirksamkeitsprüfung von Rotlaufimmunserum vom Pferd ist im Europäischen Arzneibuch ein Infektionsversuch mit Rotlaufbakterien an Mäusen vorgeschrieben. Dieser Tierversuch ist mit erheblichen Leiden verbunden und führt zum Tode von ca 50% der Mäuse.

Als Alternative zu diesem Tierversuch wurde ein Enzyme-Linked Immunosorbent Assay (ELISA) entwickelt, der die Messung schützender Rotlaufantikörper ohne den Einsatz von Versuchstieren ermöglicht

1. Einleitung

Erysipelothrix (E.) rhusiopathiae ist ein weltweit verbreitetes Bakterium, das Erkrankungen bei vielen Tierarten und auch dem Menschen hervorrufen kann. Die Rotlaufinfektion der Schweine ist von besonderer Bedeutung. Zur Therapie und kurzfristigen Prophylaxe können Rotlaufimmunseren (RIS) eingesetzt werden. Als Serumspendertiere dienen hochimmunisierte Schweine, Rinder oder Pferde, wobei der Anteil der Pferdeseren bei weitem überwiegt

Die Qualitätsanforderungen für diese Seren sind in der Monographie "Schweinerotlaufserum" im Europäischen Arzneibuch (EAB 1990) festgelegt. Zur Beurteilung der Wirksamkeit der RIS ist hierbei ein Infektionsversuch an der Labormaus gefordert.

Dieses Wirksamkeitsmodell verlangt den Einsatz einer großen Tierzahl und ist mit erheblichen Leiden für die eingesetzten Tiere verbunden Die Sterberate der Tiere während des Versuchs liegt bei etwa 50%

Es wurde daher ein Wirksamkeitsmodell angestrebt, das ohne den Einsatz von Versuchstieren auskommt Von den zahlreichen serologischen Methoden zur Bestimmung von Rotlaufantikörpern erschien der Enzymimmunoassay (ELISA) am ehesten geeignet. Bei den bestehenden Testsystemen werden grundsätzlich alle Antikörper gegen das Rotlaufbakterium gemessen Es ist jedoch bekannt, daß nur ein Teil der gegen das Rotlaufbakterium gebildeten Antikörper in der Lage ist, vor einer Infektion zu schützen. Diese protektive Antikörperfraktion wird im Mäuseschutzversuch selektiv erfaßt Es war daher notwendig, im Alternativsystem einen Antigenextrakt von *E. rhusiopathiae* einzusetzen, der die Messung dieser schützenden Rotlaufantikörper ermöglicht.

Tabelle 1 Wirksamkeitsprufung von Rotlaufimmunserum an der Labormaus

1	Mind 70 weiße Mause, SPF-Status - Mind 6 Gruppen mit mind 10 Mausen - 1 Kontrollgruppe mit 10 ungeimpften Tieren
2	Mind 3 Gruppen werden mit abgestuften Dosen zwischen 0,5 und 5,0 I.E des WHO-Standards (Pferdeserum) behandelt (Definition· 1 I E. schützt 50% eines Mäusekollektivs)
3	Die gleiche Anzahl von Gruppen wird mit abgestuften Dosen des Prufserums geimpft
4	Infektion aller Tiere eine Stunde nach Serumapplikation mit 100-1000 LD_{50} eines Mäuse-pathogenen Rotlaufstammes vom Serotyp N (Ffm XI)
5	Die Auswertung erfolgt 8 Tage nach der Infektion - Alle Kontrolltiere mussen innerhalb von 5 Tagen verenden - In den Impfgruppen werden die überlebenden Tiere gezahlt - Aus dem Verhaltnis der Absterberaten der mit dem Prufserum und dem Standardpräparat geimpften Tiere wird die Wirksamkeit in I E ausgerechnet - Anforderung 100 I E /ml Serum

2. Material und Methoden

2.1. Rotlaufseren

Es wurden insgesamt 16 verschiedene Rotlaufimmunseren vom Pferd eingesetzt. Diese wurden von deutschen und europaischen Herstellern dankenswerterweise zur Verfügung gestellt. Um auch Praparate, die den geforderten Mindesttiter nicht erreichen, zur Verfugung zu haben, wurden auch Seren nach Ablauf des Verfallsdatums und Serumproben von Pferden aus der Immunisierungsphase eingesetzt

Ferner wurde das gefriergetrocknete Internationale Rotlaufstandardserum (RSS) der WHO (1991), gewonnen vom Pferd, als Vergleichspraparat mitgeführt Die Menge von 0,14 mg dieses Lyophilisats entspricht der Wirksamkeit von einer Internationalen Einheit (I E)

2.2. Tierversuch nach EAB

2 2 1 Versuchstiere

Es wurden weibliche SPF Mause des Stammes NMRI (Ivanovas, Kisslegg) mit einem Gewicht von 17 bis 20 g eingesetzt

2 2 2 Versuchsablauf

Die Wirksamkeit des Rotlaufserums wird in bezug auf das Internationale RSS unter Verwendung einer virulenten Rotlaufkultur bestimmt Fur die Prufung werden die Mäuse in mindestens 6 Gruppen von je 10 Mäusen eingeteilt Drei Gruppen erhalten das RSS, die drei anderen Gruppen das zu prufende Pferderotlaufserum Als Kontrolle für den Belastungsstamm dient eine weitere Gruppe von 10 Mausen Fur das Schweinerotlaufserum und für die Standardzubereitung werden mindestens drei Verdunnungen in geometrischer Reihe angelegt Die empfohlenen Dosen liegen zwischen 0,2 und 5,0 I E für das RSS, entsprechend werden die Dosen für das Schweinerotlaufserum abgestuft Jede dieser Mengen wird mit 0,9%iger Losung von Natriumchlorid auf 0,5 ml eingestellt Jeder Maus wird die für ihre Gruppe vorgesehene Verdunnung subkutan injiziert

Für die Belastung wird eine virulente Kultur des Rotlaufstammes Frankfurt XI eingesetzt, die so zu dosieren ist, daß sie die Kontrollmäuse in 2 bis 5 Tagen tötet Die Infektionslösung wird allen Mäusen eine Stunde nach der Serumapplikation intraperitoneal injiziert. Die Mäuse werden 8 Tage lang beobachtet und die Anzahl der toten Mäuse festgestellt. Die Wirksamkeit des Prufserums wird über den Vergleich der Überlebensrate in bezug auf das RSS mit einer Probitanalyse berechnet

Die Wirksamkeit muß gemaß EAB mindestens 100 I E je ml Serum betragen.

2.3. *ELISA*

2 3.1. Antigenherstellung

Die Bakterien vom Rotlaufstamm Frankfurt XI wurden in modifizierter Feist-Bouillon angezuchtet (GROSCHUP M. und TIMONEY J F , 1990) Die Kultur wurde abzentrifugiert, mehrmals gewaschen und einer alkalischen Lyse unterzogen (GROSCHUP M. et al , 1991) Nach der Neutralisation durch Salzsäure wurde die Suspension zentrifugiert Der Probenuberstand wurde sterilfiltriert und bis zum Gebrauch bei -80°C gelagert

2 3 2. ELISA-Aufbau

Als Festphase wurden Mikrotiterplatten aus Polystyrol ("Maxi-sorb", Nunc, Danemark) verwendet Alle Seren wurden als Doppelbestimmung, in Zweierschritten, verdunnt getestet Das RSS mit einer Stammlosung von 100 IE/ml und Systemkontrollen wurden auf jeder Testplatte mitgefuhrt Als Konjugate wurden Ziege-Anti-Pferd-IgG-Fc Fragment (biotinyliert) und Streptavidin-Peroxidase (Dianova, Hamburg) eingesetzt Fur die Substratreaktion kam Tetramethyl-Benzidin (TMB) zum Einsatz Die Extinktionswerte wurden bei 450 nm gemessen Der Aufbau des Systems ist in Abb 1 zur Ubersicht dargestellt

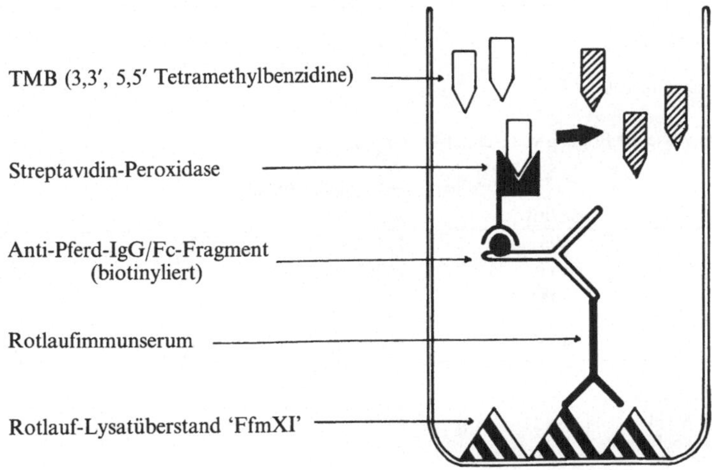

Abb 1 ELISA-Aufbau zur Wirksamkeitsprufung von Rotlaufimmunseren vom Pferd

2 3 3 Auswertung

Dıe parallel und lınear zueınander abfallenden Kurvenabschnıtte der Verdünnungsreıhen wurden markıert und eıne Regressıonsgerade durch dıese Meßpunkte gelegt Aus dem Abstand der Geraden von Standardserum und Prüfpraparat wurde dıe Wirksamkeıt des Prüfserums errechnet, wobei dıe Wırksamkeıt für dıe Standardkurve mıt 100 ELISA-Eınheiten (EE) je ml festgesetzt wurde Der Mıttelwert aus den Bestımmungen eıner Verdunnungsreıhe stellt das in EE ausgedruckte Ergebnıs dar

3. Ergebnisse

Insgesamt 16 Immunseren wurden ım ELISA ım Vergleıch zum Internationalen RSS getestet Dıe Ergebnisse von 5 Proben, dıe das gesamte Wirksamkeitsspektrum der von uns untersuchten Seren reprasentıeren, sınd ın den Tabellen 2 bıs 4 aufgelıstet. In Tabelle 2 sınd die Resultate der eınzelnen Tıerversuche aufgeführt Tabelle 3 zeıgt dıe Mittelwerte aus 8 Doppelbestimmungen ım ELISA In der Tabelle 4 werden dıe Ergebnısse ım ELISA und im Tierversuch eınander gegenubergestellt Dabeı ıst zu erkennen, daß dıe Wertbemessung ım ın vıtro-System zu eıner ungefähr 3fach hoheren Bewertung führt Im Vergleıch der Werte ıst eıne deutliche Korrelatıon erkennbar

Tabelle 2 Ergebnısse der Prufung von Rotlaufseren ım Tıerversuch

Serum-Nr	I E /ml	Vertrauensbereıche (95%) I E /ml	s	Vk%
1	160	102-218	29	18,2
2	114	76-152	19	16,8
3	122	77-167	23	19,6
4	8	5-11	2	20,0
5	85	56-144	15	17,1

I E = Internatıonale Eınheıten
s = Standardabweıchung
Vk = Varıatıonskoeffizıent

Tabelle 3 Ergebnısse der Prufung von Rotlaufseren ım ELISA

Serum-Nr	EE/ml	Vertrauensbereıche (95%) EE/ml	s	Vk%
1	494	464-524	15	2,6
2	363	347-379	8	2,2
3	368	340-396	14	3,8
4	27	21-33	3	11,1
5	232	200-263	16	6,9

EE = ELISA-Eınheıten
s = Standardabweıchung
Vk = Varıatıonskoeffizıent

Dıe Ergebnısse stellen dıe Mıttelwerte aus 8 Doppelbestımmungen dar

Tabelle 4 Ergebnisvergleich von Tierversuch und ELISA

Serum-Nr.	Tierversuch (I.E.)	ELISA (EE)	Kf
1	160	494	3,1
2	114	363	3,2
3	122	368	3,0
4	8	27	3,4
5	85	232	2,7

I E = Internationale Einheiten
EE = ELISA-Einheiten
Kf = Korrelationsfaktor

4. Diskussion

Die Qualitätsanforderungen an Rotlaufserum, gewonnen vom Pferd, werden durch eine Monographie im EAB geregelt Der TV ermoglicht eine genaue Wertbemessung in I E. und ist eine wichtige Grundlage für die Zulassung und Prüfung der RIS Der TV verlangt eine große Tierzahl (mindestens 70 Mäuse je Versuch) und bringt erhebliche Leiden für die Versuchstiere mit sich. Für ungefähr 50% der Labormäuse endet der Versuchsverlauf nach mehrtägiger Krankheitsdauer tödlich

Aus Gründen des Tierschutzes sollte diese Prufungsmethode überarbeitet und durch eine serologische Bewertungsmethode ersetzt werden. Die in vitro-Methode sollte eine direkte Messung der wirksamen Rotlaufantikorper ohne TV ermoglichen.

Die bisher veroffentlichten Methoden waren als Ersatzmethode zum vorgeschriebenen TV bei der Prüfung von RIS nicht einsetzbar, da sie keine quantitative Bewertung der Schutzwirkung zuließen Von einer Alternativmethode muß jedoch gefordert werden, daß sie eine Aussage zur Wirksamkeit der Immunseren in bezug auf die I E des RSS treffen kann Für diese spezielle Fragestellung mußte daher eine neue ELISA-Methodik entwickelt werden Die in Tabelle 2 dargestellten Ergebnisse der einmalig durchgeführten TV zeigen durchgängig sehr weite Mutungsgrenzen, die durchaus bei derartigen TV üblich sind Die Mittelwerte im ELISA (ermittelt in 8 Testansätzen) sind hingegen viel besser reproduzierbar (siehe Tabelle 2). Die Ergebnisse einer einzelnen Doppelbestimmung im ELISA sind gut vergleichbar (in der Graphik nicht dargestellt)

Die Resultate des ELISA sind in der Tabelle 4 den Prufungsergebnissen des Tierversuchs gegenübergestellt Es ist ersichtlich, daß die in vitro-Methode eine sichere Unterscheidung in hochtitrige und niedrigtitrige Seren zulaßt Die Ergebnisse sind sehr gut reproduzierbar Die im ELISA errechnete Wirksamkeit ist aber stets höher als im TV. Dieses läßt sich einerseits dadurch erklären, daß ein Teil der nicht schützenden Antikörper noch mit nachgewiesen wird. Andererseits hat die zelluläre Abwehr im TV einen Einfluß auf den Versuchsablauf, der im ELISA nicht erfaßt wird. Die Alternativmethode kann also die Genauigkeit des TV, insbesondere im kritischen Bereich um die 100 I.E., noch nicht erreichen. Die Ergebnisse stehen jedoch in einer klaren Abhängigkeit zueinander und können mit Hilfe eines Faktors umgerechnet werden. Zur genauen Bestimmung eines Korrelationsquotienten müssen noch weitere Versuche möglichst unter Beteiligung anderer Institutionen durchgeführt werden.

Die Alternativmethodik erscheint nach den vorliegenden Ergebnissen hinreichend genau, um hochtitrige von niedrigtitrigen Seren unterscheiden zu können. Eine exakte Berechnung der I.E erscheint bei hochtitrigen Seren nicht unbedingt erforderlich. Eine Bescheinigung der Wirksamkeit kann durch eine Formulierung wie "mindestens 100 I.E." durchaus im Einklang mit der bestehenden Arzneibuchvorschrift erfolgen. Bei Ergebnissen im Grenzbereich von 100 I.E. sollte der TV dann nur noch als Bestätigungstest zur Anwendung kommen.

Neben dem Tierschutzaspekt sprechen noch weitere Argumente für den in vitro-Test. Insbesondere die erhebliche Kostenreduzierung sollte für die Akzeptanz der Alternativmethode forderlich sein Um den vorgeschriebenen Mauseversuch in der Monographie ablosen zu konnen, ist als nachster Schritt die Reproduzierbarkeit dieser Methode in anderen Laboratorien nachzuweisen

Dieses Forschungsprojekt wurde durch Mittel des Forderprogramms "Alternativmethoden zum Tierversuch" des BMFT ermoglicht

Literatur

Europaisches Arzneibuch (EAB), Monograph 342, Immunoserum erysipelatis suillae, 2nd Edition, 14th Fascicule, Maisonneuve S A Sainte-Ruffine, France, 1990

GROSCHUP M , TIMONEY J F , Modified feist broth as a serum-free alternative for enhanced production of protective antigen of erysipelothrix rhusiopathiae, J Clin of Microbiologie 28, 2573-2575, 1990

GROSCHUP M et al , Characterisation of a protective protein of erysipelothrix rhusiopathiae, Epidemiol Infect 107, 637-649, 1991

World Health Organisation (WHO), International Standards and Reference Reagents, Biological Substances 1990, Genf, 1991

Methoden zur Reduktion des Tierverbrauchs bei der Entwicklung und Qualitätskontrolle von biologischen Arzneimitteln

H. Ronneberger

Zusammenfassung

In der toxikologischen Prüfung von Arzneimitteln wurden umstrittene Tierversuche entschärft (LD_{50}, DraizeTest) Unterschiedliche Prüfrichtlinien werden harmonisiert (ICH-Kongresse). Für biologische Produkte wird nur ein verkürztes Prüfprogramm durchgeführt oder der Umfang von Fall zu Fall festgelegt, wie bei gentechnologisch gewonnenen Substanzen In der Qualitätskontrolle biologischer Präparate müssen Arzneibuch-Monografien kritisch auf mögliche Einsparung von Tieren durchleuchtet werden

Bei der Wirksamkeitsprüfung verschiedener Impfstoffe (Diphtherie, Tetanus, Tollwut) und spezieller Immunglobuline laufen Validierungsversuche mit dem Ziel, Teste am Tier auf in vitro-Methoden umzustellen.

Fragwürdige Arzneibuchmethoden, wie die Prüfungen auf blutdrucksenkende Substanzen an der Katze oder am Kaninchen für Urokinase sollten entfallen

Der Pyrogentest am Kaninchen ist für zahlreiche Präparate auf den Limulus-Test umstellbar. Bei einigen Plasmaproteinen ist der Kaninchentest noch nicht ersetzbar

Der Sinn der Prüfung auf anomale Toxizität für Sera, Impfstoffe und Plasmaproteine wird in Frage gestellt.

Wenn auch der Tierversuch in manchen Fällen zur Zeit noch erforderlich ist, so müssen diese Methoden wissenschaftlich kritisch analysiert werden

1. Einleitung

Seit Jahren bemühen sich Pharmakologen und Toxikologen, die Zahl der Versuchstiere bei der Entwicklung von Arzneimitteln zu reduzieren Im pharmakologischen Screening wurden zahlreiche Versuche am Ganztier auf solche an Zellkulturen und isolierten Organen umgestellt

In der Toxikologie wurden Prüfmethoden kritisch durchleuchtet und umstrittene Tierversuche entschärft. Dies betrifft vor allem die Untersuchung der akuten Toxizität und den Schleimhautverträglichkeitstest am Kaninchen. Auch die in Japan früher geforderte akute Toxizitätsprüfung am Hund wird nicht mehr durchgeführt.

Diese Bemühungen können jedoch nur der Anfang der kritischen Betrachtung heute eingesetzter Verfahren sein Dazu gehört z B die chronische Toxizitätsprüfung mit langen Ver-suchsdauern über 6 Monate. Große Hoffnungen setzen die Toxikologen auf die Harmonisierungskongresse (ICH), auf denen Arzneimittelprüfrichtlinien in den wichtigen Staaten angeglichen werden sollen.

2. Biologische Arzneimittel

Diese Bestrebungen gelten weitgehend auch für biologische Arzneimittel, wie Präparate aus Plasma, Impfstoffe und gentechnologisch gewonnene Substanzen. Trotz aller Bemühungen, Tierversuche zu reduzieren, wird auch künftig nicht auf die Untersuchung neuer Stoffe am Tier verzichtet werden können. Dabei sind bei der Entwicklung biologischer Arzneimittel aber deren Besonderheiten zu beachten, wie Antigenität oder Speziesspezifität, so daß viele klassische Toxizitätsprüfungen nicht sinnvoll durchgeführt werden können.

In der Vergangenheit konnten wir immer wieder Forderungen einzelner Zulassungsbehörden verhindern, für derartige Untersuchungen einen modifizierten Versuchsaufbau zu wählen. Heute ist es jedoch in allen Industriestaaten akzeptiert, daß nicht alle Routineuntersuchungen mit diesen Präparaten relevante Ergebnisse erbringen. Somit beschränkt sich der Umfang der toxikologischen Prüfung der Plasmaproteine meist auf die Untersuchung der akuten und lokalen Verträglichkeit, ergänzt durch wenige sicherheitspharmakologische Modelle, wie die Prüfung auf eventuelle Beeinträchtigung wichtiger physiologischer Systeme. Eine Reihe sicherheitspharmakologischer Befunde läßt sich dabei an isolierten Organen erheben.

Trotzdem erlauben aber einige Prüfungen am Tier wertvolle Rückschlüsse auf eventuelle Nebenwirkungen beim Menschen. Im Blutdrucktest am Hund können Immunglobulinpräparationen entdeckt werden, die auch beim Menschen zu derartigen Effekten führen.

Toxikologische Routinetests am Tier mit Impfstoffen sind nur bedingt aussagekräftig. Sie beschränken sich in der Regel auf akute und lokale Verträglichkeitsprüfungen. So sind aus Langzeittoxizitätsstudien, Mutagenitätsprüfungen oder Tests auf Reproduktionstoxizität keine für den Menschen relevanten Ergebnisse zu erwarten.

Bei gentechnologisch hergestellten Arzneimitteln muß jeweils ein Versuchsprogramm von Fall zu Fall aufgestellt werden, wobei die Besonderheiten der jeweiligen Substanz berücksichtigt werden müssen. Es gibt speziesspezifische Produkte, die sinnvoll nur in Primaten prüfbar sind. Antikörperbildung im Tier kann die wiederholte Gabe über längere Zeit erschweren oder unmöglich machen.

3. Qualitätskontrolle biologischer Arzneimittel

Wenn heute mit Recht festgestellt wird, daß alternative Methoden, Entschärfung von Tiertests und Bemühungen zur Reduzierung von Tierzahlen auf den Gebieten der Pharmakologie und Toxikologie einen hohen Stellenwert erreicht haben, so ist die Situation in der Qualitätskontrolle von biologischen Arzneimitteln momentan noch nicht zufriedenstellend. Obgleich Ansätze erkennbar sind, Versuchstiere hier einzusparen oder alternative Verfahren zu entwickeln, geben einige Arzneibuchvorschriften Anlaß zu kritischen Überlegungen.

3.1. Impfstoffe, Immunglobuline

Bei der Wirksamkeitsprüfung von Pertussis- und Tollwutimpfstoffen werden, um statistisch exakt auswertbare Ergebnisse zu bekommen, Gruppengrößen von je 16 Mäusen eingesetzt, insgesamt werden für eine Prüfung 136 Tiere benötigt. Diese Zahlen erinnern sehr an die verworfene LD_{50}-Bestimmung in der Toxikologie.

In verschiedenen Arbeitsgruppen und Ringstudien wird daran gearbeitet, die vorgeschriebenen Verfahren zu modifizieren, so daß eine Prüfung mit anderen Auswertungsverfahren weniger Tiere erfordert oder durch eine serologische Auswertung die Tiere schonender behandelt werden können.

Auf einem Workshop in Bilthoven 1990 über in vitro-Methoden zur Wirksamkeitstestung von DPT-Vakzinen wurde ein internationaler Ringversuch beschlossen, in dem verschiedene in vitro-Versuche mit Diphtherie- und Tetanustoxoiden mit der Wirksamkeitsprüfung im Tier verglichen werden sollten. An diesem Versuch nahmen 11 Laboratorien aus 9 Ländern teil. Sobald die endgültigen Ergebnisse dieses Validierungsversuches vorliegen, müßten Konsequenzen zum Ersatz der Tierversuche gezogen werden.

Noch keine behördliche Akzeptanz fanden Neutralisationstests in Zellkulturen, an denen verschiedene Gruppen arbeiten, die die Wertbemessungsversuche am Tier von Tetanus-Immunglobulin vom Menschen, Diphtherie-Antitoxin und Schlangengift-Immunserum ersetzen könnten. Hier besteht ein Potential an Einsparung von Versuchstieren, das noch zu nutzen ist.

Die vergleichende Wirksamkeitsprüfung von Tollwutimmunglobulin in 8 Prüflabors in 5 Staaten ergab, daß der Virusneutralisationstest verläßlichere Resultate als der Mäusetest ergab (LYNG J. et al., 1989). Der tierfreie Test ist heute die Standardmethode der Europäischen Pharmacopoe für die Prüfung auf Wirksamkeit für dieses Präparat (European Pharmacopoeia, 1991).

Die Umstellung der Antigenbemessung in der In-process-Kontrolle von Tollwutimpfstoffen vom Test an Mausen auf eine Prufung in der Zellkultur (Antikörperbindungs-Test) erbrachte seit 1980 eine erhebliche Reduktion des Tierverbrauchs In einem Validierungsversuch mit verschiedenen Tollwutimpfstoffen konnte der Wert der in vitro-Methode gezeigt werden (BARTH R. et al., 1986). Eine andere Vergleichsprüfung (BARTH R. et al., 1990) mit einer neuen Tollwutvakzine (PCEC-Vakzine) ergab, daß der modifizierte Antikörperbindungstest gut mit dem Test in der Maus korreliert

In einem Ringversuch sollten diese interessanten Ergebnisse erhartet und der herkömmliche Test in der Maus durch eine andere Methode ersetzt werden

3.2. Prüfung auf blutdrucksenkende Substanzen

Im Europäischen Arzneibuch befindet sich eine Monografie über die Prüfung auf blutdrucksenkende Substanzen an der Katze In der Vergangenheit führten wir diese Prüfung in modifizierter Form für zahlreiche intravenos anwendbare Plasmapraparate durch

Im Laufe der Jahre erkannten wir jedoch, daß dieser Test keinerlei pradiktive Aussage zu möglichen Kreislaufreaktionen beim Menschen ergab Die Katze ist namlich das falsche Versuchstier, um klinisch relevante vasoaktive Substanzen in Plasmaproteinpraparaten zu erkennen

In Absprache mit den Zulassungsbehörden in Deutschland, Österreich, USA, UK u a. konnte der Verzicht auf diesen Test erreicht werden

3.3. Urokinase: Prüfung auf gefäßaktive Substanzen

Leider wurden aber auch in jungerer Zeit Arzneibuch-Monografien eingeführt, die den Einsatz von Tieren vorschreiben Ein Beispiel hierfür ist die im Europaischen Arzneibuch befindliche Monografie für Urokinase (European Pharmacopoeia, 1990). Hier wurde eine Untersuchung auf eventuell in diesen Präparaten befindliche gefäßaktive Substanzen am Kaninchen festgeschrieben

Dabei wird dem narkotisierten Tier die Prüfsubstanz intravenos verabreicht Wahrend der folgenden 5 Stunden werden der arterielle Blutdruck und der Herzrhythmus bestimmt Die praktische Durchführung dieses Testes in unseren Laboratorien ergab, daß signifikante Veränderungen hier nur aufgrund der extrem langen Versuchsdauer auftraten Somit wird eher der Einfluß der Narkose als die Qualität des Prüfpräparates gemessen.

Dieser Tierversuch ist deshalb als unnötig anzusehen und sollte entfallen

3.4. Prüfung auf Pyrogene

Einer der klassischen Qualitätskontrolltests für Injektionspräparate ist der Pyrogentest am Kaninchen, der mögliche Verunreinigungen mit fieberauslösenden Substanzen entdeckt. Diese spielen, besonders bei biologischen Präparaten, bedingt durch das Ausgangsmaterial zur Herstellung und die komplexen Herstellungsverfahren eine wichtige Rolle Hohe Konzentrationen von Pyrogenen - deren Hauptvertreter bakterielle Endotoxine sind - können beim Menschen erhebliche Krankheitserscheinungen auslösen.

Eine alternative Methode zur Entdeckung dieser Bakterientoxine ist der in vitro durchgeführte Limulustest, bei dem ein Lysat aus Blutzellen des Pfeilschwanzkrebses mit Endotoxinen reagiert. Dieser empfindliche Test hat zur Reduktion des klassischen Kaninchentestes bei der Prüfung von Arzneimitteln geführt.

Nach Aufnahme der Monografie V.2.1.9 in das Europäische Arzneibuch sind hier Fortschritte zu sehen, auch wenn dieser Alternativtest erst in wenige Substanzmonografien Eingang fand. Inzwischen erlaubt die Bekanntmachung der deutschen Zulassungsbehörden (Bundesgesundheitsamt, Paul-Ehrlich-Institut) im Bundesanzeiger vom 25./30.11.1992 die Umstellung auf den alternativen Test, wenn Validierungsdaten für das jeweilige Arzneimittel den Behörden vorgelegt werden.

Über die Möglichkeiten, auch bei biologischen Präparaten den Test mit Kaninchen durch den Limulustest zu ersetzen, konnten wir in den letzten Jahren viele Erfahrungen sammeln.

Schwerpunkt des Einsatzes ist hauptsächlich die In-process-Kontrolle. Hier können wir bereits mehr als 10 000 Kaninchen pro Jahr einsparen.

Die Prüfung einiger Plasmaproteine im Limulustest bereitet jedoch Probleme, vor allem durch eine Inhibierung der Reaktion durch einige Fraktionen. Voraussetzung des Ersatzes des Tiertestes ist natürlich, daß das zu untersuchende Material den Test nicht stört. Festgestellt wird dies, indem die Probe mit einer definierten Endotoxinmenge versetzt wird, die dann bei der Testung wiedergefunden werden muß.

Schwierigkeiten bereiten vor allem Albumine, die unvorhersehbar von Charge zu Charge Hemmungen der Reaktion auslösen können. Hier dürfte der Test am Tier noch seine Bedeutung behalten.

Bei fibrinolytischen Präparaten, wie Streptokinase und Urokinase treten keine Inhibierungen des Testes auf

Bei gentechnologisch gewonnenen Arzneimitteln und bei monoklonalen Antikörpern bereitet der Limulustest in der Regel keine Probleme In Zukunft ist auch bei zahlreichen biologischen Produkten mit dem schrittweisen Ersatz des Tierversuchs zu rechnen (Gerinnungsfaktoren, Fibrinolytika, Impfstoffe u a)

3.5. Test auf anomale Toxizität

Für Sera, Impfstoffe und Plasmaproteine wird in präparatespezifischen Arzneibuchmonografien die Prüfung auf anomale Toxizität (European Pharmacopoeia V 2.1 5) gefordert. Hierbei erhalten jeweils 5 Mäuse das Prüfpräparat intravenös und dürfen innerhalb von 24 Stunden nicht sterben. Bei Sera und Impfstoffen werden 5 Mäuse und 2 Meerschweinchen i p. mit der Probe behandelt und dürfen in den nachfolgenden Tagen keine Krankheitszeichen zeigen.

Bei der Vielzahl zu prüfender Chargen sind hierfür große Mengen an Versuchstieren erforderlich Wir halten diese Prüfung für nicht aussagekräftig und schlagen die ersatzlose Streichung vor. Bei einer standardisierten Produktion unter GMP-Bedingungen ist eine toxische Verunreinigung im Laufe des Produktionsprozesses ein unwahrscheinlicher Fall. Tatsächlich hat dieser Test in den letzten Jahren bei uns noch nie zur Ablehnung einer Produktionscharge geführt Im Zeitraum von Januar 1990 bis Januar 1992 testeten wir 5 146 Einzelchargen an 26.030 Mäusen und 4 650 Meerschweinchen. Keine dieser Chargen wurde aufgrund dieses Testes zurückgewiesen

Glücklicherweise hat hier in Europa die Diskussion über den Wert dieser Untersuchung begonnen. Wir hoffen, daß in nicht zu ferner Zukunft eine Streichung bei den Plasmaproteinen möglich sein wird Ein Verzicht bei Impfstoffen stößt aber bei einigen europäischen Behörden noch auf Bedenken

4. Schlußfolgerung

Sicher ist es schwierig, die notwendigen Validierungen versuchstierfreier Tests durchzuführen. Es benötigt viel Zeit, internationale Prüfrichtlinien und Arzneibuchmonografien zu ändern. Die enge Zusammenarbeit von Experimentatoren und Behörden ist notwendig, wenn das Ziel, Versuchstiere einzusparen, ernst genommen wird.

Deshalb haben die Behringwerke die Überprüfung der beschriebenen Testverfahren mit Tieren auf Modifikation oder gänzliche Abschaffung angeregt.

Dem Tierschutzbericht 1993 der deutschen Bundesregierung ist zu entnehmen, daß die deutsche Delegation in der Europäischen Arzneibuch-Kommission 1993 eine Diskussion zur Verringerung von Tierversuchen in der Europäischen Pharmacopoe beginnen will. Das Bundesgesundheitsamt und das Paul-Ehrlich-Institut erarbeiten derzeit hierzu konkrete Vorschläge.

Literatur

BARTH R., GRUSCHKAU H., MILCKE L., JAEGER O., Validation of an in vivo assay for the determination of rabies antigen, Develop biol. Standard. 64, 87-92, 1986

BARTH R., FRANKE V., MULLER H., WEINMANN E., Purified chick-embryo-cell (PCEC) rabies vaccine: its potency performance in different test systems and in humans, Vaccine 8, 41-48, 1990

Deutscher Tierschutzbericht, 70, 1993

Deutsches Arzneibuch (DAB 10), 10 Ausgabe, 1991

European Pharmacopoeia, 2nd Edition, 695 und 723, 1986-1992

LYNG J., WEIS BENTZON M , FITZGERALD E.A., Potency assay of antibodies against rabies A collaborative study, Journal of Biological Standardization 17, 267-280, 1989

Möglichkeiten und Probleme des Ersatzes von Tierversuchen zur Bestimmung des Insulingehaltes von Arzneimitteln

H. Möller

Zusammenfassung

Die biologische Wertbestimmung von Insulin in Wirkstoff und Fertigprodukten (Tierversuch) wird zur Zeit noch in einigen Arnzeibüchern, wie beispielsweise dem DAB 10 und der USP XXII, beschrieben Bemuhungen hinsichtlich der Änderungen von Arzneibuchmonographien und die gesetzliche Moglichkeit der Anwendung von alternativen Methoden eröffnen dem pharmazeutischen Hersteller den Ersatz von Tierversuchen

Die Entwicklung von chromatographischen Verfahren, wie z B. der Hochdruckflüssigkeitschromatographie (HPLC), ermoglicht den pharmazeutischen Herstellern bei der Qualitätskontrolle von Insulin und dessen Fertigprodukten auf Tierversuche völlig zu verzichten Mit der Umstellung auf chromatographische Verfahren, welche hinsichtlich Prazision und Selektivität deutliche Vorteile gegenuber dem Tiermodell bieten, kann die Qualitätsprüfung hinsichtlich Identitat, Reinheit und Gehalt durchgeführt werden Mit der Verwendung von alternativen Verfahren (HPLC) sind Vorteile hinsichtlich der Arzneimittelsicherheit verbunden, da chromatographische Verfahren eine prazisere Dosiskontrolle von Fertigprodukten und die Quantifizierung und Spezifizierung von moglichen Nebenprodukten erlauben

1. Einleitung

Insulin und Tierversuche waren in der medizinischen Forschung bislang eng miteinander verbunden Bereits die Entdeckung des Hormons geht auf Tierversuche zurück Sie gelang 1921 in Toronto an Hunden, die durch Entfernung der Bauchspeicheldruse diabetisch gemacht worden waren Schon 1926 erfolgte dann die Herstellung von Insulin und 1931 erstmals die klinische Anwendung

Entscheidend für einen unbedenklichen Einsatz an Patienten war und ist die reproduzierbare Quantifizierung von Insulin, dessen Gehalt wiederum im Tierversuch bestimmt wurde. Denn nur durch den Tierversuch war eine zuverlassige Dosierung möglich. Diabetiker konnten so bereits zu einem fruhen Zeitpunkt ohne Risiko von einem lebensrettenden Produkt profitieren, ohne dessen exakte tierversuchsfreie Charakterisierung, wie sie heute moglich ist, abwarten zu mussen

Das Tierexperiment ist bis heute als Modell zur biologischen Wertbestimmung von Insulin eine anerkannte Arzneibuchmethode, für die im Deutschen Arzneibuch bislang noch keine Alternativmethode beschrieben ist. Alternative Methoden, in erster Linie die Hochdruckflüssigkeitschromatographie (HPLC), gewinnen jedoch zunehmend an Bedeutung (SMITH H W. et al ,

1985; FISHER B.V. and SMITH D., 1986; TRETHEWEY J., 1989) Das Amerikanische Arzneibuch beschreibt in seiner aktuellen Fassung USP XXII für hochgereinigtes Insulin neben der biologischen Wertbestimmung eine Gehaltsbestimmung mittels HPLC. Die Europäische Arzneibuchkommission geht hier noch weiter und schlägt in einem Monographie-Entwurf für Humaninsulin vor, die biologische Wertbestimmung völlig durch die Gehaltsbestimmung mit Hilfe HPLC zu ersetzen. Für Rinder- und Schweineinsulin beschreibt das Europäische Arzneibuch seit 1992 das alternative HPLC-Verfahren.

Die dazu notwendigen Voraussetzungen wurden durch die Initiative der forschenden Industrie geschaffen Denn diese hat nicht nur die Herstellungstechnologie so verbessert, daß der Reinheitsgrad des Insulins eine quantitative Bestimmung durch HPLC zuläßt, deren Ergebnisse mit der biologischen Aktivität vergleichbar sind, sondern sie hat auch die Bestimmungsmethode so weit entwickelt, daß sie verläßliche Ergebnisse liefert.

Das Ziel der Prüfung der biologischen Aktivitat am Tier war bislang die Prüfung von Identität und Gehalt des Wirkstoffes und dessen Fertigprodukte.

Mit den aktuellen Anforderungen der Europaischen Zulassungsbehörden werden für die Chargenfreigaben von Fertigprodukten nur noch Schwankungen von ± 5% des deklarierten Gehalts aktzeptiert, welche nur mit präzisen Bestimmungsverfahren einzuhalten sind. Diese Forderung bedingt den Ersatz von biologischen Wertbestimmungen am Tier, welche nur mit einer hohen Variabilitat durchzuführen sind. Der gesetzliche Rahmen für alternative Verfahren ist durch Paragraph 26 AMG und durch die Arzneibuchverordnung Paragraph 2 gegeben

Infolge der verbesserten Herstellungstechnologien, verbunden mit validierten Herstellungsverfahren und umfassender Charakterisierung von Ausgangsmaterialien lassen sich gleichermaßen - ohne Verlust der Arzneimittelsicherheit - alternative Verfahren für die Prüfung von Identitat, Reinheit und Gehalt des Wirkstoffs Insulin und dessen Fertigprodukten anwenden. Welche praktische Erfahrungen derzeit mit dem Ersatz von Tierversuchen im Rahmen der pharmazeutischen Qualitätskontrolle vorliegen, wird nachfolgend dargestellt

2. Methodenbeschreibung der biologischen Wertbestimmung von Insulin

Die biologische Wertbestimmung von Insulin erfolgt durch Vergleich der hypoglykamischen Wirkung der zu untersuchenden Probe mit der des internationalen Standards

Drei Methoden stehen zur Wahl (alternativ).

- Blutglucosetest an Kaninchen
- Blutglucosetest an Mausen
- Mausekrampftest

2.1. Blutglucosetest an Kaninchen

4 Gruppen von mindestens 6 Tieren werden mit einer niedrigen und einer hohen Dosis des zu untersuchenden Produktes bzw des Standards behandelt. Von jedem Tier werden nach vorgegebenen Zeiten Blutproben zur Bestimmung der Glucosekonzentration entnommen. Vorzugsweise am darauffolgenden Tag wird die Behandlung wiederholt. Danach erhalten die Tiere, denen zuvor die niedrige Dosis verabreicht wurde, die hohe Dosis und umgekehrt, ebenso werden Prufsubstanz und Standard getauscht Aus der Gesamtheit der erhobenen Daten wird mit den üblichen statistischen Verfahren die biologische Aktivität der zu untersuchenden Probe berechnet.

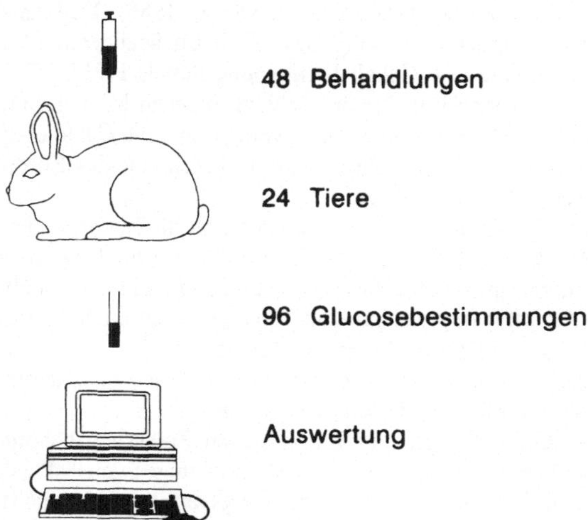

Abb 1 Blutglucosetest an Kanınchen

2.2. Blutglucosetest an Mäusen

Im Blutglucosetest an Mausen erfolgt dıe bıologısche Wertbestımmung von Insulın nach dem gleıchen Prınzıp, jedoch an mındestens 40 Mausen

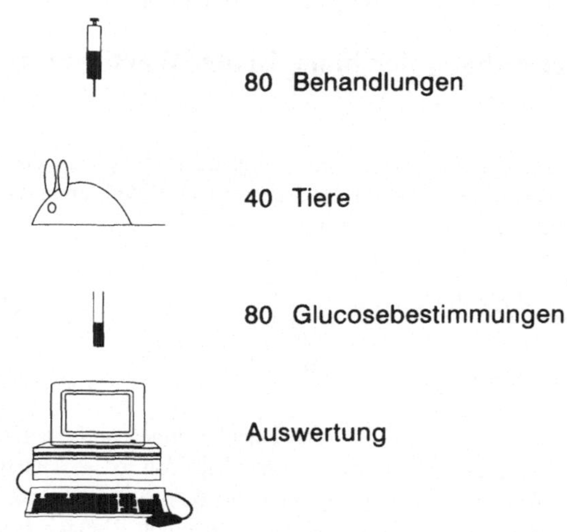

Abb 2 Blutglucosetest an Mausen

2.3. Mäusekrampftest

Von den zuvor genannten Methoden abweichend, dient im Mäusekrampftest nicht die Blutglucosekonzentration, sondern die Zahl der verendeten oder krampfenden Tiere als Meßgröße. Wegen der Unempfindlichkeit des Tests sind jedoch mindestens 96 Tiere vorgeschrieben.

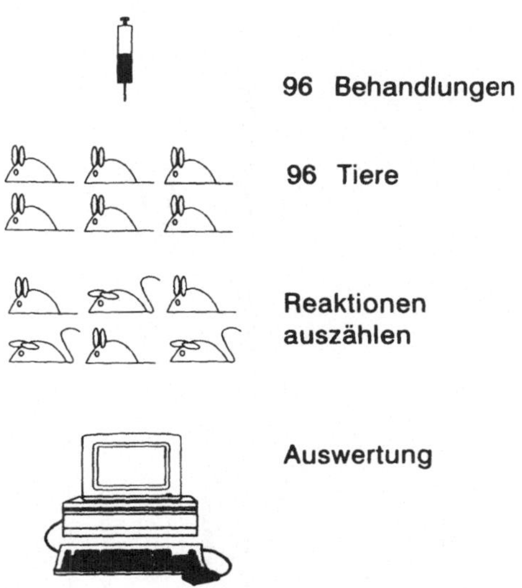

Abb 3 Mausekrampftest

Der Vorteil des Tierversuches besteht darin, daß die pharmakologische Wirksamkeit des Insulins am Tiermodell direkt bestimmt wird.

Von Nachteil ist, daß das Tier als hochkomplizierter Organismus gleichzeitig eine Vielzahl von Reaktionen auf die unterschiedlichen Einflüsse zeigt, die sich gegenseitig beeinflussen können. Somit sind quantitative Aussagen nur mit erheblichen Fehlerbreiten zu gewinnen. Aus diesem Grund sind zur statistischen Absicherung große Zahlen an Einzelversuchen einzusetzen

3. Bestimmung von Identität, Gehalt und Reinheit mit Hilfe der Hochdruckflüssigkeitschromatographie (HPLC)

Bei der Bestimmung von Identität, Gehalt und Reinheit von Insulin erwies sich die Reversed-Phase-Chromatographie (RP-HPLC) als geeignete Methode, bei der eine Trennung zwischen einer unpolaren stationären Phase und einer polaren mobilen Phase erfolgt.

Die HPLC-Methode benötigt einen Standard, da sie eine Relativmethode ist. Für die drei auf dem Markt verfügbaren Spezies Schweine-, Rinder- und Humaninsulin gibt es jeweils einen eigenen Standard.

Setzt man voraus, daß die gleiche Molzahl der genannten Insulinspezies am Rezeptor gleiche Wirkung zeigt, würde die Gehaltsbestimmung nur einen einzigen Standard erfordern, jedoch ist zur Prüfung auf Identität der vorliegenden Insulinspezies ein Standard erforderlich, der ausschließlich Insulin einer Spezies enthalt.

Durch wiederholte Analyse der Standardlosungen und der zu untersuchenden Insulinproben kann uber eine Regressionskurve der geschatzte Gehalt der Probe und sein Vertrauensbereich ermittelt werden

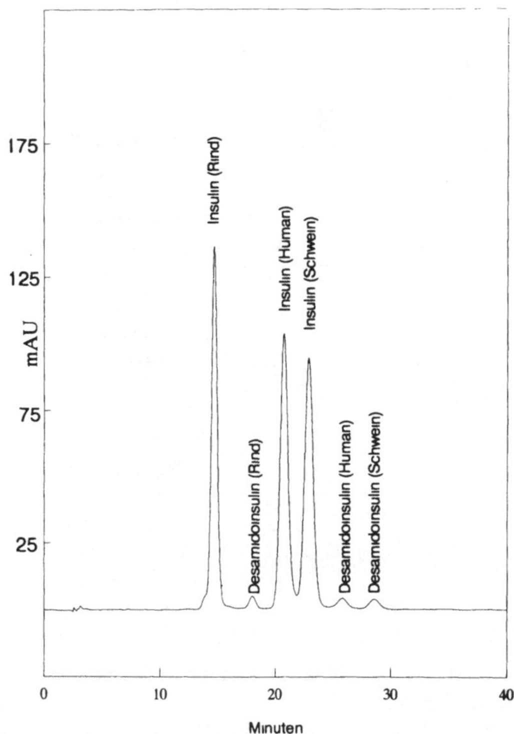

Abb 4 Chromatographische Trennung von Insulin und Desamidoinsulin

Für die Erstellung der Regressionskurve werden die durch Integration der Chromatogramme des Standards erhaltenen Flachen gegen die dazugehorenden Konzentrationen aufgetragen Dabei wird der deklarierte Gehalt des Standards der Flache für das Insulinmolekül gleichgesetzt, ohne die Nebenpeaks zu berucksichtigen, die eine vernachlassigbare Große aufweisen Zur Ermittlung des Gehalts werden die Flachen des Insulins und des Desamidoinsulins, multipliziert mit 0,9, addiert und mit Bezug auf die Regressionskurve quantifiziert Der Faktor von 0,9 für Desamidoinsulin, einem Abbauprodukt des Insulins, ist darauf zurückzuführen, daß dieses Abbauprodukt etwa 90% der biologischen Aktivitat von Insulin aufweist

Die Gehaltsbestimmung von Insulin in Fertigprodukten via HPLC weist Validierungscharakteristika auf, die hinsichtlich Spezifität, Prazision, Selektivitat und Linearität dem aktuellen Stand von Wissenschaft und Technik entsprechen und die deklarierte Dosis innerhalb der geforderten Grenzwerte von ± 5% nach Herstellung garantiert Gleichermaßen laßt sich mit Hilfe der HPLC durch Vergleich mit einem spezifischen Standard die Identitat des im Fertigprodukt verarbeiteten Wirkstoffes nachweisen

Mit der Anwendung des HPLC-Verfahrens anstelle der biologischen Wertbestimmung bei der Prufung von Identitat, Reinheit und Gehalt von Insulin in Fertigprodukten konnte seit etwa 2 Jahren auf eine Vielzahl von Tierversuchen verzichtet werden Daruberhinaus muß darauf hingewiesen werden, daß bei Anwendung von selektiven chromatographischen Verfahren die Möglichkeit besteht, mögliche Nebenprodukte nachzuweisen und zu quantifizieren, wodurch die Arzneimittelsicherheit deutlich erhöht wird.

Wie bei der Chargenkontrolle von Insulin-Fertigprodukten alternative Verfahren bereits etabliert sind, können solche auch für die routinemäßige Prüfung des Wirkstoffs Insulin eingesetzt werden. Die Bestimmung von Gehalt und möglichen Nebenprodukten im Wirkstoff läßt sich via HPLC mit hoher Präzision vornehmen Die Identität des Wirkstoffs wird sichergestellt einerseits durch validierte Herstellungsprozesse und andererseits durch chargenbezogene Prüfungen wie beispielsweise den Vergleich der Retensionszeit mit der des spezifischen Standards und den chromatographischen Vergleich (Fingerprint) von Insulin-spezifischen Fragmenten nach proteolytischer Zersetzung (GRAU K., 1985).

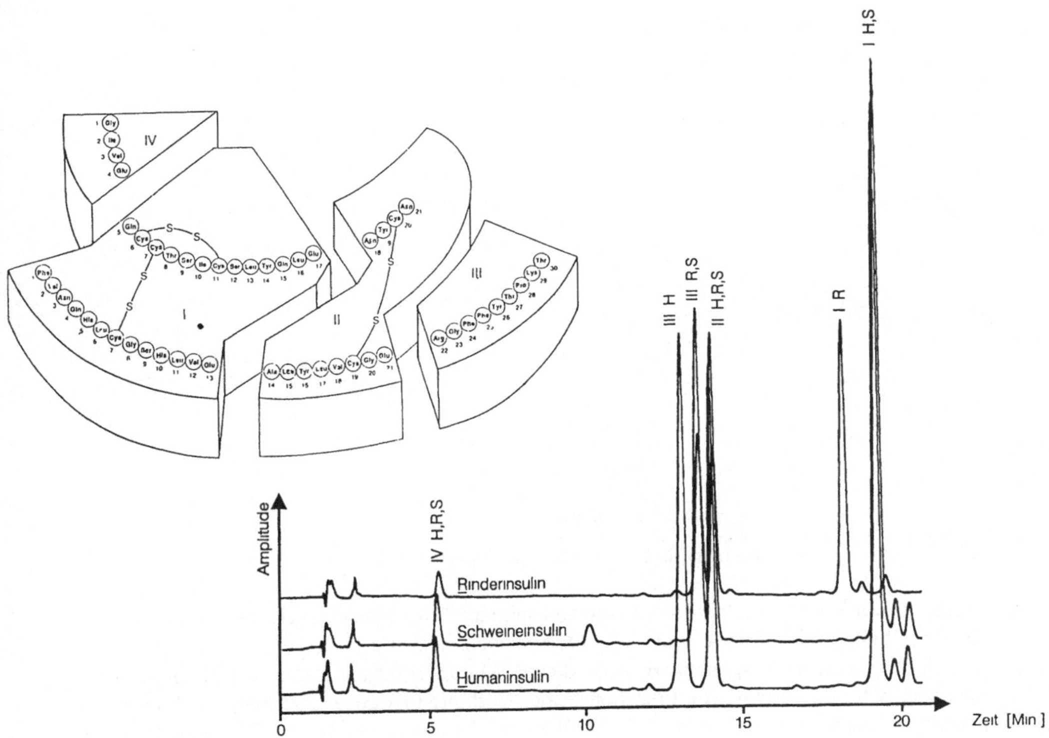

Abb 5 Identitatsprufung (Fingerprint) von Insulin

Bei der Fingerprint-Analyse, auch "peptide mapping" genannt, wird Insulin durch die an Glutamin- und Asparaginsaure spaltende V8-Protease aus Staphyloccus aureus in definierte Peptide zerlegt, die mit Hilfe der HPLC getrennt werden und ein charakteristisches Profil zeigen Dieses Analysenverfahren ist in Erganzung zum Vergleich von Retentionszeiten von Probe und Standard zum Identitatsnachweis von unterschiedlichen Insulinspezies geeignet; zusatzlich gibt es Auskunft darüber, ob die Disulfidbrucken innerhalb des Proteins korrekt verknupft sind

4. Vergleich der biologischen Wertbestimmung von Insulin mit dem HPLC-Verfahren

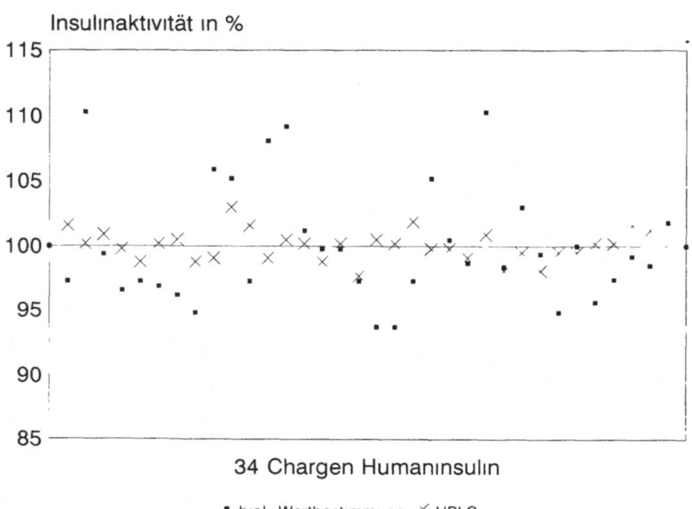

Abb 6 Vergleich der Insulinaktivitaten (biol Wertbestimmung und HPLC)

In Abb 6 werden die Ergebnisse von Humaninsulin an 34 Chargen zur Gehaltsbestimmung mit Hilfe der biologischen Wertbestimmung (Tierversuch) und des HPLC-Verfahrens gegenübergestellt Zur besseren Vergleichbarkeit werden die Mittelwerte nach beiden Verfahren als 100% Insulinaktivitat dargestellt Die Prazision beider Verfahren ist gekennzeichnet durch eine relative Standardabweichung von ± 4,6% (biologische Wertbestimmung im Tierversuch, s Abschnitt 2 1) und ± 1,2% (HPLC)

Vergleichbare Vorteile bei Verwendung des HPLC-Verfahrens gegenuber dem Tierversuch ergeben sich auch bei der Gehaltsbestimmung von Humaninsulin in Fertigprodukten

Wie Abb 7 zu entnehmen ist, kann die Gehaltsbestimmung in Fertigprodukten mittels HPLC weitaus praziser bestimmt werden als dies bei der biologischen Wertbestimmung der Fall ist Durch den Ersatz des Tierversuches ist es moglich geworden, die den Anforderungen entsprechende Gehaltstoleranz von ± 5% der Deklaration einzuhalten

Aus den aufgezeigten Befunden wird deutlich erkennbar, daß Gehaltsbestimmungen von Insulin im Wirkstoff und in Fertigprodukten mit Hilfe der HPLC anstelle der biologischen Wertbestimmung (Tierversuch) wesentlich praziser durchgeführt werden können.

Der Ersatz der beschriebenen Tierversuche bei der Qualitatsprufung von Insulin durch chromatographische Verfahren bietet weiterhin Vorteile beim Qualitatsnachweis von möglichen Nebenprodukten in Wirkstoff und Fertigprodukten infolge der hoheren Selektivitat des HPLC-Verfahrens

	Mittelwert I.E./ml	relative Standardabweichung
biol. Wertbestimmung (n = 6)	103,1	6,4
HPLC (n = 6)	99,5	0,2

Abb 7 Vergleich von Insulingehalten in Fertigprodukten (H-Tronin® 100) (biol Wertbestimmung und HPLC)

Hinsichtlich des Identitätsnachweises des Wirkstoffs Insulin ist jedoch zu berücksichtigen, daß der Herstellungsprozeß validiert und unverändert durchgeführt wird und zur Absicherung spezifische physikalisch-chemische Identitätsverfahren bei der Chargenkontrolle eingesetzt werden.

5. Umsetzung wissenschaftlicher Erkenntnisse beim Ersatz von Tierversuchen im Rahmen der Qualitätsprüfung von Insulin

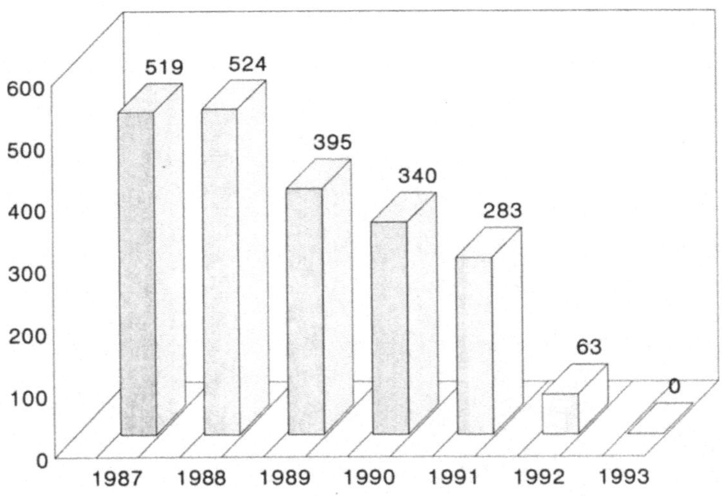

Abb 8 Anzahl der biol Wertbestimmungen pro Jahr

Die Bemühungen der Reduzierung von Tierversuchen der Hoechst AG bei der Qualitätsprüfung von Insulin sind in Abb 8 insoweit deutlich erkennbar, als die Anzahl der biologischen Wertbestimmungen von Insulin von ca 550 (1988) auf ca 70 (1992) zurückgegangen sind. Infolge der kompletten Umstellung auf alternative HPLC-Verfahren werden bei der Qualitätsprüfung von Identität, Reinheit und Gehalt von Insulin ab 1993 keine Tierversuche mehr durchgeführt

Die schrittweise Einführung des alternativen HPLC-Verfahrens in der Qualitätsprüfung der Hoechst AG ist dadurch begründet, daß neue Human-Insulin-Zubereitungen seit 1989 mit der Beschreibung des HPLC-Verfahrens in den EG-Mitgliedsstaaten zugelassen worden sind. Eine völlige Umstellung war zu dem Zeitpunkt möglich, als im Europäischen Arzneibuch auch für

Schweine- und Rinderinsuline 1992 das alternative HPLC-Verfahren anstelle der biologischen Wertbestimmung eingeführt wurde

Mit der hier aufgezeigten Entwicklung zur Einführung von alternativen Verfahren zum Ersatz von Tierversuchen im Rahmen der Qualitätsprüfung von Insulin und seiner Zubereitungen, konnte mit Ausnahme von Japan eine internationale Harmonisierung erzielt werden. Die gemeinsamen Bemühungen von Behörden, Arzneibuchkommissionen und pharmazeutischer Industrie sollten es möglich machen, auch den japanischen Arzneibuchstandard durch Übernahme des HPLC-Verfahrens anstelle der biologischen Wertbestimmung alsbaldig zu ändern.

Anhand des Beispiels Insulin wird deutlich, daß die Einführung von Prüfverfahren zum Ersatz von Tierversuchen seitens der pharmazeutischen Industrie nicht spontan, sondern unter Berucksichtigung regulatorischer Anforderungen erfolgen kann.

Literatur

FISHER B V and SMITH D , HPLC as a replacement for the animal response assays for insulin, J Pharm Biomed. Anal. 4, 377, 1986

GRAU K., Fingerprint analysis of insulin and proinsulins, Diabetes 34, 1174, 1985

SMITH H W. et al , A universal HPLC determination of insulin potency, J. Liq. Chrom. 8, 419, 1985

TRETHEWEY J., Bio-assays for the analysis of insulin, J. Pharm. Biomed. Anal. 7, 189, 1989

LAL-Test: Bestandsaufnahme und Ausblick (Möglichkeiten und Grenzen) beim Ersatz des Kaninchen-Pyrogentests

H. Müller-Calgan

1. Einleitung

Vortrag und Publikation geben mir die Gelegenheit, noch einmal den Weg, den wir seit 1979 gegangen sind, sowie den Prozeß aufzuzeigen, der bei einigen Firmen, Krankenhausapotheken und Prüfinstituten ebenfalls abgeschlossen ist oder kurz vor dem Abschluß steht. Gemeint ist der Weg vom Kaninchen-Pyrogentest über die gemeinsame Testung mit dem LAL-Test hin zum alleinigen LAL-Test für in Arzneibüchern aufgeführte Parenteralia und pharmazeutische Rohstoffe oder auch solche ohne bestehende Vorschriften. Es war, wie im Vortrag mit Beispielen gezeigt wurde, ein Weg von der reinen Qualitätskontrolle zur geplanten und verwirklichten Qualitätssicherung. Am Erfolg hatten und haben viele Anteil Alle nennen zu wollen, überstiege den gesteckten Rahmen bei weitem. Die Bemühungen sind ausgiebig vorgetragen und in deutscher Sprache (z.B. Concept-Symposien "Pyrogene I bis IV", 1980 bis 1991 oder SCHEER R. (Hrsg.) 1989: Der Limulustest) oder in Englisch (z.B. in: Prog. Clin. Biol. Research oder laufend in Pharmeuropa) publiziert worden und für Interessenten nachlesbar. Daran habe ich ebenfalls seit längerem Anteil (MULLER-CALGAN H., 1982 ... 1991) Nicht unerwähnt bleiben dürfen außerdem die Tätigkeiten der Arbeitsgruppe für Pyrogenprüfung beim Bundesgesundheitsamt und der Expertengruppe 1 L der Europäischen Arzneibuch-Kommission Letztere zeichnet für die Erarbeitung der Monographie "Bacterial Endotoxins" in der 2. Ausgabe der Ph Eur und die Kreierung eines europäischen Endotoxinstandards (EP BRP; hierzu Abb. 1) verantwortlich.

2. Bestandsaufnahme (1992)

2.1. LAL-Test (V.2.1.9)

Bei dem **LAL-Test** (V.2.1.9) bewirkt in vitro der Zusatz einer Zubereitung, die Endotoxine enthält, zu einer Lösung aus Amöbozyten-Lysat (AL) von Limulus polyphemus Turbidität, Präzipitation bzw Gelbildung des Gemisches Für die Reaktion ist die Gegenwart bestimmter divalenter Kationen, eines prokoagulierenden Enzymsystems und koagulierender Proteine im AL erforderlich

Kinetische Turbidimetrie (LAL 5000), Dez. 1990. 6 Ampullen aus Kasten 20+50 (6 Folien ubereinander kopiert).

Regression calculation using water standard set(s) 1,2,3
Values for log-log regression line

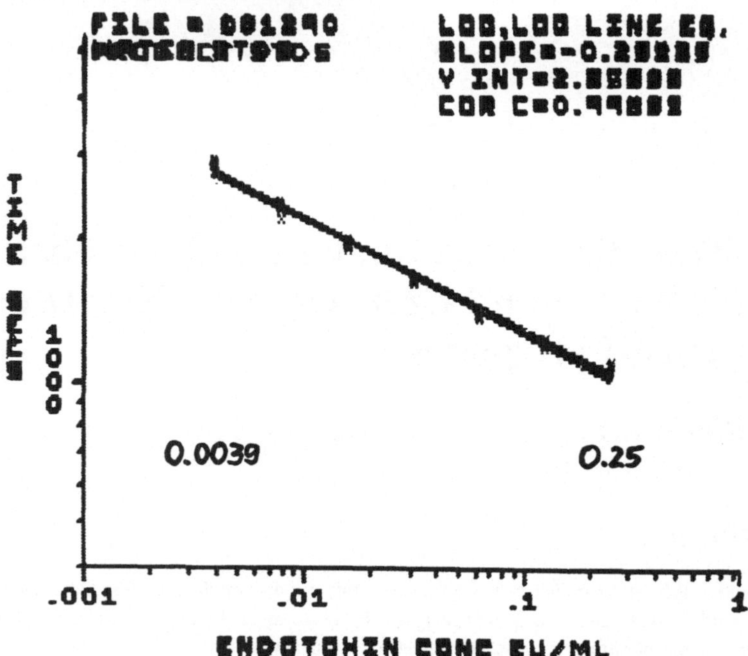

Aus: Dr. Muller-Calgan, Gutachten fur Ausschuß 1 L der Europ. Pharmacop. Comm., vorgetragen 13.12.1990 in Frankfurt/M.

Abb 1 Standard NP-3=EP BRP

2.2. Kaninchen-Pyrogentest (V.2.1.4 und <85>)

Nach THRETEWAY J (1989) wurde der **Kaninchen-Pyrogentest** bereits 1912 in Augenschein genommen (HORT E C and PENFOLD W.J), 1925 richtig entwickelt (SEIBERT E C.) und nach WELCH H (1943) im Jahre 1942 in die USP aufgenommen Die Prufung auf Pyrogene (V.2.1.4 DAB/Pharm Eur und < 85 > der USP) erfaßt bei ausreichender Dosierung alle fieber-erregenden Stoffe, auch die, welche es moglicherweise uber Endotoxine hinaus noch gibt, während der LAL-Test naturlich nur Endotoxine gramnegativer Bakterien nachweisen kann (s u.a Prüfung auf Pyrogene und Endotoxine, MULLER-CALGAN H , 1989)

2.3. Exotoxine

Am Ende der Siebziger und noch am Anfang der Achtziger Jahre gab es Befürchtungen vor allem bei europaischen und deutschen Bakteriologen, wonach die Erfassung einer Pyrogenität von Viren oder grampositiven Bakterien sowie Hefen bei der alleinigen LAL-Test-Anwendung nicht mehr gegeben sei. Diese Befürchtungen sind - weil auf Übervorsicht beruhend und durch vielfältige Qualitätsverbesserung überholt - glücklicherweise unbegründet, ebenso wie die Sorge, daß die pharmakogen-pyrogene Eigenschaft bestimmter Arzneimittel (PEARSON F.C., 1985, DINARELLO C.A., 1982 oder jüngst nochmals THRETEWAY J., 1989, der unter Disadvantages, z.T. die gleiche, aber auch ältere (1925-1964), heute in ihren Aussagen nicht mehr nachvollziehbare Literatur zitiert), in Dosen wie am Menschen, noch eine Rolle spielt. Auch Betrachtungen zum Fiebermechanismus (DINARELLO C.A., 1991) ändern für mich daran wenig.

Der Nachweis, daß sog. Exotoxine grampositiver Bakterien und anderer Keime ohne Einfluß sind, ist überzeugend schon sehr früh (z.B. von DONY J. und DEVLEESCHOUVER M.J., 1981) geführt worden, und die Pyrogenität von Virusimpfstoffen gilt heute als Artefakt.

2.4. LAL-Test falsch negativ und Nicht-Endotoxin-Pyrogenität

Jedoch schließe ich die Möglichkeit, daß der LAL-Test gegenüber dem Kaninchentest einmal negativ reagiert, wie auch andere Kollegen schon (RONNEBERGER H., 1987, KRÜGER D., 1986, 1991 und SCHONI R., 1991) nicht völlig aus Die Wahrscheinlichkeit dazu - und damit ein Risiko für die Arzneimittelsicherheit beim Menschen - wird von mir aber als sehr klein erachtet. Gestützt wird dies durch die Tatsache, daß seit 1979 bei unseren nahezu 29.000 Prüfungen am Kaninchen nur bei 2 Produkten mit je einer Rohstoffcharge eine Pyrogenität auftrat, die durch den Endotoxingehalt nicht erklärbar war. Die Ergebnisse waren in einem Fall beim Kaninchen nicht reproduzierbar. Bei neuen Stoffen können wir diese Nicht-Endotoxin-Pyrogenität zudem durch anfängliche Validierung beider Tests (s. Richtlinie des BPI und neuerdings Bekanntmachung des BGA) ausschließen. Auf eine mögliche Bedeutung von "Fiebererregung" wird bei biotechnologischen Präparaten seit 1986/1987 (s. Guidelines ... of monoclonal antibodies ..., 1987) hingewiesen. Es scheint mir aber wichtig, daß gerade bei biologischen Präparaten kritisch zwischen Endotoxinhaltigkeit und Pyrogenität unterschieden wird, wie es z.B. KRUGER D., 1986 und KRÜGER D. et al., 1991 berücksichtigen, nicht aber SCHIFF L.J. et al., 1992. Es müßte möglich sein, die spätere Endproduktfreigabe durch den LAL-Test zu erreichen. Inzwischen ergibt sich für den USP-Bereich durch die Monographie <1045> Biotechnology-Derived Articles (1992) eine weitgehende Klärung insofern, als Endotoxin in Table 2 unter Verunreinigungen (Impurities) geführt wird und der Endotoxintest - als relevanteste Methode - an erster Stelle der Bestimmungsmethoden steht.

3. Günstige Prognose für den LAL-Test

Meine optimistische Einschätzung, daß von heute an die Entwicklung hin zum LAL-Test in Europa allgemein wieder beschleunigt werden und - bis auf ein unbedingt nötiges, d.h. unvermeidliches Minimum an Kaninchentests - zum Abschluß gebracht werden kann, stützt sich u.a. noch auf folgende Tatsachen:

3.1. Gute Durchführbarkeit

Die technische Durchführung der LAL-Testung kann sehr sicher sein. Empfindlichkeit und Sicherheit der Lysate, apparative Ausstattung sowie Standardendotoxine (z.B. EP BRP = NP-3, Abb. 1) lassen kaum noch Wünsche offen. Soweit keine Störfaktoren vorliegen, können minimale Endotoxingehalte von 0,03 bis 0,001 IU/ml (Kaninchen 0,5 IU/ml) damit bestimmt werden. Hemmfaktoren aus dem Untersuchungsmaterial werden in der Regel durch Verdünnungen in ihrer Wirkung ausgeschaltet. Es ist daher auch z.B. die kinetische Turbidimetrie mit ihrer hohen Empfindlichkeit kein Luxus, weil durch sie praktisch alle Lösungen prüfbar werden. Nur mit dem Gelbildungstest wären z.B. 6 von 19 (=32%) der von uns geprüften Infusionslösungen (hochdosierte Kohlenhydrate oder Aminosäuren) nicht ausreichend testbar gewesen (MULLER-CALGAN H., 1991).

Ölige Lösungen, Ol-in-Wasser-Emulsionen und Kristallsuspensionen können heute durch besondere Verfahren und z.B durch Eluierung ebenfalls einer Testung zugeführt werden.

3.2. Abnahme potentieller Endotoxinträger

Die Zahl der potentiellen Endotoxinträger war schon immer gering (TWOHY C W et al., 1984· 3,1%, MULLER-CALGAN H , 1985, veröffentlicht 1987a. etwa 1-2%) und nahm durch konsequente GMP-Handhabung (s. EG-Leitfaden .), wie wir feststellen konnten (MULLER-CALGAN H., 1991), noch weiter ab.

3.3. Wille zur konsequenten Tiereinsparung

Sowohl die USP-Convention als auch die Europaische Pharmacopoe-Kommission haben nach sichtbaren Erfolgen des LAL-Tests zur Erhohung der Arzneimittelsicherheit auch den ethischen Aspekt der Verminderung von Kaninchen mehr in den Vordergrund bringen können (E. Ph. K., letztmals Dec 1991 "Ethical requirements for the developement of alternative methods whenever possible,")

3.4. Beseitigung von gesetzlichem Hindernis im DAB

Die Richtlinie des BPI (RL) vom 25 11 1991 (sowie die Bekanntmachung des BGA . vom 25 11 1992) wird das bisherige Handicap der "pyrogenfrei" deklarierten oder mit Pyrogentest-Vorschrift versehenen Zubereitungen beseitigen (s 4 2 und Lit.)

4. Eigene Prüfungen und Maßnahmen (1979-1992)

Wie verlief nun die Entwicklung im eigenen Hause, zu welchen Ergebnissen und Erkenntnissen führte sie?

4.1. Übergang vom Kaninchen zum LAL-Test

4 1 1 Endotoxin-Standard von Salmonella abortus-equi, eigener Kaninchen-Stamm

Die konsequente Anwendung des LAL-Tests, die damit mogliche Erfassung von immer geringeren Gehalten an Endotoxinen in Parenteralia und Rohstoffen, hatte neben der Erhohung der Arzneimittelsicherheit auch eine Reduzierung an erforderlichen Kaninchen und Prüfungen (Abb 2) an ihnen zur Folge Jedoch konnte bei uns schon vor Einführung des LAL-Tests (1980) die Zahl der Tiere (Tierbedarf 1978 1 038 Kaninchen bei 425 Stellplatzen) durch haufigere Verwendung der Kaninchen und durch eigene Zucht stark reduziert werden. Hierzu wurden Erfahrungen mit einem eigenen Standardendotoxin (Novo-Pyrexal®, Novo-Pyrexal forte® von Salmonella abortus-equi), dessen Weiterentwicklung zum NP-1 (MULLER-CAL-GAN H., 1983 und MULLER-CALGAN H , 1987b) und schließlich zum EP BRP (identisch mit NP-3) führte, genutzt (Abb 1).

Der Kaninchen-Stamm (Iva/NZW. GV/emd, bis heute in der 10 -15. Generation) war auf "Langlebigkeit" durch Zucht auf u a. gute Venen (GV) und sichere Endotoxin-Ansprechbarkeit angelegt Hinzu kam ab dem IV Quartal 1980 schon eine Entlastung von Versuchen durch den LAL-Test bei Aqua pro injectione, VE-Wasser u A So wurden 1979 und 1980 nur noch 409 bzw 221 Kaninchen (38 bzw 20% von 1978) benotigt, obwohl die Prufzahlen noch etwas stiegen Von 1982 an waren auch sie standig rucklaufig, wahrend die LAL-Prufungen entsprechend zunahmen. Bereits Anfang 1984 war jede 2 Prüfung eine Freigabe durch LAL-Test, 1987 waren es schon 2 von 3 Prüfungen. Die Erweiterung dieses Diagramms (MULLER-CALGAN H., 1989) nach 1987 bis heute (1992) zeigt den weiteren Verlauf bei beiden Testverfahren. Es ist sichtbar (Abb. 2), daß ab 1990 wieder eine Beschleunigung einsetzte.

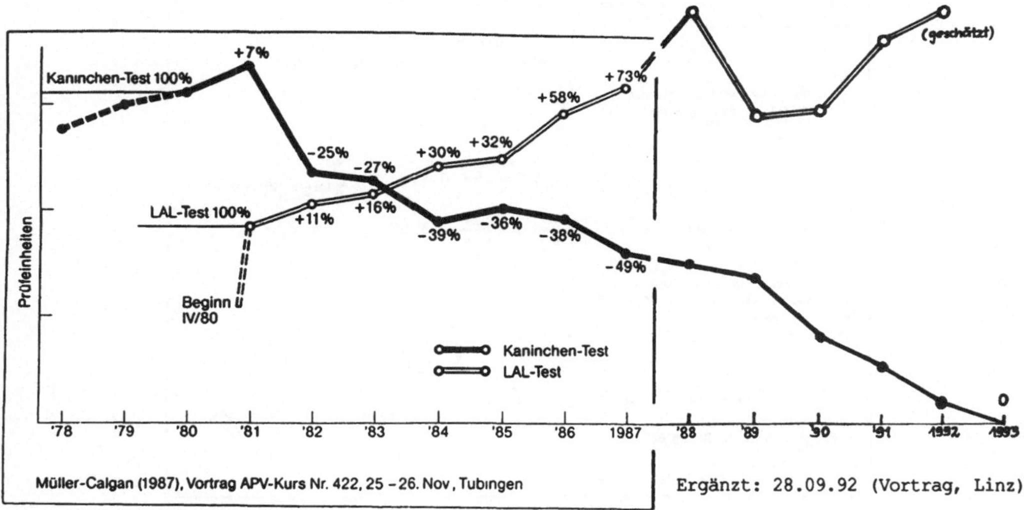

Abb 2 Prufungen auf Pyrogene und Endotoxine

4.1.2 Kleinvolumige Parenteralia (SVPs)

Sie ist darauf zurückzuführen, daß nochmals eine größere Anzahl von kleinvolumigen Parenteralia (SVPs) in den Limulus-Test übergeben werden konnte Da sie nach Angaben von SCHLOTTMANN H. (1986) für die Europäische Pharmacopoe-Arbeit nur eine geringe Priorität haben sollten, nutzten wir besonders die Möglichkeit, welche der Bacterial endotoxins-test der USP XXI (1985), die FDA-Guidelines zur Validierung (letztmals Dezember 1987, s. Abb. 5b: References) und die sogenannten Datenbögen des BGA (Mai 1986) eröffneten, letztere für die Angabe über die Wahl des Untersuchungsverfahrens bei Zulassung und Nachzulassung gedacht, zur Übergabe (MULLER-CALGAN H., 1988/89).

4.1.3 Endotoxinarme oder endotoxingeprüfte Rohstoffe

Dagegen galt die Arbeit der Jahre zuvor vorwiegend den Umstellungen bei unserem Programm der "pyrogenfrei" deklarierten pharmazeutischen Roh- und Hilfsstoffe auf "endotoxinarm" oder "endotoxingeprüft" (mit niedrigen internen MAEKs [MAECs] z B von 1 Endotoxineinheit [EE]/g Substanz bei Kohlenhydraten bis zu einheitlich 50 EE/g bzw. /ml bei allen pharmazeutischen Hilfsstoffen, die nicht mehr als 10% Anteil am Endprodukt haben) (s MULLER-CALGAN H., 1987a, 1989, 1991)

4.1 4. Erniedrigte interne Grenzwerte

In diese Zeit fielen auch die Überlegungen, durch **erniedrigte interne Grenzwerte** einem erhöhten Sicherheitsbedürfnis des Patienten in besonderer Situation Rechnung zu tragen. In unserem Hause haben wir für Präparate, die in der Notfall- und Intensivmedizin u U nicht alleine gegeben werden (Abb 3), den Grenzwert geviertelt (88 EE) und alle Diagnostika den Radiopharmazeutika (175 EE) gleichgestellt (MULLER-CALGAN H., 1989)

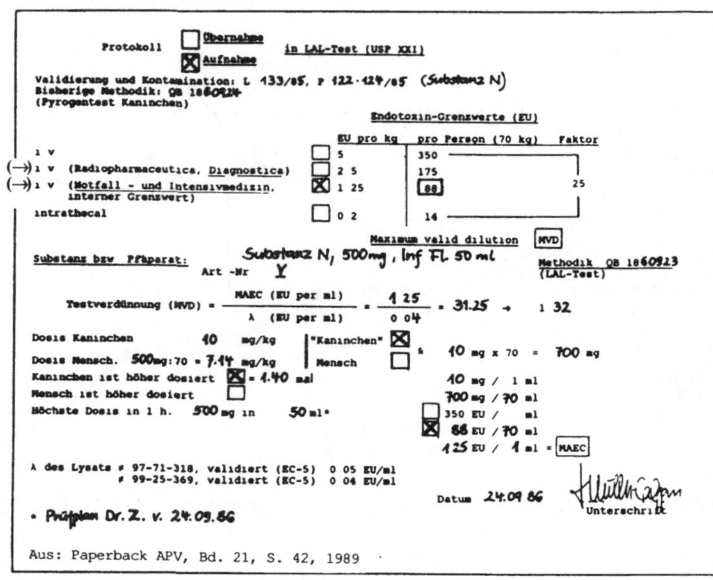

Protokoll ☐ Übernahme ☒ Aufnahme in LAL-Test (USP XXI)

Validierung und Kontamination: L 133/85, P 122-124/85 (Substanz N)
Bisherige Methodik: QB 1860924
(Pyrogentest Kaninchen)

Endotoxin-Grenzwerte (EU)

		EU pro kg	pro Person (70 kg)	Faktor
i v	☐	5	350	
(→) i v (Radiopharmaceutica, Diagnostica)	☐	2 5	175	
(→) i v (Notfall - und Intensivmedizin, interner Grenzwert)	☒	1 25	88	25
intrathecal	☐	0 2	14	

Maximum valid dilution MVD

Substanz bzw Präparat: Substanz N, 500mg, Inf Fl. 50 ml
Art -Nr Y
Methodik QB 1860923 (LAL-Test)

Testverdünnung (MVD) = MAEC (EU per ml) / λ (EU per ml) = 1 25 / 0 04 = 31.25 → 1 32

Dosis Kaninchen 40 mg/kg
Dosis Mensch. 500mg:70 = 7.14 mg/kg
"Kaninchen" ☒ Mensch ☐ ≙ 10 mg x 70 = 700 mg
Kaninchen ist höher dosiert ☒ = 1.40 ml
Mensch ist höher dosiert ☐
Höchste Dosis in 1 h. 500 mg in 50 ml*

10 mg / 1 ml
700 mg / 70 ml
☐ 350 EU / ml
☒ 88 EU / 70 ml
1 25 EU / 1 ml = MAEC

λ des Lysats # 97-71-318, validiert (EC-5) 0 05 EU/ml
99-25-369, validiert (EC-5) 0 04 EU/ml

Datum 24.09 86 Unterschrift

* Prüfplan Dr. Z. v. 24.09.86

Aus: Paperback APV, Bd. 21, S. 42, 1989

Abb 3 Reduzierte interne Endotoxin-Grenzwerte (→) bei Praparaten fur die Notfall- und Intensivmedizin (Beispiel Substanz N) und bei Diagnostika

4 1 5 Kinetische Turbidimetrie

Ende 1988 bis Mitte 1991 widmeten wir uns intensiv einem zweiten LAL-Testverfahren, der kinetisch-turbidimetrischen Methodik (LAL-5000) Sie war gegenuber der Festgelmethode zu vergleichen Daruber ist auf dem Symposium "Pyrogene IV" im Juni 1991 in Mannheim vorgetragen worden (MULLER-CALGAN H , 1991)

4.2. Arbeiten an einer Validierungs-Richtlinie (RL)

4 2 1 Vorarbeiten

Auf dem erwahnten Kongreß wurde die Meinung des Bundesgesundheitsamtes, vertreten durch Dr EICHNER, zu den **Voraussetzungen für die Anerkennung des LAL-Tests durch die Zulassungsbehörde** mitgeteilt Das bisherige Handicap betraf die großvolumigen Parenteralia (⊇ 15 ml), Infusionslosungen und alle Praparate, die als "pyrogenfrei" deklariert waren oder für die in Monographien ein Pyrogentest vorgeschrieben war. Ausgelost war die Diskussion durch einen **Passus** im Arzneibuch (DAB 9 und - unverandert - im DAB 10, 1991): "Die Prüfung auf Bakterien-Endotoxine kann die Prufung auf Pyrogene ersetzen, wenn dies (gemeint ist· sie) in einer Monographie des Arzneibuches vorgeschrieben **oder** (sicher wenn sie) **von der zuständigen Bundesoberbehörde zugelassen** ist." In der Folgezeit ubernahm das BGA die Klarung der Frage der Zustandigkeit für Zulassung, Nachzulassung und Verlängerung der Zulassung und eine vom Bundesverband der Pharmazeutischen Industrie (BPI) berufene Arbeitsgruppe (KILTZ, MULLER-CALGAN und ROSENBERG) die Erstellung eines Richtlinienentwurfes für die Validierung Validierungsrichtlinien wurden von EICHNER K (1991) als eine der Voraussetzungen für die Anerkennung des LAL-Testverfahrens im Rahmen der Zulassung und Nachzulassung für Parenteralia genannt Ursprünglich waren sie von uns für pharmazeutische Rohstoffe und medizinische Einmalartikel in gleicher Weise gedacht. Der Richtlinienentwurf wurde am 25 11 1991, nach Einbeziehung von weiteren deutschen und schweizer Kollegen, vorgelegt. Danach sollte ein Gespräch mit dem BGA zur Abstimmung erfolgen. Dieses Gespräch fand kurzlich (am 9 9 1992) statt und der Richtlinienentwurf ist als Richtlinie des BPI (RL) zur Veroffentlichung in der "Pharmazeutischen Industrie" im Oktober 1992 vorgesehen (Diese Richtlinie wurde in der Zwischenzeit verof-fentlicht, s Richtlinie (RL) des Bundesverbandes der Pharmazeutischen Industrie, 1992.) Etwa gleichzeitig erfolgt eine Veröffentlichung des BGA im Bundesgesetzblatt, wo auf diese mit dem Amt abgestimmte RL verwiesen wird. (Auch diese Veroffentlichung ist in der Zwischen-zeit erfolgt, s Bundesgesundheitsamt und Paul-Ehrlich-Institut-Bundesamt, 1993) **Danach kann der LAL-Test als anerkannt angesehen** werden

Der Ausschuß 1 L der Europaischen Pharmacopoe-Kommission hat sich inzwischen unsere Vorstellungen in seinen "Guidelines on the test for bacterial endotoxins" 1992 auch zu eigen gemacht

Im Hinblick auf die zukunftig noch notwendige Zahl von Kaninchen-Pyrogentests war es mir wichtig, daß für den Ausschluß einer Nicht-Endotoxin-bedingten Pyrogenitat (Zeile 6-20 der RL) unter Umstanden (wenn Vorerfahrungen vorliegen) eine vergleichende Prufung im Kaninchen-Pyrogentest und im LAL-Test einer einzigen Produktionscharge genügen kann und daß es auch sonst bei der Formulierung bleibt "Untersuchung von (mindestens) drei Chargen"

4 2 2 Erprobung der Richtlinien

Wir haben im eigenen Hause, ausgehend von den erwahnten drei vergleichenden Prufungen, die Brauchbarkeit der Richtlinie seit Oktober 1991 nochmals an 44 Artikeln, darunter 5 großvolumige Parenteralia und Lyophilisate sowie einige Entwicklungspraparate, überprüft. Unter letzteren befand sich auch ein monoklonaler Antikorper EMD XYZ Bei den Neuentwicklungen haben wir versucht, mit moglichst wenig Prufungen, im gunstigsten Falle auch schon mit 1 + 1 + 3 Tieren für das 1, 2 und 4fache der (vorgesehenen) hochsten menschlichen Dosis für die 1 Produktionscharge, auszukommen Die nachsten Darstellungen (Abb. 4a-b, 5) zeigen nachvollziehbare Methodiken zum Ausschluß einer pharmakogen-pyrogenen Eigenwirkung und vom LAL-Test, wie wir sie für eine Registrierung für ausreichend erachten Eine weitere Abbildung (Abb 6) soll eine Methodik zeigen, nach der wir eine Cefazedon-Zubereitung mit einer Änderungsanzeige ebenfalls in den LAL-Test übergeben haben

4 2 3 Auslaufen der in vivo-Untersuchungen

Mit den erwahnten Ubergaben und dem letzten Kaninchen-Pyrogentest am 10 August 1992 haben wir das ursprunglich schon für 1988 in Aussicht genommene Ziel jetzt praktisch erreicht (Abb 2)

70/22 090692

MERCK
E. Merck, Darmstadt

EMD XYZ MAb C Injektionsflaschen 20 mg 4 ml		BIOLOGISCHE SICHERHEITSPRUFUNG Prufung auf Pyrogene: Ausschluß einer pharmakogen pyrogenen Eigenwirkung
Art.-Nr. 503077	XG 0696 Lot. No. 09234HCOO-04	QB 3920430

Ausschluß einer pharmakogen pyrogenen Eigenwirkung:	gem. DAB/Ph.Eur. und USP sowie (1)
Allgemeines:	Aus der Literatur ist bekannt, daß einige Pharmaka per se oder in pharmazeutischen Zubereitungen (also zusammen mit pharmazeutischen Hilfsstoffen) sowie biologische Arzneimittel (siehe z.B. Ronneberger in: Scheer [1989] und Schoni [1991]) und Impfstoffe beim Menschen nach einmaliger (oder mehrmaliger) parenteraler Anwendung kurzdauernde Temperatursteigerungen oder langeres Fieber auslosen können. Durch eine Prufung beim Kaninchen (2, 3) kann eine solche Eigenwirkung (d.h. nicht auf Endotoxin beruhende Pyrogenitat) dann ausgeschlossen werden, wenn bis zu 4mal hohere, intravenöse Dosen als beim Menschen ohne Temperatursteigerungen (nach Kriterien wie beim Pyrogentest der Pharmacopoen) verlaufen. Voraussetzungen fur diese Testbarkeit sind Endotoxingehalte unter der Nachweisgrenze beim Kaninchen und die Moglichkeit einer kontinuierlichen Temperaturregistrierung. Pharmakabedingte Temperatursteigerungen treten im Gegensatz zu der Endotoxin-Pyrogenitat mit Latenz (siehe Muller-Calgan in Scheer (1989)) oft schon kurz nach der Injektion auf.

Vertraulich - Confidential
Dieser Bericht ist Eigentum von E Merck, Darmstadt, und darf - auch auszugsweise - nur mit Genehmigung von E Merck weitergegeben, kopiert, veröffentlicht oder fur behördliche Genehmigungsverfahren anderer Antragsteller verwendet werden

Abb 4a Methodenbeispiel fur den Ausschluß einer pharmakogen pyrogenen Eigenwirkung am Kaninchen

70/22 090692 E. Merck, Darmstadt

EMD XYZ MAb C Injektionsflaschen 20 mg 4 ml	BIOLOGISCHE SICHERHEITSPRUFUNG Prufung auf Pyrogene: Ausschluß einer pharmakogen pyrogenen Eigenwirkung QB 3920430	- 2 -

Versuchs-durchführung: Ausgehend von einer maximalen Tagesdosis beim Menschen von 400 mg EMD 55 900 als kontinuierliche i.v.-Infusion uber 24 h oder als Kurzinfusion, 80 ml mit 400 mg pro Mensch (70 kg) ≙ 5,7 mg/kg, bekamen Kaninchen das 0,5-, 1-, 2- und 4fache (2,5 bis 20 mg/kg) als langsame Injektion in einem Volumen von 0,5 bis 4 ml/kg intravenös verabreicht. Es fanden pro Dosis je 1 Tier und fur die höchste Dosis 3 Tiere Verwendung. Die benotigten Volumina wurden dabei aus 1 bis 4 Injektionsflaschen entnommen.

Ergebnis und Bewertung: EMD hatte in Dosen von 2,5 bis 20 mg/kg i.v. keine pharmakogen pyrogene Eigenwirkung. Bei den hochsten Dosierungen betrugen die Körpertemperatur-Änderungen +0,12 bis +0,45 °C ($\Sigma_{N=3}$: +0,94 °C).

Anlage: Farbkopie der Temperaturkurven (Original in Pha QB 3).

Literatur:

(1) Richtlinienvorschlag der Arbeitsgruppe: Kiltz-Schwalm; Muller-Calgan; Rosenberg, für die Validierung des LAL-Testverfahrens im Rahmen der Zulassung und Nachzulassung für Parenteralia, pharmazeutische Ausgangsstoffe und medizinische Einmalartikel vom 25. November 1991 (proposed to be published in "Pharmeuropa").*)

(2) Ronneberger, H. (1987). Die Prüfung biologischer Arzneimittel auf Endotoxingehalt mit dem Limulustest Vortrag APV-Kurs 422, 25.-26. November, Tübingen. In Scheer (Hrsg.): Der Limulustest in Theorie und Praxis, Paperback APV, Bd. 21, Wiss Verlagsges. mbH, Stuttgart 1989, S. 83-92.

(3) Schoni, R. (1991). Zur Frage der Bedeutung des Kaninchentests im Rahmen der Validierung des LAL-Tests. Pharma-Technologie Journal 12; Nr. 4/1991, S. 59-62.

(4) Muller-Calgan, H (1987). Prufung auf Pyrogene und Endotoxine. Methodenvergleich - Standortbestimmung und Ausblick. Vortrag APV-Kurs 422, 25.-26. November, Tubingen, 1987. In Scheer (Hrsg.): Der Limulustest in Theorie und Praxis, Paperback APV, Bd. 21, Wiss Verlagsges. mbH, Stuttgart 1989, S. 27-47; Abb. 2.

Dr. Muller-Calgan

*) nunmehr: Die pharmazeutische Industrie, Heft 10, 1992 (im Druck).

Abb 4b Methodenbeispiel fur den Ausschluß einer pharmakogen pyrogenen Eigenwirkung am Kaninchen

70/22 090632

MERCK
E. Merck, Darmstadt

EMD XYZ MAb C Injektionsflasche 20 mg 4 ml		BIOLOGISCHE SICHERHEITSPRUFUNG Prufung auf Endotoxine (LAL-Test)
Art.-Nr. 503077	Charge 09234 HC 00-04	QB 3920502

Endotoxingehalt: gem. Test for bacterial endotoxins, EP (V.2.1.9) und Bacterial Endotoxins Test, USP.

Die maximal erlaubte Endotoxin-Konzentration (MAEC) betragt, abgeleitet vom Kaninchen-Pyrogentest (Prufung auf Pyrogene: Ausschluß einer pharmakogen pyrogenen Eigenwirkung, [3]) und von einer maximalen Tagesdosis beim Menschen von 400 mg intravenos, 4,4 IU (EP BRP) bzw. EU (EC-5) pro 1 ml einer 0,5%igen Losung. Bei dem augenblicklich verwendeten Lysat (z.B. von 0,04 IU/ml bzw. EU/ml Empfindlichkeit) ergibt sich eine maximal zulassige Testverdunnung (MVD) von 1:109 oder von gerundet 1:64.

EMD Injektionsflaschen-Inhalte sind im Gelbildungstest (gel clot test) erst ab Verdunnungen 1:128, jedoch ohne Pufferung, testbar.

Im gegenuber dem Gelbildungstest nach § 2, AB-V bzw. der FDA-Guideline on validation ..., December 1987 (1,2) und nach (3) validierten kinetisch-turbidimetrischen Verfahren (LAL 5000) kann ab Verdunnungen 1:512 bis 1:1024 getestet werden. In diesem empfindlicheren Verfahren entsprache die Nachweisbarkeit fur Endotoxine jedoch etwa 1 bis 2 IU bzw. EU pro ml Losung bei diesen genannten Verdunnungen. Fuhre die Prufung mit einem der beiden Verfahren aus. Da der Gelbildungstest aber ein noch empfindlicheres Lysat erfordern wurde, ist dem LAL-5000-Verfahren der Vorzug zu geben.

Literatur: (1) Guideline on validation of the Limulus Amebocyte Lysate Test as an End-Product Endotoxin Test for Human and Animal Parenteral Drugs, Biological Products, and Medical Devices. Food and Drug Administration (FDA), December 1987, 5600 Fishers Lane, Rockville, MD 20857.
(2) Interim Guidance for Human and Veterinary Drug Products and Biologicals: Kinetic LAL Techniques. FDA, July 15, 1991; Rockville, MD 20857.
(3) Richtlinienvorschlag der Arbeitsgruppe: Kiltz-Schwalm; Muller-Calgan; Rosenberg, fur die Validierung des LAL-Testverfahrens im Rahmen der Zulassung und Nachzulassung fur Parenteralia, pharmazeutische Ausgangsstoffe und medizinische Einmalartikel vom 25. November 1991 (proposed to be published in "Pharmeuropa").*)

Dr. Muller-Calgan

*) nunmehr Die pharmazeutische Industrie, Heft 10, 1992 (im Druck)

Abb 5 Methodenbeispiel fur einen LAL-Test

30187 413/22 158582 **MERCK**
E. Merck, Darmstadt

Refosporin 2 g zur Infusion Infusionsflaschen		BIOLOGISCHE SICHERHEITSPRÜFUNG Prüfung auf Endotoxine (LAL-Test)
Art.-Nr. 980	Infusionsflasche mit Trockensubstanz Art.-Nr. 499	QB 3920415

Endotoxingehalt: gem. Test for bacterial endotoxins, EP (V.2.1.9) und Bacterial Endotoxins Test, USP.

Die maximal erlaubte Endotoxin-Konzentration (MAEC) beträgt, abgeleitet vom Kaninchen-Pyrogentest (Prüfung auf Pyrogene, [3]), 0,7 IU (EP BRP) bzw EU (EC-5) pro 1 ml einer 4%igen Lösung. Bei dem augenblicklich verwendeten Lysat (z.B. von 0,04 IU/ml bzw. EU/ml Empfindlichkeit) ergibt sich eine maximal zulässige Testverdünnung (MVD) von 1·17,5 oder von gerundet 1:16.

Die Trockensubstanz von Refosporin 2 g zur Infusion, Infusionsflaschen ist nach Lösung mit Lösungsmittel-Ampulleninhalt (2 g + 50 ml Aqua bidestillata, LAL Reagent Water) im Gelbildungstest (gel clot test) ohne Pufferung ab Verdünnungen 1:8 testbar.

Im gegenüber dem Gelbildungstest nach § 2, AB-V bzw. der FDA-Guideline on validation ..., December 1987 (1,2) und nach (3) validierten kinetisch-turbidimetrischen Verfahren (LAL 5000) kann ab Verdünnung 1:16 getestet werden. In diesem empfindlicheren Verfahren entspräche die Nachweisbarkeit für Endotoxine jedoch etwa 0,05 IU bzw. EU pro ml Lösung bei dieser genannten Verdünnung.

Führe die Prüfung mit einem der beiden Verfahren aus. Da der Gelbildungstest aber ein besonders empfindliches Lysat erfordert, ist dem LAL-5000-Verfahren der Vorzug zu geben.

Literatur (1) Guideline on validation of the Limulus Amebocyte Lysate Test as an End-Product Endotoxin Test for Human and Animal Parenteral Drugs, Biological Products, and Medical Devices. Food and Drug Administration (FDA), December 1987, 5600 Fishers Lane, Rockville, MD 20857.
(2) Interim Guidance for Human and Veterinary Drug Products and Biologicals· Kinetic LAL Techniques. FDA, July 15, 1991; Rockville, MD 20857.
(3) Richtlinienvorschlag der Arbeitsgruppe: Kiltz-Schwalm; Müller-Calgan; Rosenberg, für die Validierung des LAL-Testverfahrens im Rahmen der Zulassung und Nachzulassung für Parenteralia, pharmazeutische Ausgangsstoffe und medizinische Einmalartikel vom 25. November 1991 (proposed to be published in "Pharmeuropa"). *)

Dr. Müller-Calgan

*) nunmehr: Die pharmazeutische Industrie, Heft 10, 1992 (im Druck)

Vertraulich · Confidential
Dieser Bericht ist Eigentum von E Merck Darmstadt, und darf - auch auszugsweise - nur mit Genehmigung von E Merck weitergegeben, kopiert, veröffentlicht oder für behördliche Genehmigungsverfahren anderer Antragsteller verwendet werden

Abb 6 Methodenbeispiel für die Übergabe einer Cefazedon-Zubereitung in den LAL-Test

5. Handhabung im USP- und EP-Bereich

5.1. FDA-Liste, M-values

Zum Schluß noch ein Blick auf andere Arzneibuchbestimmungen, Richtlinien und Empfehlungen. Die von SCHMITZ A.J. und MUNSON T.E. (1987) zuerst erstellte sog. FDA-Liste mit menschlichen Dosen (M-values, Maximum human dose/kg/hr) ist mehrfach und letztmals 7/1990 revidiert und auch von der französischen Expertengruppe mit ihrem "LAL test. A practical guide ... (BACHINO J.L. et al., 1991)" übernommen worden. Nach dieser Liste wird im Geltungsbereich der USP laufend gearbeitet. Seit Inkrafttreten der USP XXII (1.1.1989) bis heute haben 437 Monographien Anderungen erfahren (Abb 7) Nur 16 (=3,7%) behielten noch einen Pyrogentest 225 Artikel erhielten gleich einen Endotoxintest (193 im Supplement 6, May 15, 1992) und bei 196 Monographien wurde der in vivo-Test durch den in vitro-Test ersetzt (185 alleine im Supplement 5, Febr. 15, 1991)

5.2. Kommentar zum Beispiel Antibiotika und zur nötigen Mitarbeit am Arzneibuch

Unter den ersetzten Tests befinden sich sehr viele, unter den gleich mit Endotoxintest ausgestatteten Artikeln einige Antibiotika Letztere Substanzgruppe wird aber auch seit langerem von der Expertengruppe No. 7 der Europ Pharmacopoe-Komm behandelt

	P ↑ E ↓	Noch P	Nur E
1989	**1**	**5**	**6**
1990	**1**	**8**	**4**
1991	**185**	**3**	**22**
6/1992	**9**	**2**	**193**
	Σ = 196	**18** **-2** (zurückgenommen) **16**	**225**

Nur noch Pyrogen-Vorschriften: 16/437 = 3,7 %

Abb 7 Aus Supplements zu USP XXII, 1988

Sie hatte im März 1992 ihre M-values denen der FDA-Liste von 1990 angepaßt Mit anderen zusammen betrifft meine Firma Gentamicin sulfas (331) und die Firma Boehringer-Mannheim z B Chloramphenicol (71): Wir sind im Proposal, letztere Firma nicht In diesen Tagen (September 1992) lauft die Frist für Kommentare dazu ab Mit der Verabschiedung der M-values für die Antibiotika ist aber der Prozeß noch nicht zu Ende Erstere treten erst in Kraft, wenn eine Monographie selbst für eine Revision fällig ist Und dann soll sich die Eignung (suitability) des Endotoxintests für jede Substanz noch erweisen Ist eine solche Vorsicht wirklich vonnoten? Oder weiß man nicht, daß solche Erfahrungen, oft auch weltweit bei pharmazeutischen Firmen schon lange vorliegen? Bisher unbeantwortete Fragen! Es ist zu hoffen, daß jeder, der heute noch Kaninchentests durchführen muß, sich gefragt (replacement when applicability . . Manufactures are invited , Beispiel Hyaluronidase in Pharmeuropa 4, 1992) oder noch besser ungefragt zu Wort meldet [Die Leserkolumne (Reader's Tribune) der Pharmeuropa wäre eine Möglichkeit hierzu Diese Zeitschrift erscheint zukünftig viermal pro Jahr und hat sicherlich auch dafür genugend Raum.], damit ungleiche Gewichtungen zwischen Pharmacopoen abgestellt und eine Arzneibuchharmonisierung (s Harmonisierung der Anforderungen , 1991) Platz greifen kann

Zusammenfassender Ausblick

Es wurde gezeigt, daß und wie der Kaninchen-Pyrogentest (V 2 1 4 Prüfung auf Pyrogene, DAB/Pharm Eur; K) durch den Limulus-Amoebozyten-Lysat (LAL)-Test (V.2.1.9 Prüfung auf Bakterien-Endotoxine, DAB/Pharm Eur und <85> Bacterial endotoxins test, USP; L) weitgehend - zu 95-99% - ersetzt werden kann Der LAL-Test ist sehr empfindlich und erlaubt gegenüber dem Kaninchentest u.U. die Feststellung bis zu 167-500mal geringerer Endotoxingehalte pro Volumenseinheit (L: 0,03 bis 0,001 IU/ml; K: 5 bis etwa 0,5 IU/ml) Da bei diesem oft sehr langwierigen Prozeß des Testersatzes die Arzneimittelsicherheit und nicht die Zahl der benötigten Tierversuche im Vordergrund stand und heute noch steht, wird man auch zukünftig auf eine gewisse Anzahl von in vivo-Versuchen nicht verzichten konnen, z.B. um eine Nicht-Endotoxin-bedingte Pyrogenität bei neuen Parenteralia, die zur Zulassung als Arzneimittel anstehen, oder bei neuen Rohstoffen auszuschließen Die Zahl solcher Versuche wird umso kleiner sein können, je mehr das Vertrauen in den LAL-Test bei Anwender und Zulassungsbehörde wachst, z.B.

- durch Verwendung und Akzeptanz "endotoxingeprufter" oder "endotoxinarmer" Rohstoffe und
- mit konsequenter Umsetzung von GMP-Richtlinien in GMP-Praxis.

Ein ähnliches Prinzip gilt für die Arbeit an Arzneibuch und Monographien Hier kann die Einsparung erforderlicher Prüfungen am Tier umso größer sein, je sachkundiger und schneller Expertengruppen bei bestimmten Substanzgruppen oder bei Monographien für Einzelstoffe für eine Übernahme des LAL-Tests entscheiden Letzteres hangt aber u a. davon ab, ob diejenigen, die Sachwissen schon sehr fruhzeitig haben - also auch wir - dieses wirklich in die Arbeit an Arzneibüchern einbringen [daher s " replacement when applicability (Pharmaeuropa 1/1992) . . Manufacturers - und nicht nur diese - are invited "].

Literatur

BACHINO J.L. et al., LAL-test, A practical guide for the detection and assay of endotoxins using limulus amoebocyte lysate, Report of an SFSTP commission (in Englisch und Franzosisch), S.T.P. Pharma Practiques 1, No 1, 51-88, 1991

Bundesgesundheitsamt und Paul-Ehrlich-Institut-Bundesamt, Sera und Impfstoffe, Bekanntmachung zur Möglichkeit des Ersatzes der Prüfung auf Pyrogene durch die Prufung auf Bakterien-Endotoxine nach DAB 10 (Parenteralia; Prüfung auf Reinheit) vom 25/30 November 1992, Bundesanzeiger Nr 2, 67, 6. Januar 1993

Datenbögen, Erlauterungen fur die .. zum Nachweis der Qualität von Fertigarzneimitteln . ., 751, 752 (Abdruck s. MULLER-CALGAN H , 1988/89, Abb. 3), Stand. Mai 1986, BGA, Koln Bundesanzeiger VerlagsgesmbH, 1986

DINARELLO C.A. and WOLFF S.M., Exogenous pyrogens, in. MILTON A S (Ed), Pyretics and Antipyretics, Handbook of experimental pharmacology, Vol. 60, 73-112 (dort und in weiteren Kapiteln Literatur, auch zum Fiebermechanismus), Berlin Heidelberg New York Springer-Verlag, 1982

DINARELLO C.A., Endogenous pyrogens - The role of cytokines in the pathogenesis of fever, in. MACKOWIAK P A. (Ed.), Fever - basic mechanism and management, 23-47, New York· Raven Press, 1991 (Zitiert von SCHÖNI R , 1991)

DONY J und DEVLEESCHOUVER M.J , Posterdemonstration Kongreß Féd Int Pharmaceutique (FIP), Wien, Sept 1981

EG-Leitfaden einer guten Herstellungspraxis für Arzneimittel (III/2244/87, Rev. 3, Januar 1989), in Kraft getreten 1 Januar 1992, Abdruck siehe. Die Pharmazeutische Industrie 52, Nr. 7, 853-874, 1991

EICHNER K., Voraussetzungen für die Anerkennung des LAL-Tests durch die Zulassungsbehörde, Vortrag Concept-Symposium· Pyrogene IV, 26 und 27 Juni 1991, Mannheim (Abstract, Vortrag nicht veröffentlicht), 1991

Europaische Pharmacopoe Kommission, European Pharmacopoeial Commission, Annual report of activities 1990, Pharmeuropa 3, No. 4, 232, 1991

Guideline on validation of the limulus amebocyte lysate test as an end-product endotoxin test for human and animal parenteral drugs, biological products and medical devices, Food and Drug Administration (FDA), 5600 Fishers Lane, Rockville, MD 20857, December 1987

Guidelines on the production and quality control of monoclonal antibodies of murine origin intended for use in man, Final draft of document generated by the ad hoc working party on biotechnology/pharmacy and approved (in June 1987) by the European Committee for Proprietary Medicinal Products, abgedruckt: TIBTECH, Vol. 6, 27-30, 1988

Guidelines on the test for Bacterial endotoxins, European Pharmacopoeial Commission, Group of Experts No 1 L (Document 1 L/T (92) 5 (für die Veröffentlichung nicht freigegeben), August 1992

Harmonisierung der Anforderungen bei der Zulassung von Humanarzneimitteln, Intern. Konf., 5.-7 November 1991, Brussel, ubersetzter Bericht der Redaktion in: Die Pharmazeutische Industrie 54, Nr. 3, 202-213, 1992

HORT E.C and PENFOLD W.J., Microorganisms and their relation to fever (Preliminary communication), J. Hyg 12, No. 3, 361-390, 1912

KRUGER D , Uberlegungen zur Qualitätssicherung von Arzneimitteln auf Basis monoklonaler Antikorper, Pharm Ind 48, H 5, 495-502, 1986

KRUGER D , KILTZ R , BADER R , Die Bedeutung des LAL-Tests für die Qualitätsbeurteilung von Arzneimitteln mit biotechnologisch gewonnenen Wirkstoffen, Concept-Symposium· Pyrogene IV, 26. und 27 Juni 1991, Mannheim, Pharm-Technologie Journal 12, No. 4, 57-58, Concept Heidelberg, 1991

MULLER-CALGAN H , Experiences with comparitive examination for pyrogens by rabbit pyrogen test versus the LAL-Test, Prog Clin Biol Res 93, 343-356, New York Alan R Liss, Inc, 1982

MULLER-CALGAN H , Diskussionsvortrag uber Standard-Endotoxin NP-1, Concept-Symposium: Pyrogene II, Frankfurt/M , 07 06 1983

MULLER-CALGAN H und GRIGO J., Unveröffentlichte Befunde, E Merck, Darmstadt, 1984

MULLER-CALGAN H , Unveröffentlichte Befunde, E. Merck, Darmstadt, teils Berichte für die Europ Pharmacopoeial Comm , 1986-1987

MULLER-CALGAN H , Endotoxin determination by the LAL-method in parenterals and raw materials, Summarized data, in Detection of bacterial endotoxins with the Limulus Amebocyte Lysate Test, Prog Clin Biol Res 231, 289-300, New York Alan R Liss, Inc, 1987a

MULLER-CALGAN H , in· WEIDNER P et al , NP-1, a liquid standardendotoxin, Prog Clin Biol Res 231, 115-131, New York Alan R Liss, Inc, 1987b

MULLER-CALGAN H , Der LAL-Test - Vergleich der europaischen und amerikanischen Arzneibücher und Richtlinien, Concept-Symposium Pyrogene III, 7. und 8 Dezember 1987, Frankfurt/M., Pharma Technologie 9, Nr 4, 19-26, Concept Heidelberg, 1988/1989

MULLER-CALGAN H., Der Limulustest in der pharmazeutischen Praxis, Forum Technol, Int Assoc Pharmac Techn (APV), 11 05 1984, Mainz, Vortrag veröffentlicht in: SCHEER R. (Hrsg), APV Paperback Bd 21, 47-60, Stuttgart. Wiss VerlagsgesmbH, 1989

MULLER-CALGAN H , Prüfung auf Pyrogene und Endotoxine, Methodenvergleich - Standortbestimmung und Ausblick, Vortrag 25. Nov 1987, Tübingen, in SCHEER R. (Hrsg), APV Paperback Bd. 21, 27-46, Stuttgart Wiss VerlagsgesmbH, 1989

MULLER-CALGAN H , Erfahrung mit einer kinetisch-turbidimetrischen Methode im Vergleich zur Festgel-Methode bei Rohstoffen und Endprodukten, Concept-Symposium Pyrogene IV, 26 und 27. Juni 1991, Mannheim, Pharma Technologie Journal 12, Nr 4, 67-70, Concept Heidelberg, 1991

PEARSON F C III, Pyrogens, Endotoxins, LAL testing and depyrogenation, Adv Parent Sci/2 (Ed.· ROBINSON J.R), Kapitel Pyrogens other than Endotoxin, Nonmicrobioal Pyrogen, New York and Basel. Marcel Dekker, Inc, 1985

Pharmeuropa 4, No 1, 27, 1992

Richtlinie (RL) des Bundesverbandes der Pharmazeutischen Industrie (BPI) Validierung des LAL-Testverfahrens im Rahmen der Zulassung und Nachzulassung für Parenteralia von KILTZ-SCHWALM R., MULLER-CALGAN H , ROSENBERG U , 25. November 1991, Pharm Ind, Nr. 10, 832, 1992

RONNEBERGER H , Die Prufung biologischer Arzneimittel auf Endotoxingehalt mit dem Limulustest, Vortrag 26 Nov 1987, Tubingen, in SCHEER R (Hrsg), APV Paperback Bd 21, 83-92, Stuttgart Wiss VerlagsgesmbH, 1989

SCHIFF L.J., MOORE W.A., BROWN J., WISHER M.H., Lot Release - final product safety testing for biologics, Pharmaceutical Technology International, September 1992, Originally appeared in: Bio Pharm 5, (5), 36-39, 1992

SCHLOTTMANN H., Die logische Entwicklung des LAL-Tests zur Verwendung im Europäischen Arzneibuch, Pharm. Ind. 48, 3, 233-237, 1986

SCHMITZ A.J. and MUNSON T E., Development of endotoxin limits for USP articles, USP articles in-process and potential articles, stimuli to the revision process, Pharmacopeial Forum, 2947-2971, Sept-Oct 1987, USP Convention, Rockville, Md, 1987

SCHONI R., Zur Frage der Bedeutung des Kaninchentests im Rahmen der Validierung des LAL-Tests, Concept-Symposium· Pyrogene IV, 26. und 27. Juni 1991, Mannheim, Pharma-Technologie Journal 9, Nr. 4, 59-62, Concept Heidelberg, 1991

SEIBERT E.C., The cause of many febrile reactions following intravenous injections, Am J Physiol 71, 621, 1925

THRETEWAY J., The rabbit pyrogen test: advantages and disadvantages, Pharmeuropa Vol 1, 3, Special number, November 1989

TWOHY C.W., DURAN A P , MUNSON T.E., Endotoxin contamination of parenteral drugs and radiopharmaceuticals as determined by the Limulus Amebocyte Lysate method, J Parent Sci Techn 38, No. 5, 190-201, 1984

United States Pharmacopoeia, 1942

WELCH H , CALVERY H.O , MC CLOSKY W T , PRICE C W , Method of preparation and test for bacterial pyrogen, J Am. Pharm. Assoc 32, No 3, 65-69, 1943

<1045> Biotechnology-Derived Articles, Pharmacopoeial Forum, Vol 18, No.1, 2895-2925, Jan-Febr 1992, aufgenommen im 7th Supplement, USP-NF, 3149-3158, The United States Pharmacopoeial Convention Inc, Sept 1992 (mit unverandertem Table 2)

Zusatzlich macht das BGA in seinem Pressedienst auf die Prufmoglichkeit mit dem LAL-Test aufmerksam (01/1993, 11. Januar 1993, "Reduzierung von Tierversuchen bei der Qualitatsuberprufung von Arzneimitteln"). Es wendet sich an die pharmazeutischen Unternehmer und die fur die Uberwachung und den Tierschutz zustandigen Landesbehorden mit der Bitte um verstarkte Beachtung der neuen, nach dem geltenden DAB zugelassenen Prufungsmoglichkeit

In vitro-Bioassays für humanes Calcitonin

A. Grauer, E. Blind, H.H. Reinel, P. Kienle, F. Raue

Zusammenfassung

Calcitonin (CT) ist ein Peptidhormon, das aus 32 Aminosäuren besteht. Der Nachweis seiner biologischen Wirkung für pharmakologische Zwecke wurde bisher durch einen Tierversuch geführt. Das Hormon wurde hierbei Ratten verabreicht und der kalziumsenkende Effekt als Maß der biologischen Aktivität verwendet. Die humane Mammakarzinomzelllinie T 47 D exprimiert CT-Rezeptoren, die an Adenylatzyklase gekoppelt sind. CT führt hierbei zu einem Anstieg des second messengers cAMP. Wir validierten dieses System zum Nachweis der biologischen Wirkung von humanem Calcitonin (hCT). Der T 47 D Intakt-Zell-in vitro-Bioassay erwies sich dabei als sensitiver, überlegen in Präzision und Genauigkeit und vergleichbar in der Spezifität mit dem etablierten in vivo-Bioassay. Der Assay ist jedoch von dem Vorhandensein einer Zellkultureinheit abhängig, so daß wir zur weiteren Vereinfachung im nächsten Schritt einen "Reagenzglas"- in vitro-Bioassay entwickelten, der ohne ständige Zellkultureinheit durchgeführt werden kann. Hierbei wurden aus den T 47 D Zellen Membranpräparationen mit funktionierenden Rezeptor-Adenylatzyklase-Komplexen erstellt. Die Membranpräparationen waren in flüssigem Stickstoff (-196°C) ohne nennenswerten Wirkungsverlust über mindestens 12 Monate haltbar. Der Vorteil gegenüber dem Intakt-Zell-in vitro-Bioassay liegt darin, daß er nach einer einmaligen Membranpräparation auch ohne Zellkultureinheit durchgeführt werden kann und dadurch einfacher in der Handhabung ist. Beide in vitro-Bioassays könnten in der Zukunft den Ratten-Hypokalzämie-Bioassay für hCT bei vielen Fragestellungen ersetzen.

1. Einleitung

Calcitonin (CT) ist ein Peptidhormon mit 32 Aminosäuren. Es hemmt die osteoklastäre Knochenresorption (CHAMBERS T.J. et al., 1985) und hat einen hypokalzämischen Effekt (COPP D.H. et al., 1962). Diese Eigenschaften haben zu einem breiten Einsatz des Hormons in der Pharmakotherapie der Osteoporose, des M. Paget und der Hypercalzämie geführt. Die Aufklärung der Struktur von CT erlaubte die biochemische Synthese (SIEBER P. et al., 1968). Wie man von CTs anderer Spezies (Lachs, Aal, Ratte, Schwein) weiß, können schon kleine Abweichungen in der Aminosäurezusammensetzung erhebliche Änderungen der biologischen Aktivität nach sich ziehen (SCHNEIDER H.-G. et al., 1988). Deshalb muß jede CT-Präparation nach der Synthese einer ausgedehnten Prüfung ihrer biologischen Wirksamkeit unterzogen werden. Hierfür ist von der Europäischen Pharmacopoe bislang lediglich der Ratten Hypocalzämie-Assay zugelassen (European Pharmacopoeia, 1971). Jungen, nüchternen männlichen Ratten wird dabei CT in verschiedenen Konzentrationen intravenös appliziert, worauf sie 50 Minuten später zur Bestimmung des Serumcalciums entblutet werden. Die dosisabhängige, hypocalzämische Wirkung wird mit der einer Standardpräparation verglichen, woraus die biologische

Wirksamkeit abgeschätzt wird (STURTRIDGE W.C. and KUMAR M.A., 1968). Der Ratten-Hypocalziämie-Assay ist sehr zeit- und arbeitsaufwendig und durch eine hohe Intra- und Interassayvariabilität gekennzeichnet. Eine große Gruppengröße und damit eine große Zahl von Versuchstieren ist deshalb zur Durchführung nötig. Der weltweite jährliche Bedarf an Versuchstieren für diese Prüfung ist nicht genau bekannt, wird jedoch auf mehrere hunderttausend geschätzt.

Calcitonin wirkt auf zellulärer Ebene über spezifische Membranrezeptoren, die an Adenylatzyklase gekoppelt sind. CT führt dadurch zum dosisabhängigen Anstieg des second messengers cAMP. Der Nachweis von spezifischen CT-Rezeptoren auf einer klonalen Mammakarzinomzellinie (T 47 D) (FINDLAY D.M. et al, 1981) erlaubte uns dieses biologische System zur Entwicklung eines in vitro-Bioassays für CT zu verwenden. Zwei verschiedene Ansätze wurden getestet. Zum einen war dies der Intakt-Zell-in vitro-Bioassay, bei dem die zu testenden CT Präparationen an ganzen Zellen getestet wurden (GRAUER A. et al., 1992). Bei diesem Versuchsansatz ist jedoch eine Zellkultureinheit Voraussetzung Deshalb wurde in einem zweiten Ansatz ein Membran-in vitro-Bioassay entwickelt, bei dem in einer großangelegten Membranpräparation funktionsfähige Rezeptor-Adenylatzyklase-Komplexe isoliert wurden (KIENLE P. et al., 1991). Diese könnten bei ausreichender Stabilität für mehrere Monate im Voraus produziert werden und würden die Durchführung des in vitro-Assays im Reagenzglas ohne kontinuierliche Zellkultur erlauben Wir berichten im folgenden über die Validierung der beiden in vitro-Bioassays

2. Material und Methoden

2.1. Zellkultur

T 47 D Zellen wurden von der American Tissue Culture Collection bezogen und in RPMI 1640 (Gibco, Eggenstein, FRG) mit 10% FKS, 1mM Hepes (Biochrome, Berlin, FRG), 20 I.E /l Humaninsulin (Hoechst), $3x10^{-6}$M Hydrocortison und Antibiotika (Penicillin/Streptomycin, Boehringer Mannheim, FRG) kultiviert

2.2. T 47 D Intakt-Zell-in vitro-Bioassay

24 Stunden vor dem Experiment wurden die Zellen in einer Dichte von $2{,}5x10^{-5}$ Zellen/Loch in 24-Lochplatten subkultivert Zu Beginn des Experimentes wurden die Zellen für 15 min in 0,5 ml Assaymedium inkubiert, in dem die Testsubstanzen aufgelöst waren (n=4). Danach wurden das Assaymedium entfernt und die Zellen mit Äthanol/HCl, pH 3 für 3 h bei 4°C extrahiert. Der Nachweis von spezifischen CT-Rezeptoren auf einer klonalen **humanen** Mammakarzinomzellinie (T 47 D) erlaubte uns dieses biologische System zur Entwicklung eines in vitro-Bioassays für CT zu verwenden.

2.3. T 47 D Membranen in vitro-Bioassay

Zellkulturflaschen mit 75cm² Grundfläche (ca. $30x10^{6}$ Zellen/Flasche) wurden 2 mal mit PBS-Puffer 2 min gewaschen. Danach wurden die Zellen mit einem Zellkratzer von der Oberfläche entfernt, in einen Präparationspuffer (PP) aufgenommen (50 mM Tris/HCl, pH 7,4 + 4 mM EDTA) und durch drei 7 Sekunden lange Stöße mit einem Polytron-Homogenisator zerstört. Zelltrümmer wurden durch Zentrifugieren bei 350 g über 5 min und anschließendes Filtrieren durch Gaze entfernt. Die verbleibende Lösung wurde dann bei 50 000 g über 12 min in einer Hochgeschwindigkeits-Kühlzentrifuge abgetrennt und in 2 ml PP resuspendiert Es folgte eine Homogenisation durch 20 Stöße in einem Glas-Potter und eine weitere Verdünnung in 8 ml PP. Dieses Vorgehen wurde drei Mal wiederholt. Das endgültige Pellet wurde in einer Konzentration von 200 µl Protein/ml aufgenommen und in Aliquots von 1 ml in flussigem Stickstoff aufbewahrt.

2.3.1. Durchführung

Der Assaypuffer bestand aus einem ATP-regenerierendem System aus 50 mM TrisHCl (pH 7,4) unter Zusatz von 4 mM EDTA, 12,5 mM $MgCl_2$, 0,2 mM GTP, 4 mM IBMX, 5mM EGTA (alle von Serva, Heidelberg, FRG), 2 mM Dithiotreitol (Merck, Darmstadt, FRG), 4 g/l BSA, 2 mM/l ATP, 2 g/l Kreatinkinase und 40 mM Kreatinphosphat (Boehringer Mannheim, FRG) Zu Beginn des Experimentes wurden 100 µl Assaypuffer zusammen mit 50 µl Testsubstanz in PP in Eppendorfhütchen auf Eis pipettiert Ein Aliquot der Membranpräparation wurde bei Raumtemperatur aufgetaut und 50 µl in die Reaktionsgefäße pipettiert. Die Reaktion wurde durch Transfer in ein Wasserbad von 37°C gestartet und nach 15 min durch Überführung in ein kochendes Wasserbad terminiert Nach Zentrifugation in einer Microfuge über 5 min wurde der Uberstand in 1:1 in PP+80 g/l BSA verdunnt.

2.3 2. Stabilitat der Präparationen

Die Stabilitatt der Membranpraparation in Abhangigkeit von den Lagerungsbedingungen wurde bei -20°C, -80°C und -196°C getestet. Bei -20°C waren nach einem Monat nur noch 10% der ursprunglichen Stimulierbarkeit erhalten. Zwischen -80°C und -196°C ergab sich nach 3 Wochen kein signifikanter Unterschied, bei -196°C war auch nach 12 Monaten Lagerungsdauer noch eine im Vergleich zum Ausgangsbefund unveränderte Stimulierbarkeit erhalten

Der cAMP Gehalt der Proben in beiden Assays wurde mit Hilfe eines kompetitiven Proteinbindungsassays bestimmt (ARMBRUSTER F P et al., 1986)

2.4. Peptide

Die Testsubstanzen (Tab 1) wurden im Rahmen der gemeinsamen Validierung der in vitro-Bioassaysysteme von Herrn Dr KABAY, CIBA-Geigy AG, CH, zur Verfugung gestellt Sie wurden in 0,01 M Ameisensaure + 0,1% BSA aufgenommen Diese synthetischen hCT Praparationen wurden mittels HPLC hinsichtlich ihrer biochemischen Zusammensetzung charakterisiert Sie wurden auf eine Konzentration von 33 mg/ml auf der Basis des Reinpeptidgehaltes (10^{-2} M hCT_{1-32}) oder auf der Basis des tatsächlichen Gewichtes (Fragmente) eingestellt.

Tabelle 1 Testsubstanzen Der Reinpeptidgehalt einer Praparation wird durch HPLC ermittelt 1 mg CIBACALCIN Produktionsstandard enthalt 0,8404 mg Reinpeptid

Peptid	**Code**	**% Reinpeptidgehalt**
hCT_{1-32}	Prod. Std 87	84,04%
hCT_{1-32}	488	84,90%
hCT_{1-32}	588	82,50%
hCT_{1-32}	05-022-51	78,80%
$hCT_{11-32\text{-amide}}$	C 47324	90%
$hCT_{17-32\text{-amide}}$	CGP 5240	95%
$hCT_{24-32\text{-amide}}$	CGP 13770	90%
hCT_{1-10}	CGP 9209	85%
hCT_{11-23}	CGP 13771	50-60%

2.5. Ratten-Hypocalziämie-Assay

Die in vivo-Experimente wurden nach der Vorschrift der Britischen Pharmacopoe durchgeführt, wie von STURTRIDGE und KUMAR beschrieben (STURTRIDGE W.C. and KUMAR M.A., 1968). Jungen, nüchternen männlichen Ratten wird dabei CT in verschiedenen Konzentration intravenös appliziert, worauf sie 50 Minuten später zur Bestimmung des Serumcalciums entblutet werden. Die dosisabhängige, hypokalziämische Wirkung wird mit der einer Standardpräparation verglichen, woraus die biologische Wirksamkeit abgeschätzt wird. In diesem Versuchsansatz enthielten die Testsubstanzen 11, 33 und 99 ng Peptid. Die Calcium-Konzentrationen im Serum wurden mittels Atomabsorptions Spektrophotometrie ermittelt.

2.6. Statistik

Die statistische Auswertung wurde nach der Methode der parallel-line Assays (FINNEY D J , 1978) durchgeführt, wobei die Dosis-Wirkungskurven semilogarithmisch aufgetragen wurden. Die Assays wurden mit einem speziellen Programm (W KREMERS, Abt. für mathematische Anwendungen, CIBA-Geigy, Basel, CH) auf der Basis von SAS (Statistical Analyses System, Heidelberg FRG) durchgeführt Die relative Potenz der Präparationen wurde in einem 6-Punkt Design ermittelt, wobei drei Proben einer Standardpraparation mit 3 Testproben verglichen werden. Die Annahme von Linearität und Parallelität wurde mittels Varianzanalyse untersucht und Assays, die eine signifikante Abweichung von diesen Annahmen zeigten, wurden verworfen.

3. Ergebnisse

3.1. Linearität und Spezifität

Die Dosis-Wirkungskurve zeigte ein sigmoidales Verhaltnis zwischen hCT und cAMP im T 47 D in vitro-Bioassay, im Intakt-Zell in vitro-Bioassay, ebenso wie im Membranenassay (Abb. 1). Im Intakt-Zell-Bioassay wurde eine signifikante biologische Wirkung bei $1x10^{-10}$ M hCT erzielt, die Dosis-Wirkungskurve zeigte einen stetigen Anstieg bis $1\text{-}2x10^{-8}$ M hCT. Im Ratten-Hypokalziämie-Assay lag die untere Nachweisgrenze bei $7,3x10^{-9}$ M. Nach den Anforderungen der Europäischen Pharmacopoe kann die relative biologische Wirksamkeit von einer Probe im Vergleich zu einer Standardpräparation nur ermittelt werden, wenn die Kriterien der Linearität und Parallelität von zwei Kurven erfüllt sind. Der lineare Bereich des Intakt-Zell-Assays lag bei den meisten Versuchen zwischen $6x10^{-10}$ und $1x10^{-9}$ M hCT, im Ratten-Hypokalziämie-Assay zwischen 11 und 99 ng CT/Ratte auf der Basis des Reinpeptidgehaltes (entsprechend $8x10^{-9}$ - $7.2x10^{-8}$ M). Assays bei denen die Kriterien der Parallelität und Linearitat nicht gegeben waren, wurden verworfen (etwa 25-30%).

Die in Tabelle 1 aufgelisteten Beiprodukte entstehen entweder tatsächlich bei der Synthese von hCT oder wären zumindest theoretisch denkbar. Keines der untersuchten Fragmente oder Beiprodukte zeigte im untersuchten Dosisbereich bei aquimolarer Dosierung eine biologische Aktivität von mehr als 5%. Hierbei bestand Übereinstimmung zwischen dem Tierversuch und den in vitro-Assays.

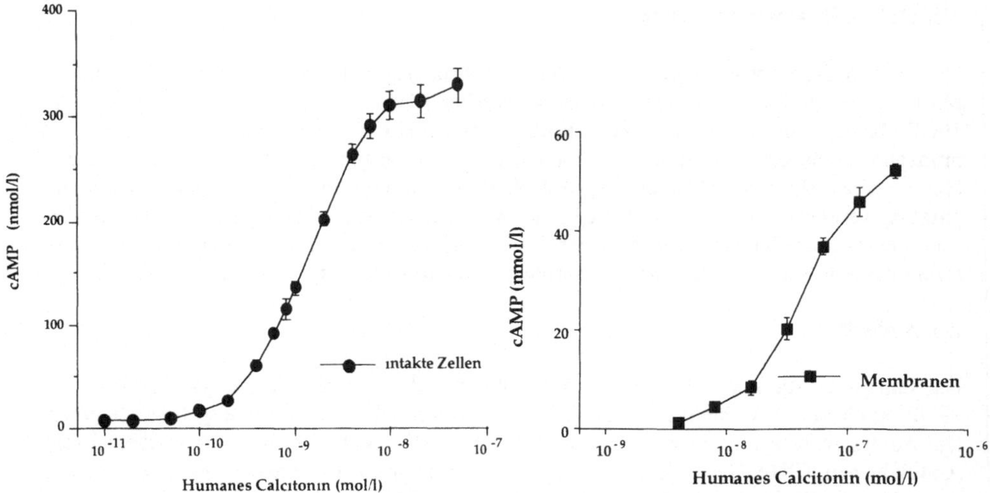

Abb 1 Dosis-Wirkungskurve Wachsende Konzentrationen von humanem Calcitonin (hCT) wurden im Intakt-Zell-Assay (links) und im Membranen-Assay (rechts) eingesetzt und ergeben einen dosisabhangigen Anstieg der cAMP Formation von T 47 D Zellen Im Membranen-Assay sind hohere hCT-Konzentrationen zur Erzielung einer biologischen Wirkung notwendig

3.2. Präzision

Zur Ermittlung der Prazision wurden 8-12 voneinander unabhangige Assays mit der gleichen hCT Praparation (hCT, Los Nr 488) durchgeführt Die Ergebnisse in Tabelle 2 zeigen, daß die relative Potenz in allen drei Assays übereinstimmend ermittelt werden kann Standardabweichungen und 95% Vertrauensgrenzen fallen bei den in vitro-Bioassays gunstiger aus, als bei den Tierversuchen (Tabelle 2).

Tabelle 2 Prazision

Assay	Anzahl unabhangiger Assays	Relative Wirksamkeit ± SD	95% Vertrauensgrenzen
Ratten-Hypokalzıamie	8	103,2±8,2	75,3-141,8
in vitro-Intakt-Zell	8	104,9±8,2	98,7-111,8
in vitro-Membranen	12	97,0±5,5	88,8-106,0

3.3. Richtigkeit

Zur Ermittlung der Richtigkeit wurde die Wiederfindung von hCT-Präparationen untersucht Ziel war, nachzuweisen, daß Praparationen, die 80%, 100% und 120% hCT einer Standardpraparation enthalten, durch die Assays sicher unterschieden werden konnen (Tabelle 3)

Tabelle 3 Richtigkeit

Assay	% hCT eingesetzt	Relative Wirksamkeit	Wiederfindung±SD	95% Vertrauensgrenzen
Ratten-	80	81,3	101,6±10,6	94,6-137,6
Hypo-	100	101,8	101,8±11,0	77,8-133,6
calziämie	120	126,7	105,6±9,0	78,1-146,6
in vitro-	80	78,0	97,5±6,0	83,3-109,5
Intakt-Zell	100	101,8	101,8±2,2	92,6±112,4
	120	121,4	101,2±3,9	89,5-120,4
in vitro-	80	81,6	101,9±12,4	73,0-91,0
Membranen	100	98,2	98,2±8,25	88,1-109,6
	120	131,5	109,6±10,7	118,8-146,1

Die Ergebnisse unterstreichen, daß vor allem der Intakt-Zell-in vitro-Bioassay geringere Streubreiten aufweist und damit zuverlässiger zwischen unterschiedlichen Konzentrationen unterscheiden kann.

3.4. Korrelation der in vitro-Assays mit dem Tierversuch

Die Korrelation zwischen dem in vitro-Assay und dem Tierversuch hinsichtlich der Ermittlung der relativen Potenz war hoch positiv, r=0,891 für den Intakt-Zell-Assay und r=0,834 für den Membranen-Assay.

4. Diskussion

Das etablierte Verfahren zum Nachweis der Aktivität von hCT ist der Ratten-Hypokalziämie-Bioassay. Das Verfahren leidet unter einer hohen Intra-und Interassayvarianz, einer sehr zeitaufwendigen Durchführung und einem hohen Bedarf an Versuchstieren. Die hauptsächliche Anwendung für die Bioassays besteht in der pharmakologischen Qualitätskontrolle von chemisch genau definierten, HPLC-gereinigten Substanzen. Diese Aufgabe kann zu weiten Teilen von den hier vorgestellten in vitro-Bioassays geleistet werden. Die Verfahren basieren auf einem Zellkulturmodell, bei dem eine menschliche Mammakarzinomzellinie benutzt wird, die CT-Rezeptoren besitzt und auf CT-Stimulation mit einem dosisabhängigen Anstieg des second messengers cAMP reagiert Beide in vitro-Bioassays sind dem Tierversuch überlegen, was die Inter- und Intraassayvarianz angeht Die Validierung beider in vitro-Bioassays erfolgte in enger Zusammenarbeit mit der CIBA-Geigy AG (Basel, CH) nach den Vorschriften der Europäischen Pharmacopoe. Beide in vitro-Bioassays sind dem Tierversuch uberlegen, was die Inter- und Intraassayvarianz angeht Im Rahmen der getesteten Substanzen sind sie hinsichtlich der Spezifität vergleichbar. Der Intakt-Zell-Assay ist im Vergleich mit dem Membranen-Assay empfindlicher, aber an das Vorhandensein einer kontinuierlichen Zellkultur gebunden Prinzipiell sind beide Assays auch für Calcitonine anderer Spezies geeignet, was im Rahmen eines WHO-Ringversuches gezeigt werden konnte (ZANELLI J.M. et al., 1990). Eine genaue Validierung für diese Anwendungen steht jedoch noch aus. Pharmakokinetische Parameter wie Resorption, Metabolismus und Ausscheidung können naturgemäß nicht an der Einzelzelle untersucht werden und bleiben vorerst die Domäne des Tierversuches. Für die pharmakologische Qualitatskontrolle stellen die hier untersuchten in vitro-Verfahren unseres Erachtens eine gute

Alternative dar und haben bei unserem Kooperationspartner bereits Eingang in die interne pharmakologische Qualitätskontrolle gefunden Die Anerkennung des dargestellten Verfahrens durch die Europaische Pharmacopoe ist beantragt

Die vorliegenden Arbeiten entstanden mit Förderung des Landes Baden-Württemberg, des Bundesministeriums für Forschung und Technik (BMFT) sowie der ZEBET

Literatur

ARMBRUSTER F P, SCHARFENSTEIN H, HITZLER W., SCHMIDT-GAYK H., cAMP Proteinbindungs-assay Proteinabhangigkeit der cAMP-Bindung, Ärztl Labor 32, 115-120, 1986

CHAMBERS T J, MCSHEEHY P M J, THOSOM B M., FULLER K, The effect of calcium regulating hormones and prostaglandins on bone resorption by osteoclasts disaggregated from neonatal rabbit bones, Endocrinology 116, 234-239, 1985

COPP D H, CAMERON E C, CHENEY B A, DAVIDSON A G F, HENZE K. G, Evidence for calcitonin - a new hormone from the parathyroid gland that lowers blood calcium, Endocrinology 70, 638-649, 1962

European Pharmacopoeia, Statistical analysis of results of biological assays and tests, 2, 1971

FINDLAY D M, MICHELANGELI V P, MOSELY J M., MARTIN T. J., Calcitonin binding and degradation by two cultured human breast cancer cell lines (MCF 7 and T 47 D), Biochem J 196, 513-520, 1981

FINNEY D J, Statistical methods in biological assays, 1978

GRAUER A, RAUE F, REINEL H H, SCHNEIDER H G, SCHROTH J, KABAY A, BRUGGER P., ZIEGLER R, A new in vitro-bioassay for human calcitonin validation and comparison to the rat hypocalcemia bioassay, Bone Miner 17, 65-74, 1992

KIENLE P., BLIND E, RAUE F., GRAUER A, ZIEGLER R., A convenient "test-tube" method to measure calcitonin bioactivity in vitro, Acta endocrinol 124 (Suppl 1), 220, 1991

SCHNEIDER H -G, RAUE F, ZINK A, GRAUER A, ZIEGLER R, In vitro-bioassay for calcitonin-activation of adenylate cyclase, Horm Metab 2, 23-27, 1988

SIEBER P, RINIKER B, BRUGGER M., KAMBER B, RITTEL W, Menschliches Calcitonin, IV, Die Synthese von Calcitonin M, Vorläufige Mitteilung, Helv Chim Acta 51, 2057-2061, 1968

STURTRIDGE W. C., KUMAR M A, An improved bioassay for calcitonin, J Endocrinol 42, 501-503, 1968

ZANELLI J M, GAINES-DAS R E, CORRAN P H, International standards for salmon calcitonin, eel calcitonin, and the Asu (1-7) analogue of eel calcitonin - calibration by international collaborative study, Bone and Mineral 11, 1-17, 1990

Herstellung rekombinanter ß$_2$-adrenerger Rezeptoren

P. Söhlemann, M.J. Lohse

Zusammenfassung

Der ß$_2$-adrenerge Rezeptor gehort zur großen Familie der G Protein-gekoppelten Rezeptoren. Aufgrund der pharmakologischen Bedeutung dieses Rezeptors und seiner Funktion als Prototyp für diese Familie von Rezeptoren wurden verschiedene Expressionssysteme getestet, um den funktionellen menschlichen Rezeptor zu erhalten Geringe Bedeutung für pharmakologische Studien erreichten dabei prokaryontische Systeme oder die Expression in niederen Eukaryonten. Zelluläre Systeme höherer Eukaryonten sind dagegen in der Lage, größere Mengen funktionellen Rezeptors zu produzieren. Ein sehr schnell verfügbares System zur transienten Expression stellen COS Zellen dar CHO Zellen eignen sich für die stabile Expression und zeigten die bisher höchste Expression des ß$_2$-adrenergen Rezeptors. Mit Hilfe des Bakulovirussystems konnten große Mengen von ß$_2$-adrenergen Rezeptoren in Insektenzellen exprimiert werden. Diese Mengen reichen zur Reinigung und Rekonstitution der Rezeptoren Fur alle drei Systeme konnte die volle Funktion des ß$_2$-adrenergen Rezeptors gezeigt werden

1. Einleitung

Viele Hormone, Neurotransmitter und auch Medikamente stellen Signale dar, die auf Rezeptoren an der Oberfläche von Zellen oder in Zellen wirken. In ihrer Gesamtheit bilden sie ein System zur Steuerung von Körperfunktionen. Dieses System ist sehr komplex, da zum einen jede Zelle von verschiedenen Hormonen angesprochen werden kann, zum anderen Hormone in verschiedenen Zellen bzw. Organen unterschiedliche Funktionen ausüben. So verandert das Hormon des Nebennierenmarks, Adrenalin, den systolischen Blutdruck, die Darmperistaltik, den Metabolismus in Leber und vielen anderen Organen sowie die Pupillenweite

Medikamente, die an Rezeptoren angreifen, werden erfolgreich zur Behandlung von Storungen solcher hormonellen Regulation, darüber hinaus aber auch bei einer Vielzahl von funktionellen Erkrankungen eingesetzt Jedoch erzeugen diese Arzneimittel häufig neben den erwünschten Wirkungen auch unerwünschte Nebenwirkungen, die durch die Bindung an andere Rezeptoren oder in anderen Organen bedingt sind. Daraus ergibt sich die Notwendigkeit, nach selektiveren Stoffen zu suchen, die Rezeptoren erregen oder blockieren können.

Die Suche nach neuen, selektiveren Wirkstoffen wurde bisher ganz wesentlich durch breitangelegte Screeningverfahren in Tierversuchen oder an tierischen Geweben durchgeführt. Speziesunterschiede der Rezeptoren von Mensch und Tier können solche Tests jedoch problematisch machen. Außerdem enthalten die untersuchten Gewebe fast immer Mischungen verschiedener Rezeptoren und deren Subspezies, deren Wirkungen in solchen Experimenten nicht definiert werden konnen. Eine neue Alternative zu diesen Verfahren stellt die Untersuchung der

Wirkstoffe an klonierten menschlichen Rezeptoren nach Expression z B in eukaryontischen Zellen dar Der große Vorteil dieser Vorgangsweise liegt darin, daß einzelne molekular definierte Rezeptoren untersucht werden Die ganze Potenz solcher Untersuchungen kann allerdings erst dann zum Tragen kommen, wenn möglichst viele der existierenden Rezeptoren für diese Experimente zur Verfügung stehen Der Einfluß neuer Wirkstoffe auf jeden einzelnen Rezeptor kann getestet werden, um Kreuzreaktionen zwischen verschiedenen Rezeptoren oder deren Subtypen zu untersuchen

Rezeptoren können in mehrere Familien eingeteilt werden (WATSON S. und ABBOTT A , 1992) Zu den membrangebundenen Rezeptoren gehören die G Protein-gekoppelten Rezeptoren, die Ionenkanal-Rezeptoren, Guanylylzyklase-Rezeptoren und die Tyrosinkinase-Rezeptoren

Die G Protein-gekoppelten Rezeptoren stellen die weitaus größte Familie von Rezeptoren dar, etwa hundert solcher Rezeptoren sind in ihrer Primärstruktur aufgeklart worden, jedoch wird vermutet, daß die gesamte Zahl solcher Rezeptoren vielfach hoher ist Diese Rezeptoren sind durch sieben α-Helices charakterisiert, die die Zellmembran durchqueren Das meist glykosylierte Aminoende befindet sich auf der extrazellulären Seite, der Carboxyterminus mit potentiellen Phosphorylierungs- bzw Palmitoylierungsstellen auf der zytoplasmatischen Seite. Die am besten untersuchten Mitglieder dieser Gruppe sind die adrenergen Rezeptoren (RAYMOND J R et al , 1990, MICHEL M C., 1991, WANG H.-Y. et al., 1991, COLLINS S. et al., 1992, KOBILKA B , 1992), von denen derzeit neun Subtypen bekannt sind. Von ihnen dient der β_2-adrenerge Rezeptor, der die Adenylylzyklase uber G_s aktiviert, als Prototyp Die physiologischen Funktionen der β_2-adrenergen Rezeptoren liegen in der Relaxation der glatten Muskulatur in vielen Organen, wodurch zum Beispiel eine Weitstellung von Blutgefäßen und Bronchien bewirkt wird, in der Aktivierung der Glukosebereitstellung und der Lipolyse und in der Steuerung der Freisetzung einer Vielzahl von Mediatoren und Hormonen

2. Expressionssysteme zur Herstellung des β_2-adrenergen Rezeptors

Zur Herstellung von β_2-adrenergen Rezeptoren mit Hilfe von gentechnischen Methoden wurden in den letzten Jahren verschiedene Expressionssysteme verwendet Die Eignung solcher Systeme unterscheidet sich jedoch betrachtlich in bezug auf die Menge des produzierten Proteins und seine Funktion, vermutlich weil z B Unterschiede bei der Modifikation der translatierten Proteine zwischen Prokaryonten und Eukaryonten bestehen oder die zellulare Umgebung unterschiedlich ist

2.1. Bakterielle Expression in Escherichia coli

E coli ist das Standardsystem für die Produktion eines breiten Spektrums von Proteinen. Mit Hilfe dieses schnellen und billigen Expressionssystems ist man in der Lage, große Mengen vieler Proteine herzustellen Der β_2-adrenerge Rezeptor konnte mit Hilfe dieses bakteriellen Systems exprimiert werden (MARULLO S et al , 1989) Jedoch reicht das große Angebot etablierter Methoden nicht aus, um respektable Mengen von Membranproteinen, wie z.B. dem β_2-adrenergen Rezeptor, stabil zu exprimieren Dabei ist die Expression (ca 500 fmol β_2-adrenerger Rezeptor pro mg Membranprotein) jedoch durchaus geeignet, um spezifische Ligandenbindungsexperimente durchzuführen und so den Rezeptor pharmakologisch nachzuweisen

2.2. Hefe als System zur Produktion des Rezeptors in niederen Eukaryonten

Hefen gehoren zu den niederen eukaryontischen Organismen. Sie haben mit den Eubakterien das sehr schnelle Wachstum und die einfache Handhabung gemeinsam und mit den höheren Eukaryonten eine komplexere zellulare Organisation - die Proteinbiosynthesemaschinerie mit eingeschlossen. Mit Hilfe bekannter Methoden der Expression und Hefe als eukaryontischem Wirt wurde der $ß_2$-adrenerge Rezeptor in Hefe produziert (KING K. et al., 1990). Dabei wurden bis zu 50 pmol $ß_2$-adrenerger Rezeptor pro mg Membranprotein erzielt. Die Bereitstellung des $ß_2$-adrenergen Rezeptors aus Hefe konnte dennoch nicht weiter genutzt werden, da die initialen Ergebnisse für routinemäßige Studien nicht reproduzierbar waren.

Sowohl Hefe als auch E. coli sind zwar die bekanntesten Organismen für eine billige und schnelle Produktion von Proteinen, doch limitieren die geringen Expressionswerte des $ß_2$-adrenergen Rezeptors die Eignung für breit angelegte Ligandenbindungsstudien oder für die Reinigung des Rezeptors für biochemische Untersuchungen.

2.3. *Expression von β_2-adrenergen Rezeptoren in höheren Eukaryonten*

Im Gegensatz zu einzelligen Organismen bieten hohere Eukaryonten als Wirtszellen mit zuehendem Organisationsgrad günstigere Bedingungen für die Übersetzung von cDNAs des Menchen in funktionelles Protein. Die Proteinbiosynthesemaschinerie dieser Wirtszellen kann eher dann die Funktion des gewunschten Eiweißes herstellen, wenn die Verwandtschaft zwischen Wirtszelle und der Zelle, aus der die cDNA des Proteins stammt, größer ist Processing am Amino- bzw. Carboxyterminus des translatierten Proteins, Glykosylierungsmuster, die Art der Fettsaureveresterung oder die molekulare Umgebung in der Zelle, wie z B die Lipidzusammensetzung in der Membran bei hydrophoben Proteinen, konnen für die Funktion des exprimierten Proteins bedeutend sein und sind in verwandten Zellen ähnlicher. Auch könnten spezielle Enzyme zur Faltung der Expressionsprodukte benötigt werden.

Drei Systeme haben sich für die Expression des $ß_2$-adrenergen Rezeptors als besonders geeignet erwiesen.

2 3.1 *Transiente Expression in COS Zellen*

Die Transfektion von COS Zellen bietet die Möglichkeit für einen schnellen Test der Expression und Untersuchung fremder Genprodukte in eukaryontischen Zellen, wobei die eingebrachte Fremd-cDNA nur wenige Tage für die Expression genutzt werden kann. COS Zellen sind in Kultur gehaltene Nierenzellen des afrikanischen grünen Affen, die die cDNA des großen T-Antigen von SV40 enthalten und somit nach Transfektion von Plasmiden mit SV40-Replikationsursprung deren Replikation erlauben. Die Synthese des $ß_2$-adrenergen Rezeptors (DIXON R.A. F. et al., 1986; KOBILKA B.K. et al., 1987) wird in Plasmiden für COS Zellen durch starke Promotoren des Rous-Sarkom-Virus oder des Cytomegalovirus gesteuert. Maximale Expression wurde nach drei Tagen mit bis zu 20 pmol $ß_2$-adrenerger Rezeptor pro mg Membranprotein erreicht. Ein Nachteil der transienten Expression ist die Heterogenität der Expression, da nur ein Teil aller Zellen in einem Experiment transfiziert wird. Dieser Nachteil wird aber durch die schnelle Verfügbarkeit transient transfizierter COS Zellen ausgeglichen.

2.3.2. *Stabile Expression in CHO Zellen*

Viele Fragestellungen erfordern die konstante Expression über einen längeren Zeitraum hinweg, wobei alle Zellen vergleichbare Mengen an Fremdprotein liefern sollen. Für die Expression des $ß_2$-adrenergen Rezeptors (LOHSE M.J., 1992) sind unter anderem Ovarzellen des chinesischen Hamsters (CHO Zellen) geeignet, die mit dem für COS Zellen beschriebenen Vektor transfiziert wurden

Für die stabile Überexpression des $ß_2$-adrenergen Rezeptors wurden CHO Zellen verwendet, denen das Gen für die Dihydrofolatreduktase fehlt. Das Enzym ist ein essentieller Cofaktor bei der DNA-Synthese Die cDNA der Dihydrofolatreduktase wurde zusätzlich zu der cDNA des $ß_2$-adrenergen Rezeptors in den Vektor für die Expression in COS Zellen kloniert. Die Transfektion dieses Vektors in CHO Zellen wurde in Medium durchgeführt, das mit zwei Vorlaufern des DNA-Stoffwechsels (Hypoxanthin und Thymidin) supplementiert wurde, um ein Überleben der Zellen zu gewährleisten Die Zellen wurden dann zur Selektion auf die Expression der Dihydrofolatreduktase in einfacheres Medium ohne diese Vorläufer umgesetzt Durch Zusatz von Methotrexat, einem Hemmer der Dihydrofolatreduktase, wurde auf die Amplifikation der cDNA der Dihydrofolatreduktase im Genom der CHO Zellen selektiert, um durch den Gendosis-Effekt eine höhere Resistenz gegenüber dem Hemmstoff und gleichzeitig die Co-Amplifikation der cDNA des $ß_2$-adrenergen Rezeptors zu erreichen.

Die Expression des Rezeptors wurde von 5,5 pmol (ohne Methotrexat) auf 15 pmol Rezeptor pro mg Membranprotein (mit Methotrexat) in den Zellpools gesteigert. Selektierte Einzelklone zeigten bis zu 80 pmol Rezeptor pro mg Membranprotein unter vergleichbaren Bedingungen Die Expression des $ß_2$-adrenergen Rezeptors konnte durch Zusatz von 1 µM Alprenolol uber mindestens acht Tage stabil gehalten werden Die Expression einer Auswahl hochexprimierender Einzelklone wurde bei höheren Methotrexatkonzentrationen (10^{-7} M bis 10^{-4} M) nochmals auf 200 pmol Rezeptor pro mg (ca. 1%) des gesamten Membranproteins in Gegenwart von 10 µM Methotrexat gesteigert (LOHSE M.J., 1992)

Der $ß_2$-adrenerge Rezeptor war pharmakologisch nicht vom Wildtyprezeptor zu unterscheiden Die Mobilität des Rezeptors in der Natriumdodecylsulfat-Polyacrylamid-Gelelektrophorese unterschied sich nicht von der des Wildtyprezeptors Daher wurde davon ausgegangen, daß sich posttranslationale Prozessierungen, wie z B die Glykosylierung, nicht von der des Wildtyprezeptors unterscheiden

Die CHO Zellen stellen mit zumindest tausendfacher Überexpression sehr gutes Ausgangsmaterial für die Reinigung des molekular definierten $ß_2$-adrenergen Rezeptors dar und bieten gute Moglichkeiten zur Suche nach neuen Rezeptorliganden. Die Notwendigkeit einer großen Anzahl von Tierversuchen z.B. für diese breitangelegten Tests kann damit drastisch reduziert werden. Mit herkommlichen Methoden wären zur Reinigung von 1 nmol des Rezeptors etwa 3 000-5.000 Hamsterlungen erforderlich gewesen Dennoch birgt diese Methode auch Nachteile, da diese CHO Zellen nur adharent gezuchtet werden konnten. Weiterhin ist es bisher nicht gelungen, CHO Zellen, die große Mengen des Rezeptors produzieren, uber längere Zeit auf diesem Niveau zu halten

2 3 3 Expression in Insektenzellkultur

Spodoptera frugiperda ist ein Schmetterling, von dem Zellen isoliert wurden und als sogenannte Sf9 Zellen im Labor in Kultur gehalten werden. Das Autografa californica Multiple Nuclear Polyhedrosis Virus (AcMNPV) wurde als Vehikel zum Einbringen von Fremdgenen in Zellen dieses hoheren eukaryontischen Organismus benutzt und weist einen sehr engen Wirtsbereich bei Insekten auf Der Vektor pVL1392 wurde für die Expression des $ß_2$-adrenergen Rezeptors verwendet Der Expressionsvektor enthält einen Teil des Gens für Polyhedrin, ein Protein, das in der späten Phase der Infektion sehr hoch exprimiert wird, sowie flankierende Regionen zur Rekombination mit dem Wildtyp-Virus Die cDNA des $ß_2$-adrenergen Rezeptors wurde in diese für die Expression von Fremdgenen optimierte Region inseriert. Durch Co-Transfektion in die Sf9 Zellen von diesem beschriebenen Plasmid zusammen mit der Virus-DNA wurden rekombinante Viren erzeugt, die das Gen des $ß_2$-adrenergen Rezeptors enthalten Ein großer Vorteil dieses Expressionssystems besteht darin, daß sowohl die rekombinanten Viren als auch die Sf9 Zellen unabhangig vermehrt und aufbewahrt werden können, um erst dann das Fremdprotein in großem Maßstab zu erzeugen Die Reproduzierbarkeit durch gleichbleibendes Virus- und Zellmaterial ist daher gegeben und Fragen nach der Stabilisierung des Gens in den Insektenzellen spielen nur noch eine untergeordnete Rolle Sf9 Zellen können sehr hohe Zelldichten erreichen, da diese nicht auf adhärentes Wachstum beschränkt sind, sondern ebenfalls in Schüttelkultur gehalten werden konnen.

Der $ß_2$-adrenerge Rezeptor wurde in den Insektenzellen exprimiert und durch Zugabe des Antagonisten Alprenolol stabilisiert, wobei bis zu 50 pmol Rezeptor pro mg Membranprotein nachgewiesen wurden. Die Größe des Rezeptors wurde in der Natriumdodecylsulfat-Polyacrylamid-Gelelektrophorese überprüft und weist auf zumindest basale Glykosylierung hin, die für die Insektenzellen typisch ist. Einflüsse der Glykosylierung auf die Bindungseigenschaften des Rezeptors sind nicht bekannt. Die Funktion des Rezeptors wurde durch spezifische Ligandenbindung getestet und unterscheidet sich nicht von der des Wildtyp-Rezeptors. Weiterhin konnte der Rezeptor aus infizierten Insektenzellen isoliert und in Lipidvesikeln rekonstituiert werden. Dabei wurde die G Protein-Kopplung und die sukzessive Stimulation der Adenylylzyklase nachgewiesen. Auch die Phosporylierung durch die spezifische Kinase des β_2-adrenergen Rezeptors (ßARK) wurde mit Hilfe des aus infizierten Insektenzellen gereinigten Rezeptors gezeigt.

3. Perspektiven

G Protein-gekoppelte Rezeptoren sind erst seit wenigen Jahren, beginnend mit der Klonierung der cDNA des β_2-adrenergen Rezeptors im Jahre 1986, Gegenstand molekularbiologischer Forschung. Diese Forschungsrichtung ist inzwischen weit über die Bestimmung der Nukleinsauresequenz der zugehörigen cDNAs hinausgegangen Die neuen Methoden erlauben ein neues Spektrum von Untersuchungen zur Frage nach den molekularen Ursachen von Krankheiten wie auch bei der Suche nach neuen, selektiveren Arzneistoffen Mit den jetzt neu etablierten Methoden kann nach neuen Wirkstoffen für Medikamente gesucht werden. Die hier dargestellten Expressionssysteme für den β_2-adrenergen Rezeptor bieten Modellsysteme an, mit denen auch viele andere Rezeptoren des Menschen in zellulären Systemen produziert werden könnten Die so hergestellten Rezeptoren finden ihre Anwendung in der Grundlagenforschung, die sich den Fragen der Entstehung von Krankheiten, der Mechanismen der Rezeptorfunktion und der Suche nach neuen Therapieprinzipien widmet Daruber hinaus erlauben sie es, in breitangelegtem Screening nach neuen Wirkstoffen zu suchen, die viel spezifischer wirken und in Medikamenten mit geringeren Nebenwirkungen ihre Anwendung finden. In ihrer spezifischen Aussagekraft sind diese Methoden den konventionellen an tierischen Geweben durchgeführten Methoden uberlegen. Allerdings sollte nicht verkannt werden, daß mit diesen neuen Methoden nur die Frühphase des Screenings nach Wirkstoffen durchgeführt werden kann. Für die Bewertung möglicher therapeutischer wie auch toxischer Effekte sind komplexere Modelle - einschließlich von Versuchen am Tier - weiterhin erforderlich. Für initiale Screenings jedoch, in denen die größte Zahl an Tests anfällt, stellen die Untersuchungen an rekombinanten menschlichen Rezeptoren, wie sie jetzt möglich sind, eine erhebliche Bereicherung dar.

Diese Arbeit wurde durch die Deutsche Forschungsgemeinschaft, den Fonds der Chemischen Industrie und das BGA gefördert.

Literatur

COLLINS S., CARON M.G., LEFKOWITZ R J , From ligand binding to gene expression New insights into the regulation of G protein-coupled receptors, Trends Biochem. Sci. 17, 37-39, 1992

DIXON R.A.F., KOBILKA B.K., STRADER D.J., BENOVIC J.L., DOHLMAN H.G , FRIELLE T., BOLANOWSKI M A., BENNETT C.D., RANDS E , DIEHL R.E., MOMFORD R A , SLATER E.E., SIGAL E.S., CARON M.G., LEFKOWITZ R J , STRADER C.D., Cloning of the gene and cDNA for mammalian β-adrenergic receptor and homology with rhodopsin, Nature 321, 75-79, 1986

GEORGE S.T., ARBABIAN M.A., RUOHO A.E., KIELY J., MALBON C.C., High-efficiency expression of mammalian β_2-adrenergic receptors in baculovirus-infected insect cells, Biochem. Biophys. Res. Com-mun. 163, 1265-1269, 1989

KING K., DOHLMAN H.G., THORNER J., CARON M.G., LEFKOWITZ R.J., Control of yeast mating signal transduction by a mammalian β_2-adrenergic receptor and G_s α subunit, Science 250, 121-123

KOBILKA B , Adrenergic receptors as models for G protein-coupled receptors, Ann Rev Neurosci. 15, 87-114, 1992

KOBILKA B K , DIXON R.A F., FRIELLE T., DOHLMANN H.G., BOLANOWSKI M.A , SIGAL I.S., YANG-FENG T.L , FRANCKE U., CARON M G , LEFKOWITZ R.J , cDNA for the human β_2-adrenergic receptor a protein with multiple membrane-spanning domains and a chromosomal location shared with the PDGF receptor gene, Proc Natl. Acad Sci USA 84, 46-50, 1987

LOHSE M.J., Stable overexpression of human β_2-adrenergic receptors in mammalian cells, Naunyn-Schmiedeberg's Arch Pharmacol 345, 444-450, 1992

MARULLO S , DELAVIER-KLUTCHKO C , GUILLET J -G , CHARBIT A , STROSBERG A D., EMORINE L J , Expression of human β_1- and β_2-adrenergic receptors in E. choli as a new tool for ligand screening, Bio/Technology 7, 923-927, 1989

MICHEL M C , ß-Adrenergic receptors, in DOODS H N., VANMEEL J C A (eds), Receptor data for biological experiments A guide to drug selectivity, New York Ellis Horwood, 19-22, 1991

RAYMOND J R , HNATOWICH M., LEFKOWITZ R J , CARON M G , Adrenergic receptors, models for regulation of signal transduction processes, Hypertension 15, 119-131, 1990

REILANDER H , BOEGE F , VASUDEVAN S , MAUL G., HEKMAN M., DEES C., HAMPE W., HELMREICH E J M , MICHEL H , Purification and functional characterization of the β_2-adrenergic receptor produced in baculovirus-infected insect cells, FEBS Lett 282, 441-444, 1991

WANG H -Y , BERRIOS M , HADCOCK J.R , MALBON C.C , The biology of ß-adrenergic receptors: analysis in human epidermoid carcinoma A431 cells, Int J Biochem. 23, 7-20, 1991

WATSON S , ABBOTT A , TiPS receptor nomenclature supplement, Trends Pharmacol. Sci. 148, 1-35, 1992

Stabile Transfektion des Androgenrezeptors und eines Indikatorgens in Säugerzellen

U. Fuhrmann

Zusammenfassung

Als Alternative zum Tierversuch wurde ein Test etabliert, mit dem die androgene und antiandrogene Wirkstärke einer neu synthetisierten Verbindung für die Indikation Prostatakarzinom schnell und effizient in einem Zellkultursystem (*in vitro*) bestimmt werden kann. Hierfür wurden der Ratten-Androgenrezeptor und ein Indikatorgen, das eine androgenabhangige Kontrollregion trägt, stabil in hormonrezeptorfreie Säugerzellen eingeführt Inkubation dieser Zellen mit einem Androgen (Agonist) führt zu einer durch den Androgenrezeptor vermittelten Aktivierung des Indikatorgens. Diese durch Androgen induzierte Aktivierung des Indikatorgens kann durch gleichzeitige Gabe eines Antiandrogens (Antagonist) inhibiert werden.

1. Prüfung von Substanzen auf androgene und antiandrogene Wirkstärke im Tierversuch

Das Prostatakarzinom ist ein hormonabhangiger Tumor Das Wachstum dieses Tumors wird durch männliche Sexualhormone, die Androgene, stimuliert. Dieses androgenstimulierte Wachstum kann durch Antihormone, die sogenannten Antiandrogene, gehemmt werden (Abb. 1). Daher werden Antiandrogene heute zur Therapie des malignen Prostatakarzinoms eingesetzt (NEUMANN F et al., 1990). Das Ziel ist die Entwicklung eines Antiandrogens mit maximaler Wirkstärke und möglichst geringem Nebenwirkungspotential Ehe ein neu synthetisiertes Antiandrogen klinische Anwendung findet, muß die Substanz eine ganze Reihe von Tests durchlaufen. Ganz oben in der Testhierarchie stehen der Rezeptortest (LUBKE K et al., 1976) und der klassische Androgen/Antiandrogen-Test (HABENICHT U. F et al., 1986)

Substanzen, die gute Bindung an den Androgenrezeptor zeigen, wurden bisher im klassischen Androgen/Antiandrogen-Test an der Ratte weiter charakterisiert (Abb. 3). Im Gegensatz zum Rezeptortest kann mit diesem Tiermodell festgestellt werden, ob es sich bei einer neu synthetisierten Substanz um ein Androgen oder ein Antiandrogen handelt. Weiterhin ermöglicht dieser *in vivo*-Test die Bestimmung der androgenen (unerwünschten) und antiandrogenen (erwünschten) Wirkstärke einer neu synthetisierten Verbindung. Das Maß für die androgene oder antiandrogene Wirkstärke ist hierbei das Gewicht von Samenblase und Prostata. Die Kastration männlicher Ratten führt zu einer Schrumpfung von Samenblase und Prostata, da nun die körpereigenen (endogenen) Androgene fehlen. Die Gabe von exogenen Androgenen führt in diesen Tieren zu einer Gewichtszunahme von Samenblase und Prostata. Das Maß für die unerwünschte androgene Potenz einer Substanz ist somit definiert als ihre Fähigkeit, die Gewichtszunahme von Prostata und Samenblase in kastrierten mannlichen Ratten zu induzieren Als Maß für die erwünschte antiandrogene Potenz einer Verbindung dient ihre Fahigkeit, die Gewichtszunahme von Prostata und Samenblase in kastrierten mannlichen Ratten zu hemmen, die vorher mit exogenen Androgenen behandelt wurden.

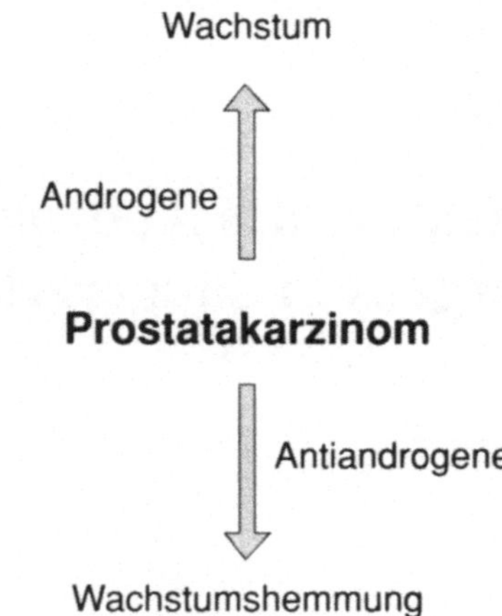

Abb 1 Wachstumsregulation des Prostatakarzinoms

Der Rezeptortest basiert auf der Beobachtung, daß Hormone ihre biologische Wirkung über Bindung an spezifische Proteine, die Hormonrezeptoren, vermitteln (Abb 2) Androgene müssen spezifisch an den Androgenrezeptor binden, um z B Wachstumsstimulation des Prostatakarzinoms zu verursachen Auch Antihormone, wie die Antiandrogene, mussen an den Androgenrezeptor binden, um die hormonvermittelten Wirkungen zu inhibieren Als erstes muß also untersucht werden, ob eine neu synthetisierte Substanz an den Androgenrezeptor bindet und wie gut sie bindet.

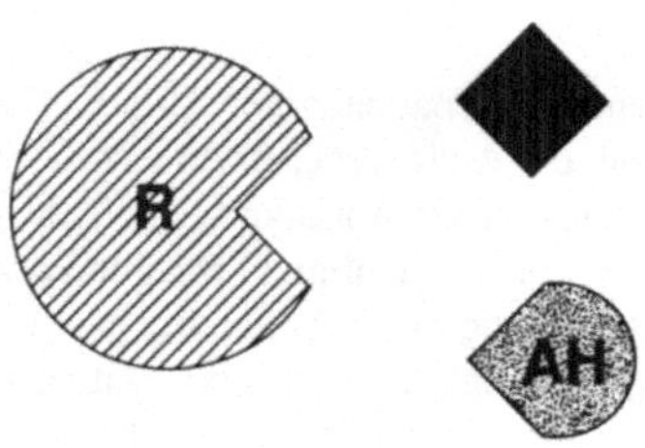

Abb 2 Rezeptortest, R Rezeptor, H Hormon, AH Antihormon

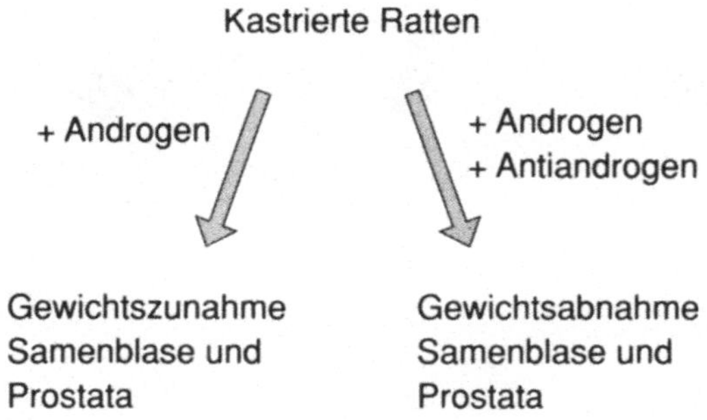

Kastrierte Ratten

+ Androgen

+ Androgen
+ Antiandrogen

Gewichtszunahme
Samenblase und
Prostata

Gewichtsabnahme
Samenblase und
Prostata

Abb 3 Klassischer Androgen/Antiandrogen-Test

2. Entwicklung eines Zellkultursystems zur Prüfung von Substanzen auf ihre androgene und antiandrogene Wirkstärke

Als Alternative zum Tierversuch wurde ein Test etabliert, mit dem die androgene und antiandrogene Wirkstärke einer neu synthetisierten Verbindung für die Indikation Prostatakarzinom schnell und effizient in einem Zellkultursystem (*in vitro*) bestimmt werden kann. Wie bereits oben erwähnt, vermitteln Hormone ihre biologische Wirkung, z.B. Wachstumsstimulation des Prostatakarzinoms, über Bindung und Aktivierung spezifischer Proteine, die Hormonrezeptoren (Abb. 4). Der Hormon-Rezeptor-Komplex bindet an bestimmte Kontrollregionen hormonregulierter Gene, wodurch deren Ablesen induziert wird (EVANS R. M., 1988). Da Antihormone mit den Hormonen um die Bindung an den Rezeptor konkurrieren, inhibieren sie die hormonvermittelten Wirkungen. Im Falle der Antiandrogene kommt es zur Wachstumshemmung des Prostatakarzinoms.

Um dieses hormonregulierte Ablesen von Genen in einem Zellkultursystem messen zu können, wurde der Ratten-Androgenrezeptor und ein Indikatorgen, das eine androgenabhängige Kontrollregion trägt, stabil in hormonrezeptorfreie Affennierenzellen eingeführt (FUHRMANN U. et al., 1992; Abb. 5). Inkubation dieser Zellen mit einem Androgen (Agonist) führt zu einer durch den Androgenrezeptor vermittelten Aktivierung des Indikatorgens. Das Indikatorgen kodiert für ein CAT-Enzym (CAT = Chloramphenicol Acetyltransferase), dessen Aktivität im Zellextrakt gemessen werden kann (GORMAN C. M. et al., 1982). Diese durch Androgen induzierte CAT-Aktivierung kann durch gleichzeitige Gabe eines Antiandrogens (Antagonist) dosisabhängig inhibiert werden (Abb. 6) Das Maß für die androgene oder antiandrogene Wirkstärke einer neu synthetisierten Verbindung ist somit in diesem *in vitro*-Test die CAT-Aktivität Abb. 7 und 8 zeigen Beispiele für die Anwendung dieses Testes. In Abb. 7 ist die Dosiswirkungskurve eines Androgens dargestellt Die CAT-Aktivität nimmt mit steigender Konzentration des Androgens zu bis das Maximum der Stimulierung erreicht wird. Abb. 8 zeigt die Inhibitionskurven der Antiandrogene Hydroxyflutamid (NERI R. et al., 1979), Casodex (FURR B. J. A., 1989) und Cyproteron Acetat (NEUMANN F., 1977).

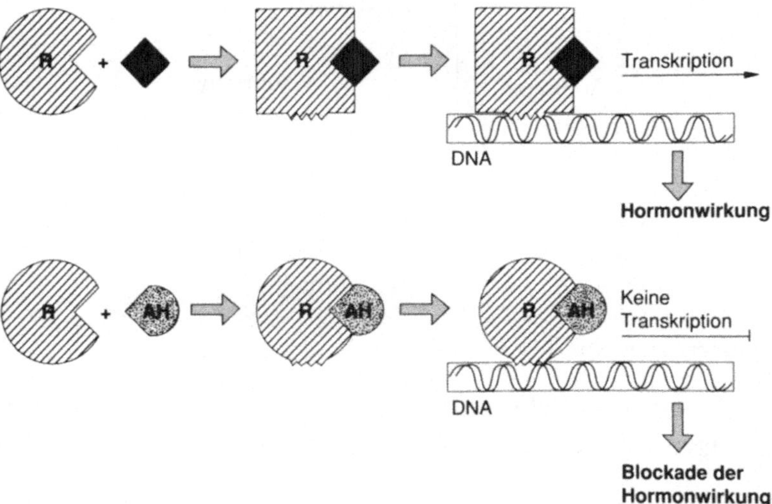

Abb 4 Molekularer Wirkmechanismus von Hormonen und Antihormonen Die Bindung des Hormons (H) führt zu einer Konformationsanderung und somit zu einer Aktivierung des Hormonrezeptors (R) Der Hormon-Rezeptor-Komplex bindet an Kontrollregionen hormonregulierter Gene und induziert deren Transkription Als Nettoeffekt kommt es zur Hormonwirkung Nach Bindung des Antihormon-(AH)-Rezeptor-Komplexes kommt es zur Inhibition der Transkription hormonregulierter Gene und somit zur Blockade der Hormonwirkung

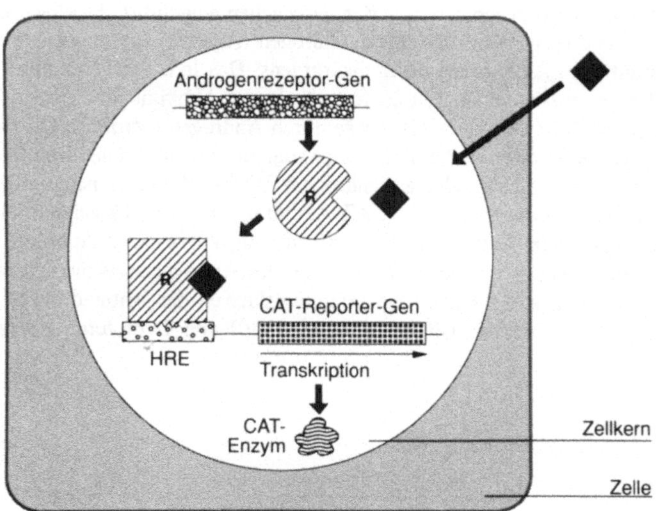

Abb 5 Zelle mit stabil eingefuhrtem Androgenrezeptor und Indikatorgen Der Androgenrezeptor (R) wird konstitutiv vom stabil eingefuhrten Androgenrezeptor-Gen abgelesen Die Bindung eines Hormons (H) führt zur Aktivierung des Rezeptors Der Hormon-Rezeptor-Komplex bindet an die androgenregulierbare Kontrollregion (HRE = Hormone Responsive Element) des Indikatorgens (CAT-Reporter-Gen) und induziert die Transkription des CAT-Enzyms (CAT = Chloramphenicol Acetyltransferase)

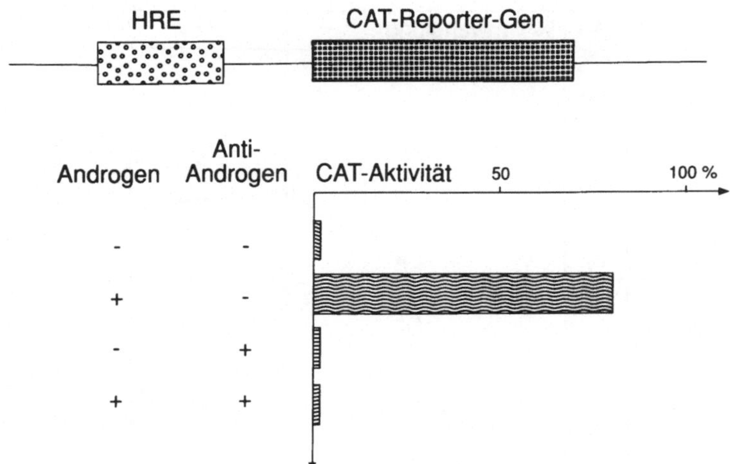

Abb 6 Der CAT-Enzym-Test Die Aktivitat des CAT-Enzyms kann im Zellextrakt gemessen werden Inkubation der Zellen mit Androgen fuhrt zur Induktion der CAT-Aktivitat Inkubation mit einem Antiandrogen zeigt keine Wirkung, da die Bindung des Antihormon-Rezeptor-Komplexes an das HRE die Transkription des CAT-Reporter-Gens inhibiert Gleichzeitige Inkubation mit Androgen und Antiandrogen fuhrt zur Inhibition der androgeninduzierten CAT-Aktivitat durch das Antiandrogen

Der Test von ca. 50 ausgewählten Androgenen und Antiandrogenen ergab eine gute Übereinstimmung der Ergebnisse, die mit dieser stabilen Zellinie erhalten wurden, und der Ergebnisse des Tierexperiments mit kastrierten männlichen Ratten. Mit dieser stabilen Zellinie wurde somit als Alternative zum Tierversuch ein *in vitro*-Test etabliert, mit dem die androgene und antiandrogene Wirkstärke einer neu synthetisierten Verbindung für die Indikation Prostatakarzinom schnell und effizient bestimmt werden kann. Dieser Test erlaubt jedoch keine Aussage über Metabolismus, Bioverfügbarkeit und Pharmakokinetik einer Substanz.

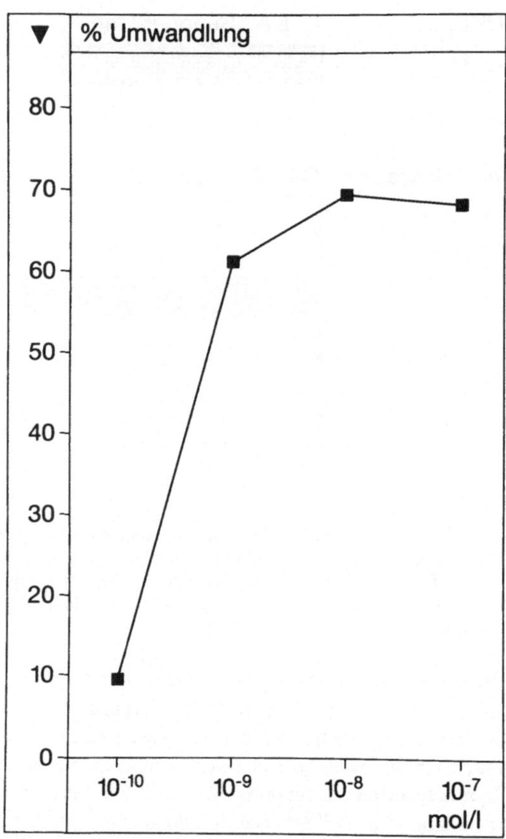

Abb 7 Dosisabhangige Induktion der CAT-Aktivitat durch das Androgen R1881 in den Zellen mit stabil eingefuhrtem Androgenrezeptor und Indikatorgen Die Zellen mit stabil eingefuhrtem Androgenrezeptor und Indikatorgen wurden mit steigenden Konzentrationen R1881 inkubiert Die Zellen wurden nach 48 Std geerntet und die CAT-Aktivitat (= % Umwandlung) im Zellextrakt bestimmt

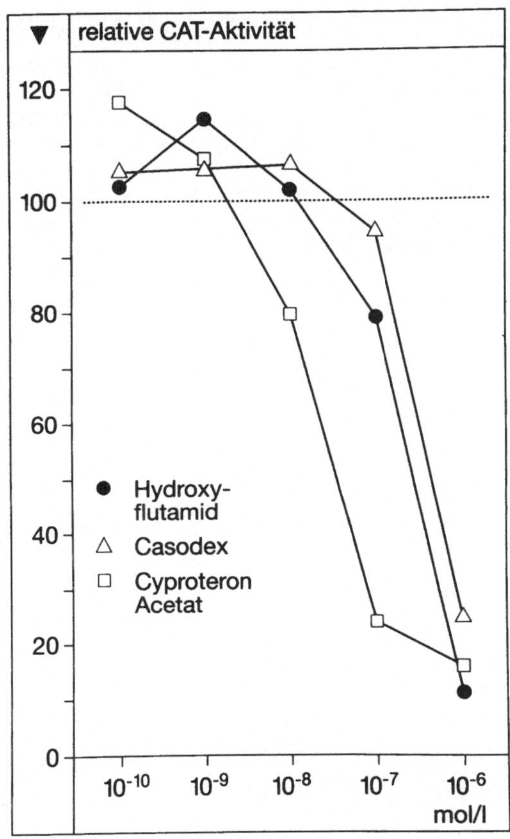

Abb 8. Dosisabhangige Inhibition androgeninduzierter CAT-Aktivitat durch die Antiandrogene Hydroxyflutamid, Casodex und Cyproteron Acetat Die Zellen mit stabil eingefuhrtem Androgenrezeptor und Indikatorgen wurden mit einer festen Konzentration Androgen und gleichzeitig mit steigenden Konzentrationen des jeweiligen Antiandrogens inkubiert Die Zellen wurden nach 48 Std geerntet und die CAT-Aktivitat im Zellextrakt bestimmt Die CAT-Aktivität wurde relativ zur Induktion der CAT-Aktivitat berechnet, die nach alleiniger Inkubation der Zellen mit Androgen in Abwesenheit von Antiandrogen erhalten wurde (= 100% relative CAT-Aktivitat, gestrichelte Linie)

Literatur

GORMAN C M., MOFFAT L.F , HOWARD B.H, Recombinant genomes which express chloramphenicol acetyltransferase in mammalian cells, Molec Cell. Biol. 2, 1044-1051, 1982

EVANS R. M., The steroid and thyroid hormone receptor superfamily, Science 240, 889-895, 1988

FUHRMANN U., BENGTSON C., REPENTHIN G SCHILLINGER E., Stable transfection of androgen receptor and MMTV-CAT into mammalian cells: Inhibition of CAT expression by anti-androgens, J. Steroid Biochem. Molec. Biol. 42, 787-793, 1992

FURR B J.A , "Casodex" (ICI 176,334) - a new, pure, peripherally-selective anti-androgen, Preclinical studies Horm. Res. 32, 69-76, 1989

HABENICHT U F , WITTHAUS E , NEUMANN F , Anitandrogene und LH-RH-Agonisten Endokrinologie in der Initialphase ihrer Anwendung, Aktuelle Urologie 1, 10-15, 1986

LUBKE K , SCHILLINGER E , TOPERT M , Hormon-Rezeptoren, Angewandte Chemie 23, 790-798, 1976

NERI R , PEETS E , WATNICK A , Anti-androgenicity of flutamide and its metabolite Sch 16423, Biochem Soc Trans 7, 565-569, 1979

NEUMANN F., Pharmacology and potential use of cyproterone acetate, Horm. Metab. Res. 9, 1-13, 1977

NEUMANN F., BORMACHER K , HABENICHT U F , RADLMAIER A , Principles of androgen deprivation. EORTC Genitourinary Group Monograph 8 Treatment of prostatic cancer-facts and controversies, 75-83, 1990

Ein Zellkulturmodell für das Organversagen im septischen Schock

T. Hartung, A. Wendel

Zusammenfassung

Der septische Schock ist ein ungelöstes Problem der modernen Intensivmedizin. Die Suche nach geeigneten Medikamenten führte zur Entwicklung pharmakologischer Tierversuchsmodelle wie dem "Endotoxin-Schock" und der "Galaktosamin/Endotoxin-Hepatitis". Aus dem Studium zellulärer Aspekte dieser Tierversuche entwickelten wir ein Zellkulturmodell, das weitgehende Übereinstimmungen zu der Reaktion des Versuchstieres zeigt. Damit zeichnet sich eine Möglichkeit ab, auf Grundlage dieser Zellkultur ein Screening-Verfahren zu entwickeln, das in der pharmakologischen Forschung zur Auffindung neuer Wirksubstanzen verwendet werden kann. Dadurch sollen einerseits Versuche mit Tieren in der Grundlagenforschung ersetzt werden; andererseits soll der Einsatz in der frühesten Phase der Wirkstoff-Findung wirksame Substanzen selektieren und so die normalerweise durchzuführenden Folge-Tierversuche drastisch reduzieren.

1. Einleitung

Der medizinische Hintergrund des Projektes liegt in den unzureichenden Therapiemöglichkeiten des septischen Schocks. Dies ist heute eine der häufigsten Todesursachen auf Intensivstationen. 1974 wurde die Zahl der Patienten, die an Sepsis versterben, für die USA auf jährlich 132.000 geschätzt (McCabe W.R., 1974), wobei man von steigender Tendenz ausgehen kann. Verschiedene neuere Studien zeigten Mortalitäten zwischen 56 und 74% (Fry D.E. et al., 1980; Faist E. et al., 1983; Schuster H.-P., 1986), was zeigt, wie wenig Therapiemöglichkeiten heute zur Verfügung stehen. Es wird deshalb geschätzt, daß der septische Schock für 60-90% der Toten nach Verbrennung und Polytrauma verantwortlich ist (Zimmermann J.J., 1989), wenn die unmittelbaren Verletzungen überlebt wurden.

Der septische Schock ist eine besonders fatale Komplikation, die sich aus ganz verschiedenen Krankheitsbildern heraus entwickeln kann. Am Anfang steht gewöhnlich eine Infektion vor allem mit Bakterien, die nicht auf ihren Ursprungsort beschränkt bleibt sondern im gesamten Körper "streut". Das heißt, die lokale Infektion ist eine Quelle für die Freisetzung von Bakterien in die Blutbahn, die dann entzündliche Reaktionen im ganzen Körper auslösen. Unter Umständen, wie einer ausgeprägten Abwehrschwäche des Körpers, können sogar die Bakterien des Magen-Darmtraktes in die Blutbahn übergehen. Man spricht von einer Sepsis. Diese steigert sich dann oft zum septischen Schock, dessen Endstadium durch ein Multiorganversagen gekennzeichnet ist. Führend ist dabei zunächst ein Herz-Kreislaufversagen. In Folge versagen andere Organe ihren Dienst: Die Lunge lagert massiv Wasser ein, die Ausscheidung der Nieren geht drastisch zurück, starke Durchfälle führen zu Wasserverlusten über den Darm und die Leber versagt bei der Entgiftung des Blutes.

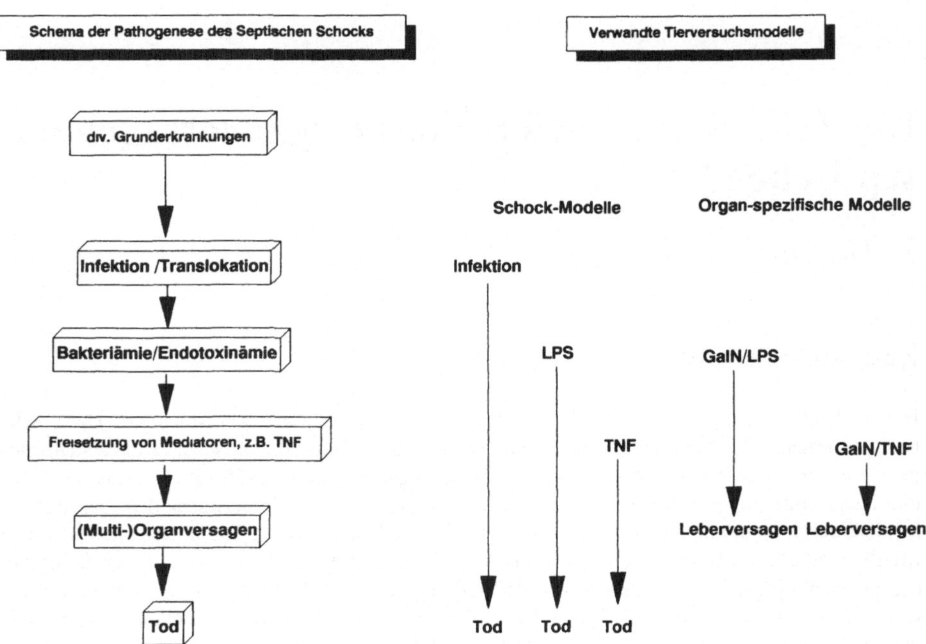

TNF Tumor Nekrose Faktor (Zytokin, das von Makrophagen freigesetzt wird)
LPS· Lipopolysaccharid = Endotoxin (Membranbestandteil gramnegativer Bakterien)
GalN Galaktosamin (Aminozucker mit leberspezifischem Effekt)

Abb 1 skizziert die wesentlichen Ereignisse im Patienten auf der linken Seite Verschiedene Krankheiten munden in die Sepsis, wodurch das bakterielle Wirkprinzip, die Endotoxine (s u), ins Blut und zu den Organen gelangt Das daraus entstehende Multiorganversagen fuhrt in der Mehrzahl der Falle zum Tode

Ein solches Krankheitsbild kann man im Versuchstier erzeugen, indem man es mit großen Mengen Bakterien infiziert oder indem man ein künstliches Loch in den Darm macht, worüber sich Darminhalt in den Bauchraum entleert. Interessanterweise haben aber auch abgetötete Bakterien die selbe Wirkung Man hat deshalb aus Bakterienwänden eine Substanzklasse isoliert, die Endotoxine (Lipopolysaccharide = LPS), die allein ebenfalls das typische Multiorganversagen auslosen Diese Experimente sind für das Versuchstier ähnlich belastend wie der Verlauf des Syndroms für den Patienten Die Symptome am Versuchstier stimmen weitgehend mit denen am septischen Patienten uberein Erwahnt seien Blutdruckabfall, Abfall des Blutzuckers, Fieber, Diarrhoe, Nierenversagen, Lungenodem und -versagen und progressives Leberversagen mit Zusammenbruch der Blutgerinnung. Da im allgemeinen nur der Tod des Versuchstieres als Endpunkt des Experimentes dient, durchlaufen die Versuchstiere ein mehrtägiges sequentielles Organversagen mit letalem Ausgang. Abb. 1 zeigt auf der rechten Seite die angenommene Analogie der Modelle zur Realität des Krankheitsbildes.

Wir haben uns dem Studium der zellulären Vorgänge des Leberversagens zugewandt. Aus den über mehrere Jahrzehnte in großer Zahl durchgeführten Tierversuchen ist bekannt, daß die Verursacher des Schocks, die Endotoxine, keine direkte schädigende Wirkung auf die Leberzelle haben. Entscheidend ist vielmehr eine übermäßige Aktivierung von Zellen der körpereigenen Abwehr. Dies ähnelt in gewissem Sinne einer Autoimmunerkrankung, nur daß hier Zellen des unspezifischen Abwehrsystems nämlich Makrophagen und Neutrophile sich gegen den eigenen Körper wenden. Die Leber enthält reichlich solcher Makrophagen - die sogenannten Kupfferzellen.

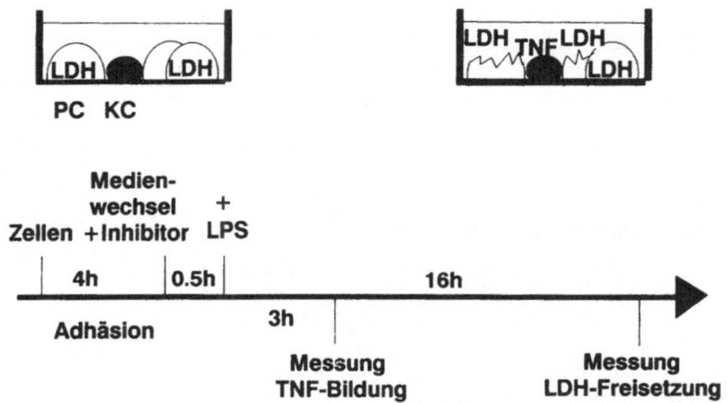

Abb 2 Inkubationsschema der Cokultur

Die methodische Weiterentwicklung der Leberzellkultur zielte in den letzten zwei Jahrzehnten im allgemeinen darauf ab, möglichst reine Präparationen der einzelnen Zelltypen zu erzielen, um genau definierte Kulturen zu erhalten. Wir haben den umgekehrten Weg eingeschlagen und Leberzellen und Kupfferzellen in einem etwa natürlichen Verhältnis (95:5) in Kultur genommen. Tatsächlich lassen sich in dieser Kultur die Kupfferzellen durch Endotoxine so aktivieren, daß sie einen Angriff auf die Leberzellen durchführen und einen großen Teil der Leberzellen innerhalb weniger Stunden töten. Abb. 2 zeigt schematisch das experimentelle Design. Eine zentrale Rolle spielen bei diesem Angriff freigesetzte Proteine - die sogenannten Zytokine. Einer ihrer wichtigsten heute bekannten Vertreter ist der Tumor-Nekrose-Faktor (TNF). Die Zytokine gehören zur großen Klasse der Botenstoffe (Mediatoren), worunter man Substanzen zusammenfaßt, die von Zellen freigesetzt werden und in unmittelbarer Nähe der freisetzenden Zelle wirken. Damit unterscheiden sie sich z B. von Hormonen, die über das Blut im gesamten Körper ihre Wirkung enfalten. Aus dem Tierversuch war bekannt, daß Endotoxine die Makrophagen zur Freisetzung von TNF stimulieren, das dementsprechend mit einem Maximum nach 90 Minuten im Blut der Tiere gemessen werden kann. TNF ist dann für den tödlichen Angriff auf die Leberzelle verantwortlich oder zumindest zentral. Man erkennt dies am Anstieg der Transaminasen (z.B. Glutamat-Pyruvat-Transaminase = GPT) im Blut des Versuchstieres als klinische Marker (Abb. 3a). Im Zellmodell läßt sich eine ganz ähnliche Abfolge der Ereignisse zeigen (Abb. 3b), wobei hier aus praktischen Gründen die Freisetzung eines anderen Enzyms, der Laktatdehydrogenase (LDH), anstelle von GPT gemessen wird. Die Tatsache, daß ein Antikörper gegen TNF sowohl im Tier als auch im Zellmodell schutzte, belegt die korrekte Einordnung des Mediators TNF als terminales Ereignis

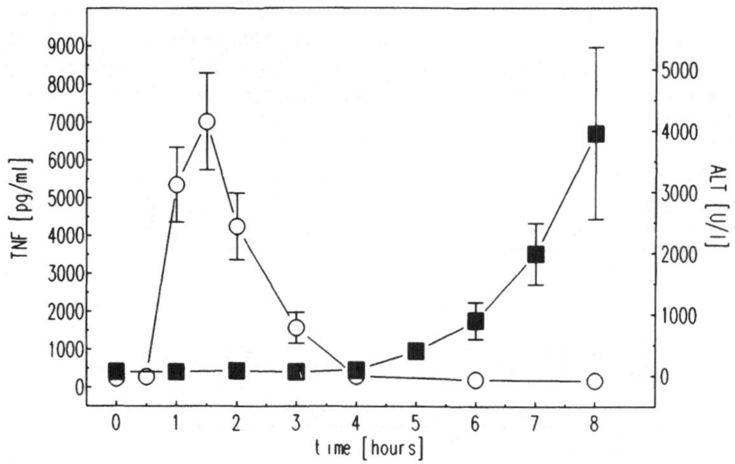

Abb 3a TNF- und GPT-Freisetzung in der Galaktosamin/Endotoxin-behandelten Maus

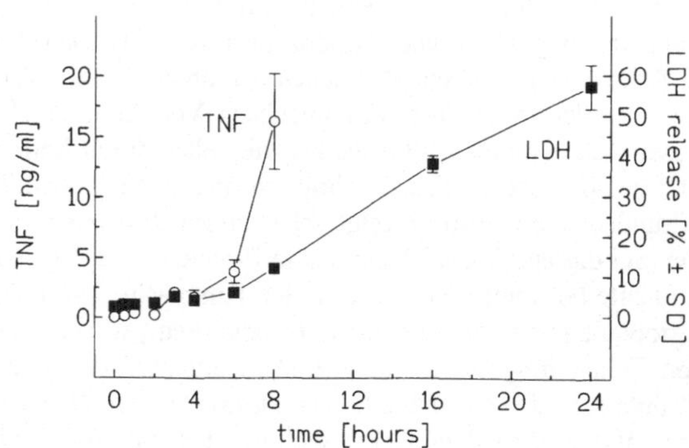

Abb 3b TNF- und LDH-Freisetzung in Endotoxin-behandelten Leberzellcokulturen

Auf der Suche nach neuen Medikamenten wurden hunderte, wenn nicht tausende von Substanzen im Schock-Tierversuch getestet Uns interessierte nun, ob in dem Zellsystem die selben Substanzen einen Schutzeffekt zeigen, die auch im Versuchstier die Entwicklung des experimentellen Leberversagens verhinderten Tatsachlich stimmten die Ergebnisse ausgezeichnet uberein, beispielhaft seien einige Substanzklassen genannt Glucocortikoide, Cyclooxygenase-Inhibitoren (nichtsteroidale Antirheumatika), Lipoxygenase-Inhibitoren, Phosphodiesterase-Inhibitoren, Makrophagen-Gifte, etc

Es liegt deshalb nahe, auf der Grundlage des Zellmodelles ein Ersatz- und Ergänzungsverfahren zum entsprechenden Tierversuch aufzubauen Angesichts der durchweg als stark belastend eingeschätzten Bewertung der üblichen Tierversuche in der Schock-Forschung ist jeder Ersatz von Tierversuchen besonders wünschenswert. Entsprechend der Bedeutung des Krankheitsbildes ist die Forschung intensiv und Schockversuche gehören auch in Zukunft sicher zu den notwendigen Tierversuchen. Leider ist nämlich die Entwicklung von Pharmaka zur Beherrschung des septischen Schocks seit Jahren kaum vorangekommen. Das verfügbare Datenmaterial aus diesen Versuchen ist dadurch jedoch groß Aus diesem Grund bietet sich dieses Feld für die Entwicklung von beispielhaften Alternativverfahren zum Tierversuch an. Es ist ausreichend Information verfügbar, die geeignet ist, zunächst das Zellkulturmodell mit den Tiermodellen zu vergleichen. Trotzdem steht die Entwicklung von geeigneten Pharmaka in vielerlei Hinsicht noch ganz am Anfang. Es besteht weiter die Notwendigkeit, große Zahlen von Prüfsubstanzen zu testen, um mittelfristig zu Entwicklungssubstanzen zu gelangen. Da die beim Schock beobachteten Phänomene große Ähnlichkeit mit Entzündungsvorgängen und der körpereigenen unspezifischen Immunabwehr bzw. der Tumorabwehr zeigen, kann es durchaus zu interessanten Nebenprodukten dieser Suche kommen. Auch zum Leberversagen bei anderen Erkrankungen bestehen bemerkenswerte Querverbindungen.

Eine wesentliche Voraussetzung dafür ist der ausgiebige Vergleich (Validierung) des Zellsystemes und des entsprechenden Tierversuches, um Gemeinsamkeiten und etwaige Unterschiede festzustellen. Tabelle 1 zeigt in der linken Spalte die Essenz der Informationen, die über das Tiermodell vorliegen Diese Aspekte wurden im Vergleich im Zellmodell studiert (HARTUNG T. und WENDEL A., 1991). Auf die akute Entwicklung des Schadens und die Vermittlung des Effektes von Kupfferzellen über die Freisetzung von TNF wurde bereits eingegangen. Im Versuchstier wird abhängig vom Rattenstamm eine unterschiedlich große Endotoxinmenge benötigt, um einen Leberschaden auszulösen. Entsprechend waren Zellen von wenig sensitiven Rattenstämmen weniger empfindlich. Auch die Endotoxine von verschiedenen Bakterienarten sind unterschiedlich stark im Versuchstier wirksam. In der Zellkultur zeigte sich bei den vier untersuchten Typen dieselbe Rangfolge. Sowohl im Tier als auch in der Zelle ist eine Hemmung der Proteinbiosynthese eine Voraussetzung für die Entwicklung eines ausgeprägten Schadens. Nach bestimmten Vorbehandlungen läßt sich im Versuchstier durch Endotoxine kein Leberschaden mehr auslösen; verwendet man solche Tiere und gewinnt aus ihnen die Zellkulturen, so sind diese ebenfalls nicht sensitiv (HARTUNG T. und WENDEL A., 1992). Auch die für das Tier bekannte Beteiligung des Lipidmediators Leukotrien D_4 (LTD_4) konnte für die Zellkultur gezeigt werden (HARTUNG T. et al., 1992) Noch nicht veröffentlichte Experimente zeigen außerdem eine entsprechende Beteiligung von chemisch besonders aggressiven Sauerstoffverbindungen, den sogenannten reaktiven Sauerstoffspezies. Auch eine als Medikament gebräuchliche Präparation von Kälberserum (Handelsname Solcoseryl bzw. Actovigine) zeigte in beiden Fällen die gleichen Schutzeffekte (HARTUNG T. et al , 1991).

Die frappierenden Übereinstimmungen bezüglich der bisher untersuchten Pathomechanismen und in der Wirksamkeit von derzeit ca. 100 getesteten Wirkstoffen in dieser Kultur mit bekannten Wirkungen im Versuchstier unterstreichen die Möglichkeit eines Einsatzes als Ersatz und Ergänzung des Tierversuchs. Auf der Grundlage dieser Übereinstimmungen kann gefolgert werden, daß das Tier- und das Zellmodell wesentliche mechanistische Gemeinsamkeiten teilen.

Tabelle 1 Wesentliche Charakteristika der Galactosamin/Endotoxin-induzierten Leberschädigung und ihr in vitro-Korrelat (HARTUNG T und WENDEL A , 1993)

Charakteristik in vivo	in vitro-Korrelat
akute Entwicklung des Leberschadens	ja
verschiedene Sensitivität von unterschiedlichen Rattenstämmen	analog
verschiedene Wirksamkeit unterschiedlicher Endotoxin-Typen und -präparationen	analog
Verstärkung durch eingeschränkte Proteinbiosynthese	ja
Vermittlung durch Kupfferzellen	ja
TNF-α als Mediator	ja
LTD_4 als Mediator	ja
Beteiligung von reaktiven Sauerstoffspezies	ja
Schutz durch Endotoxin-Toleranz oder Hepatektomie	ja
Insensitivität von fetalen oder neonatalen Nagetieren	ja

2. Ausblick

Das hier vorgestellte Modell zum Organversagen im septischen Schock durchläuft im Augenblick verschiedene Phasen der Weiterentwicklung:

- Vereinfachung und Standardisierung der Handhabung, um eine breite Anwendung zu ermöglichen (dazu wird es z.Z auch von Unternehmen der pharmazeutischen Industrie eingerichtet und erprobt)
- weitere Validierung gegen bestehende Tiermodelle zum septischen Schock (nur die Kenntnis der Grenzen der Aussagekraft einer solchen Ersatzmethode kann einen soliden Einsatz ermöglichen)
- Erweiterung der erfaßten Meßparameter (der Vorzug der Zellmethode liegt u.a. darin, daß zahlreiche Teilaspekte der schädigenden Kaskade vom bakteriellen Stimulus bis zum Zelluntergang der Leberzelle direkt gemessen werden kann, während beim Versuchstier nur der Tod festgestellt bzw. das Leberversagen indirekt quantifiziert wird)
- Prufung der Relevanz für den Menschen durch Realisierung des Modelles mit menschlichen Leberzellen (in einer Kooperation mit dem Krankenhaus Singen, gefördert von der Zentralstelle für die Erfassung und Bewertung von Ersatz-und Ergänzungsmethoden zum Tierversuch, Berlin)
- Versuch der Realisierung mit permanenten Zell-Linien (um auch auf die Organentnahme zur Gewinnung der Zellen verzichten zu können)
- Prüfung des Modelles im Ringversuch mit Partnern der pharmazeutischen Industrie (in Planung)

Durch diese Weiterentwicklungen soll dem Modell der Eingang in die pharmazeutische Forschung als Screening-Verfahren für Wirksubstanzen gegen septischen Schock geebnet werden.

Literatur

FAIST E., BAUE A.E., DITTMER H., HEBERER G., Multiple organ failure in polytrauma patients, J. Trauma 23, 775-787, 1983

FRY D.E., PEARLSTEIN L., FULTON R.L., POLK H.C., Multiple system organ failure, Arch. Surg. 115, 136-140, 1980

HARTUNG T., LEIST M., TIEGS G., BASCHONG W., WENDEL A., Solcoseryl prevents inflammatory and hypoxic but not toxic liver damage in rodents, Inflammopharmacology 1, 49-60, 1991

HARTUNG T. und WENDEL A., Endotoxin-inducible cytotoxicity in liver cell cultures - I., Biochem. Pharmacol. 42, 1129-1135, 1991

HARTUNG T., TIEGS G., WENDEL A., The role of leukotriene D_4 in septic shock models, Eicosanoids 5, 42-44, 1992

HARTUNG T. und WENDEL A., Endotoxin-inducible cytotoxicity in liver cell cultures - II. Demonstration of endotoxin-tolerance, Biochem. Pharmacol. 43, 191-196, 1992

HARTUNG T. und WENDEL A., Entwicklung eines Zellkulturmodelles für das Organversagen im septischen Schock, ALTEX (Alternat. Tierexp.) 18, 16-24, 1993

MCCABE W.R., Gram-negative bacteremia, Adv. Intern. Med. 19, 135-158, 1974

SCHUSTER H.-P., Multisystem organ failure, in: First Vienna shock forum, Part A: Pathophysiological role of mediators and mediator inhibitors in shock, Alan R. Liss Inc., 459-462, 1987

ZIMMERMAN J.J., Sepsis und Leukozytenfunktion - Schaden und Nutzen, in: REINHART K., EYRICH K. (Hrsg.), Sepsis, Berlin· Springer, 198-221, 1989

Reifung, Befruchtung und Kultur von Keimzellen in vitro

K. Schellander, J. Péli

Zusammenfassung

Die Reifung der Keimzellen, die Befruchtung der Eizelle und die anschließende präimplantative Entwicklung der Zygote sind Abschnitte im Fortpflanzungsgeschehen, die bei einigen Labor- und Nutztieren in vitro durchgeführt werden können. Da vor allem beim Rind wegen der relativ geringen Fortpflanzungsleistung der weiblichen Tiere Methoden entwickelt worden sind, die über Superovulation und Embryotransfer eine Steigerung des Reproduktionspotentials erlauben, stellen hier die in vitro-Embryoproduktionstechniken eine Alternative dar. Die in vitro-Reifung, -Fertilisation und -Kultur primärer Oozyten aus kleinen antralen Follikeln eröffnet einen weiten Anwendungsbereich in der Reproduktionsbiotechnologie und der molekularen Genetik: Klonierung mittels Kerntransfer, Kryokonservierung von Follikel und Oozyten, embryonale Stammzellen, präimplantative Genotypisierung und rekombinante DNA-Technologien. Für den in vitro-Anwendungsbereich werden keine lebenden Tiere benötigt, weil die unreifen Eizellen aus Schlachthofovarien gewonnen werden.

1. Einleitung

Die Grundlagen der Erzeugung tierischer Lebensmittel ist ein physiologisches Fortpflanzungsgeschehen, welches garantiert, daß eine qualitativ hochwertige Nachfolgegeneration gezüchtet werden kann. Dafür ist es wichtig, daß die Nachfolgegeneration in ihren Leistungsmerkmalen (Milch, Fleisch, Krankheitsresistenz, Fruchtbarkeit usw.) der Elterngeneration überlegen ist (Zuchtfortschritt). Zuchtfortschritt kann nur in jenen Populationen erfolgen, in denen die beobachteten Merkmale eine genügende genetische Variabilität aufweisen und eine intensive Selektion innerhalb eines Generationsintervalls durchgeführt wird. Daraus ergibt sich, daß für den Selektionserfolg nicht nur populationsgenetische Parameter wichtig sind, sondern daß auch die Reproduktionsleistung innerhalb eines bestimmten Zeitintervalls eine bedeutende Rolle spielt. Dies bedeutet, daß mittels reproduktions-biotechnologischer Techniken ein wichtiger Beitrag zur Sicherung und ständigen Verbesserung der Versorgung mit Lebensmitteln tierischer Herkunft geleistet werden kann.

Reproduktionstechnologien stellen einen Eingriff in das normale Fortpflanzungsgeschehen dar. Dieser Eingriff ist bei der künstlichen Besamung konservativer Natur. Die Spermiogenese ist ein kontinuierlicher Prozeß, eine Vielzahl von Gameten ist verfügbar, die den Tieren bei der Absamung mittels Phantom und künstlicher Vagina leicht entnommen werden können. Medikamentelle Interventionen werden nicht durchgeführt. Die Fortpflanzungsleistung des Einzeltiers kann so tausendfach gesteigert werden (und damit auch die Selektionsintensität).

Bei den weiblichen Tieren ist die Reproduktionsleistung durch den speziesspezifischen Geschlechtszyklus determiniert. Hier werden nur sehr wenige Gameten in einen Bereich abgegeben, der eine Weiterentwicklung im Falle einer Befruchtung sicherstellen kann. Die geringe Anzahl von Nachkommen limitiert die tierzüchterischen Selektionsmöglichkeiten, da für die Remontierung jedenfalls ein entsprechender Prozentsatz von Tieren aufgezogen werden muß Beim Rind kommt neben der geringen Anzahl von Nachkommen (etwa 4-6 Kälber/Kuhleben) noch das sehr lange Generationsintervall dazu.

2. Reproduktionsbiotechnologie

Die Biotechnologie des **Embryotransfers** ermöglicht eine Verbesserung dieser Situation. Die Fortpflanzungsleistung der Rinder (Anzahl Kalber/Jahr) kann damit betrachtlich gesteigert, sowie das Generationsintervall verkürzt werden. Der Embryotransfer ist heute sehr weit verbreitet. 1990 wurden weltweit etwa 258 000 Embryonen übertragen. Die Techniken der in vivo-Embryogewinnung beinhalten die hormonelle Behandlung der Embryospender, die Embryoausspülung und den Transfer der Embryonen Abb 1 zeigt das Schema eines Embryotransferzeitplanes. Der ET ist ein aufwendiges Verfahren. Vor allem die Reaktion der Tiere auf die Superovulation ist sehr variabel, sodaß die Embryoausbeute beträchtlich schwanken kann

In **vitro-Techniken** stellen eine Alternative zur in vivo-Embryoproduktion dar Die Grundlage aller in vitro-Techniken ist die Reifung von Eizellen bzw von Follikeln unter Gewebekulturbedingungen. Die Eizellen werden meist aus Eierstöcken geschlachteter Tiere gewonnen. In vitro kann dann der Prozeß der Eireifung, der Fertilisierung und der Embryokultivierung durchgeführt werden, bis transfertaugliche und entwicklungskompetente Embryonen erzeugt werden

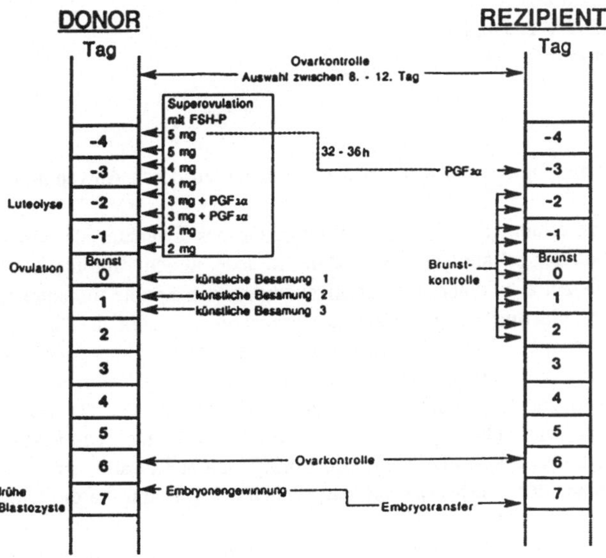

Abb 1 Superovulationsschema der Donoren und dazu abgestimmte Synchronisation der Rezipienten Die Tiere werden zwischen dem 8 und 12 Zyklustag in die Behandlung aufgenommen (nach PÉLI J et al , 1992)

Grundlage der weiten Anwendungsmöglichkeit ist die ständige Verfügbarkeit aller Reifungs- und Entwicklungsstadien von der primären Oozyte bis zur expandierten Blasozyste (Abb. 2). Die normale in vitro-Entwicklung verläuft nach einer relativ engen Zeitschiene (Tabelle 1).

Tabelle 1 Entwicklungsdynamik von in vitro produzierten Embryonen des Rindes (nach XU K P and GREVE T, 1989)

Zeit nach der Fertilisierung (h)	Stadium der Gameten/Embryo Entwicklung bzw. Interaktion
6	Penetration der Spermien ins Ooplasma
7-8	Beginn der Spermienkopfdekondensation
10-12	Entwicklung der Vorkerne
24-28	Erste Teilung
36-50	Vierzellstadium
56-64	Achtzellstadium
80-86	Sechzehnzellstadium
90-96	Blastozyste

Die in vitro-Kultur von Gameten und Embryonen bietet für eine Reihe von Technologien Einsatzmöglichkeiten

- Klonierung mittels Kerntransfer
- Kryokonservierung von Oozyten und Embryonen
- Separation von X- und Y-Spermien
- Embryonale Stammzellen
- Rekombinante DNA-Technologien
- Polymerase-Kettenreaktion
- Gentransfer
- Embryotransfer

Auch diese Technologien sind in vitro-Technologien, zu deren Anwendung es keiner lebenden Tiere bedarf

Die **Klonierung** erlaubt die vegetative Weitergabe des Erbmaterials. Die Technik umgeht die Neukombination der Erbanlagen während der Meiose, in dem diploide Blastomeren mit reifen, enukleierten Oozyten zu einer entwicklungskompetenten Zygote fusioniert werden.

Die **Kryokonservierung** von Oozyten und Embryonen erlaubt die "in vitro"-Haltung von Gameten und Embryonen über unbegrenzte Zeitraume. Da die Embryonen im Stickstoff tiefgefroren sind, ist ein Transport in dieser Form sehr einfach. Der Embryotransport kann in vielen Fällen Transport und Versendung von lebenden Tieren ersetzen. Da die Tiere dann bereits in ihrer neuen Umgebung geboren wurden, sind sie auch den neuen Umweltbedingungen angepaßt Die in vitro-Langzeitkonservierung von Embryonen stellt damit einen wichtigen Beitrag zu einem sehr schonenden Tierhandel mit artgeeigneter Anpassung an die Umweltbedingungen dar

Für die Tierzucht und Tierproduktion ist eine **Geschlechtsselektion** auf embryonaler Basis von großer Bedeutung, weil in vielen Fällen ein Geschlecht bevorzugt benötigt wird. Die Trennung der Spermien in eine X- und eine Y-chromosomentragende Fraktion erscheint für diesen

Zweck der praktikabelste Weg. Der Trennungserfolg kann im IVF-System gemessen werden, an den kultivierten Embryonen wird dann das Geschlecht mittels Polymerasekettenreaktionsmethode bestimmt.

Kultiviert man präimplantative Embryonen über einen längeren Zeitraum unter ganz bestimmten Bedingungen, so bleibt ein bestimmter Zelltyp aus der inneren Zellmasse undifferenziert. Dieser Zelltyp wird als **Embryonale Stammzelle (ES)** bezeichnet und ist totipotent. ES-Zellen lassen sich in vitro sehr lange kultivieren und differenzieren sich unter bestimmten Umständen in eine Reihe von spezialisierten Zellen. Neben den tierzüchterischen Anwendungsmöglichkeiten ist das Potential der ES für in vitro-Toxizitätstest noch nicht bekannt. Aufgrund der Totipotentzeigenschaften und der Differenzierungsneigung erscheinen hier Anwendungsbereiche sehr plausibel.

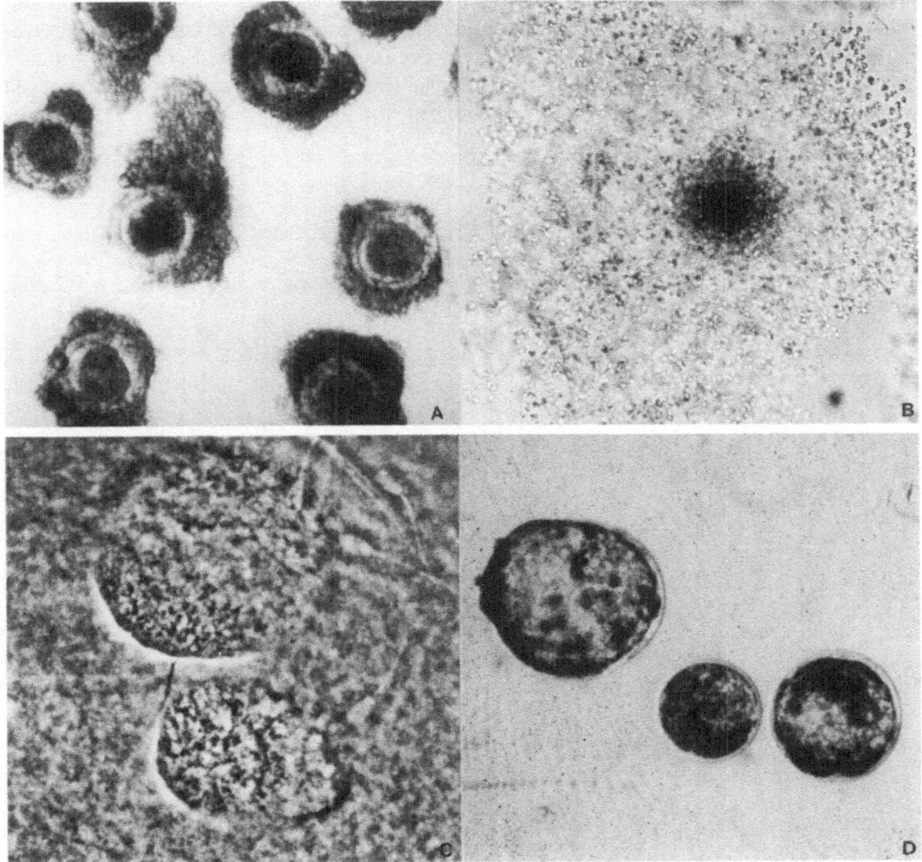

Abb 2
A Rindereizellen nativ, gewonnen von Schlachthofovarien durch Aspiration von Follikeln zwischen 2 und 8 mm Durchmesser
B Rindereizelle nativ, nach 24 h in vitro-Kultur - die Kumuluszellen sind expandiert, der Zellzyklus befindet sich in der Metaphase der zweiten meiotischen Reifeteilung, die Zelle ist befruchtungsfähig
C Rinderzygote, fixiert, männlicher und weiblicher Vorkern entwickelt (Pronukleusstadium)
D Expandierte Rinderblastozysten, nativ, produziert in vitro nach neun Tagen Kultur

3. Ausblick in die Zukunft

Die Erzeugung von Embryonen in vitro durch Fertilisierung von in vitro gereiften Oozyten läßt sich für tierzuchterische Belange einsetzen Durch Transfer von Embryonen auf bereits besamte Tiere kann man die Zwillingsgeburtenrate steigern Das Kalberabsetzgewicht pro Kuh und Jahr wird erhoht Dies bedeutet eine Erhohung der Kalbfleischproduktion ohne Vergrösserung des Kuhbestandes Da in bereits inseminierte Tiere transferiert wird, ist eine medikamentelle Synchronisation nicht notwendig Durch Benutzung von Ovarien von sehr jungen Tieren (Kälber) kann man das Generationsintervall verkurzen Isoliert man neben den Oozyten aus antralen Follikeln auch die präantralen Follikel, so erhoht sich die Zahl der zur Verfügung stehenden Gameten betrachtlich Die daraus entstehenden Embryonen konnen mittels molekulargenetischer Methoden genotypisiert werden Zusammen ergibt dies eine Beschleunigung des Zuchtfortschrittes, weil durch Benutzung der präantralen Follikel von jungen Tieren eine Generation "in vitro" ubersprungen werden kann

Die in vitro-Gametogenesis laßt für die kommenden Jahre eine gute wissenschaftliche Entwicklung erwarten Durch diese Techniken werden Tiere geschont und entsprechende in vivo-Fortpflanzungsexperimente reduziert Der Einsatz der Gameten bzw ihre Entwicklungsstadien nach der Fertilisierung und Kultur für toxikologische Untersuchungen ist ein Forschungsobjekt welches Entlastung für in vivo-Untersuchung bringen wird

Literatur

PELI J , SCHELLANDER K , FUHRER F , Embryotransfer bei Rind, Schaf und Schwein, Wien Tierartztl Mschr 79, 178-189, 1992

XU K P and GREVE T , A detailed analysis of early events during in vitro fertilisation of bovine follicular oocytes, J Reprod Fert 82, 127-134, 1989

Ein neues System zur Bestimmung der Zellwachstumskinetik in 96 Well-Platten: General Cell Screening System (GCSS)

F. Steindl, J. Atzler, A. Livingston, G. Maiwald, K. Puchegger, Ch. Schmatz, W. Steinfellner, K. Vorauer, P. Rubenzer, H.W.D. Katinger

Als Alternativen zu Tierversuchen bieten sich für viele Fragestellungen in vitro-Tests mit tierischen oder anderen Zellen an 96 Well-Mikrotiterplatten erlauben eine große Anzahl von Versuchen unter gleichen Bedingungen (Zeit, Temperatur, etc.) durchzuführen. Die Quantifizierung solcher Tests erfolgt bisher anhand von indirekten Zellzahlbestimmungen oder direkter Zellzahlung nach dem Absaugen der Zellen aus den Wells. Diese Methoden sind alle Endpunktbestimmungen und können daher nur einmal pro Platte durchgeführt werden. Sei es die Quantifizierung uber den Einbau radioaktivmarkierter Nucleotide wie Thymidin (HEWLETT G. et al., 1989), oder die Aktivitätsbestimmung von "Marker-Enzymen", wie mitochondriale Dehydrogenasen mit MTT (MOSMANN T., 1983), XTT (PAULL K.D. et al., 1988), oder MTS (BALTROP J A et al., 1991) als chromogenem Substrat, wie Laktat-Dehydrogenase (RACHER A J. et al., 1990), wie Saure Phosphatase (CONOLLY D.T. et al., 1986) etc., erlaubt nur eine einzige punktuelle Momentaufnahme pro Platte, deren Ergebnis nicht nur von der vorhandenen Zellzahl, sondern auch vom Aktivierungsgrad der Zellen abhängig ist. Alle kinetischen Parameter und die gesamte Entwicklung des Versuches bis zum gemessenen Endpunkt bleiben bei diesen Methoden als "*black box*" verborgen.

Mit dem GCSS (STEINDL F., 1990) ist es erstmals möglich, Zellzahlbestimmungen beliebig oft in 96 Well-Platten durchzuführen, kinetische Parameter quantitativ zu bestimmen und am Bildschirm darzustellen. Dieses System besteht aus dem GCSS-Reader (8 Kanal-Photometer mit rechteckigem Lichtstrahl), der GCSS-Platte mit der neuen Wellform und der entsprechenden GCSS-Software für Apple Macintosh Computer. Die Methode basiert auf einer hochauflösenden Transmissionsmessung direkt in den 96 Well-Zellkulturplatten, wodurch die Zellen in keinster Weise beeinflußt werden. Die konischen Wells der GCSS-Platte sind wie bei einer normalen Mikrotiterplatte angeordnet und haben eine rechteckige Grundfläche (6x2 mm). Mit einem feinen 2 mm breiten, rechteckigen Lichtstrahl wird der Wellinhalt im Ausmaß der gesamten Grundfläche durch 17 additive Messungen quantitativ erfaßt. Anhand einer einmalig erstellten Eichkurve für die jeweilige Zellinie (Zelltyp) kann die Zellzahl/Well zu jedem Meßzeitpunkt und auch die Zellverteilung innerhalb der Wells in Meßrichtung am Bildschirm dargestellt werden Die exakte Datenprotokollierung, die Geschwindigkeit der Messung (8 sec/ Platte) und die Darstellung der Ergebnisse am Bildschirm (inklusive der Zellwachstumskinetikkurven) innerhalb weniger Sekunden sind weitere Vorteile dieses Systems gegenüber herkömmlichen Methoden Aus den folgenden Abbildungen eines toxikologischen Versuchsansatzes ist der Informationsgewinn mit dem GCSS teilweise ersichtlich In diesem Ansatz wurde die toxische Wirkung von Ricin Communis Agglutinin (RCA_{60}) auf CEM-Zellen (humane T4-Zellinie) getestet Die Zellen wurden in einer Dichte von 1,5 10^4 Zellen/Well (in 100 µl RPMI-1640 Medium + 5% FCS) auf GCSS-Platten ausplattiert

In die Reihen 3-12 wurden je 50 µl einer RCA_{60}-Verdünnungsreihe (von A-H achtfach) übertragen und in die Wells der Reihe 1 und 2 je 50 µl Zellkulturmedium pipettiert Anschließend wurden die Platten gemessen, bei 37°C inkubiert und in den folgenden 78 h mehrmals gemessen Nach der letzten Messung wurde zum Vergleich ein MTT-Test durchgeführt

Aus den Darstellungen der Zellwachstumskurven Abb 1 ist der Verlauf des Zellwachstums in den einzelnen Wells und die konzentrationsabhangige Wirkung des RCA_{60} ersichtlich Zur Quantifizierung des Einflusses auf das Zellwachstum konnen die Zellwachstumsraten für beliebig gewahlte Meßintervalle eingeblendet werden.

Aus den vergrößerten Darstellungen einzelner Wells oder dem Mittelwert mehrerer Wells (Abb 2) kann die kinetische Entwicklung und damit auch der zeitliche Wirkungsverlauf einer Substanz (Abb 3) genau abgelesen werden. In der Abb 4 ist der Zellzuwachs/Well innerhalb der 78 h Versuchsdauer (letzte Messung geblanked mit der ersten Messung) und die Zellverteilung innerhalb der Wells dargestellt. Die Mittelwerte aus den achtfach-Bestimmungen aus Abb. 4 und dem MTT-Test bezogen auf die 16 Kontrollwells (Reihe 1 und 2) sind in Abb 5 vergleichend gegenübergestellt

Wie exemplarisch hier gezeigt wurde, kann mit dem GCSS mit weniger Arbeits-, Zeit- und Materialaufwand wesentlich mehr Information aus einer Zellkulturplatte gewonnen werden Es eroffnen sich dadurch neue Moglichkeiten und Perspektiven in der Zellkultur und für in vitro-Tests Durch eine leistungsfähige Datenbank ist die Kapazitat fast unbegrenzt Tausend und mehr Platten können zur gleichen Zeit bearbeitet werden, wobei die Daten automatisch und exakt protokolliert werden. Bisher zu arbeitsintensive Versuche oder auch komplexere Zellkulturmodelle werden mit diesem System realisierbar Weiters konnen die Daten zwischen verschiedenen Labors problemlos transferiert werden, und es kann nicht nur mit denselben Zellinien sondern auch mit denselben Kalibrationskurven gearbeitet werden

Literatur

HEWLETT G , STUNKEL K G , SCHLUMBERGER H D , A method for the quantitation of interleukin-2 activity, J Immunol Meth., 117, 243-246, 1989

MOSMANN T , Rapid colorimetric assay for cellular growth and survival application to proliferation and cytotoxicity assays, J Immunol Meth , 65, 55-63, 1983

PAULL K D. et al , The synthesis of XTT· A new tetrazolium reagent that is bioreduceable to a watersoluble formazan, J Heterocyclic Chem , 25, 911-914, 1988

BALTROP J A., OWEN T C , CORY A H . CORY J G , 5-((3-Carboxyphenyl)-3-(4,5-dimethylthiazolyl)-3-(4-sulfophenyl) tetrazolium, inner salt (MTS) and related analogs of 2-(4,5-dimethylthiazolyl)-2,5-diphenyltetrazolium bromide (MTT) reducing to purple water soluble formazans as cellviabilty indicators, Bioorg and Med Chem Lett 1, 611. 1991

RACHER A J , LOOBY D , GRIFFITHS J B , Use of lactate dehydrogenase release to assess change in culture viabilty, Cytotechnology 3, 301-307, 1990

CONNOLLY D T , KNIGHT M B , HARAKAS N K , WITTWER A J , FERDER J , Determination of the number of endothelial cells in culture using an acid phosphatase assay, Anal Biochem 152, 136-140, 1986

STEINDL F , General Cell Screening System - a new dimension in screening and cell culture, Int Biotech Laboratory News Edition, Dec 1990

Abbildungen

CEM-Zellen

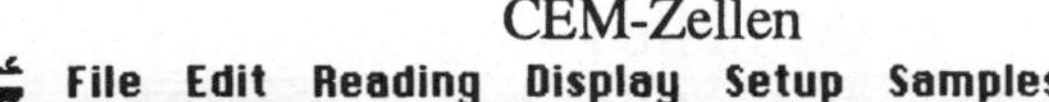

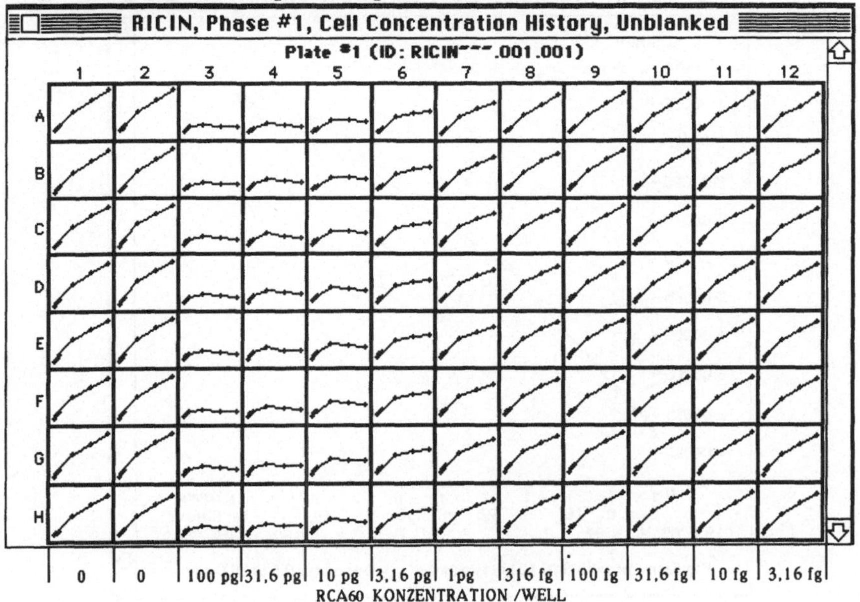

Abb 1 Graphische Darstellung der Zellwachstumskinetik der CEM-Zellen mit dem GCSS

CEM-Zellen

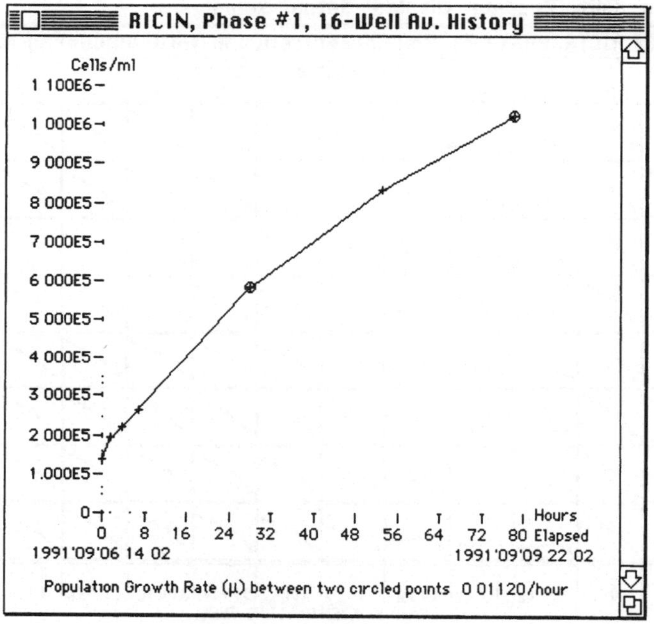

RICIN, Phase #1, 16-Well Av. History

Cells/ml

1 100E6 – 1 000E6 – 9 000E5 – 8 000E5 – 7 000E5 – 6 000E5 – 5 000E5 – 4 000E5 – 3 000E5 – 2 000E5 – 1.000E5 – 0

0 8 16 24 32 40 48 56 64 72 80 Hours Elapsed

1991'09'06 14 02 1991'09'09 22 02

Population Growth Rate (μ) between two circled points 0 01120/hour

Abb 2 Vergroßerte Darstellung des Mittelwertes der Zellwachstumskinetikkurven der 16 Wells aus Reihe 1 und 2

CEM-Zellen

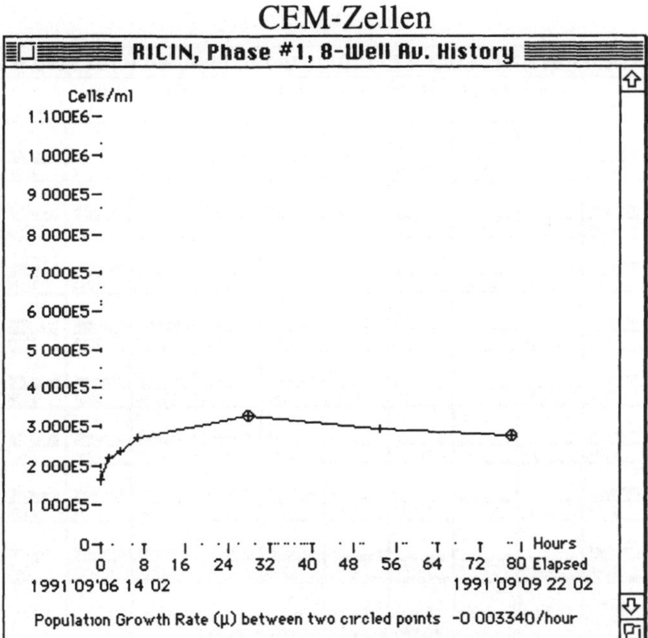

Abb 3 Vergroßerte Darstellung des Mittelwertes der Zellwachstumskinetikkurven der 8 Wells aus Reihe 3

CEM-Zellen

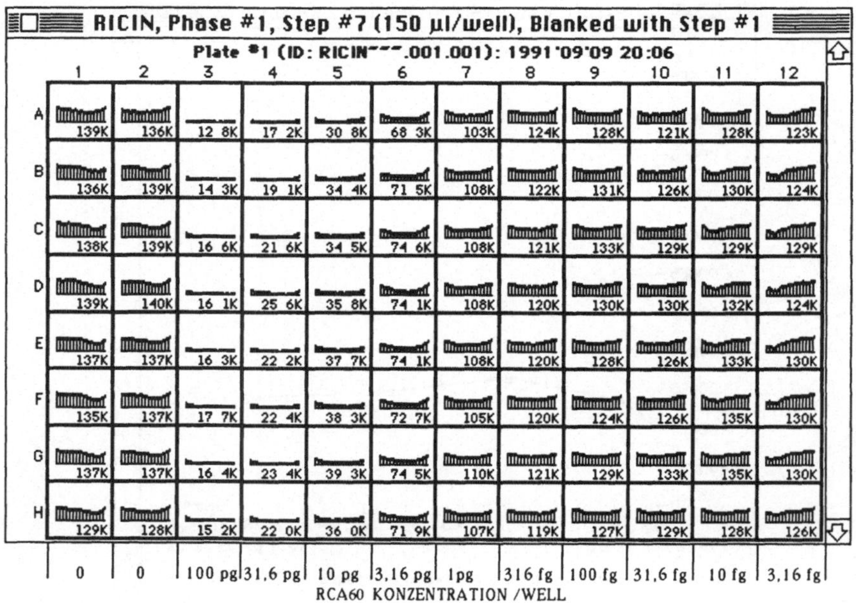

Abb 4 Zunahme der Zellzahl/Well (150 µl) ınnerhalb von 78 h nach Zugabe von RCA_{60} (K=1 000)

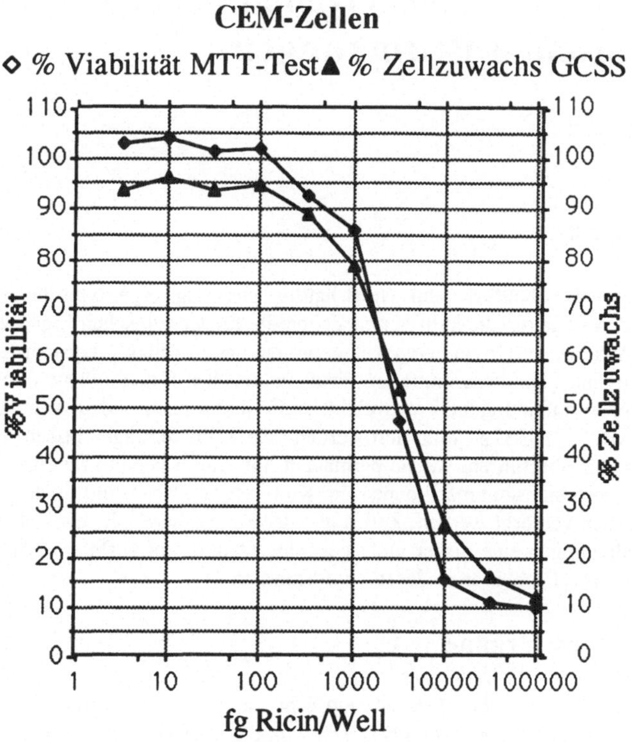

CEM-Zellen

◇ % Viabilität MTT-Test▲ % Zellzuwachs GCSS

%Viabilität

%Zellzuwachs

fg Ricin/Well

Abb 5 Vergleich der Viabilitat mittels MTT-Test nach 78 h und des Zellzuwachses innerhalb von 78 h mit dem GCSS bestimmt

Die Kultur von Epithelzellen unter organtypischen Bedingungen

W.W. Minuth

Zusammenfassung

Mit der konventionellen Kulturtechnik ist es häufig schwierig, organtypische Bedingungen zu erzeugen. Dadurch verlieren die kultivierten Zellen die für sie typischen Eigenschaften, sie dedifferenzieren Aus diesem Grund entwickelten wir ein neues Zellkultursystem für eine optimale Zelldifferenzierung, das die Simulierung eines naturlichen Organmilieus ermoglicht Adhärente Zellen können auf individuell auswahlbaren Zellunterlagen und in kompatiblen Zellhalterungen - den MINUSHEETs - kultiviert werden Die Zellhalterungen lassen sich stapeln und in spezielle Behälter überführen, wo sie permanent mit Kulturmedium durchstromt werden In einer Gradientenperfusionskammer können die Kulturen von oben und unten mit ganz unterschiedlichen Medien versorgt werden. Zellen aus der Saugerniere z B entwickeln unter diesen neuen Kulturbedingungen eine bisher nicht gekannte Qualitat an Differenzierungsleistung und werden somit viel vergleichbarer zu der in vivo-Situation

1. Die komplexen Organe

Die menschlichen und tierischen Organe sind sehr komplexe Strukturen, die in den meisten Fallen aus vielen verschiedenen Zellen bestehen Um die biochemische Wirkung eines Pharmakons an einem einzelnen Zelltyp eines solchen komplexen Organs untersuchen zu konnen, ist es deshalb für viele Versuchsvorhaben gerade zuzwingend, die gewunschten Zellen aus dem Organverband herauszulösen und wenn möglich in Kultur zu bringen (JAKOBY W.B. und PASTAN I H., 1979). In vitro kann zuerst die Anzahl der Zellen vermehrt werden und über einen relativ langen Zeitraum stehen dann klar definierte Zellen für die verschiedensten Versuche zur Verfügung.

1.1. Wie gut ist das in vitro-System ?

Leider haben sich die Erwartungen an solche organspezifischen Zellkulturen nur in den wenigsten Fällen erfüllt. Der wesentlichste Grund für die mangelhafte Leistung von kultivierten Zellen ist wohl in der Dedifferenzierung zu suchen (MINUTH W W., 1987; MINUTH W W. und GILBERT P., 1988, GSTRAUNTHALER G.J A , 1988) Da Organzellen sehr empfindliche "soziale Wesen" sind, wundert es nicht, daß sie nach der Isolierung aus dem Organverband leicht verkummern und schon oft wenige Stunden ganz wesentliche morphologische, physiologische und biochemische Eigenschaften verlieren Da solche dedifferenzierten Zellen nicht mehr dem gleichen, was sie einmal innerhalb des Organverbandes darstellten, wundert es auch nicht, daß die Wirkungen eines Pharmakons oft nicht mehr optimal untersucht werden können. Es bedarf keiner besonderen Phantasie, daraus zu folgern, daß die dedifferenzierten Zellen nicht mehr vergleichbar sind mit den ursprünglichen Organzellen. Somit werden Übertragungen von in vitro-Ansatzen zu in vivo-Bedingungen eigentlich unmöglich Die unzähligen bisher durchgeführten Zellkulturexperimente einerseits und die äußerst wenigen wirklich zur Verfügung stehenden organspezifischen in vitro-Modelle andererseits belegen das Dilemma (GSTRAUNTHALER G.J. A., 1988; HORSTER M , 1980; KREISBERG J.I. und WILSON P.D., 1988).

1.2. Die gute alte Zellkulturtechnik führt nicht weiter

Eine der wesentlichen Ursachen für eine zelluläre Dedifferenzierung ist meist bei der bisher durchgeführten Zellkulturmethode zu suchen. Seit nahezu 50 Jahren werden Zellen in petrischalenähnlichen Kulturbehältnissen gezogen. Zwar haben die diversen Einmalartikel aus Plastik die Behälter aus Glas abgelöst, doch an der derzeit vielgenutzten Technik hat sich prinzipiell nicht viel geändert. Mangelpunkte sind eine unnatürliche Verankerung von Zellen auf den undurchlässigen Kulturschalenboden, der fehlende kontinuierliche Medienaustausch und der "biologische Kurzschluß" von Zellen, weil sie von oben und unten das gleiche Kulturmedium erhalten Weder eine Haut-, noch eine Nieren- oder eine Leberzelle kann sich unter diesen Kulturbedingungen wohlfühlen und die von ihr erwartete hohe Differenzierungsleistung erbringen.

Besonderes Interesse haben wir an den salztransportierenden Epithelien der Säugerniere, speziell am Sammelrohrsystem, welches unter der hormonellen Kontrolle von Aldosteron und Vasopressin die ionale und osmotische Zusammensetzung des Harns feinreguliert (KRIZ W. und KAISSLING B , 1985). Viele Jahre haben wir uns bemüht, sowohl die hellen Principal Cells wie auch die dunklen Intercalated Cells des Sammelrohrs in einer hochdifferenzierten Form zu erhalten. Die hellen Zellen konnten wir mit der klassischen Kulturmethode in einem adäquaten Differenzierungszustand erhalten (MINUTH W W., 1987; MINUTH W W. et al., 1988), während wir bei den dunklen Zellen keinen Erfolg hatten.

Ziel der weiteren Forschungsarbeit war es deshalb, in den kultivierten Sammelrohrepithelien auch die dunklen Zellen zu erzeugen Für diese Versuche wurde deshalb eine Perfusionszellkulturmethode entwickelt, die die Simulierung von organtypischen Milieubedingungen erlaubt (MINUTH W W und RUDOLPH U., 1990; MINUTH W W. et al., 1992 a, b, 1993).

2. Eine neue Strategie - Perfusionskultur

Fur unsere eigenen wissenschaftlichen Arbeiten wollten wir Zellen aus dem Sammelrohr der Saugerniere kultivieren, die in möglichst vielen Punkten der Organsituation entsprachen. Dazu sollten die Zellen erstens auf einer individuell auswahlbaren Unterlage, zweitens unter permanentem Austausch des Kulturmediums und drittens unter einem luminal-basalen Flüssigkeitsgradienten gehalten werden können In einem ersten Entwicklungsschritt wurden die sogenannten "MINUSHEETs" konstruiert (Abb. 1) (MINUTH W W., 1992 a, b)

Es handelt sich hierbei um dünne Scheibchen mit einer konzentrischen Halterung. Der Vorteil dieser Scheibchen besteht darin, daß für jede Zellart eine Vielzahl von unterschiedlichen Trägermaterialien für die optimale Differenzierung der Zellen eingesetzt werden kann. Jedes bioverträgliche, membranartige Material eignet sich für diese Versuche. Ein weiterer besonderer Vorteil der MINUSHEETs besteht darin, daß auch beliebig dünne biologische Häutchen als Zellunterlage verwendet werden können

Abb 1 MINUSHEET-Zusammenbau

Sehr gute Erfahrungen wurde z B. mit der Capsula fibrosa von Saugernieren gemacht (MINUTH W.W und RUDOLPH U , 1990) In einem zweiten Entwicklungsschritt wurden für die MINUSHEETs verschiedene Zellkulturbehalter konstruiert, die eine permanente Perfusion mit Kulturmedium erlauben Um das gesamte neue Kultursystem automatisch betreiben zu konnen, wurde schließlich in einem dritten Entwicklungsschritt ein Perfusionsbioreaktor mit integriertem Pumpenstand, Kultur- und Mediumkompartment sowie einer integrierten elektronischen Uberwachung gebaut (MINUTH W.W. et al , 1992 b)

2.1. Die Verbindung zwischen neuer und alter Zellkulturtechnik

Die kompatiblen MINUSHEET-Zellhalterungen sind sowohl in klassischen Zellkulturgefäßen wie auch in den neuen Perfusionsbehaltern verwendbar Sie bilden somit eine Brücke zwischen konventioneller und neuer Methode (MINUTH W W , 1991)

2.2. Verwendung der MINUSHEETs in klassischen Kulturgefäßen

Für ein Experiment wird eine Zellunterlage ausgewählt und in die MINUSHEET-Halterung eingelegt (Abb. 1). Danach wird das Sheet am besten in Ethanol oder Dampf sterilisiert. Es kann anschließend in jedes beliebige Zellkulturgefäß, z B. in eine 24-well Gewebekulturplatte eingelegt werden (Abb 2) Danach werden das Kulturmedium und die Zellen aufpipettiert. Die Zellen lassen sich nach kurzer Zeit auf dem MINUSHEET nieder Bis zum volligen Anhaften konnen die Zellen auf ihrer spezifischen Unterlage in einem ganz gewohnlichen CO_2-Inkubationsschrank beliebig lange gehalten werden

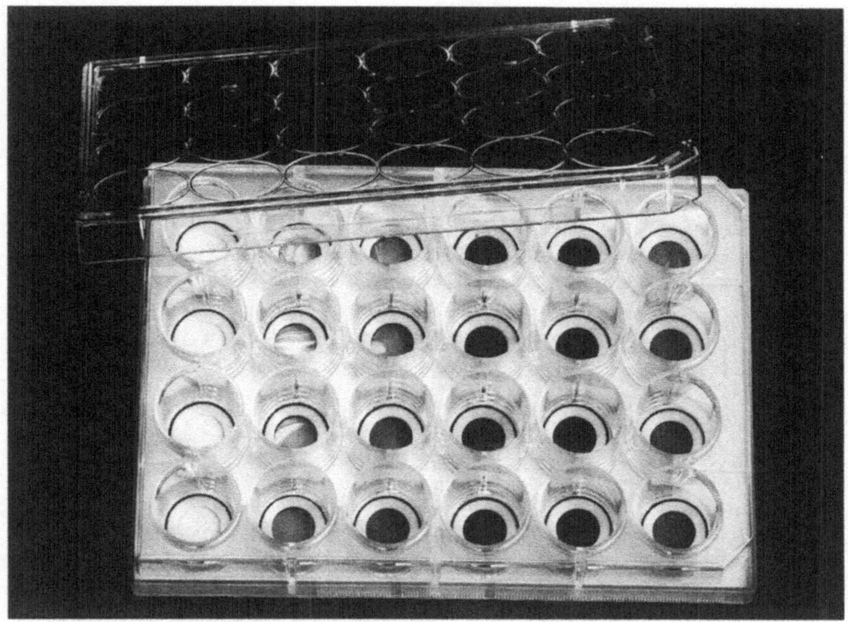

Abb 2 MINUSHEETs in 24-well Kulturplatte

2.3. *Die MINUSHEETs eigenen sich besonders gut für Perfusionskulturexperimente (Abb. 3)*

Da die Sheets keine hohe laterale Wandung besitzen, sondern flache Scheibchen darstellen, sind sie leicht stapelbar. Mit einer Pinzette können die Sheets aus der Kulturschale entnommen und in einen Perfusionskulturbehälter eingesetzt werden (Abb. 3). Nach Schließen des Deckels wird das Kulturmedium auf der Bodenseite des Gefäßes eingepumpt und an der Oberseite wieder abgeführt. Damit können die Zellen einem permanenten Flüssigkeitsstrom mit neuem Kulturmedium ausgesetzt werden.

2 3.1 Die Gradientenperfusionskammer

Die Kultivation von Epithelzellen unter nahezu natürlichen Bedingungen ermöglicht die Gradientenperfusionskammer (Abb 4).

Zur benutzerfreundlichen Bedienung mussen während dem Öffnen und Schließen der Kammer keine Schläuche gekoppelt werden. Nach dem Öffnen der Kammer werden die mit Zellen bewachsenen MINUSHEETs mit einer Pinzette in die Kammervertiefung eingesetzt. Durch Schließen des Deckels wird das Sheet automatisch zentriert und die Kammer dicht verschlossen Da das mit Zellen bewachsene MINUSHEET die Kammer in ein oberes und unteres Kompartiment teilt, konnen die Zellen von oben und unten separat mit ganz unterschiedlichen Kulturmedien durchstromt werden Damit können hypotone und hypertone Kulturmediumgradienten angelegt werden, wie sie z B. in der Niere und in vielen anderen Organen vorkommen. Ein weiterer Vorteil besteht darin, daß jetzt von basal oder luminal ganz gezielt Hormone, Wachstumsfaktoren oder Pharmaka kontınuierlıch und unter realitätsnahen Bedıngungen applızıert werden können.

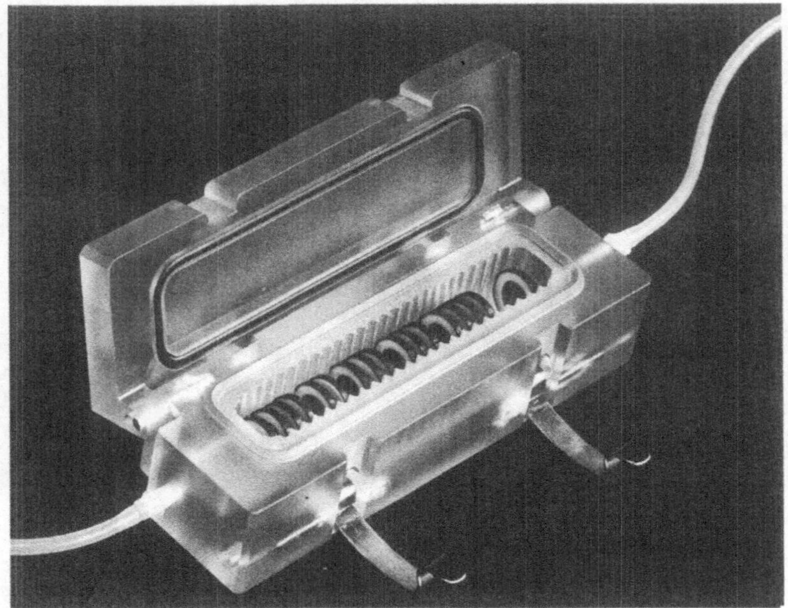

Abb 3 Perfusıonskulturbehalter

2.4. Die neue Qualität an renaler Zellkultur

Die Perfusıonskultur von embryonalen Sammelrohrzellen der Säugernıere ergab eıne bısher nıcht gekannte Qualıtat an Differenzierungsleistung (MINUTH W W et al , 1993)

2.4.1 Vorkultur der renalen Zellen

Dunne Capsula fibrosa Häutchen der Niere von neugeborenen New Zealand Kanınchen (MINUTH W W., 1987) wurden in die MINUSHEET-Halterung (MINUTH W.W et al., 1992a, b) eıngespannt. Die häutchenartıgen renalen Praparate bestanden aus der Capsula fibrosa, nephrogenem Blastem, S-shaped bodies und den Sammelrohrampullen Werden solche Zellpräparate in Iscove's Modified Dulbecco's Medium (IMDM/25 mM HEPES) mıt 10% fetalem Kalberserum kultiviert, dann wachsen dıe Zellen der Sammelrohranlagen aus Dıe Sammelrohrzellen überwachsen das gesamte Explanat und bilden ınnerhalb von 24 Stunden ein polar dıfferenziertes Epıthel von vielen mm^2 Dıe Vorkultur der Zellen wurde ın eınem Heraeus Gewebekulturschrank (Hanau, FRG) beı 37°C und in feuchtıgkeitsgesattigter Luftatmosphäre (5% CO_2/95% Luft) durchgefuhrt.

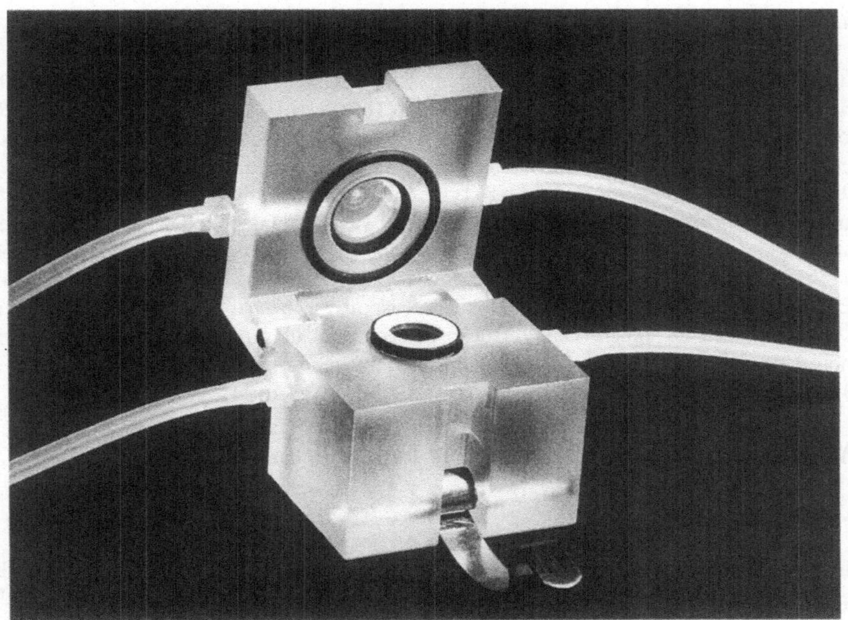

Abb 4 Gradientenperfusionskulturkammer

2.4 2 Perfusionskultur

24 Stunden nach Beginn der Vorkultur wurden sechs etablierte Sammelrohrepithelien auf der Zellhalterung mit einer feinen Pinzette in den Perfusionskulturbehälter überführt (Abb. 3) und wie Munzen in einer Geldrolle gestapelt Durch einen basalen Einstromkanal und einen oberen Auslaß kann für beliebig lange Zeit jetzt Kulturmedium durch den Kulturbehälter durchströmt werden. In unserem Fall wurden die Sammelrohrepithelien mit IMDM/25 mM HEPES und 1% antibiotisch-antimykotischer Lösung (Gibco Life Technology, Eggenstein, FRG) für 13 Tage perfundiert Das Medium wurde in Schott Glasflaschen (500 ml), die mit speziellen Schraubkappen (Nr. 47622, TECHNOMARA, Fernwald, FRG) versehen waren, aufbewahrt. Medienflaschen, Kulturbehälter und Auffangflasche werden über Silikonschläuche mit einem Innendurchmesser von 1 mm uber Standard-Luerverschlüsse verbunden. Die Durchströmungsrate des Kulturmediums betrug 1 ml/h

2 4 3 Perfusionskulturmedien

IMDM/25 mM HEPES mit 1% antibiotisch-antimykotischer Lösung diente als Kontrollmedium. Aldosterone (1×10^{-7} M), Vasopressin (1×10^{-6} M) und Insulin (1×10^{-6} M) wurden den Medien in den einzelnen Versuchen beigefügt.

Kulturmedien wurden von Gibco-BRL Life Technologies (Eggenstein, FRG), Aldosteron (Aldocorten) von Ciba Geigy Wehr (Baden, FRG), Vasopressin (AVP) und Insulin von Sigma (Deisenhofen, FRG) bezogen.

2.4 4. Ergebnisse

Mit unseren bisherigen Experimenten konnten wir zeigen, daß in der Perfusionskultur neben hellen Zellen auch dunkle Zellen zu erzeugen sind (MINUTH W.W. et al., 1992 a, b; 1993). Histochemische Analysen mit fluoreszierenden Peanut-Agglutinin ergaben, daß die dunklen Zellen dem ß-Typ zugeordnet werden können (SCHWARTZ G.J. et al., 1988)

Die Bildung der dunklen Zellen vom ß-Typ konnte außerdem hormonell beeinflußt werden: Während in Kontrollen ohne Hormonzusatz nur etwa 8% dunkle Zellen gefunden wurden, konnte in Aldosteron behandelten Epithelien 72% und in Aldosteron/Insulin behandelten sogar 90% dunkle Zellen festgestellt werden. Dagegen wurden in Aldosteron/Vasopressin behandelten Epithelien nur 44% dunkle Zellen gefunden Vasopressin oder Insulin allein vermochte nur 15% dunkle Zellen zu bilden. Die Versuche belegen, daß überraschenderweise das Steroidhormon Aldosteron die Bildung von dunklen Zellen zu steuern vermag (MINUTH W W. et al , 1993).

3. Allgemeine Perspektiven mit der neuen Technik

3.1. Niere

Epithelien der Säugerniere können jetzt von luminal und basal in ganz unterschiedlichen Flussigkeiten kultiviert werden Damit lassen sich z.B mit der neuen Technik erstmals die hohen (1200 mOsm) und niedrige (150 mOsm) Flüssigkeitsgradienten simulieren, wie sie im corticopapillären Verlauf der Niere an den Epithelien vorgefunden werden

3.2. Leber

Ein weiteres Forschungsfeld sind Leberzellen, die mit der Perfusionsmethode über einen Zeitraum von mehreren Monaten kultiviert werden konnen. Die Methode ermöglicht außerdem, daß sich in Kultur ein Blut- und Gallenkompartiment aufbauen läßt. Dadurch lassen sich z B von einer Seite Pharmaka zuleiten. Auf eine sehr einfache Art kann so die Pharmakokinetik von solchen Substanzen nach Passieren der Zellen untersucht werden

3.3. Innenauskleidung von Blutgefäßen

Endothelzellen konnen jetzt unter nahezu naturlichen Bedingungen kultiviert werden, da samtliche rheologische Bedingungen auf eine sehr einfache Art simuliert werden können.

3.4. Blut-Hirnschranke

Mit der neuen Technik ließe sich ganz ideal ein Blut-Hirnschrankenmodell aufbauen. Dazu könnten Endothelzellen auf der einen Seite, Astrozyten auf der anderen Seite der MINUSHEETs kultiviert werden. Unter optimalen Bedingungen ließen sich in der Gradientenkammer dann Permeationsversuche mit den verschiedensten Substanzen durchführen.

4. Schlußbemerkung

Die MINUSHEET-Technik könnte dazu beitragen, organspezifische Zellkulturen entscheidend zu verbessern und damit die kultivierten Zellen vergleichbar mit den dazugehörenden Organstrukturen werden zu lassen.

Anmerkung: Alle Teile der MINUSHEET-Technik sind jetzt in Serie aufgelegt und zu beziehen über **Minucells und Minutissue**, KATHARINA LORENZ-MINUTH, Starenstr. 2, D-8403 Bad Abbach, FRG.

Die Untersuchung wurde unterstützt durch die Deutsche Forschungsgemeinschaft (Mi 331/2-5). Besonderer Dank gilt meiner technischen Mitarbeiterin Frau MARION KUBITZA.

Literatur

GSTRAUNTHALER G.J.A., Epithelia cells in tissue culture, Renal Physiol Biochem II, 1-42, 1988

HORSTER M., Tissue culture in nephrology: potential and limits for the study of renal disease, Klin Wochenschr 58, 965-973, 1980

JAKOBY W.B. and PASTAN I.H., Cell culture, Methods Enzymology 58, Academic press, 1979

KREISBERG J.I. and WILSON P.D., Renal cells in culture, J Electron Mic Tech 9, 235-263, 1988

KRIZ W. and KAISSLING B., Structural organization of the mammalian kidney, in: SELDIN D.W., GIEBISCH G. (Hrsg), The kidney· physiology and pathophysiology, New York: Raven Press, 265-306, 1985

MINUTH W.W., Neonatal rabbit kidney cortex in culture as tool for the study of collecting duct formation and nephron differentiation, Differentiation 36, 12-22, 1987

MINUTH W.W. and GILBERT P., The expression of specific proteins in cultured renal collecting duct cells, Histochem 88, 435-441, 1988

MINUTH W.W., GILBERT P , GROSS P., Appearance of specific proteins in the apical plasma membrane of cultured renal collecting duct epithelium after chronic administration of aldosterone and vasopressin, Differentiation 38, 194-202, 1988

MINUTH W.W. and RUDOLPH U., A compatible support system for cell culture in biomedical research, Cytotechnology 4, 181-189, 1990

MINUTH W.W., Eine Möglichkeit adherente Zellen unter natürlichen Bedingungen zu kultivieren, ALTEX (Alternat. Tierexp.) 15, 18-30, 1991

MINUTH W.W., DERMIETZEL R., KLOTH S., HENNERKES B., A new method culturing renal cells under permanent superfusion and producing a luminal-basal medium gradient, Kidney Int 41, 215-219, 1992a

MINUTH W.W , STOCKL G., KLOTH S., DERMIETZEL R., Construction of an apparatus for perfusion cell cultures which enables in vitro experiments under organotypic conditions, Eur J Cell Biol 57, 132-137, 1992b

MINUTH W.W., FIETZEK W., KLOTH S., AIGNER J., HERTER P., RÖCKL W., KUBITZA M., STÖCKL G , DERMIETZEL R., Aldosterone modulates the development of PNA binding cell isoforms within renal collecting duct epithelium kept in perfusion culture, Kidney Int., 1993, in press

SCHWARTZ G.J., SATLIN L.M., BERGMAN J.E., Fluorescent characterization of collecting duct cells: a second H^+-secreting type, Am J Physiol 255, 1003-1014, 1988

Poster

Das Dokumentationssystem und der Informationsservice der Zentralstelle zur Erfassung und Bewertung von Ersatz- und Ergänzungsmethoden zum Tierversuch - ZEBET - am Bundesgesundheitsamt Berlin

H. Spielmann, J. Heuer, B. Grune-Wolff, M. Liebsch, A. Dörendahl, S. Skolik, D. Traue

Das deutsche Tierschutzgesetz schreibt ebenso wie das EG-Recht vor, daß bei der Entscheidung, ob Tierversuche durchgeführt werden dürfen, zu prufen ist, ob der verfolgte Zweck nicht durch andere Methoden oder Verfahren erreicht werden kann.

Zur Unterstutzung dieses gesetzlichen Auftrages wurde 1989 die Zentralstelle zur Erfassung und Bewertung von Ersatz- und Erganzungsmethoden zum Tierversuch - ZEBET - mit der Zielsetzung gegrundet, eine **Datenbank und einen Informationsdienst über Ersatz- und Ergänzungsmethoden zu Tierversuchen** einzurichten

Das entscheidende Kriterium zur Aufnahme einer Methode in die **ZEBET-Datenbank** ist die Bewertung entsprechend der Definition der "3R" von RUSSEL und BURCH (1959):

Ersatz einer tierexperimentellen Methode	**- Replacement**
Reduktion der Anzahl der Versuchstiere	**- Reduction**
Verminderung der Leiden der Versuchstiere	**- Refinement**

Zu den Methoden werden folgende Informationen in der ZEBET-Datenbank dokumentiert und stehen dem **Informationsdienst** zur Verfügung

- Beschreibung der Aufgabe und der prinzipiellen Verfahrensweise;
- Bewertung als Ersatz- oder Ergänzungsmethode;
- Bewertung des Entwicklungsstandes der Methode;
- welcher Tierversuch wird ersetzt oder im Sinne der "3R" verändert;
- welche Experten konnen zur Methode konsultiert werden,
- welche Literatur zur Methode ist verfügbar

Fur den Informationsdienst greift ZEBET auf die eigene ZEBET-Datenbank zu und besitzt uber einen "Online"-Anschluß an DIMDI, das Deutsche Institut für Medizinische Dokumentation und Information in Koln, einen direkten Zugriff auf die wichtigsten nationalen und internationalen Literatur- und Faktendatenbanken aus dem biomedizinischen Bereich.

Der ZEBET-Informationsdienst steht Wissenschaftlern, Behörden, Mitgliedern von Genehmigungskommissionen, Tierschützern und anderen Interessenten zur Verfügung. Die Beratungsmöglichkeit wird insbesondere von den Tierschutzbeauftragten genutzt, die nach dem geltenden Tierschutzgesetz dazu verpflichtet sind, zu jedem Antrag auf Genehmigung eines Tierversuches Stellung zu nehmen und auf die Entwicklung und Einführung von Verfahren und Mitteln zur Verminderung von Tierversuchen hinzuwirken

Arbeitskreis der Tierschutzbeauftragten in Bayern

H.-P. Scheuber, T. Brill

Der Arbeitskreis der Tierschutzbeauftragten in Bayern ist eine Selbsthilfeeinrichtung der Tierschutzbeauftragten (TSchB) mit Sitz an der Ludwig-Maximilians-Universitat Munchen und hat zum Ziel, den TSchB bei der Durchführung seiner Aufgaben zu unterstutzen Er veranstaltet Seminare für TSchB zusammen mit den für den Vollzug des Tierschutzgesetzes zustandigen Behorden sowie versuchstierkundliche Symposien für TSchB, Behorden, verantwortlichen Personen von Tierhaltungen und Versuchstierpflegern Er bildet Fachgruppen zu aktuellen Themen, ermutigt die TSchB in den anderen Bundeslandern zur Grundung von Arbeitskreisen und arbeitet mit ihnen zusammen

Der Arbeitskreis der Tierschutzbeauftragten in Bayern wird unterstutzt durch

- Bayerische Landestierarztekammer
- Ludwig-Maximilians-Universitat Munchen
- Referat für "Fachliche Angelegenheiten des offentlichen Veterinarwesens" im Bayer Staatsministerium des Inneren - Regierung von Oberbayern

Kontakt-Info, das offizielle Mitteilungsblatt des Arbeitskreises der Tierschutzbeauftragten in Bayern, erscheint inzwischen als Fachzeitschrift mit dem Titel *Der Tierschutzbeauftragte* und kann bundesweit sowie in Osterreich und in der Schweiz per Abonnement bezogen werden Der Leser wird erstmals neben dem Editorial und Inhaltsverzeichnis standige Rubriken vorfinden, wie z B Tagungsberichte, Tierschutzgesetze und Verordnungen, Fachinformationen, Nachrichten, Bundeslanderspiegel, Euro Spezial, wichtige Termine und Literaturhinweise Auf Publikationen zu verschiedenen Themen wird hingewiesen

Daruber hinaus steht der Arbeitskreis der Tierschutzbeauftragten in Bayern als Gesprachspartner für Legislative und Exekutive sowie der Offentlichkeit, zu tierschutzrelevanten Fragen in Forschung und Wissenschaft, zur Verfügung

Die Bürstbiopsie als nicht invasive Methode zur morphologischen Beurteilung des respiratorischen Epithels

K. Gruber, J. Weichselbaum, R. Maderbacher, L. Stockinger

Durch die ansteigende Haufigkeit von bronchopulmonalen Erkrankungen gewinnen Medikamente zur Inhalation und Instillation zunehmend an Bedeutung Das bringt die Notwendigkeit intensiver vorklinischer Untersuchungen zur lokalen Vertraglichkeit und Toxizitat sowie zum Einfluß des Praparates auf die Struktur des respiratorischen Epithels mit sich Neue umweltvertragliche Treibgase sowie Trockeninhalatoren mussen ebenfalls gepruft werden

Wir stellen eine nicht invasive und nur wenig belastende Biopsiemethode zur Entnahme von Flimmerepithel aus dem Respirationstrakt vor, die eine vorzugliche Strukturerhaltung für Licht- und Elektronenmikroskopie gewahrleistet

Seit 1990 wurden an 224 Menschen, 27 Rindern, 29 Schweinen, 6 Katzen und 8 Hunden insgesamt 722 Proben zu diagnostischen Zwecken mit modifizierten "Cytology Brushes" der Fa Microinvasive aus Nase, Trachea, Bronchus und Nasennebenhohlen entnommen. Üblicherweise wird dabei die Basalmembran des Epithels nicht verletzt, weshalb man in vielen Fällen im Nasen/Rachenraum ohne Lokalanasthesie auskommt. Aus den tieferen Luftwegen werden die Proben mittels Endoskopie in Allgemeinnarkose entnommen. Es traten in keinem Fall Komplikationen auf Die Proben werden sodann in einem Formaldehyd/Glutaraldehydgemisch fixiert und zur licht-, rasterelektronen- und transmissionselektronenoptischen Beurteilung weiterverarbeitet

Folgende Diagnosen wurden dabei gestellt unspezifische und spezifische Entzündungen mit und ohne Regenerationstendenz, bakterielle Kontaminationen, Metaplasien, "Immotile Cilia Syndromes", Aplasien des Ciliarapparates (stage I-III) sowie mechanische Schadigungen

Die Anwendung von Bürstbiopsien könnte bei Arzneimittelprüfungen in folgenden Fällen den Versuchstierverbrauch einschränken helfen:

1) Prufungen zur lokalen Vertraglichkeit (Tiere brauchen nicht getotet werden)
2) Prufungen zur akuten, subchronischen und chronischen Toxizitat an einem einzigen Versuchstierkollektiv
3) Pharmakodynamische Untersuchungen mit Verlaufskontrollen
4) Untersuchungen an entnommenen Biopsien in Gewebekultur

Literatur

HAYEK G, GOTZ M, STOCKINGER L, GRUBER K, HOFLER H, A three stage model for ciliogenesis disorders in the human respiratory epithelium (eingereicht)

HOFLER H, GRUBER K, STOCKINGER L, The technique of taking brush biopsies of the nasal mucosa for electron microscopy, Wien KlinWochenschr, 104/11, 320-21, 1992

MADERBACHER R, WEICHSELBAUM J, BAUMGARTNER W, GRUBER K, Burstbiopsie als neue Untersuchungsmethode am oberen Respirationstrakt bei Rind und Schwein, Tierärztl Praxis (in Druck)

RUTLAND J and COLE P J, Non invasive sampling of nasal cilia for measurement of beat frequency and study of ultrastructure, Lancet, 9, 564-65, 1980

Nutzung der Hybridomtechnik für die Charakterisierung und Reinigung aviärer vitelliner Antikörper

A. Hlinak, U. Marx, H. Leibiger, D. Kruse, S. Koch, R. Schade

Die Extraktion spezifischer polyklonaler Antikorper (Ak) aus dem Huhnerei stellt eine unblutige Alternative zur Induktion von Ak in Saugern dar

Trotzdem sich aviare vitelline Ak insbesondere in der medizinischen und veterinarmedizinischen Diagnostik schon bewahrt haben, behindern bisher Probleme der Reinigung und Charakterisierung der Ak aus dem Gelbei deren systematische Verwendung Gleichzeitig existiert für die aviaren vitellinen Ak keine immunologische Nachweis- oder Charakterisierungsmethode auf der Basis von anti-Spezies-monoklonalen Antikörpern (mAk)

In der vorgestellten Studie sind grundlegende Arbeitsschritte und Ergebnisse der Etablierung von anti-IgY-mAk für die Lösung der angeführten Probleme dargestellt·

1. Präparation eines immunelektrophoretisch reinen Immunglobulin G aus dem Gelbei (IgY);
2. Immunisierungsschema, Polyethylenglycol-vermittelte Zellfusion von stimulierten Maussplenozyten und murinen Myelomzellen,
3. Etablierung von anti-IgY-mAk-produzierenden Hybridomzellinien; Ermittlung von Wachstums- und mAk-Produktionskinetiken;
4. Immunologische Charakterisierung der murinen anti-IgY-mAk,
5. in vitro-Produktion (Roller, Fermentor);
6. Analytik der anti-IgY-mAk (PAGE, Immun-Blot).

Die Verwendung der anti-IgY-mAk in Testsystemen (ELISA) zum Nachweis von aviären Ak und die Nutzung in der Affinitätschromatografie zur Reinigung aviarer vitelliner Ak wird gezeigt und diskutiert.

Das diesem Bericht zugrundeliegende Vorhaben wurde mit Mitteln des Bundesministers für Forschung und Technologie gefördert

Das "Batch-Verfahren" - eine effektive Methode zur Isolierung von polyklonalen Antikörpern (IgY) aus dem Hühnerei

R. Schade, A. Schniering, A. Hlinak

Die Gewinnung polyklonaler Antikorper aus Hühnereiern ist nicht nur im Sinne des Tierschutzes eine Alternative sondern auch im Sinne wissenschaftlicher Fragestellungen und bietet folgende Vorteile

1 Die Belastung der Versuchstiere wird deutlich vermindert
   a) Huhner reagieren weniger empfindlich auf Adjuvans als Sauger,
   b) die Blutentnahme zur Antikörpergewinnung entfällt,
   c) Einsparung von Versuchstieren (In einem vergleichbaren Zeitraum liefert ein Huhn im Vergleich zum Sauger ein Mehrfaches an spezifischen Antikorpern)
2 Bei speziellen Anwendungen (Immunhistochemie) kann aufgrund des phylogenetischen Unterschiedes von IgY zu Sauger-Antikorpern eine Reduktion der Kreuzreaktionen erreicht werden

Fur die Extraktion von IgY-Antikorpern sind in der Literatur vielfältige, sehr unterschiedliche (Aufwand, Ergebnis, Kosten) Prozeduren beschrieben worden Für eine breitere Akzeptanz dieser tierschutzrelevanten Methode ware sowohl ein einfaches und effektives Reinigungsverfahren wünschenswert als auch eine exakte Charakterisierung der gewonnenen Antikörper Das "BATCH-Verfahren" (im Becherglas) stellt sowohl hinsichtlich der materiellen Erfordernisse als auch der Anzahl der Arbeitsschritte eine sehr einfache Methode dar

Das Verfahren umfaßt folgende Schritte

a) Aufnehmen des Dotters in Puffer (Frieren, Tauen, Filtrieren),
b) Bindung des Extraktes an Abx-Austauscher (Baker),
c) Ablösen der IgY-Fraktion,
d) Konzentrieren des Extraktes (Pufferaustausch)

Die Ausbeute beträgt ca. 80% IgY bei Reinheiten zwischen 80 und 90%. Der Abx-Austauscher ist mehrfach verwendbar. Durch Verwendung von Kartuschen ist die Methode optimierbar.

Im Vergleich zu anderen IgY-Extraktions-Prozeduren ist das beschriebene Verfahren einfach, schnell, umweltschonend und dabei effektiv.

Das diesem Bericht zugrundeliegende Vorhaben wurde mit Mitteln des Bundesministers für Forschung und Technologie gefördert.

Improved welfare through replacement in animal testing: "Crack an egg" vs. repeated blood sampling of rabbits for the production of antisera?

J.C.W. Salén

Very large numbers of laboratory animals, and by tradition rabbits, are being used for the production of polyclonal antisera. Unfortunately many immunisation methods, which are employed to obtain high serum titres, cause unnecessary suffering (e.g. unpleasant injection sites, repeated sampling of large volumes, inflammation, granuloma formation). We previously published a method for the purification of immunoglobulins from the purification of immunoglobulins from the egg yolk of the domestic hen. Now we have commenced a large scale project to provide scientific evidence as to what extent it will be feasible/advantageous to replace rabbits with hens for antibody production.

Female New Zealand White rabbits and Rhode Island Red hens were immunized with human IgG using three different adjuvants (FCA, FIA & Hunter's TiterMax) and boosted every fortnight. Blood samples are being taken weekly from hens and rabbits and eggs are collected. The results of different purification techniques for egg yolk 7S Ig will be presented and the welfare implications of this approach as regards the "3 R's" are discussed.

Avian antibodies possess certain characteristics in which they differ from mammalian immunoglobulins However, it is envisaged that the quantitative, ethical and practical advantages of harvesting egg antibodies will convince antibody producers to consider replacing rabbits with hens for future antibody production.

Synthetisches Antikörper-Repertoire auf Phagen zur Entwicklung und Herstellung von Antigen-bindenden Molekülen

G. Himmler

Durch die Polymerase Chain Reaction (PCR) ist es möglich geworden, Immunglobulin-Gene einfach und schnell zu isolieren (molekular klonieren). Die variablen, also die Antigen-spezifischen Teile dieser Gene (Fv) können in *Escherichia coli* funktionell exprimiert werden.

Diese Antikorper konnen auf Gen-Ebene einfach modifiziert werden Die Fv-Gene konnen mit codierenden Regionen für flexible Peptide verbunden werden, um ein "single-chain Fv" (scFv) zu ergeben Auch Fab-Teile von Antikorpern konnen in *E coli* funktionell produziert werden

Die Entwicklung und Herstellung von künstlichen Antikörpern erfolgt durch "Nachahmung" des Immunsystems eines Organismus:

1. **Immunglobulin-Keimbahn-Gene (V-D-J):** Die Gene für die *in vitro*-Technik können aus verschiedenen Zellen stammen oder chemisch synthetisiert sein (BARBAS C.F et al , 1992) Die Vielfalt an verschiedenen Molekülen, die man hantieren kann, ist großer als die Antikörpervielfalt eines Organismus (10^8-10^9)
2. **Membranverankerte Immunglobuline auf B-Zellen:** Die in *E coli* exprimierten Antikorper-Gene können auf der Oberflache von filamentosen Phagen verankert werden (CLACKSON T et al , 1991)
3. **Antigen-stimulierte Proliferation:** Phagen mit antigenspezifischen Antikorpern werden aus dem Gemisch über ein immobilisiertes Antigen "gefischt" Diese selektierten Phagen werden in Bakterien vermehrt Durch mehrmaliges Wiederholen dieses Schrittes erreicht man Anreicherungsfaktoren von uber 10^{10}
4. **Plasma-Zellen:** In speziellen Bakterienstammen konnen die selektierten Antikorper als losliche Proteine ausgeschieden werden
5. **Somatische Mutation zur Erhöhung der Bindungsaffinität:** Die Antikorper-Gene konnen *in vitro* mutiert werden (GRAM H et al , 1992) Nach erneuter Selektion (Punkt 3) konnen aus den Mutanten Antikorper mit erhohter Affinitat angereichert werden

Auf diese Weise konnen **sowohl monoklonale als auch polyklonale "Antikörper-Fragmente"** hergestellt werden. Daruber hinaus kann ein solches Molekul auch schon auf Gen-Ebene mit einem Enzym gekoppelt werden, was die Herstellung von Enzym-Konjugaten, wie sie für viele Immun-Schnell-Tests notwendig sind, vereinfacht (KOHL J et al , 1991)

Literatur

BARBAS C F , HOEKSTRA D M , LERNER R A , Semisynthetic combinatorial antibody libraries A chemical solution to the diversity problem, Proc Natl Acad Sci USA, 89, 4457-4461, 1992

CLACKSON T , HOOGENBOOM H R , GRIFFITHS A D , WINTER G , Making antibody fragments using phage display libraries, Nature, 352, 624-628, 1991

GRAM H., MARCONI L , BARBAS C F , COLLET T A , LERNER R A , KANG A S , In vitro selection and affinity maturation of antibodies from a naive combinatorial library, Proc Natl Acad Sci USA, 89, 3576-3580, 1992

KOHL J , RUKER F., HIMMLER G , RAZAZZI E., KATINGER H , Cloning and expression of an HIV-1 specific single-chain Fv region fused to Escherichia coli alkaline phosphatase, Ann NY Acad Sci, 646, 96-114, 1991

Möglichkeiten zur Reduktion von Tierversuchen im Rahmen der Wirksamkeitsprüfung von Rhinitis atrophicans-Impfstoffen

V. Öppling, M. Peter, S. Giess, K. Cußler

Die Rhinitis atrophicans (R.a.) des Schweines hat in der heutigen Schweinehaltung weltweit eine große wirtschaftliche Bedeutung Sie wird durch eine Mischinfektion von *Bordetella bronchiseptica* und toxinbildenden *Pasteurella multocida*-Stämmen verursacht und ist durch Masteinbußen infolge respiratorischer Erkrankungen gekennzeichnet Maternale Antikörper spielen für den Infektionsschutz eine große Rolle Die Impfung, insbesondere von Muttertieren, ist daher bei der Bekampfung der Krankheit von wesentlicher Bedeutung

In jungster Zeit konnte gezeigt werden, daß ein von bestimmten *Pasteurella multocida*-Stammen gebildetes hitzelabiles Proteintoxin (PMT) für die irreversiblen Schadigungen der Nasenknochen verantwortlich ist In Impfstoffen gegen die R.a ist das PMT in inaktivierter Form enthalten

Der klassische Wirksamkeitsnachweis von Toxoid-Impfstoffen beruht auf einem Tierversuch Dieser stellt eine hohe Belastung für die Versuchstiere dar, da sie nach der Impfung einer letalen Toxindosis ausgesetzt werden

In diesem Beitrag wurden zwei Moglichkeiten für alternative Modelle zur Wirksamkeitsprufung solcher Impfstoffe diskutiert

Ein Zellkulturtest, der den Nachweis von biologisch aktivem PMT ermöglicht, wurde vorgestellt Dieser auf embryonalen bovinen Lungenzellen durchgeführte Test ist sehr gut zum Nachweis toxin-neutralisierender Antikörper geeignet und könnte daher zur Wertbemessung von R a -Impfstoffen herangezogen werden.

Als weitere Alternativtechnik kommt ein Enzyme-Linked-Immunosorbent-Assay in Frage, der dem Nachweis von Antikorpern gegen das PMT dient Hierzu ist eine Reinigung des PMT als Antigen notwendig, die in diesem Posterbeitrag demonstriert wurde

Wertbemessung von Rotlauf-Immunseren vom Schwein im Rahmen der Wirksamkeitsprüfung

H. Gyra, A. Hlinak

Erysipelothrix rhusiopathiae verursacht bei zahlreichen Tierarten Rotlauferkrankungen mit akutem oder chronischem Verlauf

Vor allem Schweine, aber auch Schafe, Puten, Mastenten, verschiedene Zoo- und Wildtiere sowie Fische sind für die Rotlaufinfektion empfänglich

Zur Prophylaxe und Therapie der Infektion stehen Impfstoffe und Immunseren zur Verfügung, wobei sich die Kombination beider Verfahren in der veterinärmedizinischen Praxis bewahrt hat

Die bisher geprüften serologischen Methoden (Wachstumsprobe, Hämagglutination, Combstest, KBR) lassen keine exakte Wertbemessung der Immunseren zu; sie können daher nicht als geeignete Alternative zum Tierversuch angesehen werden Die Bestimmung der Wertigkeit von Rotlaufseren, gewonnen von hyperimmunen Schweinen, erfolgt deshalb nach wie vor durch den Mauseschutztest

Die Erarbeitung eines Testverfahrens zur Bestimmung humoraler Antikörper gegen den Rotlauferreger und die daraus abzuleitende sichere Klassifizierung von Immunseren stellt jedoch eine wesentliche Grundlage zur Ablosung des Mauseschutztests dar In der vorliegenden Arbeit wurde ein eigens dafür entwickelter Enzym-immuno-assay (EIA) auf seine Tauglichkeit als Ersatzmethode geprüft

Insgesamt standen 30 Immunseren zur Verfügung, die mit dem EIA in Gegenüberstellung zu den Ergebnissen des Tierversuches beurteilt wurden. Die Ergebnisse wurden statistisch abgesichert Zwischen den beiden Methoden konnte eine gesicherte Korrelation nachgewiesen werden.

Ersatzmethoden für Tierversuche in der Qualitätskontrolle von Arzneimitteln - Antikörperbestimmungen in Immunglobulinen und Humanseren

A. Hacker, I. Vogel, F. Gerstl, A. Korencan, U. Kukral

1. Tierversuche, für die noch keine (oder erst vor kurzem) Ersatzmethoden in der Europ. Pharmakopoe etabliert wurden

1.1. Bakterielle Antikörper

	Testmethode			
	in vivo	*in vitro*	*bestehende Problematik*	*Untersuchungen am BSPI*
TETANUS (bis ca. 1985 Arzneimittel noch aus Tierseren) humanes TIG seit 1960				
• Int Standard Pferdeserum 1 Int. Stand. 1928 2. Int Stand 1969 Humanstandard wird etabliert (Int Ringversuch 1991/92)	Toxin-Neutralisationstest an der Maus oder am Meerschweinchen (Europ Pharm seit ca 1935)	⊗ IgG-Elisa ⊗ Passive Hamagglutination • Single Radial Immundiffusionstest (SRD)	• noch kein etablierter Humanstandard	• Neutr Test ↔ Elisa. r=0,96, n=4 • Neutr. Test ↔ Pass Ham r=0,86, n=4 • Pass. Ham ↔ Elisa. r=0,95, n=4 • Neutr Test ↔ SRD r=0,98; n=11

DIPHTHERIE (bis ca. 1985 Arzneimittel noch aus Tierseren) humanes IG?				
• Int. Standard: Pferdeserum 1. Int. Stand. 1934	• Toxin Neutralisationstest am Meerschweinchen (Letalmethode n. Paul Ehrlich) • Hautreaktionsmethode am Meerschweinchen od. Kaninchen (Europ. Pharm. seit ca. 1940)	⊗ IgG-Elisa ⊗ Toxin-Neutralisationstest in der Zellkultur (Vero-Zellen)	•noch kein etablierter Humanstandard	

1.2. Virale Antikörper

TOLLWUT (bis 1984 Int. Stand Pferdeserum)				
• Int. Standard: Human-Immunglobulin	• Maus-Neutralisationstest (MNT)	⊗ Rapid-Fluorescent-Focus-Inhibition-Test (RFFIT) in der Zellkultur (BHK-Zellen) (Europ. Pharm. 1991) ⊗ Elisa	• Im internat. Ringversuch (1988/89) wurde keine Korrelation MNT ↔ RFFIT gefunden; Erklärungen dafür sind noch offen; Schwierigkeiten bei der Ausführung des MNT werden vermutet	• In unserem Labor wurde eine sehr gute Korrelation festgestellt MNT ↔ RFFIT Titer: r=0,96; n=60 IU/ml: r=0,86 • Reproduzierbarkeit MNT: VB=38-261% RFFIT: VB=73-138% n=60 • In diesen Untersuchungen (KURZ et al., 1986) • RFFIT ↔ Elisa r=0,8; n=87 (in Veröffentlichung)

2. Sonstige in vitro-Tests

2.1. Bakterielle Antikörper

	Standard	*in vitro-Test*	
• STREPTO-LYSIN O	• WHO-Standard (1. Int.. Stand. 1959)	⊗ Testkit: Hämolysinreaktion	
• SPEZ. IgA • SPEZ IgM • SPEZ. IgG f. d. Diagnostik z.B. Borrelia, Pertussis, u.a.	• Standard im Elisa (kein int. Stand. vorhanden)	• Testkit: IgA Elisa • Testkit: IgM Elisa • Testkit: IgG Elisa	⊕ ⊕ ⊕

2.2. Virale Antikörper

	Standard	*in vitro-Test*	
FSME	• Hausstand d. erzeugenden Firma (kein int. Stand vorh.)	⊗ HHT mit Gänseerythrozyten (Hämagglutinations-Hemmtest)	⊕
RUBELIA	• WHO-Stand . 2 Ref. Prep. 1 Int Ref Prep. 1966 2 Int. Ref Prep. 1970	⊗HHT mit Affenerythrozyten Europ. Pharm. 1989	
MASERN	• WHO-Stand 1 Int Stand. 1 Int Ref Prep 1964 1 Int Stand 1990	• HHT mit Humanerythrozyten ⊗ Neutralisationstest-CPE (cytopath. effect) in d Zellkultur (Vero-Zellen) Europ. Pharm 1975	
MUMPS	• Hausstand. d erzeugenden Firma (kein int. Stand vorh.)	⊗ Neutralisationstest-CPE in d Zellkultur (Vero-Zellen)	⊕
POLIO	• WHO-Stand 2 Int Stand 1 Int Stand 1962 2. Int Stand. 1991	⊗ Neutralisationstest-CPE in d Zellkultur (Hep-2-Zellen)	⊕
VARICELLA ZOSTER	• National Stand von PEI in Verwendung 1 Int Ref Prep 1987	⊗ Elisa Europ Pharm 1990	
HEPATITIS B	• National Stand von PEI in Verwendung 1 Int Ref. Prep 1977	⊗ RIA (Radio-Immun-Assay) Europ. Pharm 1990	
HEPATITIS A	• Standard in Elisa und RIA (kein int Stand in Verwendung) 1 Int Ref Prep 1981	⊗ RIA ⊗ Elisa	⊕
CYTOMEGALIE	• Stand im Elisa	⊗ Elisa Europ Pharm 1990	

⊗ = Tests, die derzeit am BSPI routinemaßig durchgefuhrt werden
r = Korrelationskoeffizient
n = Anzahl der Tests
VB = Vertrauensbereich
⊕ = keine definierte Pharmakopoe-Vorschrift

Literatur

KURZ et al , Dev biol Stand Vol 64, 99-107, 1986

Wertbemessung gonadotroper Hormone in der Zellkultur

R. Pöhland, F. Schneider, W. Kanitz

Zur Bestimmung der biologischen Aktivität gonadotroper Hormone sind die in vivo- und in vitro-Bioassays geeignet. Für die hohen Anforderungen an Empfindlichkeit und Präzision bei Hormonbestimmungen und die Reduzierung von Tierversuchen erscheint die Nutzung von in vitro-Bioassays zweckmäßig. Eine ausführlichere Diskussion der verfügbaren Methodenkomplexe ist bei PÖHLAND R. u Mitarb. (1991) zu finden.

Der von DUFAU M.T. u Mitarb. (1971) entwickelte und von VAN DAMME M.P. u. Mitarb. (1973) weiter ausgearbeitete Testosteronproduktionsassay (TPA) ist ein spezifischer, leistungsfähiger Assay für LH-Aktivitäten. Außer auf LH selbst reagieren die isolierten Leydigschen Zwischenzellen (LZ) auch auf die LH-Aktivitäten von HMG, PMSG und HCG dosisabhängig mit einer Erhöhung ihrer Testosteronproduktion.

Neben der Bestimmung der LH-Aktivitat ist für die biologische Wertbemessung von gonadotropen Hormonen eine Quantifizierung der FSH-Wirkung der Hormonpräparate notwendig. Dafür existieren eine Reihe von Prinziplösungen Zu den in vitro-Assays gehören davon der Sertolizelltest (VAN DAMME M P. u. Mitarb., 1979) und der Granulosazell-Aromatase-Bioassay (GAB) (XIAO-CHI JIA et al., 1986). Auf die Charakteristika der beiden Testsysteme gehen unter anderem WANG C (1988) und BEITINS I.Z und PADMANABHAN V. (1991) ein. Wir nutzen zur FSH-Bestimmung einen Assay, der auf dem GAB basiert. Kultivierte Granulosazellen aus vorstimulierten juvenilen Ratten reagieren FSH-dosisabhängig mit einer erhöhten Umsetzung von Androstendion in Estradiol. Die Ursache dafür liegt in einer FSH-abhängigen Stimulierung der endogenen Aromatase.

In der vorliegenden Arbeit wurde versucht, methodisch vereinfachte, praktikable und hochleistungsfähige Assays vorzustellen, die zum einen die Aufarbeitung großer Probenmengen und zum anderen hohe Empfindlichkeit und Präzision gewährleisten.

Unter Verwendung der angesprochenen Testprinzipien sind im vergangenen Jahr umfangreiche Untersuchungen zur Wertbemessung verschiedener Präparate durchgeführt worden. Gleichfalls wurden Untersuchungen zum Verlauf von Hormonkonzentrationen in verschiedenen Körperflüssigkeiten des Rindes und Untersuchungen zum Einfluß polyklonaler und monoklonaler Antikörper auf die biologisch/physiologische Wirksamkeit auf das entsprechende Hormon bzw. die entsprechende Zielzelle durchgeführt. Die dabei erreichten Ergebnisse belegen, daß die Methoden nicht nur zur Wertbemessung von Präparaten sondern auch in der reproduktionsphysiologischen Grundlagenforschung einsetzbar sind. Dabei wird neben einem erreichten Erkenntniszuwachs auch der Verbrauch von Versuchstieren in diesem Forschungsbereich reduziert.

Die Arbeiten an diesem Thema wurden im Jahr 1991 vom Bundesministerium für Forschung und Technologie der Bundesrepublik Deutschland durch Zuwendungen auf Ausgabenbasis unterstützt.

Literatur

BEITINS I.Z , PADMANABHAN V., Trends Endocrinol. Metab., 2, 145, 1991
VAN DAMME M.P., ROBERTSON D M., DICZFALUSY E., Acta Endocrinol., 74, 642, 1973
VAN DAMME M.P., ROBERTSON D M., MARANA R et al., Acta Endocrinol., 91, 224, 1979
DUFAU M L., CATT K J., TSUKUHARA T., Biochim.Biophys. Acta, 252, 574, 1971

PÖHLAND R., KANITZ W , SCHNEIDER F., BLODOW G , Mh Vet Med , 46, 328, 1991
WANG C., Endocr Rev , 9, 374, 1988
XIAO-CHI JIA, AARON J W , HSUEH, Endocrinology, 119, 1570, 1986

Tiereinsparungen und Verbesserung der Versuchstierhaltung bei gesetzlich vorgeschriebenen Tierversuchen der Immuno AG im Biomedizinischen Forschungszentrum Orth/Donau

S. Schober-Bendixen

1. Verbesserung der Versuchstierhaltung im Pyrogentest (vorgeschriebener Test lt. Pharmakopoe)

Der Pyrogentest muß für jedes Arzneimittel an mindestens 3 Kaninchen durchgeführt werden Die Aussagekraft ist sehr hoch, jedes wie auch immer verunreinigte Produkt kann ausgeschlossen werden Eine Alternative stellt der Limulustest dar Er kann jedoch nicht für eiweißhaltige Produkte durchgeführt werden und weist nur Lipopolysaccharide (LPS) von gramnegativen Bakterien nach Er wird bei *in process*-Kontrollen verwendet und spart dort Tiere ein. Bei Endprodukten **muß** lt Pharmakopoe der Pyrogentest durchgeführt werden

1.1. Gegenüberstellung der alten und neuen Boxenhaltung während des Pyrogentests

alte Boxen	neue Boxen
1 Nackenfixierung, damit die Tiere die notwendigen Thermoden nicht durchbeißen konnen	1 Die Tiere sind seitlich und von oben nur so weit eingeengt, daß sie sich nicht umdrehen konnen
2 Fixierung der Thermoden mit Leukoplast	2 Fixierung der Thermoden mit Micropore
Nachteile	*Vorteile*
1 Die Tiere konnen nicht schlafen oder entspannen, weil die Fixierung im Halsbereich druckt	1 Die Tiere konnen schlafen, sich ausstrecken und entspannt liegen.
2 Das Entfernen der Thermoden ist schmerzhaft, weil mit dem Leukoplast oft Haare mitausgerissen werden	2 Beim Entfernen der Thermoden sind die Haare nicht verklebt, es ist daher nicht schmerzhaft
Vorteil	*Nachteil*
1 Die Tiere konnen leicht von einer Person gespritzt werden, da sie nicht ausweichen können	1 Es muß eine zweite Person das Tier halten, damit es gespritzt werden kann.

2. Verbesserung der Versuchstierhaltung bei der anomalen Toxizität (Meerschweinchen) (vorgeschriebener Test lt. Pharmakopoe)

2.1. Gegenüberstellung der alten und der neuen Markierungsmethode

alte Markierungsmethode	neue Markierungsmethode
Ohrmarken	**Farben**
Nachteile	*Vorteile*
1 Schmerzhaft beim Einsetzen	1 Das Tier ist kaum beeinträchtigt beim markieren.
2 Die Wunde kann sich entzunden, die Kruste muß jedesmal beim Ablesen entfernt werden	2. Durch ein einfaches Farbsystem ist jedes Tier leicht zu erkennen und es kommt zu keinem Streß beim Herausnehmen
3 Das Ablesen der Nummer ist langwierig und bedeutet zusatzlichen Streß fur das Tier	3 Die Farbe halt eine Woche und kann nicht verschwinden. Da nur die Haare gefarbt werden, kann es zu keiner allergischen Reaktion kommen
4 Die Ohrmarke kann ausreißen und hinterlaßt eine schmerzhafte Wunde, zusatzlich muß das Tier einzeln gesetzt werden, um es identifizieren zu konnen	
Vorteil	*Nachteil*
1 Jedes Tier ist einzeln markiert, es kann zu keinen Kafigverwechslungen kommen	1 In jedem Käfig sitzen gleich gefärbte Tiere, es konnte u U zu Verwechslungen von Käfigen kommen

3. FSME-Kontrolltests

3.1. Einsparungen von Tieren durch Umstellungen bei FSME-Kontrolltests

3 1 1 Fremdvirentest

Statt der Überprufung des Fremdvirengehalts von Kontrollzellen wird der Test seit 1988 in befruchteten Huhnereiern durchgefuhrt Dadurch ergeben sich folgende Tiereinsparungen pro Jahr

ca 1 800 Kaninchen
ca 1 800 Meerschweinchen
ca 4.000 erwachsene Mause
ca 4 000 Babymäuse.

3 1 2 Aktive Ernte

Statt der Virustiterbestimmung in Mäusen wird der Virustiter seit 1988 in der Zellkultur (in vitro) durch einen Plaquetest bestimmt. Die Tiereinsparung pro Jahr beträgt

ca 16.000 erwachsene Mause.

3 1 3 FSME-Wirksamkeitstest

Durch Anderung der Testmethode und neuer statistischer Auswertungen mussen weniger Gruppen angesetzt werden Der Beginn der Anderung war Ende 1991 Die dadurch erzielten Tiereinsparungen betragen pro Jahr

ca 21.000 erwachsene Mause

3.2. Geplante Änderungen und Einsparungen, die erst mit Neuzulassung des neuen FSME-Impfstoffes zum Tragen kommen

Die EG-Einreichung des neuen FSME-ImmunCC (ChickChick) wird 1993 erfolgen

3 2.1 FSME-Produktion

Der Virusvermehrungsschritt in den Babymausen entfällt und wird in bebruteten Huhnereiern durchgeführt Die dadurch mögliche Tiereinsparung pro Jahr betragt

ca. 350 000 Babymause

3 2 2 FSME-Qualitatskontrolle

Uberprufung der inaktiven Ernte Der Test zum Nachweis der kompletten Inaktivierung wird bisher durch Verimpfung der Gewebekulturuberstande an Babymause und an erwachsene Mause durchgeführt Bei der Neuzulassung wurde dieser Test durch einen in vitro-Plaquetest ersetzt werden Dadurch wurden sich folgende Tiereinsparungen pro Jahr ergeben

ca 10 000 Babymause
ca 11 000 erwachsene Mause

Internationale Validierungsstudie der EG und der europäischen Kosmetik-Industrie (COLIPA) zur in vitro-Phototoxizitäts-Prüfung

H. Spielmann, M. Liebsch, S. Kalweit, B. Doring, R. Haupt

Seit 1.1 1992 wird von der für Tierschutzfragen zustandigen DG XI der EG gemeinsam mit dem Verband der europäischen kosmetischen Industrie (COLIPA) ein Validierungsprojekt zur Prüfung chemischer Stoffe auf phototoxische Eigenschaften durchgeführt, weil die bisher ublichen Tiermodelle beim Vergleich mit phototoxischen Effekten am Menschen unbefriedigend sind An der Validierungsstudie nehmen 5 Firmen der kosmetischen Industrie teil, sowie FRAME (England) und ZEBET (Deutschland) Die Studie wird von der EG finanziert und von ZEBET koordiniert

Die Phototoxizitatsstudie hat die folgenden Ziele

1 für die Industrie eine Verbesserung der Produktsicherheit durch Entwicklung einer validierten in vitro-Methode zur Prufung chemischer Stoffe auf phototoxische Eigenschaften,

2 für die nationalen und internationalen Behörden, wie z.B. EG und OECD, die Entwicklung einer validierten Methode zur phototoxischen Testung, die in internationale Richtlinien aufgenommen werden kann.

Wahrend des ersten Jahres werden 20 Stoffe mit bekannten phototoxischen Eigenschaften in allen teilnehmenden Labors mit einer identischen UVA-Lichtquelle gepruft. Als Testsysteme werden die in den teilnehmenden Labors bereits entwickelten in vitro-Phototoxizitatstests geprüft. Darüber hinaus nutzen zum Vergleich alle Arbeitsgruppen den einfachen 3T3-Zell-Zytotoxizitatstest zur in vitro-Toxizitatsprufung In den Industrielabors werden unterschiedliche in vitro-Systeme in dieser Validierungsphase eingesetzt, wie z B. Hefen, menschliche Erythrozyten, menschliche Keratynozyten und der Histidin-Test FRAME und ZEBET werden die 20 Prufsubstanzen mit kommerziell entwickelten neuen in vitro-Phototoxizitätstests prüfen.

Die ersten Ergebnisse der EG/COLIPA-Validierungsstudie wurden vorgestellt

Gefordert von der DG XI der EG in Brussel sowie von den teilnehmenden Firmen und Forschungsinstituten

Ergebnisse der Deutschen Validierungsstudie von Alternativmethoden zum Ersatz des Draize-Tests am Kaninchenauge

H. Spielmann, M. Liebsch, I. Gerner, S. Kalweit, T. Wirnsperger

Seit 1988 koordiniert ZEBET ein vom Forschungsministerium BMFT gefördertes Validierungsprojekt, in dem zwei in vitro Methoden zum Ersatz des Draize-Tests geprüft werden· der **HET-CAM-Test** am bebruteten Huhnerei und ein **Zytotoxizitätstest (Neutralrot-Test)** an der 3T3-Zellinie Bis Mitte 1990 konnten in *12 Labors* (Industrie, Universitäten und Forschungsinstitute) mit 35 chemischen Stoffen **Reproduzierbarkeit** und **Vergleichbarkeit** beider Methoden bestatigt werden. Seit Mitte 1990 wird in *7 Labors* für beide Methoden die **Datenbasis** erweitert, und zwar mit **165 neuen Stoffen aus den Industrieunternehmen**, für die Original-Draize-Daten in vivo vorliegen Die Experimente wurden 1991 abgeschlossen, und die Auswertung wird Ende 1992 abgeschlossen sein

Die Ergebnisse der Prüfung der Reproduzierbarkeit der beiden Alternativmethoden - HET-CAM-Test und Zytotoxizitätstest - wurden bereits publiziert. Dabei zeigten sowohl der HET-CAM-Test als auch der Zytotoxizitatstest eine befriedigende Korrelation zur Augenreizung in vivo Der HET-CAM-Test erwies sich einerseits weniger reproduzierbar als der Zytotoxizitatstest, andererseits zeigte der HET-CAM-Test jedoch eine bessere Korrelation zu den in vivo-Daten als der Zytotoxizitätstest

Um diese Ergebnisse mit einer umfangreicheren Datenbasis zu untermauern und um damit zu uberprüfen, ob sich die Tests auch für die Einstufung augenreizender Stoffe in ähnlicher Weise eignen wie der Draize-Test am Kaninchen, wurden in der letzten Phase der Validierung 165 unbekannte neue Stoffe "blind" gepruft, d.h mit codierten Stoffen Diese Prufung wurde als Doppelbestimmung in jeweils 2 Labors für jeden Stoff durchgeführt. Die vorläufige **Auswertung für den HET-CAM-Test zeigt eine deutlich bessere Korrelation der relativ einfachen Bestimmung der REIZSCHWELLE mit den in vivo-Daten, als das für den REIZ-INDEX der Fall ist**, dessen Ermittlung erheblich aufwendiger ist. **Dagegen lassen die** Ergebnisse der **Zytotoxizitätsprüfungen** für dieselben 165 Stoffe **keine befriedigende Korrelation zu den in vivo-Draize-Daten erkennen.**

Nach dem derzeitigen Stand der Auswertung lassen sich aus der Sicht des Verbraucherschutzes mit ausreichender Sicherheit mit dem HET-CAM-Test nur stark augenreizende Stoffe erfassen (*R41 "Gefahr ernster Augenschaden"*) Alle im HET-CAM-Test negativen Stoffe mußten anschließend noch in vivo am Kaninchen gepruft werden, weil die Zahl der "falsch negativen" Ergebnisse relativ hoch ist Dieses Vorgehen wird in Deutschland bereits behordlich für die Einstufung neuer chemischer Stoffe akzeptiert Es wird noch gepruft, ob die Pradikation durch zusatzliche Berucksichtigung von Zytotoxizitatsdaten verbessert werden kann

Gefordert vom BMFT und unterstutzt und durchgefuhrt von verschiedenen Firmen der deutschen chemischen Industrie (Asta-Degussa, Beiersdorf, Bohringer Ingelheim, Henkel, Huls, Schering) sowie von Forschungsinstituten (Battelle/Frankfurt, GSF-Munchen, Universitat Osnabruck, TH-Darmstadt, ZEBET-BGA)

Vergleichende *in vitro*-Toxizitätstestung von Bisphosphonaten zur Abschätzung der akuten systemischen Toxizität

H. L'Eplattenier, L. Meister, F. Pfannkuch, P. Graepel, P. Bentley

Zeitgemaße Planung und Durchführung von akuten Toxizitatsstudien hat in den vergangenen Jahren die Zahl der benotigten Tiere wesentlich verringert Trotz des Fortschritts wird diesen Studien nach wie vor von Tierschutzorganisationen und von Toxikologen vorgeworfen, die gewonnene Information sei nicht relevant genug im Verhaltnis zu den Schmerzen oder Leiden, die den Tieren zugefügt werden *In vitro*-Testmodelle konnen wertvolle Erganzungsmethoden darstellen, vor allem bei Substanzklassen, die in ihrer Toxizitat allen Zelltypen gemeinsame "basale" Strukturen oder Funktionen angreifen Die vorliegende Studie befaßte sich mit sechs Verbindungen der Klasse der Bisphosphonate Disodium Pamidronat, Trisodium 2-(Imidazol-1-yl)-1-hydroxyethan-1,1-bisphosphonsaure (CGP 42446B), 1-Hydroxy-3[N-(3-phenoxy-propyl)-N-methyl-amino]-propyliden-1,1-bisphosphonsaure (CGP 47072), 1-Hydroxy-3[N-(2-phenylthioethyl)-N-methyl-amino]-propyliden-1,1-bisphosphonsaure (CGP 48084), Disodium Etidronat und Disodium Clodronat Bisphosphonate sind Osteoklastenhemmer und werden u a für die Therapie von Morbus Paget und von tumorinduzierter Hyperkalzamie, sowie bei Knochenmetastasen eingesetzt Die Hauptmerkmale ihrer Wirkung sind, neben der Inhibition des Knochenabbaues, Lasionen im proximalen Tubulus der Niere Die sechs Substanzen wurden bezuglich ihrer Zytotoxizitat an zwei verschiedenen Zellinien (undifferenzierte Fibroblasten der BHK-21 Zellinie und differenzierte proximale Nierentubuluszellen der LLC-PK_1 Zellinie) getestet, um ihr (nephro-)toxisches Potential zu untersuchen Die Ergebnisse wurden mit Daten von akuten *in vivo*-Studien verglichen, um die Brauchbarkeit dieses Systems zur Abschatzung der akuten systemischen Toxizitat zu untersuchen Die Zytotoxizitat wurde anhand des Neutralrot-Tests gemessen und die Konzentration, die eine Abnahme um 50% der Neutralrotaufnahme durch die Zellen bewirkt (NR50), wurde für jede Substanz bestimmt An Fibroblasten reichten die NR50 Werte von ca 4 bis 1 900 µM in der folgenden Reihenfolge CGP 47072 < CGP 42446B < CGP 48084 < Disodium Pamidronat < Disodium Clodronat < Disodium Etidronat Zwischen Dosen der Zytotoxizitat an Fibroblasten und der akuten *in vivo*-Toxizitat wurde eine gute Korrelation gefunden (r=0,92) Vier der sechs Substanzen zeigten für beide Zellinien vergleichbar starke Zytotoxizitat Die zwei anderen (CGP 47072 und Disodium Etidronat) waren deutlich weniger zytotoxisch für (differenzierte) Nierentubuluszellen als für (undifferenzierte) Fibroblasten Die Ursachen hierfür sind noch nicht untersucht Dieses Zellkulturmodell stellt eine Hilfe bei der prospektiven Einschatzung der akuten systemischen Toxizitat dar und kann durch gezieltere Dosiswahl bei der Planung von akuten Toxizitatsstudien die notwendige Tierzahl weiter reduzieren Weiters wurde gezeigt, daß Bisphosphonate keine "spezifische" Nephrotoxizitat aufweisen, sondern daß sie direkt zytotoxisch wirken

Die 3alpha-Hydroxysteroiddehydrogenase (3alpha-HSD; EC 1.1.1.50) als zusätzliche in vitro-Methode zum Screening nach Antiphlogistica zur Reduzierung von Tierversuchen

J. Giessler, R. Hirschelmann, O. Rickinger

Steroidale und nichtsteroidale Antiphlogistica haben unterschiedliche Wirkmechanismen und, da bei letzteren nicht nur die Hemmung der Prostagladine-Synthase (PGS) für die antiphlogistische Potenz entscheidend ist, reicht der PGS-Assay als in vitro-Screeningtest nicht aus (Tabelle 1, z B Flosulid u Salicylsaure)

Zur Einsparung von Tierversuchen wie Carrageenin-Rattenpfotenodem und Adjuvansarthritis verglichen wir als Alternativmethode die Hemmung der 3alpha-HSD durch Antiphlogistica (Methode nach PENNING T M , 1985) mit der Hemmung der PGS und mit Daten zur antiodematosen Wirkung

Tabelle 1 Vergleich der Hemmung der 3alpha-HSD und der PGS in vitro mit Daten zur antiphlogistischen Wirksamkeit einiger Substanzen am Carrageeninodem

	IC_{50} mol/l		ED_{40} mol/kg p o 3h
	3alpha-HSD	PGS	Carrageeninodem
Indomethacin	1.3x10^{-6}	2.5x10^{-7}	3.0x10^{-6}
Diclofenac	1.3x10^{-6}	2.1x10^{-7}	5,0x10^{-6}
Glycyrrhetinsaure	1.5x10^{-5}	23% H bei 10^{-3}	23% H bei 6x10^{-5}
Flosulid	2.0x10^{-4}	n e bis zu 10^{-3}	3,0x10^{-6}
Salicylsaure	1.0x10^{-3}	n e bis zu 10^{-3}	5.0x10^{-4}
Aspirin	6.2x10^{-3}	4.8x10^{-4}	4,0x10^{-4}
Dexamethason-di-Na-phosphat	1.5x10^{-5}	n e bis zu 10^{-3}	1.9x10^{-7}
Prednisolonbissuccinat	2.5x10^{-5}	n e bis zu 10^{-3}	1,1x10^{-5}
Trilostan	91% H bei 5x10^{-5}		13% H bei 1,5x10^{-4}

Der Vorteil des 3alpha-HSD-Assays besteht darin, daß sowohl steroidale als auch nichtsteroidale Antiphlogistika erfaßt werden, unter den nichtsteroidalen auch solche, die die PGS nicht hemmen (Tabelle 1, z B Flosulid u Salicylsaure) und im wesentlichen die Hemmung der 3alpha-HSD mit der in vivo-Wirksamkeit der Substanzen parallel geht Nachteilig ist, daß falsch positive Ergebnisse auftreten, d h daß auch einige nichtantiphlogistische Substanzen die 3alpha-HSD hemmen (Tabelle 1, z B Trilostan)

Insgesamt kann festgestellt werden, daß sich die Hemmung der 3alpha-HSD durch Antiphlogistica als zusatzlicher in vitro-Parameter für ein Screening eignet und zur Einsparung von Tierversuchen beitragen kann

Literatur

PENNING T M , J Pharm Sci 74, 651-654, 1985

Die Planarien-Regeneration als Modell für die Bewertung teratogener Schadstoffe

Ch. Hintze-Podufal, R. Vetter

Planarien sind außerst empfindlich gegenuber geringen Schadstoffmengen und zeichnen sich durch ein ausgepragtes Regenerationsvermogen aus Daher eignen sie sich hervorragend für die Bewertung von Faktoren, die den Ablauf der Regeneration beeinflussen Da ihr Regenerationsverlauf der embryonalen Morphogenese entspricht, die in ihren Grundzugen den physiologischen, anatomischen und biochemischen Vorgangen in der Embryogenese hoherer Vertebraten gleicht, konnen die Planarien als einfaches Modell für die Bewertung von teratogenen Stoffen herangezogen werden (auch BEST B and MORITA M , 1982)

Die getesteten Stoffe (Bleinitrat, Formol, Detergentien) beeinflussen an *Planaria gonocephala* und *Polycelis nigra* die Differenzierung des Regenerationsblastems, bestimmen den Regenerationsbeginn, -ablauf und -ende, wirken auf das Wachstum, die Regeneration des Restkorpers und auf die Ausbildung des Nervensystems im Regenerat ein Das Nervensystem mit dem bei Planarien schon gut ausgebildeten Gehirn ist für das Verhaltensrepertoir der Tiere verantwortlich Verhaltensabweichungen regenerierender Tiere zeigen dem Experimentator im Vergleich zu Kontrollen inwieweit das Nervensystem geschadigt ist Auch kann an abgestuften Verhaltensanderungen bei steigender Schadstoffkonzentration der Grad der Schadigung schnell erkannt und gefolgert werden, ob die Tiere/Regenerate bei Dauereinwirkung der Schadstoffe uberleben werden oder nicht Beide Arten zeigen gegenuber den verwendeten Schadstoffen vergleichbare abgestufte Strategien unabhangig von der Art des jeweiligen Schadstoffes Beide stellen als ganze Tiere und Teilstucke die freie Ortsbewegung - Gleiten und Schwimmen mit veranderbarer Korperlage - ein, krummen sich rinnenartig und heften sich mit einem Sekret der Klebdrusen in der Sohle am Untergrund fest, der Korper wird dabei verkurzt und z T rund, seine Rander gekrauselt, Rhabditen werden abgegeben, verquellen und bilden bei *P gonocephala* eine etwas diffuse Schutzhulle, bei *P nigra* eine mehrschichtige Schleimkapsel Das freie Schwimmen und Gleiten wird bei Teilstucken mit zunehmender Schadstoffkonzentration schneller vom Vorderende eingestellt, das empfindlicher als das Hinterende reagiert Die Kapselbildung kann bei niedrigeren Konzentrationen unterbleiben oder tritt erst 48 h nach Versuchsbeginn auf, bei hohen Konzentrationen bereits innerhalb der ersten 6 h Bei den Differenzierungsvorgangen im Regenerationsblastem werden die totipotenten Neoblasten, aus denen die verschiedenen Gewebe hervorgehen und die damit auch als adulte Aquivalente embryonaler Blastomeren zu betrachten sind (LANGE C S , 1983), durch Induktionsreize von den im Restkorper verbliebenen Nervenstrangen determiniert Das Muster ihrer Differenzierung in Gehirn, Nerven- und Sinneszellen, in Mesenchym, Muskulatur u a kann mikroskopisch verfolgt und dabei hemmende oder schadigende Wirkungen durch die Testsubstanzen erfaßt werden Da sich die ausgewahlten Stoffe in Vergleichsserien an Vertebratenembryonen - Fisch (HINTZE-PODUFAL CH und VOGEL S 1985, HINTZE-PODUFAL CH , 1991) - Frosch (HINTZE-PODUFAL CH und VETTER R , 1992) - Sauger (BEST B and MORITA M , 1982) - als ebenso teratogen erwiesen, belegen diese Versuche deutlich, daß die Planarienregeneration ein geeignetes Modell zur Bewertung von Schadstoffen darstellt

Literatur

BEST J B and MORITA M , Planarians as a model system for in vitro teratogenesis studies, Teratogenesis, Carcinogenesis, and Mutagenesis 2, 277-291, 1982

HINTZE-PODUFAL CH , Developmental toxicity testing with fish embryo teratogenesis assay, *Brachydanio rerio,* in The threatened World of Fish, The Hague, 1991

HINTZE-PODUFAL CH und VOGEL S , Embryonale Mißbildungen am Zebrabarbling *Brachydanio rerio* (HAMILTON-BUCHANAN) nach Einwirkung von Detergentien, Zool Anz Jena 215 1/2, 9-17, 1985

HINTZE-PODUFAL CH und VETTER R , Die Auswirkungen von Bleinitrat und Formol auf die Entwicklung von *Xenopus laevis*-Embryonen und Larven, im Druck 1992

LANGE C S , Stem cells in planarians, in POTTEN C S (ed), Stem cells, Churchill Livingstone, Edinburgh, 28-66, 1983

Die Wachsmotte *Galleria mellonella* (L.) als Modellsystem zum Nachweis von teratogen wirkenden Substanzen

Ch. Hintze-Podufal, R. Vetter

Entwicklungsprozesse und ihre Storungen treten nur am lebenden System, also dem Organismus selbst auf, daher konnen nach dem heutigen Wissensstand Zellkulturen keine vollstandige Auskunft uber Schadstoffeinwirkungen geben Aber es ist moglich, ein einfacheres und nach den Kriterien des Tierschutzes unproblematischeres Modell zu wahlen als ein Wirbeltier Eigene Forschungsprogramme uber die Beeinflussung der Insektenentwicklung durch Umweltchemikalien veranlassen uns, die Wachsmotte - einen Schadling an Bienenwaben - als Testtier vorzuschlagen Es eignet sich besonders aufgrund der kurzen Entwicklungszeit und leichten Zuchtbarkeit Die zu testenden Substanzen werden mit der Diat per os aufgenommen, evtl verstoffwechselt und verandert oder unverandert wieder ausgeschieden

Ihre Wirkung auf die Dauer der Entwicklung, auf morphologische und physiologische Prozesse, auf Todes- und Vermehrungsrate, auf Verhaltensweisen und andere Kriterien konnen im Vergleich mit den Kontrollen leicht und schnell erfaßt und experimentell untersucht werden Der Entwicklungsbiologe kann dann in weiterfuhrenden Verfahren die Wirkungsmechanismen der Substanz oder ihrer Abbauprodukte auf zellularer Ebene klaren

Wahrend der Metamorphoseprozesse im Puppenstadium werden die imaginalen Organe z T neu gebildet - Flugmuskulatur u a -, z T aus schon in den Raupen vorhandenen Imaginalscheiben ausdifferenziert, z B Flugel und Extremitaten Daher kann die Gesamtheit dieser morphogenetischen Prozesse mit den embryonalen wahrend und nach der Organogenese verglichen werden Ihre Storung durch exogene Faktoren (Chemikalien u a) kann daher als Warnung vor einer moglichen Storung der Wirbeltierembryonalentwicklung gewertet werden Dieses wird z B durch die Auswirkungen von Nikotin auf die Embryogenese von Wirbeltieren und auf die Metamorphoseprozesse von *G mellonella* belegt Bei Saugern passiert das Nikotin ungehindert die Plazenta und wird in der Blastocyste gespeichert Diese wird resorbiert oder es kommt zu Aborten bzw zu Terata (Maus NISHIMURA H and NAKAI K , 1958, Huhn LANDAUER W , 1960) mit Skelett-, Herz-Kreislauf- und Nierenanomalien, Leber- und Nervensystemschaden, zur Hypotrophie der Muskulatur u a Entwicklungsstorungen - An der Wachsmotte konnen konzentrationsabhängig u.a folgende Storungen einzeln oder in Kombination beobachtet werden. fehlendes bis abgewandeltes Kokonspinnen, abnorme Eiablage - es entstehen ca. 10 cm lange, 3 mm breite Eibänder im Gegensatz zur Einzelablage oder Ablage in kleinen Gruppen durch Normaltiere -, Gleichgewichtsstorungen bei Imagines und umgekehrte Korperlage, sie bevorzugen die Ruckenlage, anatomische Fehlbildungen wie z B Flugelreduktion, -verkrumpelung, -haltefehler (sie bleiben in der "Puppenstellung" ventral am Korper), ballonartig aufgeblasene Flügel; reduzierte, verbogene, unbewegliche Antennen; Kopfdeformationen, Augenfehlstellungen und -größenanomalien; Thorax- und Beinanomalien, fehlende oder verkurzte, unbewegliche, unbeschuppte, z T. stark sklerotisierte Labialpalpen und/oder Rüssel Es gibt eine Fülle weiterer Defekte, die hier aus Platzmangel nicht erortert werden können Außerdem ist die eindeutige Zuordnung von Storungen einiger Verhaltensweisen zu morphogenetischen Defekten noch nicht abgeklärt. Bei Vertebraten werden durch Nikotin mesodermale Gewebe beeinträchtigt, die für die Induktion der Organe wahrend der Entwicklung eine wesentliche Rolle spielen Auch bei der Wachsmotte ist der Indikator geschädigt, der hier umgekehrt durch das Ektoderm repräsentiert wird (PIEPHO H und HINTZE-PODUFAL CH , 1971)

Literatur

LANDAUER W , Nicotine-induced malformations of chicken embryos and their bearing on the phenocopy problem, J. Exp. Zool , 143, 107-122, 1960

NISHIMURA H and NAKAI K , Developmental anomalies in offspring of pregnant mice treated with nicotine, Science, 127, 877-878, 1958

PIEPHO H. und HINTZE-PODUFAL CH , Zur Polaritat des Insektensegmentes, Biol Zbl 90, 419-431, 1971

Induzierte Morphogenese durch monocytische Angiomorphogene (Ribokine) in vitro

T. Graeve, M. Noll, A. Schneider, J.H. Wissler

Die Untersuchungen zur Vaskularisation von Geweben ist fester Bestandteil in der grundlagenorientierten und angewandten Forschung, sowie in vorklinischen Prüfungen für die Zulassung von Medikamenten Diese Untersuchungen werden am Tier durchgeführt

Es wird seit langem versucht, Ersatzmethoden zum Tierversuch zu entwickeln Hierzu zählen z B Untersuchungen an Hühnerembryonen (Chorioallantoismembran), mit Bakterien und Organellen und in vitro-Tests mit kultivierten Zellen Sowohl durch Irritationen als auch durch physiologische Morphogenese konnen ahnliche Erscheinungsformen morphologischer Veranderungen induziert werden, wenn auch mit verschiedener Kinetik der biologischen Reaktionen Dies kann zu falsch positiven Tests führen Es war deshalb bisher nicht möglich, eindeutige Positivkontrollen durchzuführen.

Die Vaskularisierung von Geweben hat ihren Ursprung im molekularen Zusammenspiel von Monocyten (Makrophagen) und Endothelzellen Aus serumfreiem Kulturmedienüberstand von lektinaktivierten peripheren Schweine-Monocyten konnte ein neues, chemisch definiertes Morphogen (Angiotropin) für Endothelzellen isoliert werden, das in Struktur und Funktion aufgeklart werden konnte (WISSLER J H et al , 1986) Hierbei handelt es sich um einen bioaktiven Cu-Ribonukleo-Polypeptid-Komplex (Cu-RNP) (WISSLER J H. et al , 1988, WISSLER J H and LOGEMANN E , 1990)

Das Monokin wirkt als Morphogen in vivo und in vitro. In Geweben verschiedener Tierarten konnten durch Kapillarisierung bioaktive Gewebsmuster induziert werden; hierbei sei auf die Bedeutung der Reaktion bei pathophysiologischen Phänomenen hingewiesen, die sich durch eine vorübergehende Neohypervaskularisierung mit reversibler, langanhaltender Zunahme an Hämodynamik auszeichnet. In vitro induziert das Morphogen bei Reinkulturen von Endothelzellen eine selektive Zelldifferenzierung, Zellwanderung und eine räumliche Anordnung, die der Angiogenese in vitro zugrunde liegt (WISSLER J.H. et al., 1986; HÖCKEL M. et al., 1984; HOCKEL M. et al., 1987, HOCKEL M. et al., 1988). Die Bioaktivität ist auf die Endothelzellen gerichtet und verursacht die Bildung eines organoiden kapillarähnlichen Musters.

Aus diesen Gründen kann das Morphogen bei Irritations- oder Vaskularisationstests mit Endothelzellen als Positivkontrolle für die Vaskularisierung von avaskulärem Gewebe eingesetzt werden. Darüber hinaus kann es als Kontrollmöglichkeit bei Tests herangezogen werden, um den Verletzungsgrad bei der physiologischen Morphogenese von avaskulärem Gewebe zu untersuchen. Ein Feld von in vitro-Tests, das bisher von keinem schon bestehenden Test abgedeckt wird.

Literatur

HOCKEL M., BECK T , WISSLER J H., Int J Tissue React 6, 323-331, 1984

HOCKEL M., SASSE J , WISSLER J. H , J. Cell Physiol. 133, 1-13, 1987

HOCKEL M., JUNG, W , VAUPEL, P , RABES, H., KHALEDPOUR, C , WISSLER, J.H., J. Clin. Invest. 82, 1075-1090, 1988

WISSLER J.H , LOGEMANN E , MEYER H E., KRUTZFELD B , HÖCKEL M., HEILMEYER JR. L.M.G., Protides Biol.Fluids 34, 525-536, 1986

WISSLER J.H., KIESEWETTER S., LOGEMANN E., SPRINZL M., HEILMEYER JR L.M.G , Biological Chemistry (Hoppe-Seyler) 369, 948-949, 1988

WISSLER J.H and LOGEMANN E , Biological Chemistry (Hoppe-Seyler) 371, 827-828, 1990

Morphologische und funktionelle Änderungen der Mammakarzinomzellinie MCF7 unter Einfluß verschiedener Zytostatika und eines elektromagnetischen Feldes

S. Johann, S. Mikorey, T. Lederer, T. Brill, W. Krauss, G. Blümel

Der positive Einfluß elektromagnetischer Felder (EMF) auf die Heilung von Pseudarthrosen, Prothesenlockerungen und Hüftnekrosen ist mittlerweile unbestritten. Nicht geklärt sind jedoch die Auswirkungen EMF auf Tumorwachstum und Zellproliferation Um diesem Problem näherzukommen wurde in vitro eine Tumorzellinie, die Mammakarzinomzellinie MCF7, auf Änderungen nach intermittierendem EMF (6 Stunden an/6 Stunden aus) untersucht. Hierzu wurden die mitochondriale Aktivitat als Parameter für die Proliferation einer Zelle und Änderungen in der Oberflächenbeschaffenheit der MCF7-Zellen herangezogen. Gleichzeitig wurde der Einfluß verschiedener Zytostatika in Verbindung mit EMF auf die mitochondriale Aktivität getestet.

MCF7-Zellen wurden in 96-Lochplatten in verschiedenen Konzentrationen eingesät und über 14 Tage unter Standardbedingungen bebrütet Die Magnetspulen (Magnetodyn Function Generator M70S; 20 Hz, 50 Gauß) waren in einen Brutschrank so eingebracht, daß keine Änderung der Kulturbedingungen (37°C, 5% CO_2) resultierten. Zur Konstanthaltung der Temperatur wurde ein Haake Wasser-Kühlsystem verwendet. Kontrollzellen wurden unter identischen Bedingungen bei fehlendem EMF gehalten

Die mitochondriale Aktivität der Mammakarzinomzellen wurde mittels MTT-Test bestimmt. Hierzu wurden 10 µl MTT zu jeder Probe pipettiert und nach 4 Stunden das von lebenden Zellen gebildete Formazan photometrisch bestimmt Gleichzeitig wurden Proben mit 7 verschiedenen Zytostatika inkubiert.

Um Änderungen der Zelloberfläche zu beobachten, wurden MCF7-Zellen in Leighton tubes eingesät, 72 Stunden inkubiert und nach entsprechender Praparation im Rasterelektronenmikroskop untersucht

Die mitochondriale Aktivität lebender MCF7-Zellen erhohte sich um das 1,3 bis 2,0fache unter Einfluß des EMF.

Zellen, die alternativ 3 Tage unter Einfluß des EMF standen und anschließend 3 Tage ohne den Einfluß eines EMF wuchsen, zeigten eine niedrigere mitochondriale Aktivität als 6 Tage EMF inkubierte Zellen aber eine höhere Aktivität als die Kontrollzellen.

Eine niedrigere mitochondriale Aktivität der MCF7-Zellen unter gleichzeitigem Einfluß von EMF und Zytostatika gegenüber MCF7-Zellen ohne den Einfluß eines EMF, wohl aber der Zytostatika, konnte beobachtet werden.

In der rasterelektronischen Untersuchung konnten Änderungen der Zelloberflache in Form von aufgerauhter Membran und verstarkter Mikrovilliformation nach EMF-Applikation aufgezeigt werden.

Unsere Ergebnisse zeigen, daß EMF in der Lage sind, zu einer gesteigerten Proliferation der Mammakarzinomzellen zu führen. Bei gleichzeitiger Inkubation mit Zytostatika scheint jedoch die Sensitivität der dem EMF ausgesetzten Zellen gegenuber den Zytostatika erhöht zu sein Weiterführende in vitro-Untersuchungen sollen Auswirkungen der Zytostatika und der EMF auf Mammakarzinomzellen klären.

Dopaminerge Neuronenzellkulturen: biochemische und morphologische Auswertung toxischer Mechanismen

D. Reinitzer, T.S. Chen, E. Koutsilieri, K. Kanaya, W.-D. Rausch

Primärzellkulturen von Neuronenzellen helfen die komplexen Strukturen und Funktionen des Gehirns zu verstehen. Degenerative Prozesse des Zentralnervensystems und die Wirkungsweise von Neurotoxinen lassen sich in diesem Modell simulieren Der Einfluß selektiver Toxine, die speziell ein Neuronensystem erfassen (z.B MPTP auf die dopaminergen Neuronen), spielt dabei eine bedeutende Rolle Das Prinzip der Beobachtung einzelner Zellen anstelle des Gesamttieres ermoglicht darüber hinaus eine Reduktion der Tierversuche.

Dopaminerge Zellkulturen aus dem Mesencephalon embryonaler C57/B16 Mause werden zuerst in serumhältigem und später in serumfreiem definierten Medium kultiviert Die Kulturen werden über verschiedene Zeitraume mit Toxinen versetzt

Zur Beurteilung der Toxizität werden morphologische und biochemische Parameter herangezogen. Selektive immunhistochemische Färbemethoden erlauben die Differenzierung von Neuronen und Glia bzw die Erkennung einzelner Neuronenpopulationen (dopaminerge, cholinerge). Mikroskopische Techniken gekoppelt mit einem Bilderfassungssystem ermöglichen neben der Bestimmung der Zellzahl auch die Messung der Zellgröße, der Länge der Fortsätze etc. Damit sind degenerative Veränderungen etwa der Dendriten objektivierbar. In den gleichen Kulturen werden zugleich auch biochemische Parameter vitaler Funktionen (Transmittergehalt, Aufnahmevorgänge) mit Hilfe der HPLC und elektrochemischer Detektion bzw radiochemischer Techniken erfaßt

Die Ergebnisse zeigen, daß biochemische Parameter wesentlich sensitiver auf die Toxine (Dopaminfreisetzung, Aufnahmeänderung) reagieren, verfeinerte morphologische Parameter jedoch auch gute Aussagen über die Neurotoxizität zulassen. Darüber hinaus wird die fluoreszenzmikroskopische Messung von intrazellulärem Kalzium (Fura-2) zusammen mit einer Bestimmung des intrazellulären pH-Wertes (BCECF) als sensitiver Parameter pathologischer Veranderungen herangezogen.

Ziel ist es, hinausgehend über die akut toxische Wirkung von Drogen, die zu einer irreversiblen Schädigung der Zellen führt, ein Maß für die Störung zellulärer Funktionen zu finden.

In vitro-Teststand für die Untersuchung der Thrombenbildung in Blutpumpen und anderen blutkontaktierenden Systemen

H. Siegl, H. Schima, L. Huber, D. Melvin, M.R. Müller, A. Prodinger, U. Losert, E. Wolner

1. Einleitung

Die Thrombogenität von medizinischen Geraten mit direktem Blutkontakt wie Kathetern, Meßaufnehmern, Konnektorsystemen und Blutpumpen ist ein wesentlicher Gesichtspunkt bei der Entwicklung und Bewertung derartiger Gerate. Eine Untersuchung der Thrombosierungsvorgange in vitro scheiterte vor allem an den interferierenden Problemen des Blutkontaktes mit den kunstlichen Oberflachen des Testkreislaufs, der notwendigen atraumatischen Blutbeschaffung und der Stabilisierung der Reaktion uber die notwendige Versuchszeit Dies hat die Entwicklung derartiger Ersatzmethoden bisher weltweit verhindert Angeregt durch Erfahrungen Dr. MOHAMMADS, Salt Lake City, USA (SWIER P. et al , 1989) adaptierten wir den bei uns entwickelten Teststand für Zentrifugalpumpen (MULLER M R et al , 1991) und erarbeiteten ein Modell, das eine weitgehende Reproduzierbarkeit der Thrombenbildung in vitro gewährleisten sollte

2. Material und Methodik

Das verwendete Blut wurde unter Verwendung einer eigens entwickelten Lanzette atraumatisch und luftfrei von Schlachttieren gewonnen und in einem heparinisierten Beutel (1,5 I.U /ml Blut) gesammelt Die Activated Clotting Time (ACT) lag unmittelbar nach Abnahme zwischen 400-700 Sekunden Nach Fullung des geschlossenen Testkreises wurde die Pumpe sofort eingeschaltet (5 l/min gegen 150 mmHg) Falls notwendig wurde der aktuelle ACT-Wert mittels Protamin gesenkt, sodaß ein 3fach über dem Normalwert liegender Ausgangswert erreicht wurde Einwandfreie Beschaffenheit der Blutprobe vorausgesetzt, nahm der ACT-Wert während des folgenden Testzeitraumes von 1 bis 3 Stunden kontinuierlich ab Der Test wurde bei Erreichen des 1,5fachen Normalwertes beendet und die Thrombenbildung an den Testobjekten untersucht.

3. Ergebnisse

In einer ersten Untersuchungsreihe wurden verschiedene Zentrifugalblutpumpen, wie sie in Herzlungenmaschinen und zur kurzzeitigen Herzunterstützung verwendet werden, in jeweils zwei parallel durchgeführten Tests untersucht (6 Biomedicus, 4 Zentrimed, 4 Eigenentwikklungen). Die Untersuchung der Pumpen nach Abschluß der Tests zeigte eine Thrombenbildung, wie sie typischerweise bei klinischen Einsätzen und Tierversuchen zu beobachten ist (sowohl in Form, bevorzugten Anlagerungspunkten wie Konnektoren, Achsen, Staupunkten und in der Farbe). Die Große der Thromben nach einem in vitro-Test von 2 Stunden entsprach einer Pumpdauer von 2 bis 5 Tagen in vivo, wobei bei Rinderblut eine raschere Thrombenbildung bei gleichzeitig höheren ACT-Werten zu beobachten war.

Zusammenfassung

Unter der Voraussetzung einer methodisch konsequenten Anwendung des Testprinzips bringt diese in vitro-Untersuchungsmethode reproduzierbare und aussagekraftige Ergebnisse Das Verfahren ist für die Untersuchung von Prototypen und für Screening-Tests von Blutpumpen, Kathetern und Prothesen geeignet und kann zu einer wesentlichen Reduktion nachfolgender Tierversuche beitragen

Literatur

SWIER P., BOS W.J , MOHAMMAD S.F., OLSEN D.B , KOLFF W F , An in vitro-test model to study the performance and thrombogenicity of cardiovascular devices, ASAIO Trans, 35, 683-7, 1989

MULLER M R , SCHIMA H , SALAT A., GEIHSEDER G , SCHLUSCHE C , LOSERT U , WOLNER E., Guidelines for hematological pump-testing in vitro, in SCHIMA H., THOMA H , WIESELTHALER G., WOLNER E (eds.), Proceedings of the International Workshop on Rotary Blood Pumps 1991, Baden/ Vienna, 111-117, 1991

Bestimmung der Adhäsion von Zellen auf Biomaterialien unter dynamischen Bedingungen - in vitro

M. Grau, H. Bienert, H.A. Richter, P. Kaden, C. Mittermayer

Im Institut für Pathologie der RWTH Aachen wird die Entwicklung eines kunstlichen Gefäßes auf Polymerbasis verfolgt, dessen Oberflache so modifiziert ist, daß das Fremdmaterial mit korpereigenen Zellen maskiert werden kann Um die Vielzahl von Polymeren und deren Oberflachenmodifikationen zu prufen, wurde ein in vitro-Testsystem entwickelt Polymere, deren Biokompatibilitätsparameter, wie Toxizitat und Einfluß auf die Proliferationsrate ahnlich waren, werden einem erneuten einengenden Screening unterworfen. Die Moglichkeit, die Zellen unter Schubspannungsbelastung im physiologischen Bereich auf Polymeroberflachen zu beobachten und zu dokumentieren, minimiert die Zahl der notwendigen Tierversuche Die zu untersuchenden Polymere liegen in Folienform vor Sie werden auf Objekttragern praparìert und mit humanen Zellen besiedelt Zu Versuchsbeginn sollte ein konfluenter Zellrasen vorliegen. Anschließend werden die Zellen im Kegel-Platte-Rheometer verschiedenen definierten Schubspannungen ausgesetzt Der Kegel rotiert mit konstanter Winkelgeschwindigkeit und setzt das zwischen Kegel und Platte befindliche Medium in Bewegung Es entsteht eine konstante Stromung uber der gesamten Flache Die jeweils eingestellte Schergeschwindigkeit entspricht, bei bekannter Viskositat des Mediums, einer definierten Schubspannung Die simulierten Schubspannungen decken den Bereich der in vivo in den Gefäßen auftretenden Scherkrafte ab, d h es werden die naturlichen Randbedingungen in vitro simuliert. Der Kegel und die Platte sind aus Glas gefertigt, um eine Beobachtung der Probe wahrend des Schervorganges zu ermöglichen Die quantitative und qualitative Auswertung der Scherversuche erfolgt uber die Bewertung der

Zellmorphologie, über Vitalfärbung, Proteinbestimmung und Zellzählung jeweils vor und nach Belastung. Als Kontrolle dienen Glasoberflächen, die unter gleichen Bedingungen besiedelt und geschert werden. Generell ist die Beobachtung von Zellen auf verschiedensten Biomaterialien unter dynamischen Bedingungen durchführbar. Weitere Einsatzgebiete sind in der Bakterienadhäsionsprüfung und Zell-Zell Adhäsionsuntersuchungen zu sehen.

In vitro Embryotoxizitätstestung mit differenzierungsfähigen embryonalen Stammzellen (Zellinie D3)

S. Bremer, J. Heuer, I. Pohl, A. Pöting, G. Klein, R. Vogel, H. Spielmann

In früheren Untersuchungen konnten wir zeigen, daß pluripotente embryonale Stammzellen (ES-Zellen) zur in vitro-Embryotoxizitätstestung vielversprechend eingesetzt werden können (LASCHINSKI et al., 1991) Es wurde jetzt versucht, mit der pluripotenten Maus-ES-Zellinie D3 (DOETSCHMANN et al , 1985) Kulturbedingungen zu etablieren, die eine reproduzierbare Differenzierung der ES-Zellen ermöglichen. Die ES-Zellen können in Co-Kultur auf einem "*feeder layer*" embryonaler Mause-Fibroblasten permanent im undifferenzierten Zustand gehalten werden In Suspensionskultur aggregieren isolierte ES-Zellen und bilden spontan komplexe "*embryoid bodies*" (EBs) mit Ektoderm, Endoderm und Mesoderm. In verschiedener Hinsicht entsprechen EBs Mauseembryonen im fruhen Postimplantationsstadium. Unter günstigen Kulturbedingungen konnen sich eine große Zahl verschiedener Zell- und Gewebetypen aus den EBs entwickeln: Muskel- und Nervenzellen, verschiedene Epithelia, Chondocyten, Blut- und Pigmentzellen.

Wir bestimmen die zeitliche Kinetik des Erscheinens für die oben genannten Zell- und Gewebetypen. Nahezu 100% der ES-Zellen formen Myokardzellen bis zum 13. Tag der Kultur. Das Auftreten glatter Muskelzellen beginnt am Tag 14 und erreicht am Tag 25 das Maximum. Nervenzellen konnten in unbehandelten Kulturen lichtmikroskopisch nicht beobachtet werden.

Um die Brauchbarkeit des ES-Zelldifferenzierungssystems für Embryotoxizitätsstudien zu prüfen, wurde den Kulturen Retinsäure (RA) zugesetzt, die bei Menschen und auch bei Labortieren embryotoxisch wirkt. RA beeinflußte bei den ES-Zellkulturen in vitro die Differenzierung der einzelnen Zelltypen in unterschiedlicher Weise. Im Konzentrationsbereich $1x10^{-7}$ zu $2x10^{-8}$ M und bei Exposition an den Tagen 0 bis 3 der Kultur verzögerte RA die Entwicklung von Myokardzellen Im Gegensatz dazu wurde im Vergleich zu unbehandelten Kulturen die Differenzierung von Nervenzellen gefördert Weiterhin verminderte RA die Bildung von Blutinseln in zystischen EBs

Mit Hilfe monoklonaler Antikorper und der Fluoreszenzmikroskopie war es uns möglich, in den sich differenzierenden Zellkulturen das Auftreten zellspezifischer Marker für Skelettmuskel- und Nervenzellen nachzuweisen Bei Zugabe von Erythropoetin zu Suspensionskulturen bilden 100% der sich entwickelnden zystischen EBs Blutinseln mit Erythrozyten und Gefäßen.

Gefördert vom BMFT - Schwerpunkt: "Alternativmethoden zum Tierversuch"

Literatur

DOETSCHMANN et al., JEEM 87, 27, 1985
LASCHINSKI et al , Reproduct. Toxicol 5, 57, 1991

Untersuchung der Wirkung von Klasse III-Antiarrhythmika an kultivierten Herzmuskelzellen aus Hühnerembryonen

B. Pelzmann, B. Koidl

Aus dem Herz eines einzigen sieben Tage alten Huhnerembryos konnen durch Disaggregierung mittels Trypsin etwa 1 Million Ventrikelzellen gewonnen und in Zellkulturen gezuchtet werden Untersuchungen an diesen Zellen stellen eine wichtige Methode zur Reduktion von Tierversuchen und der Zahl von verwendeten Versuchstieren für zahlreiche pharmakologische Fragestellungen in der kardiologischen Grundlagenforschung dar Diese Zellen pulsieren, wenn sie auf 37° C erwärmt werden, spontan, zeigen also gewisse Eigenschaften der Zellen aus dem Automatiezentrum des Herzens, dem Sinusknoten Andererseits erweisen sie sich aber durch ihre elektrophysiologischen Eigenschaften als typische Ventrikelzellen

In unserem Laboratorium konnte in den letzten Jahren der Schrittmachermechanismus dieser Zellen vollstandig aufgeklärt werden Dazu wurden mittels voltage-clamp-Untersuchungen die einzelnen, den spontanen Aktionspotentialen zugrundeliegenden, Stromkomponenten unter besonderer Berucksichtigung der Schrittmacherstrome analysiert. Es zeigte sich, daß die Repolarisation dieser Zellen durch einen zeitabhangigen Kaliumstrom bewerkstelligt wird, dessen kinetische Eigenschaften vollständig aufgeklärt werden konnten

Klasse III-Antiarrhythmika wirken durch eine spezifische Wirkung auf diesen dem Repolarisationsprozeß zugrundeliegenden Kaliumstrom deshalb schneller der Erregungsbildung entgegen, weil unter ihrer Wirkung die Aktionspotentialdauer zunimmt, und damit auch die Refraktardauer der Aktionspotentiale verlangert wird Die embryonalen Huhnchenzellen eignen sich besonders gut zur Bestimmung der Selektivität der Wirkung von Klasse III-Antiarrhythmika für den repolarisierenden Kaliumstrom Aus der Wirkung einer Substanz auf die spontanen Aktionspotentiale können bereits Effekte auf die verschiedenen an Repolarisation und spontaner Depolarisation beteiligten Stromkomponenten vorausgesagt werden Diese Voruntersuchungen konnen dann durch eingehende Analysen der Stromkomponenten in voltage-clamp-Experimenten nachgepruft werden

Gefordert vom Fonds zur Forderung der wissenschaftlichen Forschung Projekt P9045-MED

Untersuchung des nervalen Einflusses auf die Auslösbarkeit von Tachykardien mit Hilfe eines numerischen Herzmodells

M. Renhardt, P. Wach, B. Tilg, P. Fleischmann, R. Killmann, F. Dienstl, T. Heistracher

Tachykardien stellen einen sehr ernsthaften Krankheitszustand des menschlichen Herzens dar und konnen durch die Moglichkeit des Ubergangs zum Kammerflimmern für den Patienten lebensbedrohlich sein Aus diesem Grund kommt der Erforschung von Entstehungsmechanismen und Bedingungen für das Auftreten von Tachykardien besondere Bedeutung zu Eine große Anzahl von Messungen erfolgt dabei im Tierversuch Eine wichtige Erganzung bzw Alternative zu Tierversuchen auf diesem Forschungsgebiet ergibt sich durch die Moglichkeit der Computersimulation des Erregungsausbreitungsvorgangs im menschlichen Herzen

Zur Untersuchung neuronaler Einflüsse auf die Auslösbarkeit von Tachykardien wird ein dreidimensionales, die Erregungsausbreitung im menschlichen Herzen digital simulierendes Computermodell verwendet Die Anatomie des menschlichen Herzens wird dabei in diskretisierter Form mit einem Punkteraster von 2,5 mm berücksichtigt Die Berechnung der Ausbreitung der Erregungsfront erfolgt mit einem Algorithmus ähnlich dem Huygenschen Prinzip der Ausbreitung von Elementarwellen unter Einbeziehung gemessener Ausbreitungsgeschwindigkeiten und Refraktärzeiten Das Modell ermöglicht die Simulation des Normalfalls der Erregungsausbreitung und die Untersuchung pathologischer Fälle (Schenkelblock, Wolff-Parkinson-White (WPW)-Syndrom, Ischämie, Infarkt etc).

Durch Veränderung einzelner, die Erregungsausbreitung beeinflussender Faktoren ist eine modellmäßige Untersuchung der Entstehung und des Verlaufs von Tachykardien möglich. Der Einfluß des Vegetativums auf die Tachykardieneigung beim WPW-Syndrom wird mit Hilfe des numerischen Herzmodells durch Setzen von Vorhofextrastimuli und softwaremäßiger Veränderung der Refraktärzeiten und Reizleitungsgeschwindigkeiten entsprechend den neuronalen Einflussen untersucht Bei Verwendung normaler Ausbreitungsgeschwindigkeiten und Refraktarzeiten ist die Auslösung von Tachykardien bei einem Koppelintervall (Zeit zwischen letztem Sinusschlag und darauffolgendem Extrastimulus) von 285-344 ms möglich. Bei erhöhter Sympatikus- bzw. verminderter Vagusaktivität kommt es zu einer Vergrößerung der Erregungsausbreitungsgeschwindigkeit und zu einer Verkleinerung der effektiven Refraktärzeit. Umgekehrt wird bei vermindertem Sympatikuseinfluß (erhöhtem Vaguseinfluß) die Ausbreitungsgeschwindigkeit kleiner und die effektive Refraktärzeit verlängert.

Die Ergebnisse der Computersimulation zeigen, daß eine Steigerung der Sympathikusaktivitat zu einer Verbreiterung des Koppelintervallfensters zur Auslösung von Tachykardien führt und daß es bei verminderter Sympathikusaktivität zu einer Verkleinerung des Tachykardienfensters kommt. Bei Sympathectomie bzw zunehmender Vagusaktivität ergibt sich also eine Verringerung und bei verstärkter Sympathikusaktivität eine Erhöhung der Tachykardieneigung.

Das verwendete Computermodell bietet durch die gezielte Variierbarkeit einzelner, die elektrische Aktivität des menschlichen Herzens beeinflussender, Parameter die Möglichkeit einer modellmäßigen Untersuchung zahlreicher klinisch-elektrophysiologischer Fragestellungen und leistet dadurch einen wesentlichen Beitrag auf dem Gebiet der tierversuchsfreien Forschung.

Minimierung von Tierversuchen im pharmakologisch-toxikologischen Demonstrationskurs für Pharmaziestudenten

E. Krause, R. Hirschelmann

Die Forderung der Approbationsordnung für Apotheker von 1989, einen pharmakologisch-toxikologischen Demonstrationskurs für Pharmazeuten durchzuführen, steht im gewissen Widerspruch zur Tendenz, Tierversuche möglichst durch "Alternativmethoden" zu ersetzen. Die Alternativen sind in vitro-Versuche mit Enzymen, Zellen oder isolierten Organen sowie Computermodelle usw Für Demonstrationszwecke eignen sich auch Filme der vorgesehenen Versuche Nach unserer Meinung würde aber ein pharmakologisch-toxikologischer Demonstrationskurs ohne ein in vivo-Experiment seinen Sinn nicht erfüllen. Die komplexen Vorgänge des Lebens sind nicht nur durch Lehrbücher, Simulation und Berechnungen und auch nicht durch in vitro-Versuche darzustellen, und Tierversuche sind nicht vollständig durch "Alternativmethoden" zu ersetzen. Auch Filme widerspiegeln nicht die ganze Realität und gingen am Ausbildungsziel zum Teil vorbei Deshalb muß in der Gestaltung des Kurses ein Kompromiß gefunden werden und zwar eine ausgewogene Mischung von in vitro- und in vivo-Experimenten sowie mit Filmen. Angehende Pharmazeuten müssen auch die Möglichkeit zum Erwerb eigener Erfahrungen der Wirkung des Arzneimittels in vivo haben. Ausgehend von dieser Konzeption gestalten wir unseren pharmakologisch-toxikologischen Demonstrationskurs und gliedern ihn in folgende Abschnitte:

1. Versuchstierkunde und Grundlagen der Versuchsdurchführung
2. Pharmakodynamik: ausgewählte Themen und Versuche
3. Pharmakokinetik
4. Wertbestimmung von Hormonen (Arzneibuchmethoden)
5. pharmakologisch-toxikologische Prüfmethoden
6. Arzneimittelprüfung nach dem Arzneimittelgesetz
7. Arzneimittelprüfung in Industrie und klinische Prüfung

Es werden theoretische Veranstaltungen, Seminare zu Tierschutz, gesetzlichen Bestimmungen, Genehmigungsverfahren und Arzneibuchbestimmungen durchgeführt, sowie in vitro-Experimente und Videos mit Tierversuchen demonstriert. Darüber hinaus werden aber auch einige in vivo-Experimente mit wenigen Tieren vorgeführt. Es handelt sich dabei um Demonstrationen, bei denen die Tiere keinen oder nur leichten Belastungen ausgesetzt sind. Außerdem ermöglichen wir den Studenten einen Einblick in unsere z.Z. laufenden genehmigten Tierversuche mit dem Ziel, sie an Methoden und Apparaturen heranzuführen, mit denen eine moderne Arzneimittelprüfung erfolgt. In dem Kurs wird auch Wissen zur Übertragbarkeit von Ergebnissen in vitro/in vivo bzw. Tier/Mensch vermittelt, wobei allerdings die Probleme besonders angesprochen werden. Die Besprechung der Phasen klinischer Prüfung und die entsprechenden Richtlinien schließen den Kurs ab.

Auf einer Exkursion in einen modernen Pharmabetrieb (z.B. Schering AG, Berlin) können die Studenten ihr Wissen schließlich zusätzlich ergänzen.

Ein interaktives Lernprogramm für die "Symptomatologie" im Rahmen von Toxizitätsstudien

R. Kastner, B. Mertz, L. Novakovic, M. Spahni, W. Knapp, F. Pfannkuch

Erkennung, Bewertung und Dokumentation von "klinischen Symptomen" sind neben Laboruntersuchungen und Untersuchungen in der Toxikologischen Pathologie ein entscheidender Bestandteil von Toxizitätsstudien.

Die Personalausbildung bezüglich klinischer Symptomatologie im Rahmen der Toxizitätsstudien wird zunehmend schwieriger, weil die "Erzeugung" drastischer Effekte unerwünscht ist und starke (=charakteristische) Symptome nicht hervorgerufen werden sollen. Schließlich wird eine systematische, geeignete Grundausbildung oder Unterrichtung nicht angeboten. So gilt es, Methoden zu entwickeln, die einerseits eine intensive Ausbildung ermöglichen und andererseits keine neue oder zusätzliche Belastung für Tiere zur Folge haben. Selten auftretende Symptome sollten ebenfalls zu Demonstrationszwecken zur Verfügung stehen. Ziel eines von uns durchgeführten Pilotprojektes war es, mittels moderner Ausbildungstechnologie (Computer-Based-Training CBT) ein effektives Mittel zur Aus- und Weiterbildung zu entwickeln.

Für die Erstellung des Programmes wurde die Bildplatte "Bilder statt Tiere" der Ciba-Geigy AG und das Code-System für "Klinische Symptomatologie" der Terrier EDV Consulting AG, Muttenz (CH), verwendet. Die Programmierung wurde vom Pädagogischen Ingenieurbüro BIP Info SA, Dietikon (CH), durchgeführt.

Für das Pilotprojekt wurde eine Tierart (Ratte) und die deutsche Sprache gewählt. Das Lernprogramm ist in 3 Schwierigkeitsstufen aufgebaut, die je nach Ausbildungs- und Erfahrungsstand ausgewählt werden können:

(1) Beobachtung der Tiere,
(2) Differenzierung der Symptome und
(3) Bewertung und Kontext von Symptomen.

Die Symptome selbst sind in 8 Kategorien eingeordnet:

1 allgemeines Verhalten,
2. Krampfzustände,
3. Körperhaltung,
4 Gang/Bewegungsverhalten,
5 Atmung,
6 Haut/Fell,
7 Sekretion/Exkretion und
8 verschiedenes

Das Pilotprogramm wurde sowohl durch technische Mitarbeiter/innen als auch durch wissenschaftliche Mitarbeiter/innen, welche in der Toxikologie praktisch tätig sind, getestet und durchwegs als sehr nützlich bezeichnet.

Neben der Funktion zur Ausbildung ist mittels des Lernprogramms auch eine Kontrolle bzw. Selbstkontrolle des Wissensstandes moglich. Darüberhinaus stellt ein solches Programm ein Bildlexikon für klinische Symptome dar, welches im täglichen Gebrauch "abgefragt" werden kann

Ein vollständiges Lernprogramm müßte einerseits mehrere Tierarten einschließen (Ratte, Hund usw) und andererseits multilingual (mindestens deutsch, englisch, französisch) ausgelegt sein. Zur erfolgreichen Durchführung des Hauptprojektes ist es nötig, über ein großes Material an bewegten Bildern (Filme, Videoaufzeichnungen) zu verfügen. Hierzu wird es nötig sein, daß mehrere Einrichtungen, welche Toxizitätsstudien durchführen, ihr Bildmaterial zusammentragen. Zu diesem Zwecke werden noch Partner zur Zusammenarbeit gesucht.

Aspekte der neuromuskulären Erregungsübertragung (ein Lehrvideo)

R. Brücker, P. Mülhauser, J. Steiger, H. Oetliker

Der zweiteilige Videofilm von gesamt 60 Minuten Dauer (erster Teil 18 Minuten, zweiter Teil 42 Minuten) ist ein audiovisuelles Lernprogramm zum Selbstunterricht. Das Zielpublikum sind Studierende der Medizinalberufe in der vorklinischen Ausbildung.

Ausgehend vom bekannten Curare-Experiment von CLAUDE BERNARD wird den Studierenden Einblick in Forschungsmethoden zum Studium physiologischer Vorgänge an der motorischen Endplatte vermittelt. Als Erweiterung zum üblichen CLAUDE-BERNARD-Versuch wird die Reversibilität des Curare-Blocks am isolierten Nerv-Muskel-Präparat gezeigt und die Auswirkungen des extrazellulären Calciumentzugs auf die neuromuskuläre Erregungsübertragung erklart.

Ziel dieses Lehrvideos ist es, eine sinnvolle Alternative zu einem klassischen und sehr anschaulichen Experiment des Physiologieunterrichts zu schaffen, die künftig das Töten von Froschen zur Vermittlung der damit verbundenen Lerninhalte verzichtbar machen soll

Im ersten Teil werden zuerst das Prinzip und die klassischen Schlüsse des Experiments von CLAUDE BERNARD besprochen. Zudem werden die wichtigsten morphologischen Bestandteile der motorischen Endplatte skizziert. Der erste Teil des Lernprogramms ist so konzipiert, daß er Interessenten (z.B Instituten anderer Universitäten), welche ein tierexperimentelles Physiologiepraktikum zum CLAUDE-BERNARD-Experiment durch ein Lehrvideo ersetzen möchten, auch unabhängig vom zweiten Teil des Lernprogramms angeboten werden kann

Im zweiten Teil werden Experimente an einem isolierten Nerv-Muskelpräparat vorgestellt (M. sartorius des Froschs, mit zugehörigem Nerv). Relativ einfache Methoden und Möglichkeiten zur elektrophysiologischen Untersuchung von Nerven- und Muskelaktivität werden vorgestellt. Im Rahmen eines Kontrollversuchs werden die wichtigsten elektrophysiologischen Meßmethoden erklärt und die Mechanismen der neuromuskularen Erregungsübertragung anhand von Trickaufnahmen visualisiert und besprochen. Ferner wird die Blockierung der neuromuskulären Erregungsübertragung am isolierten Nerv-Muskel-Präparat demonstriert und die persistierende Funktionalität von Nerv und Muskel je isoliert elektrophysiologisch nachgewiesen. Der dem Curare-Block zugrunde liegende Wirkungsmechanismus wird als Tricksequenz dargestellt und erklärt. Die Reversibilität des Curare-Blocks wird am isolierten Nerv-Muskel-Präparat demonstriert Zum Abschluß des zweiten Teils wird am isolierten Nerv-Muskel-Präparat die Blockierung der Erregungsübertragung an der motorischen Endplatte durch Reduktion der extrazellulären Calcium-Konzentration vorgestellt Anhand einer Tricksequenz wird der Wirkungsmechanismus erklärt

Der ständige Wechsel zwischen Realaufnahmen und Tricksequenzen soll den Studierenden helfen, die im Programm definierten Lernziele leichter zu erreichen Experimentelle Befunde werden deutlich gegenüber theoretischen Überlegungen abgegrenzt.

Das Lehrvideo steht den Studierenden im Rahmen eines audiovisuellen Lernzentrums ständig individuell zur Verfügung Ebenso wird es im Rahmen des Physiologiepraktikums uber Leitungsgeschwindigkeit der Erregung in den motorischen Fasern des N ulnaris und Lokalisation der motorischen Endplatte zur Vorbereitung für die Praktikumsaufgabe und zur Repetition des Vorlesungsstoffes angeboten

Verdankung

Fur finanzielle Unterstützung zur Herstellung des Lehrvideos möchten wir der OETLIKER-Stiftung für Physiologie bestens danken

Anmerkung

Dieses Lehrvideo ist zum Preis von ca Sfr 300,- in der Abteilung für Unterrichtsmedien an der Universität in Bern erhältlich

Überlebende Präparate von Herz, Nerven und Muskulatur des Speisekarpfens im Praktikum Physiologie

H. Dalitz, V. Zürich, H.-J. Mädler

Im Praktikum Physiologie an der Medizinischen Akademie Dresden wird mit gutem Erfolg an überlebenden Präparaten von Herz, Nerven und Muskulatur des Speisekarpfens experimentiert. Die Studenten akzeptieren den ethisch vertretbaren Rückgriff auf Organe von Tieren einer niederen Wirbeltierklasse, die für Nahrungszwecke gezüchtet und bis auf die entnommenen Organe auch als Nahrungsmittel genutzt werden. Sie nehmen die Möglichkeit, physiologische Abläufe nachzuvollziehen, wahr und experimentieren mit Interesse.

Der geringe Aufwand zur Stabilisierung des Milieus und spezielle Eigenschaften der Präparate bieten didaktische Vorteile. So ist das Herz des Karpfens nicht nur gut zur Darstellung der Erregungsprozesse und ihrer Milieuabhängigkeit geeignet, sondern wegen der Größe und Kontraktionskraft des Ventrikels auch zur Untersuchung der kardialen Hämodynamik bei variierter Vor- und Nachlast (ca. 1-1,5 ml Schlagvolumen, ca 1 kPa Ventrikeldruck).

Die Nervenpräparate, es werden N. maxillares verwendet, zeigen stets mehrgipflige Summenaktionspotentiale von einigen Millivolt Amplitude mit leicht zu differenzierenden Schwellenunterschieden und deutliche Temperaturabhängigkeit. Damit kann vor allem bei Einbeziehung der Akkomodation das Faserspektrum eines peripheren Nervens sehr gut demonstriert werden.

Die Skelettmuskulatur, meist werden die Muskeln der Brustflosse präpariert, hat eine flache Dehnungscharakteristik, ist kräftig, gut erregbar und kann alle wesentlichen passiv-mechanischen und kontraktilen Eigenschaften quergestreifter Muskulatur veranschaulichen (Verkürzung ca. 1,5 mm, Maximalkraft um 0,1 N).

Präpariert wird zunächst von geübten medizinisch-technischen Assistentinnen. Ziel ist, von einem Tier möglichst viele Präparate zu erhalten. Bei gelungener Praparation arbeiten, da auch die glatte Muskulatur der Eingeweide genutzt wird, wenigstens 12-15 Studenten mit den überlebenden Organen eines Karpfens (Praktikumsgruppen von drei Studenten). Interessierte Studenten können sich unter Anleitung an der Präparation beteiligen.

Dieses Vorgehen reduziert die Zahl benötigter Tiere auf ein vertretbares Minimum und gewährleistet dennoch, daß die Studenten unverzichtbare praktisch-methodische Fertigkeiten erwerben. So wird das Ausbildungsziel im Praktikum Physiologie auch dort erreichbar, wo die Lehrinhalte durch Untersuchungen an Modellen oder Probanden nicht oder nur unvollständig vermittelt werden können, und eine sachlich begründete Auswahl der Praktikumsversuche gefordert.

Literatur

DALITZ H., Introducao a Fisiologia practica, Jena, 1987

DEMOLL R. und MAIER H.N , Handbuch der Binnenfischerei Mitteleuropas, Bd. IIa, Anatomie der Fische, Bd. IIb, Physiologie der Süßwasserfische Mitteleuropas, Stuttgart, 1964

Darstellung der Präparation und Kultivierung von primären Rattenhepatocyten - ein Lehrfilm

A. Beyer, K. Krämer, V. Lehnert, O.P. Walz, J. Pallauf

1. Intention

Seit einigen Jahren etablieren sich verstarkt Alternativmethoden zum Tierversuch an Forschungsinstituten der Universitaten und der Industrie Trotz des universitaren Anspruchs einer zeitgemäßen und berufsorientierten Ausbildung fehlten bisher im Lehrangebot des Fachbereichs Ernährungswissenschaften Tierversuchsalternativen Seit kurzem bietet unser Institut einen Videofilm an, in dem angehende Ernahrungswissenschaftler die Isolierung und Kultivierung von primaren Rattenhepatocyten mitverfolgen konnen Daruber hinaus führt die hohere Anschaulichkeit der audiovisuellen Darstellung beim Erlernen der anspruchsvollen Versuchstechnik zur Verminderung von Testversuchen

2. Filminhalt

Das Prinzip der Praparation von primaren Rattenhepatocyten beruht auf einer Modifikation der 2-Stufen-Collagenase-Perfusion nach SEGLEN P O (1976) Nach Betaubung einer ca 300 g schweren Albinoratte wird die Abdominalhohle eroffnet und die Leber in der 1 Stufe mit Ca^{2+}-freiem Puffer perfundiert Im 2 Perfusionsschritt werden die Hepatocyten durch Collagenase enzymatisch aus ihrem Zellverband gelost Die Zellen werden in mit 10% foetalem Kalberserum supplementierten DMEM/F12 (Ham)-Medium suspendiert, auf collagenierte Petrischalen ausgebracht und bei 37°C (2% CO_2, 95% rel Luftfeuchte) inkubiert Nach 70 min erfolgt zur Entfernung nicht haftender Zellen ein Mediumwechsel, und nach einer 24stundigen Aquilibrierungsphase werden ernahrungsphysiologische Experimente, wie z B in unserer Arbeitsgruppe die hormonelle Regulation des Zinkmetabolismus, initiiert

3. Methodik

Ohne die wissenschaftliche Aussage des Filminhalts zu verfremden, wird von einem Lehrfilm eine interessante, klare und anschauliche Umsetzung der Thematik verlangt Diesem Anspruch sollte durch perspektivische Differenzierung und grafische Vereinfachung des Versuchsablaufes sowie durch sprachliche Gestaltung gerecht werden

4. Ausblick

Der hier vorgestellte Lehrfilm entstand in Konsequenz des gewachsenen Tierschutzbewußtseins bei Lehrenden und Lernenden an der Universitat Gießen Neben dem ethischen Gedanken standen auch padagogische Uberlegungen im Vordergrund, weil audiovisuelle Medien allgemein als zeitgemaße Lehrmittel anerkannt sind Im Sinne des Tierschutzes ware es sehr wunschenswert, daß neben Datenbanken wie beispielsweise der "ZEBET - Zentralstelle zur Erfassung und Bewertung von Ersatz- und Erganzungsmethoden zum Tierversuch" entsprechende Filmverleihe zur Verfugung stunden, die Alternativen zum Tierversuch anbieten Dadurch konnte die Lehre intensiviert und im gleichen Zeitraum eine hohere Methodenvielfalt anschaulicher prasentiert werden Nur duch das Wissen um Tierversuchsalternativen kann ein Bewußtsein um deren Anwendungsmoglichkeiten und -grenzen entwickelt und ihre Verbreitung gefordert werden

Literatur

BAACKE D., SCHAFER E., TREUMANN K.P., VOLKMER I., Neue Medien und Erwachsenenbildung, Walter de Gruyter, Berlin, 1990

GRAEBE H., Information und Gestaltung, Leske + Budrich, Opladen, 1988

SEGLEN P.O., Preparation of isolated rat liver cells, Meth Cell biol 13, 29-83, 1976

Ersatz von Tierversuchen mit interaktivem Computer-Unterricht im Rahmen der veterinärmedizinischen Ausbildung

P. Rudas, T. Muray

Im Jahre 1991 wurde an der Veterinarmedizinischen Universität Budapest ein Klub für den Lehrkörper der Physiologie gegründet, dessen Mitglieder als Fachleute auf dem Gebiet der Medizin, Tier-medizin und Agrarwissenschaften tatig sind.

Das Ziel des Klubs ist der Erfahrungsaustausch über den theoretischen und praktischen Unterricht der Physiologie, mit besonderer Rücksicht auf die Auffindung von Demonstrationsmöglichkeiten anstelle der Tierversuche. Bislang waren die Videoaufnahmen von großer Bedeutung, aber die Schwerfälligkeit des Spulens ermöglichte nicht die schnelle Wiederholung von Einzelheiten, d h schrittweise Verfolgung der Zusammenhänge von einzelnen physiologischen Prozessen

Dieses Problem wurde von den computergesteuerten Videodisketten gelöst, mit deren Hilfe die zu zeigenden Bildreihen innerhalb weniger Sekunden ausgesucht und gewisse physiologische Mechanismen simuliert werden können. Die zur Verfügung stehenden interaktiven Software- (CAIL = computer aided instruction lection) und multimediale System- (IVD = interactive video disk) Programme ermöglichen den Unterricht der Studenten in kleinen Gruppen, ihre selbständige Vorbereitung, die Selbstkontrolle ihres Wissensstandes, sowie das vollständige Begreifen des Faches Physiologie und die Entwicklung ihrer eigenen Kreativität.

Zur Zeit verfügen wir über 8 CAIL Programme mit deren Hilfe - wenn auch nicht in jeder Hinsicht - wir die Zahl der Tierexperimente in den physiologischen Praktika bedeutend reduzieren können.

Fur die unentbehrliche Hilfe an der Verwirklichung der interaktiven Computerlehre möchten wir uns bei Prof C.E BRANCH, dem Mitglied der CONVINCE-Gruppe, bedanken.

Danksagung

Finanziell unterstützt wurde dieser Kongreß von:

Bundesministerium für Gesundheit, Sport und Konsumentenschutz
Bundesministerium für Land- und Forstwirtschaft
Bundesministerium für Wissenschaft und Forschung
Bundesministerium für Umwelt, Jugend und Familie
Landesregierung Oberösterreich
Stadt Linz

Fa. Aigner Laborbedarf, A-Wien
Fa. Biotest Pharmazeutika Ges.m.b.H., A-Wien
Fa. B. Braun Austria GesmbH, A-Maria Enzersdorf am Gebirge
Fa. Dipro, A-Wr. Neudorf
Fa. Heraeus GmbH, A-Wien
Fa. ICT Handels GmbH, A-Wien
Fa. Millipore GesmbH, A-Wien
Z-Länderbank Bank Austria AG, A-Linz
Fa. Behringwerke AG, D-Marburg
Fa. Hoechst AG, D-Frankfurt/Main
Fa. Storz, D-Tuttlingen

Technische Redaktion

Helmut Appl

Arbeitskreis für die Förderung
von tierversuchsfreier Forschung
Postfach 39
A-1123 Wien

Tel.: +43/1/81 51 023

MEGAT

Mitteleuropäische Gesellschaft für Alternativmethoden zu Tierversuchen

Postfach 748
A-4021 Linz

Tierschutz unter dem Dach der Wissenschaft erfordert zielgerechte Zusammenarbeit bei der:

- **Verbreitung und Validierung** neuer Methoden, die alternativ zu Tierversuchen eingesetzt werden können,
- **Forschungsförderung**, die dem 3R-Konzept dient (reduce, refine, replace animal experiments),
- **Reduktion des Tierverbrauches** für Versuche in Aus- und Weiterbildung,
- **Leidens- und Belastungsminderung** für Versuchstiere durch bessere Zucht, Haltung, Versuchsplanung und andere begleitende Maßnahmen,
- **sachverständige Beratung** und gutachterliche Stellungnahme für öffentliche und private Einrichtungen, Behörden, Firmen, Universitäten und
- **sachgerechte Information** der Öffentlichkeit, der Presse und des Fernsehens.

Alle, die das Erreichen dieser Ziele fördern oder unterstützen möchten oder in einer Fachgruppe tätig sein wollen, können Mitglied der MEGAT werden.

Die 4 x jährlich erscheinende Zeitschrift *ALTEX - Alternativen zu Tierexperimenten* ist das offizielle Organ der MEGAT und für Mitglieder im Mitgliedsbeitrag enthalten (Normalpreis DM 118,-- + Versandkosten).

Der internationale Kongreß über Ersatz- und Ergänzungsmethoden zu Tierversuchen in Linz, Österreich, ist die Jahrestagung der Gesellschaft und für Mitglieder ist die Teilnahmegebühr wesentlich reduziert.

Kontaktadresse und Präsident der Gesellschaft

Prof. Dr. Horst SPIELMANN
Zentralstelle zur Erfassung und Bewertung von Ersatz- und Ergänzungsmethoden zu Tierversuchen
Bundesgesundheitsamt Berlin
Diedersdorfer Weg 1
D-12254 Berlin 48
FRG
Tel : +49 - 30 - 2270
FAX: +49 - 30 - 7076 - 2958

1. Vizepräsident

Prof. Dr. H.A. TRITTHART
Univ.-Institut f. Med. Physik u. Biophysik
Karl-Franzens-Universität Graz
Harrachgasse 21
A-8010 Graz
Austria

2. Vizepräsident

Dr. Christoph A. REINHARDT
Schweiz. Institut für Alternativen zu Tierversuchen, SIAT
Technopark
CH-8005 Zürich
Schweiz

H. Schöffl, R. Schulte-Hermann, H. A. Tritthart (Hrsg.)

Möglichkeiten und Grenzen der Reduktion von Tierversuchen

Ersatz- und Ergänzungsmethoden zu Tierversuchen

1992. 34 Abbildungen. IX, 189 Seiten.
Broschiert DM 68,–, öS 476,–
ISBN 3-211-82390-5
Prices are subject to change withouth notice

Der erste Band der neuen Reihe gibt einen weitgefächerten Überblick über die Probleme, Grenzen und Möglichkeiten, Tierversuche in der biomedizinischen Forschung zu reduzieren. Behandelt werden die gesetzlichen Grundlagen in den deutschsprachigen Ländern, Toxikologie und in vitro-Toxikologie, in vitro-Systeme in Pharmakologie und Physiologie, Immunologie, Molecular Modelling, Videomikroskopie, in vitro-Systeme in der Krebsforschung und in der Ökotoxikologie. Experten aus Industrie, Universität und Behörden versuchen bisher Geleistetes darzustellen, Schwachstellen aufzuzeigen und zukunftsträchtige Problemlösungsmodelle vorzustellen.

Springer-Verlag Wien New York

Möglichkeiten und Grenzen der Reduktion von Tierversuchen

Gerald Pöch

Combined Effects of Drugs and Toxic Agents

Modern Evaluation in Theory and Practice

1993. 53 figures. XI, 167 pages.
Soft cover DM 65,–, öS 450,–
ISBN 3-211-82434-0
Prices are subject to change withouth notice

Scientists struggling with the pharmaco- and toxicodynamic interactions of drugs and chemicals will find this book a valuable reference to the relevant theoretical background of this complex field and an indispensible guide to practical, analytical procedures for evaluation of experimental data.

A new, straightforward mechanistically based analysis of observed combination effects is backed up by numerous examples as well as by computer-assisted plotting and curve fitting – using popular graphical software systems. The reader thus can gain not only a modern understanding of this complex area but proceed directly to the evaluation of his own dose-response experiments with respect to independent actions, and additive interactions, where appropriate. The meanings of terms and acronyms in the literature, most of them used in this book also, is illucidated by a comprehensive glossary.

This book represents a modern, theoretical and practical guide for all scientists dealing with this controversial and complex area of the action and interaction of drugs and chemicals.

Springer-Verlag Wien New York